普通高校本科计算机专业特色教材精选·网络与通信

计算机网络学习辅导与实验指南

沈鑫剡 叶寒锋 编著

清华大学出版社
北京

内 容 简 介

　　本书是教材《计算机网络》(第 2 版)(沈鑫剡编著,清华大学出版社出版)的配套辅导教材,每章由三部分组成:知识要点、例题解析和实验。知识要点部分给出了教材中对应章的知识脉络,重点、难点问题的理解和分析方法;例题解析部分分为自测题、简答题、计算题和综合题,自测题用于自我评判对教材内容的理解程度,简答题、计算题和综合题使读者进一步理解计算机网络的基本概念、方法和技术,掌握解题思路,培养分析、解决问题的能力;实验是本书的一大特色,以 Cisco Packet Tracer 软件为实验平台,针对每章内容设计了大量帮助读者理解、掌握教材内容的实验,这些实验同时也为读者运用 Cisco 网络设备设计各种规模的网络提供了方法和思路。

　　本教材适合作为计算机专业学生"计算机网络"和"计算机网络工程"课程的参考书和实验指南,也可作为用 Cisco 网络设备进行网络设计的工程技术人员的参考书。

图书在版编目(CIP)数据

计算机网络学习辅导与实验指南/沈鑫剡,叶寒锋编著. —北京:清华大学出版社,2011.10
　(普通高校本科计算机专业特色教材精选·网络与通信)
　ISBN 978-7-302-26647-1

Ⅰ. ①计…　Ⅱ. ①沈… ②叶…　Ⅲ. ①计算机网络—高等学校—教学参考资料　Ⅳ. ①TP393

中国版本图书馆 CIP 数据核字(2011)第 179156 号

责任编辑:袁勤勇　赵晓宁
责任校对:白　蕾
责任印制:何　芊

出版发行:清华大学出版社　　　　　　　　　　地　　　址:北京清华大学学研大厦 A 座
　　　　　http://www.tup.com.cn　　　　　　邮　　　编:100084
　　　　　社　总　机:010-62770175　　　　　邮　　　购:010-62786544
　　　　　投稿与读者服务:010-62795954,jsjjc@tup.tsinghua.edu.cn
　　　　　质　量　反　馈:010-62772015,zhiliang@tup.tsinghua.edu.cn
印　刷　者:北京四季青印刷厂
装　订　者:三河市李旗庄少明装订厂
经　　　销:全国新华书店
开　　　本:185×260　　印　张:24.75　　　　字　　　数:586 千字
版　　　次:2011 年 10 月第 1 版　　　　　　 印　　　次:2011 年 10 月第 1 次印刷
印　　　数:1~3000
定　　　价:39.00 元

产品编号:042052-01

出版说明

INTRODUCTION

在我国高等教育逐步实现大众化后，越来越多的高等学校将会面向国民经济发展的第一线，为行业、企业培养各级各类高级应用型专门人才。为此，教育部已经启动了"高等学校教学质量和教学改革工程"，强调要以信息技术为手段，深化教学改革和人才培养模式改革。如何根据社会的实际需要，根据各行各业的具体人才需求，培养具有特色显著的人才，是我们共同面临的重大问题。具体地说，培养具有一定专业特色和特定能力强的计算机专业应用型人才是计算机教育要解决的问题。

为了适应 21 世纪人才培养的需要，培养具有特色的计算机人才，急需一批适合各种人才培养特点的计算机专业教材。目前，一些高校在计算机专业教学和教材改革方面已经做了大量工作，许多教师在计算机专业教学和科研方面已经积累了许多宝贵经验。将他们的教研成果转化为教材的形式，向全国其他学校推广，对于深化我国高等学校的教学改革是一件十分有意义的事情。

清华大学出版社在经过大量调查研究的基础上，决定组织出版一套"普通高校本科计算机专业特色教材精选"。本套教材是针对当前高等教育改革的新形势，以社会对人才的需求为导向，主要以培养应用型计算机人才为目标，立足课程改革和教材创新，广泛吸纳全国各地的高等院校计算机优秀教师参与编写，从中精选出版确实反映计算机专业教学方向的特色教材，供普通高等院校计算机专业学生使用。

本套教材具有以下特点：

1. 编写目的明确

本套教材是在深入研究各地各学校办学特色的基础上，面向普通高校的计算机专业学生编写的。学生通过本套教材，主要学习计算机科学与技术专业的基本理论和基本知识，接受利用计算机解决实际问题的基本训练，培养研究和开发计算机系统，特别是应用系统的基本能力。

2. 理论知识与实践训练相结合

根据计算机学科的三个学科形态及其关系，本套教材力求突出学科的理论与实践紧密结合的特征，结合实例讲解理论，使理论来源于实践，又进一步指导实践。 学生通过实践深化对理论的理解，更重要的是使学生学会理论方法的实际运用。 在编写教材时突出实用性，并做到通俗易懂，易教易学，使学生不仅知其然，知其所以然，还要会其如何然。

3. 注意培养学生的动手能力

每种教材都增加了能力训练部分的内容，学生通过学习和练习，能比较熟练地应用计算机知识解决实际问题。 既注重培养学生分析问题的能力，也注重培养学生解决问题的能力，以适应新经济时代对人才的需要，满足就业要求。

4. 注重教材的立体化配套

大多数教材都将陆续配套教师用课件、习题及其解答提示，学生上机实验指导等辅助教学资源，有些教材还提供能用于网上下载的文件，以方便教学。

由于各地区各学校的培养目标、教学要求和办学特色均有所不同，所以对特色教学的理解也不尽一致，我们恳切希望大家在使用教材的过程中，及时地给我们提出批评和改进意见，以便我们做好教材的修订改版工作，使其日趋完善。

我们相信经过大家的共同努力，这套教材一定能成为特色鲜明、质量上乘的优秀教材。 同时，我们也希望通过本套教材的编写出版，为"高等学校教学质量和教学改革工程"作出贡献。

清华大学出版社

前 言

PREFACE

本书是教材《计算机网络》（第 2 版）（沈鑫剡编著，清华大学出版社出版）的配套辅导教材，每章由三部分组成：知识要点、例题解析和实验。　知识要点一是对学生学习过程中碰到的难点进行更深入的讨论；二是理清教材内容的知识结构，给出完整理解教材内容的方法和思路；三是精确描述网络中各种技术、概念的本质含义和相互之间区别。　大量的例题解析一是能够帮助学生更好地理解教材内容，掌握解题思路，培养分析、解决问题的能力；二是许多例题都是典型应用的案例，使学生能够将教材内容和实际网络设计有机结合，解决学生学以致用的问题；三是通过综合利用教材内容进行复杂网络问题的分解、计算过程，为学生树立完整的网络知识结构，了解网络技术的本质，掌握各种网络应用系统的设计方法和思路。　本书的特点还包括实验，基于 Cisco Packet Tracer 软件，针对教材的每章内容设计了大量的实验，这些实验一部分是教材中的案例和实例的具体实现，用于验证教材内容，帮助学生更好地理解、掌握解教材内容。　另一部分内容是实际问题的解决方案，给出用 Cisco 网络设备设计具体网络的方法和步骤。

Cisco Packet Tracer 软件的人机界面非常接近实际设备的配置过程，除了连接线缆等物理动作外，学生通过 Cisco Packet Tracer 软件完成实验与通过实际 Cisco 网络设备完成实验几乎没有差别，通过 Cisco Packet Tracer 软件，学生完全可以完成复杂的网络系统的设计、配置和验证过程。　更为难得的是，Cisco Packet Tracer 软件可以模拟 IP 分组端到端传输过程中交换机、路由器等网络设备处理 IP 分组的每一个步骤，显示各个阶段应用层报文、传输层报文、IP 分组、封装 IP 分组的链路层帧的结构、内容和首部中每一个字段的值，使得学生可以直观了解 IP 分组的端到端传输过程及 IP 分组端到端传输过程中各层 PDU 的细节和变换过程。

《计算机网络》课程本身是一门实验性很强的课程，需要通过实际网络设计过程来加深教学内容的理解，培养学生分析、解决问题的能力，但实验又是一大难题，因为很少有学校可以提供实施复杂网络设计的网络实验室，Cisco Packet Tracer 软件实验平台和本书很好地解决了这一难题。《计算机网络》（第2版）和本书相得益彰，教材内容为学生提供了网络设计原理和技术，本书提供了在 Cisco Packet Tracer 软件实验平台上运用教材内容提供的理论和技术设计、配置和调试各种规模的网络的步骤和方法，学生用教材提供的网络设计原理和技术指导实验，反过来又通过实验来加深理解教材内容，课堂教学和实验形成良性互动。

　　本书由解放军理工大学工程兵工程学院计算机应用教研室的沈鑫剡和吉林大学研究生叶寒锋共同编写，由沈鑫剡统稿。在编写过程中，同事俞海英、伍红兵、谭明金、胡勇强、魏涛、龙瑞、邵发明、李兴德对本书内容提出了许多很好的建议和意见，其他同事也给予了很多帮助和鼓励，在此向他们表示衷心的感谢。限于作者的水平，错误和不足之处在所难免，希望使用本书的老师和学生批评指正，也希望读者能够就本书内容和叙述方式提出宝贵建议和意见，以便进一步完善本书内容。编者 E-mail 为 shenxinshan@ 163.com。

编者

2011 年 8 月

目 录

第 *1* 章　概　述

1.1　知识要点

教材《计算机网络》(第 2 版)中的第 1 章是引言,主要回答该课程学什么? 怎么学? 如何理解教材的内容结构?

1.1.1　理解互连网络

1. 两地交通的特点

图 1.1(a)所示的两地交通结构具有如下特点。

(a) 两地交通结构

(b) 互连网络结构

图 1.1　互连网络的生活对应

(1) 两地交通由多个运输系统组成。

(2) 不同运输系统由于其性能、费用及实现难易的不同,适用的运输环境也不同,如公路运输系统适合短距离运输环境,且容易实现。铁路运输系统适合短、中、长距离运输环境,但实现成本较大。航空运输系统适合长距离运输环境,但费用较高。

(3) 中转地具有转换不同运输系统的功能,县城具有将通过公路运输系统到达的人或货物换乘到铁路运输系统的功能。

(4) 两地交通结构中的每一个运输系统只能完成其中一段的运输功能,即只能完成当前位置至下一站的运输功能。

2. 两地交通对理解互连网络结构的启示

将两地交通的特点对应到图 1.1(b)所示的互连网络结构,可以有以下启示。

(1) 两个终端之间的传输路径由多个不同的传输网络组成。

(2) 不同传输网络适合不同的传输应用环境。

(3) 路由器需要完成同一数据不同传输网络之间的转换。

(4) 每一个传输网络只负责当前结点至下一个结点的传输功能。

1.1.2　课程学习思路

1. 资源访问过程引申出的问题

网络课程需要解决的问题是资源共享和通信,对于图 1.2(a)所示的网络结构,需要了解图 1.2(b)所示的终端用户用浏览器访问 Web 服务器中资源时发生的信息流动过程。

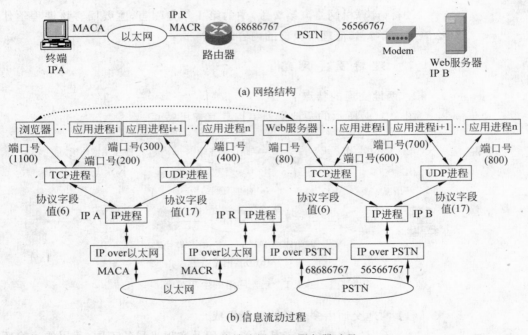

(a) 网络结构

(b) 信息流动过程

图 1.2　终端访问 Web 服务器过程

人们启动浏览器,在地址栏输入 http://IP B,然后就会在屏幕上显示某个 Web 页面,这是如何完成的?

http://IP B 给出两部分信息,一是采用超文本传输协议(HyperText Transfer Protocol,HTTP)实现资源访问过程;二是资源所在的主机系统的 IP 地址是 IP B。整个访问过程如下:终端浏览器需要向 Web 服务器发送一个请求消息,请求消息中给出有关要访问的 Web 页面的信息,Web 服务器接收到请求消息后,检索出请求消息中指定的 Web 页面,然后将 Web 页面发送给终端浏览器,终端浏览器将其显示在屏幕上。但掌握这一过程需要回答如下问题。

（1）Web 服务器和浏览器如何约定请求消息格式和内容描述方式，以至于 Web 服务器能够正确理解浏览器包含在请求消息中的含义。

（2）同样，浏览器如何读懂 Web 页面格式，以至于能够以正确的方式显示在屏幕上。

（3）浏览器和 Web 服务器如何把请求消息和 Web 页面正确地传输给对方。

2. 网络知识结构

为了回答这些问题，针对终端访问 Web 服务器过程从底向上需要掌握如下知识：

（1）在确定以太网两个端点的媒体接入控制（Medium Access Control，MAC）地址的基础上，以太网实现两个端点之间数据传输的过程，同样，在确定公共交换电话网（Public Switched Telephone Network，PSTN）两个端点的电话号码的基础上，建立两个端点之间语音信道，并经过语音信道实现两个端点之间数据传输的过程。

（2）在确定终端和 Web 服务器 IP 地址的基础上，如何建立终端和 Web 服务器之间的传输路径，即如何确定终端至 Web 服务器的传输路径是结点序列：终端→路由器→Web 服务器。

（3）终端和 Web 服务器如何区分数据的源和目的进程。

（4）浏览器和 Web 服务器如何交互，才能完成对 Web 页面的读取和显示。

3. 教材内容

这就引申出教材的 4 大部分内容。

（1）同一传输网络两个端点之间的数据传输过程。

（2）两个终端建立跨多个传输网络的端到端传输路径，并实现 IP 分组端到端传输的过程。

（3）在基于 IP 分组端到端传输的基础上，实现两个应用进程之间可靠传输的过程。

（4）在基于应用进程之间可靠传输的基础上，两个应用进程通过交换请求和响应消息实现资源访问的过程。

1.1.3　接入网络例子

目前常见的用户终端接入 Internet 的方式有拨号接入、ADSL 接入和以太网接入。

1. 拨号接入

接入网络用于将终端接入 Internet，接入过程就是建立终端和 Internet 之间数据传输通路的过程，对于如图 1.3 所示的拨号接入过程，终端建立和 Internet 之间的传输通路必须完成：

图 1.3　拨号接入过程

（1）建立终端和接入控制设备之间的语音信道。

（2）接入控制设备处于连通状态，即连通语音信道和 Internet。

2. ADSL 接入

如图 1.4 所示,非对称数字用户线(Asymmetric Digital Subscriber Line,ADSL)接入过程中终端和接入控制设备之间的传输通路是存在的,建立终端和 Internet 之间数据传输通路的关键是接入控制设备处于连通状态。

图 1.4　ADSL 接入过程

3. 以太网接入

如图 1.5 所示,以太网接入过程中终端和接入控制设备之间的传输通路是存在的,建立终端和 Internet 之间数据传输通路的关键是接入控制设备处于连通状态。

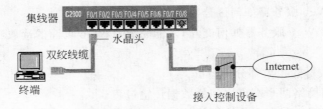

图 1.5　以太网接入过程

接入控制设备是否处于连通状态的依据是,通过终端访问 Internet 的用户是否是授权用户。因此,接入控制设备需要对通过终端访问 Internet 的用户的身份进行鉴别,根据鉴别结果使自己处于连通或断开状态。

1.1.4　电路交换和分组交换

1. 信道

信道用于传播表示数据的信号,包括电、磁和光信号,信道可以分为点对点信道和广播信道,点对点信道如图 1.6(a)所示,只在信道两端连接两个终端,对于任何信号只有一个发送端和一个接收端。广播信道如图 1.6(b)所示,信道上连接两个以上终端,一个终端发送的信号,被所有其他终端接收。

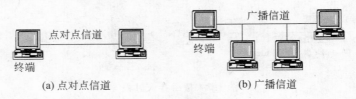

(a) 点对点信道　　　　　　　(b) 广播信道

图 1.6　信道

2. 电路交换

电路交换实质是动态建立两个终端之间的点对点信道。动态建立指的是两个终端之间的点对点信道不是固定存在的,而是按需建立的。交换机是实现点对点信道动态建立的关键设备。电路交换将终端之间的点对点信道由永久存在,变为按需建立,极大地减少了终端之间的点对点信道。

3. 分组交换

对于以电路交换方式动态建立的点对点信道,在点对点信道存在期间,信道带宽被点对点信道连接的两个终端独占。图 1.7 给出交换机结构及交换机能够实现的端口之间的动态连接,图 1.8 给出由交换机互连而成的电路交换网络,在这样的电路交换网络中,虽然任何两个终端之间均能建立点对点信道,但某对终端之间点对点信道所占用的物理链路可能影响其他终端之间点对点信道的建立。在图 1.8 中,一旦建立终端 A 和终端 D 之间的点对点信道,在该点对点信道存在期间,终端 B 无法建立与终端 E 或终端 F 之间的点对点信道。同样,终端 C 也无法建立与终端 E 或终端 F 之间的点对点信道。因此,电路交换网络两个终端之间可能因为无法建立点对点信道而导致长时间无法相互传输数据。电路交换的目的是按需建立点对点信道,但点对点信道的存在时间是以整个通信过程(电路交换网络的通信过程包括连接建立、数据传输和连接释放这三个阶段)为单位,这个时间段可能很长,这一方面影响其他终端之间点对点信道的建立;另一方面点对点信道的利用率也可能很低。能不能不以通信过程为单位占用点对点信道,而是以数据段为单位占用交换机之间的物理链路,这样,各个终端之间传输的数据划分为多段数据段,每一段数据段自由竞争交换机之间物理链路,当某段数据段需要通过交换机某个端口输出时,先检测交换机端口是否空闲,在交换机端口正在输出其他数据段的情况下,在端口输出队列排队等候输出。电路交换建立点对点信道时,需要路径选择操作,即选择由交换机端口之间连接和互连交换机的物理链路组成的终端间传输路径。当然,电路交换方式只需在建立点对点信道时进行路径选择操作,通过点对点信道传输数据时并不需要路径选择操作。如果以数据段为单位动态分配交换机间的物理链路,需要为每一个数据段选择路径,这种情况下,数据段需要封装成分组,分组由数据段和实现数据段源终端至目的终端传输的控制信息组成,控制信息的主要内容是源和目的终端地址信息,交换机根据分组携带的目的终端地址信息选择路径,具有这种功能的交换机称为分组交换机,以便和电路交换网络中的交换机相区分。图 1.9 给出了对应图 1.8 的分组交换机配置,由分组交换机构成的网络称为分组交换网络。

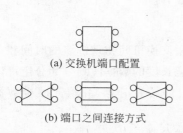

(a) 交换机端口配置

(b) 端口之间连接方式

图 1.7　交换机及端口连接方式

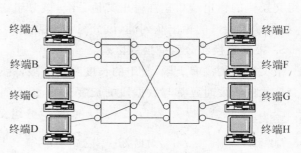

图 1.8　电路交换网络

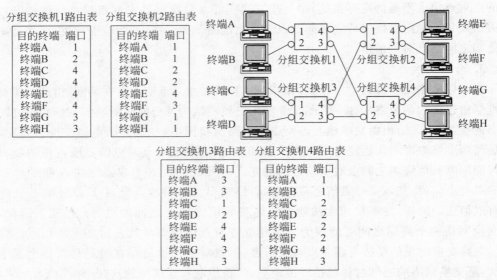

图 1.9　分组交换网络及路由表

4. 电路交换和分组交换的本质区别

电路交换的本质是按需建立两个终端之间的点对点信道,在建立连接时,电路交换机的作用是根据源和目的终端的地址信息和交换机配置的路由信息确定交换机连接通往源终端的信道的端口和连接通往目的终端的信道的端口,并在两个端口之间建立连接。一旦建立两个端口之间的连接,从连接通往源终端信道的端口接收的数据直接从连接通往目的终端信道的端口传输出去。

分组交换的本质是存储转发,一是传输的数据必须封装成分组格式,分组由数据和用于实现数据源终端至目的终端传输过程的控制信息组成,控制信息的主要成分是源和目的终端的地址或标识源和目的终端之间虚电路的虚电路标识符;二是分组交换机必须建立转发表,分组交换机能够根据分组携带的目的终端地址或虚电路标识符和转发表确定分组的输出端口;三是分组交换机必须完整接收整个分组,且确定分组没有传输错误后,根据分组携带的目的终端地址或虚电路标识符和转发表确定分组的输出端口;四是如果分组交换机的输出端口正在输出其他分组,该分组必须在输出端口的输出队列中排队等候,如果输出端口的输出队列满,该分组将被丢弃。

5. 报文交换和分组交换的区别

报文的长度没有上限,分组的长度存在上限,由于占用交换机间物理链路的时间和分组交换机的转发时延都与数据段的长度有关,因此,将任意长度的数据段划分为分组可以减少分组交换机的转发时延,并因此减少数据段总的传输时延。

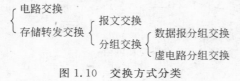

图 1.10　交换方式分类

6. 交换方式分类

交换方式分类如图 1.10 所示。

1.1.5 网络体系结构

1. OSI 低三层的功能

下面介绍 OSI 低三层的功能。

（1）物理层：实现表示比特流的信号经过信道的传播过程，主要解决信号同步问题，如果信道是电路交换网络动态建立的点对点信道，还包括点对点信道建立过程。

（2）数据链路层（简称链路层）：在物理层实现的比特流或字节流传输功能的基础上，实现连接在同一信道上的两个端点设备之间的数据传输功能（包括检错和重传）。

（3）网络层：在由分组交换机和互连分组交换机的信道构成的分组交换网络中，实现跨多个分组交换机和信道的两个终端之间的数据传输过程。

OSI 低三层实现的是图 1.9 中的分组交换网络中任何两个终端之间的数据传输功能，如终端 A 与终端 D 之间的数据传输功能，这里终端 A 至终端 D 传输路径由结点序列终端 A、分组交换机 1、分组交换机 2、分组交换机 3 和终端 D 及实现结点序列中相邻结点之间互连的点对点信道组成。

2. TCP/IP 体系结构的本质

TCP/IP 体系结构对应如图 1.11 所示的互连网络结构，传输网络本身就是符合图 1.9 中的分组交换网络结构的网络，当然，不同传输网络由于其功能和作用不同，其结构也大相径庭，有的传输网络具有 OSI 低三层的全部功能，有的传输网络只具有物理层和数据链路层的功能，同一传输网络的低三层或低二层标准相同，不同传输网络具有不同的低三层或低二层标准，因此，不存在适用于所有传输网络的物理层和数据链路层标准。

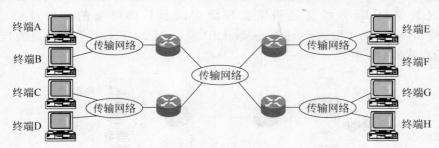

图 1.11 互连网络结构

3. 网际层和网络层

图 1.11 中路由器和图 1.9 中的分组交换机是有所区别的，一是互连分组交换机的是信道，因此，终端和分组交换机之间、分组交换机与分组交换机之间只涉及物理层和数据链路层功能，但互连路由器的是传输网络，终端和路由器之间、路由器与路由器之间传输过程类似于图 1.9 中的两个终端之间的传输过程；二是图 1.9 中的终端有着相同的编址方式，但由于图 1.11 中的终端连接在不同的传输网络，而每一种传输网络有着独立的编址方式，因此，网际层需要解决编址方式不同的两个终端之间的通信问题。TCP/IP 体系结构底层设置网络接口层的主要原因如下。

（1）网际层独立于所有传输网络。

（2）通过网络接口层能够解决网际层分组经过任何传输网络实现连接在同一传输网络上的两个端点之间的传输问题。

（3）网际层路径选择解决的是由路由器组成的端到端传输路径，即确定实现源终端至目的终端网际层分组传输过程需要经过的路由器序列。由于网际层分组端到端传输过程中跨多个传输网络，不同传输网络又有着不同的物理层和数据链路层标准，因此，TCP/IP 体系结构没有给出物理层和数据链路层，以彰显 IP over everything。IP over everything 表示任意传输网络能够实现 IP 分组端到端的传输过程。

网际层和网络层最大的相同点是路径选择功能，在图 1.9 中网络层需要选择一条由物理链路和互连物理链路的分组交换机组成的端到端传输路径。同样，图 1.11 中网际层需要选择一条由传输网络和互连传输网络的路由器组成的端到端传输路径，这是将网际层等同于网络层的主要原因。为了将网际层等同于网络层，任何传输网络只能有物理层和链路层功能，因此，在互连网络结构中，将链路定义为连接在同一传输网络上的两个端点之间的传输路径，它可能是由物理链路和互连物理链路的分组交换机组成，链路层功能定义为实现连接在同一传输网络上的两个端点之间的数据传输过程，这样的传输过程可能涉及路径选择功能。

4. everything over IP 和 IP over everything 的本质含义

网际层的作用是屏蔽了不同传输网络之间的差异，对传输层提供统一的 IP 分组端到端传输服务，对于传输层，网际层所呈现的就是如图 1.12 所示的数据报 IP 分组交换网络，终端之间传输的数据被封装成统一的分组格式——IP 分组，连接在网络上的所有终端被分配统一的地址——IP 地址，所有传输层对等实体之间需要传输的数据被封装成 IP 分组，经过数据报 IP 分组交换网络实现源终端至目的终端的传输过程，这就是 everything over IP 的本质。everything over IP 表示 TCP/IP 协议可以为任意应用提供端到端的数据传输服务。

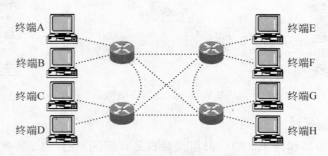

图 1.12　数据报 IP 分组交换网络

但实现终端和路由器，路由器和路由器之间互连的不是信道，而是传输网络，一个网际网中可能存在多个不同类型的传输网络，这些传输网络中有的是电路交换网络，有的是数据报分组交换网络，有的是虚电路分组交换网络，IP 分组源终端至目的终端传输过程中需要经过多个实现终端和路由器，路由器和路由器之间互连的不同类型的传输网络。X 传输网络和 IP over X 技术一起实现 IP 分组连接在 X 传输网络上的两个结点之间的传输过程,X 泛指任何类型的传输网络,这就是 IP over everything 的本质。

5. 端到端传输和端到端特性

源终端至目的终端传输过程称为端到端传输过程,这是网际层实现的功能,但只有传输层才具有端到端特性,所谓端到端特性是指这一层信息除了源终端和目的终端,对端到端传输过程中经过的其他转发结点是透明的,网际层信息由于需要被路由器识别和处理,不具有端到端特性。因此,传输层检错是端到端检错,因为只在源终端计算检错码,在目的终端校验检错码,检错码对中间转发结点是透明的。

在图 1.2(b)中,传输层控制信息通过端口号区别发送和接收传输层报文的应用进程,因此,传输层具有应用进程间传输功能,这也是有些教材将传输层称为端到端传输协议的原因。这里的端应该是数据最终的发送或接收进程,即应用进程,《计算机网络》(第 2 版)将端作为源或目的终端,将传输层称为实现应用进程间通信功能的协议。

6. 如何理解对等层通信和协议

图 1.13 所示是根据图 1.2(b)生成的各层协议数据单元(Protocol Data Unit,PDU)格式。浏览器为了访问 Web 服务器资源,生成并发送请求消息,请求消息中给出 Web 服务器完成该次资源访问所需的一切信息,协议就是双方就请求消息格式、包含的内容、不同类型请求消息的处理方式等约定的规则。

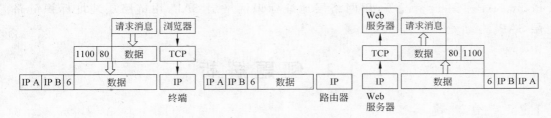

图 1.13 对等层通信过程

传输层根据源和目的端口号确定 TCP 报文的发送和接收进程。因此,终端 TCP 进程根据浏览器发送请求消息给 Web 服务器进程的事实确定源端口号为 1100、目的端口号为 80,Web 服务器 TCP 进程根据 TCP 报文的目的端口号(80)将 TCP 报文中的数据传递给 Web 服务器进程,因此,两端 TCP 进程必须就 TCP 报文格式、各个字段的含义达成一致。

除了物理层,对等层之间并没有直接传输表示数据的信号,所谓的对等层通信指的是一端该层实体生成并发送的协议数据单元,原封不动地出现在另一端对应层的实体中,图 1.13 中浏览器生成并发送的请求消息,原封不动地出现在 Web 服务器进程。同样,终端 TCP 进程生成并发送的 TCP 报文,原封不动地出现在 Web 服务器的 TCP 进程中。

上一层传递给下一层的服务数据单元对下一层是透明的,TCP 进程只处理源和目的端口号,根据目的端口号将 TCP 报文中的数据(请求消息)传递给对应的应用层进程,请求消息的格式和各个字段的含义对 TCP 进程是透明的。同样,中间路由器 IP 进程只根据 IP 分组的目的 IP 地址选择传输路径,Web 服务器 IP 进程只根据 IP 分组的协议字段值(6)将 IP 分组中的数据(TCP 报文)传递给 TCP 进程,TCP 报文的格式和各个字段的含义对 IP 进程是透明的,这也是称传输层是端到端协议的原因,因为传输层报文对中间转发结点是透明的。网际层实现 IP 分组源终端至目的终端的传输过程,但路由器 IP 进程需要处理 IP 分组中的各个字段,如根据目的 IP 地址选择传输路径。因此,网际层不是端到端协议。两端和中间转发结点每一层对应进程只处理该层对应的协议数据单元的控制信息,不处理协议数据单元包含的上一层数据,这是分层结构的本质。

1.1.6 服务、协议和接口

如图 1.14 所示,协议是为实现同层对等实体之间通信而制定的一组规则,同层对等实体之间传输的数据单元是协议数据单元,同层对等实体之间 PDU 传输功能的实现过程称之为该层协议实现,上一层协议实现需要使用下一层提供的服务,下一层通过协议实现为上一层提供服务,上一层和下一层之间通过交换服务原语实现由上一层提出服务请求,下一层提供服务的过程。同一结点相邻两层之间通过接口交换服务

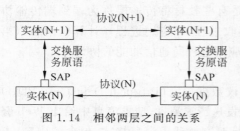

图 1.14 相邻两层之间的关系

原语。同一结点相邻两层之间完成信息交换的地方称之为服务访问点(Service Access Point,SAP)。一般情况下,用网络层地址标识网络层 SAP,用链路层地址标识链路层 SAP。

1.2 例题解析

1.2.1 自测题

1. 选择题

(1) 确定是互连网络,而不是单一传输网络的确切依据是_____。

    A. 存在路由器这一互连设备

    B. 存在分组交换机这一互连设备

    C. 由分组交换机互连的多条点对点信道

    D. 由分组交换机互连的多条广播信道

(2) 路由器确切的定义是_____。

    A. 转发 IP 分组的分组交换机

    B. 互连点对点和广播信道的分组交换机

    C. 互连多条点对点信道的分组交换机

    D. 互连多条广播信道的分组交换机

(3) 电路交换网络的主要功能是_____。

    A. 按需建立点对点信道   B. IP 分组的存储转发

    C. 实现信号传播   D. 实现分组端到端传输

(4) 电路交换网络以_____为单位占用点对点信道经过的物理链路。

A. 包括连接建立、数据传输和连接释放的整个通信过程

B. 数据段传输时间

C. 固定时间

D. 永久

(5) 分组交换网络以_____为单位占用分组交换机某个端口连接的物理链路。

A. 包括连接建立、数据传输和连接释放的整个通信过程

B. 数据段传输时间

C. 固定时间

D. 永久

(6) 同一时刻,分组交换网络两个终端之间传输路径经过的多段物理链路_____。

A. 只允许传输这对终端发送的数据

B. 只允许传输其他终端发送的数据

C. 固定分配传输这对终端和其他终端发送的数据的时间

D. 允许在不同物理链路段同时传输这对终端和其他终端发送的数据

(7) 如果需要实现任何两个终端之间的数据传输,连接 10 个终端的数据报分组交换网络中的每一个分组交换机需要存储_____项转发项(或路由项)。

A. 10　　　　　B. 20　　　　　C. 100　　　　　D. 45

(8) 如果需要实现任何两个终端之间的数据传输,连接 10 个终端的虚电路分组交换网络中的每一个分组交换机需要存储_____项转发项。

A. 10　　　　　B. 20　　　　　C. 100　　　　　D. 45

(9) 下述_____项不属于存储转发的操作。

A. 建立物理连接　　　　　　　　B. 检测分组传输错误

C. 输出队列排队等待输出　　　　D. 选择传输路径

(10) 通过分组携带的虚电路标识符,可以确定分组的_____。

A. 发送终端　　　　　　　　　　B. 接收终端

C. 发送、接收终端　　　　　　　D. 发送、接收进程

(11) 端到端传输时延和下述_____项无关。

A. 信道带宽　　　　　　　　　　B. 端到端距离

C. 分组大小　　　　　　　　　　D. 信道类型(点对点或广播)

(12) OSI 物理层、链路层、网络层和传输层实现的功能分别是　①　、　②　、　③　和　④　。

A. 实现应用进程之间通信　　　　B. 将比特流划分成帧

C. 为分组选择端到端传输路径　　D. 实现表示比特流的信号的同步

(13) 在 OSI 参考模型中,提供流量控制功能的层有　①　,提供建立、维持和释放端到端连接的层是　②　,为分组提供路径选择功能的层是　③　,　④　提供表示比特流的信号经过信道传输的功能,　⑤　提供将比特流划分成帧的功能。

① A. 1、2、3 层　　B. 2、3、4 层　　C. 3、4、5 层　　D. 4、5、6 层

② A. 物理层　　　　B. 数据链路层　　C. 会话层　　　　D. 传输层

③　A. 物理层　　　　　B. 数据链路层　　　C. 网络层　　　　　D. 传输层
④　A. 物理层　　　　　B. 数据链路层　　　C. 网络层　　　　　D. 传输层
⑤　A. 物理层　　　　　B. 数据链路层　　　C. 网络层　　　　　D. 传输层

(14) 网络协议是___①___通信时必须遵守的规则,网络协议的三个基本要素中,___②___定义了控制信息和数据的结构或格式,___③___定义了发送者或接收者需要完成的操作,同步定义了事件实现顺序。

① 　A. 相邻层实体　　　B. 对等层实体　　　C. 同一层实体　　　D. 不同层实体
② 　A. 语义　　　　　　B. 语法　　　　　　C. 服务　　　　　　D. 接口
③ 　A. 语义　　　　　　B. 语法　　　　　　C. 服务　　　　　　D. 接口

(15) 加密和解密属于 OSI 参考模型中第_____层的功能。
　　 A. 4　　　　　　　　B. 5　　　　　　　　C. 6　　　　　　　　D. 7

(16) 电路交换网络中不同的物理链路要求_____。
　　 A. 相同传输速率和链路层协议　　　　　B. 相同传输速率和不同链路层协议
　　 C. 不同传输速率和相同链路层协议　　　D. 不同传输速率和链路层协议

(17) 在 OSI 参考模型中,物理层的功能是___①___,对等实体之间传输的信息单位是___②___,它包括___③___两部分,同一结点相邻两层之间的接口称为 SAP,标识网络层 SAP 的是___④___。

① 　A. 建立和释放连接　　　　　　　　　　B. 透明传输比特流
　　 C. 在物理实体间传输数据帧　　　　　　D. 发送和接收用户数据
② 　A. 接口数据单元　　　　　　　　　　　B. 服务数据单元
　　 C. 协议数据单元　　　　　　　　　　　D. 交互数据单元
③ 　A. 控制信息和用户数据　　　　　　　　B. 接口信息和用户数据
　　 C. 接口信息和控制信息　　　　　　　　D. 控制信息和校验信息
④ 　A. 用户地址　　　　B. 网络地址　　　　C. 端口地址　　　　D. 网卡地址

(18) OSI 参考模型中,_____实现压缩功能。
　　 A. 应用层　　　　　B. 表示层　　　　　C. 会话层　　　　　D. 网络层

(19) TCP/IP 体系结构中,以太网的 MAC 帧属于_____协议数据单元。
　　 A. 物理层　　　　　B. 数据链路层　　　C. 网络层　　　　　D. 应用层

(20) 计算机网络的基本组成是_____。
　　 A. 局域网和广域网　　　　　　　　　　B. 校园网和接入网
　　 C. 资源子网和通信子网　　　　　　　　D. 服务器和工作站

(21) TCP/IP 体系结构中,TCP 和 IP 所实现的服务分别是_____。
　　 A. 数据链路层服务和网络层服务　　　　B. 网络层服务和传输层服务
　　 C. 传输层服务和网际层服务　　　　　　D. 传输层服务和应用层服务

(22) 以下是源端应用进程向目的端应用进程发送数据过程中发生的事件,请用数字给出事件的发生顺序。

_____当数据在源端垂直向下流动时,每一层都加上控制信息。

_____源端应用进程产生数据。

_____目的端应用进程接收数据。

_____当数据在目的端垂直向上流动时,每一层都剥离控制信息。

_____数据以电信号形式经过信道传播。

_____源端应用进程将数据传递给源端 TCP 进程。

2. 填空题

(1) 互联网是由_____互连多种类型传输网络而成的网际网。

(2) 网络按照作用范围可以分为_____、_____和_____。

(3) 信道可以分为_____和_____,它的作用是实现_____传播。

(4) 网络中信号用于表示_____,因此,物理层的功能是实现比特流透明传输。

(5) 将比特流划分成帧的过程称为_____,它是_____层实现的功能。

(6) 网络的主要功能是_____和_____,因此,它是互连在一起的_____的集合。

(7) 如果将交换方式分为两类,它们是_____和_____。目前计算机网络普遍采用_____。

(8) OSI 体系结构将网络功能划分为_____层,低三层分别是_____、_____和_____,它们的功能是实现_____连接在同一传输网络上两个端点之间的传输。

(9) TCP/IP 体系结构中的网际层实现_____连接在不同传输网络上的两个终端之间的传输。

(10) 将数据段分成多个分组进行传输,会造成_____的增加,但降低完成数据段端到端传输的总时延,这种传输方式称为_____,而将整个数据段作为单个分组传输的方式称为_____。

(11) 写出与分组端到端时延有关的 5 个因素_____、_____、_____、_____和_____。

(12) OSI 体系结构_____层实现分组端到端传输,但该层协议不是端到端协议。_____层实现应用进程之间的通信,但需要_____层提供的端到端传输服务。

(13) 传输层的 PDU 称为_____,网际层的 PDU 称为_____,链路层的 PDU 称为_____。

(14) 本层的 PDU 往往由上一层的_____加上本层协议的_____组成。

(15) 对等层之间为实现通信制定的规则称为_____,它的三个基本要素是_____、_____和_____。

(16) 分组交换机采用_____方式转发分组,转发分组流程包括_____、_____、_____和_____。

(17) 电路交换网络建立端到端连接过程实际上是建立两个终端之间的_____,电路交换网络两个终端之间的端到端时延只包括_____和_____,中间交换机一般_____引入转发时延,因此,端到端时延通常与_____、_____和_____有关,而与_____无关。

(18) 分组交换网络在其他条件不变的情况下,增加端到端传输路径经过的分组交换机,端到端时延_____,分组交换网络引入时延抖动的主要原因是_____。

（19）电路交换网络以_____为单位占用点对点信道所经过的物理链路,分组交换网络以_____为单位占用端到端传输路径经过的某段物理链路。

（20）网络体系结构是_____结构,由下一层为_____提供服务,OSI 体系结构中物理层为链路层提供_____服务,链路层为网络层提供_____服务,为了实现链路层的功能,链路层需要具有_____、_____和_____功能。

3. 名词解释

_____ 计算机网络　　　　　　_____ ARPA 网络
_____ 局域网　　　　　　　　_____ 广域网
_____ 城域网　　　　　　　　_____ 路由器
_____ 电路交换网络　　　　　_____ 分组交换网络
_____ 网络体系结构　　　　　_____ 协议
_____ 协议数据单元　　　　　_____ SAP
_____ 接入网络　　　　　　　_____ 接入控制设备

（a）一种较小范围内实现终端之间数据传输的传输网络类型

（b）对 Internet 发展起着奠基作用的计算机网络

（c）一种几十公里范围内实现终端之间数据传输的传输网络类型

（d）一种用于互连不同类型传输网络的分组交换设备

（e）一种通过按需建立的点对点信道实现终端之间通信的传输网络类型

（f）对等层之间为实现通信所制定的规则

（g）层次结构、层与层之间关系及各层协议的集合

（h）由物理链路和用于互连物理链路的采用存储转发的分组交换机组成的传输网络类型

（i）一些以实现资源共享和相互通信为目的,互连在一起的自治系统的集合

（j）一种可在全国,乃至全球范围内实现终端之间数据传输的传输网络类型

（k）同层对等实体之间传输的信息单位

（l）同一结点相邻两层之间实现信息交换的地方

（m）实现用户终端和接入控制设备之间数据传输功能的传输网络

（n）实现接入网络和 Internet 互连,并具有控制用户接入 Internet 的功能的一种设备

4. 判断题

（1）校园网就是局域网。

（2）Internet 是一种广域网。

（3）物理链路的信号传播速率与物理链路的带宽成正比。

（4）高带宽物理链路的端到端时延一定很小。

（5）路由器是一种分组交换设备。

（6）存在分组交换机的网络一定是互连网络。

（7）电路交换网络允许两两终端同时通信。

（8）分组交换网络允许属于不同终端对的数据交叉出现在同一物理链路。

（9）电路交换网络允许属于不同终端对的数据交叉出现在同一物理链路。

（10）如果经过的物理链路相同,分组交换网络的端到端传输时延一定大于电路交换网络。

（11）网际层协议是端到端协议。

（12）传输层协议是端到端协议。

（13）网际层实现 IP 分组源端至目的端传输过程。

（14）OSI 低三层定义了传输网络的全部功能。

（15）每一个传输网络都包含 OSI 低三层定义的功能。

（16）OSI 的传输层功能与 TCP/IP 体系结构的传输层功能是相同的。

（17）TCP/IP 体系结构网际层和网络接口层定义了 IP 分组跨多个传输网络实现端到端传输的过程。

（18）接入网络一定是局域网。

（19）任何一层只处理该层协议数据单元的控制信息,不处理协议数据单元包含的上层数据。

（20）能够用 OSI 体系结构解决传输网络互连。

1.2.2 自测题答案

1. 选择题答案

（1）A,因为单一传输网络也符合其他三种情况。

（2）A,路由器是网际层设备,处理的对象是网际层协议数据单元。

（3）A,电路交换网络端到端信道是动态建立的,在建立点对点信道前,终端之间是不连通的。

（4）A,在点对点信道存在期间,一直独占点对点信道经过的物理链路,直到释放点对点信道。

（5）B,属于不同终端对的数据段可以交叉经过同一物理链路传输。

（6）D,分组交换网络不同的物理链路可同时传输属于不同终端对的数据段。

（7）A,每一个终端对应一项路由项(转发项)。

（8）D,10×9/2＝45 项转发项,必须两两终端之间建立虚电路。

（9）A,其他三项均属于存储转发操作。

（10）C,虚电路是一对终端之间的点对点数据链路(或逻辑链路)。

（11）D,信道类型只和接收信号的终端数有关。

（12）① D,② B,③ C,④ A。

（13）① B,因为链路层至传输层都可具有流量控制功能。

② D,端到端连接对中间转发结点是透明的。

③ C。

④ A。

⑤ B,物理层提供给链路层是比特流,链路层具有将比特流划分成帧的功能。

(14) ① B,② B,③ A。

(15) C,加密、解密改变数据内容,属于表示层。

(16) A,电路交换网络中不同物理链路可能是某对终端之间点对点信道的一部分,同一信道当然是相同传输速率和链路层协议。

(17) ① B,物理层的功能就是为链路层提供透明传输比特流的服务。

② C,对等层实体之间传输的是协议数据单元,它由控制信息和用户数据组成,控制信息包含实现这一层等层实体之间用户数据传输所需要的路由信息、检错码等。

③ A。

④ B,用网络地址标识网络层 SAP。

(18) B,表示层负责处理用户数据的表示形式,包括数据语法转换、加密、压缩等处理功能。

(19) B,在 TCP/IP 体系结构中,特定网络对应的封装形式称为帧,属于链路层协议数据单元。

(20) C,计算机网络由终端、服务器等提供信息资源的资源子网和转发结点、物理链路等实现主机之间通信的通信子网组成。

(21) C,TCP 是传输层协议,用于实现传输层提供的服务,IP 是网际层协议,用于实现网际层提供的服务。

(22) 3、1、6、5、4、2。

2. 填空题答案

(1) 路由器。

(2) 局域网,城域网,广域网。

(3) 点对点信道,广播信道,信号。

(4) 二进制位流。

(5) 帧定界,链路。

(6) 资源共享,连通,自治系统。

(7) 电路交换,分组交换,分组交换。

(8) 7,物理层,数据链路层,网络层,分组。

(9) IP 分组。

(10) 开销,分组交换,报文交换。

(11) 分组长度,信道带宽,信道长度,端到端传输路径经过的分组交换机数量,分组交换机的转发时延。

(12) 网络层,传输层,网络层。

(13) 报文,IP 分组,帧。

(14) PDU,首部(或控制信息)。

(15) 协议,语法,语义,同步。

(16) 存储转发,完整接收分组,确定分组的输出端口,通过交换结构将分组交换到输出端口,输出队列中排队等待输出。

(17) 点对点信道,发送时延,传播时延,不,数据段长度,信道带宽,信道长度,端到端连接经过的交换机数量。

(18) 增加,分组交换机转发时延。

(19) 包括连接建立、数据传输和连接释放的通信过程,单个分组的传输时间。

(20) 层次,上一层,比特流透明传输,帧经过信道的可靠传输,帧定界,检错,重传。

3. 名词解释答案

i	计算机网络	b	ARPA 网络
a	局域网	j	广域网
c	城域网	d	路由器
e	电路交换网络	h	分组交换网络
g	网络体系结构	f	协议
k	协议数据单元	i	SAP
m	接入网络	n	接入控制设备

4. 判断题答案

(1) 错,校园网通常是多个局域网互连而成的互联网。

(2) 错,Internet 是互联网,广域网、城域网、局域网指传输网络类型。

(3) 错,信号传播速率与传播媒介有一定关系,与物理链路带宽无关。

(4) 错,时延与端到端物理链路距离、分组长度、物理链路带宽和物理链路信号传播速率等因素有关,物理链路带宽只是其中一个因素。

(5) 对,是一种转发 IP 分组的分组交换设备。

(6) 错,互联网由路由器互连多个传输网络构成,分组交换机未必就是路由器。

(7) 错,电路交换网络一般无法同时建立两两终端之间的点对点信道。

(8) 对,属于不同终端对的数据段可以交叉经过分组交换网络的同一物理链路。

(9) 错,电路交换网络在某对终端之间的点对点信道存在期间,这对终端独占点对点信道经过的物理链路。

(10) 对,电路交换网络中交换机的直接转发时延小于分组交换机的存储转发时延。

(11) 错,端到端协议指该协议数据单元对中间转发结点是透明的,IP 分组对中间路由器不是透明的。

(12) 对,传输层协议数据单元对中间路由器是透明的。

(13) 对,由源端和中间路由器的 IP 进程实现 IP 分组源端至目的端的传输过程。

(14) 对,一个由物理链路连接的多个分组交换机构成的分组交换网络涉及 OSI 体系结构低三层功能。

(15) 错,简单的传输网络,如点对点信道互连两个终端组成的点对点网络不会涉及网络层功能。

(16) 对,互联网与传输网络的差异体现在源终端至目的终端的分组传输过程,端到端协议因为不涉及分组源终端至目的终端的传输过程,所以无关互联网和传输网络。

(17) 对,网际层的功能就是实现互连网络源终端至目的终端(简称端到端)的 IP 分组传输过程。

(18) 错,接入网络一般是传输网络,但不一定是局域网,有可能是广域网。

（19）对，这是分层体系结构的本质。

（20）错，TCP/IP 体系结构才是解决多种传输网络互连的网络体系结构。

1.2.3 计算题解析

（1）分别举出高带宽物理链路高时延和低带宽物理链路低时延的例子。

【解析】 假定分组长度为 100b，信号传播速率为 2×10^5 km/s，一条信道的带宽为 100Mb/s，长度为 1000km，分组端到端时延＝发送时延＋传播时延＝$100/(100\times10^6)$＋$1000/(2\times10^5)$＝$10^{-6}+5\times10^{-3}$（单位为 s）。

另一条信道的带宽为 56kb/s，长度为 1km，分组端到端时延＝发送时延＋传播时延＝$100/(56\times10^3)+1/(2\times10^5)$＝$1.7857\times10^{-3}+5\times10^{-6}$（单位为 s）。

（2）一个系统的协议结构有 n 层，应用进程产生 m 字节的数据，各层协议进程都加上 h 字节的协议首部，传输协议首部占用网络带宽的比例是多少？

【解析】 总的字节数＝$m+n\times h$，其中协议首部所占的字节数＝$n\times h$，协议首部所占带宽比例＝$(n\times h)/(m+n\times h)$。

（3）源终端至目的终端传输路径如图 1.15 所示，数据长度＝1000B，信号传播速率为 2×10^8 m/s。

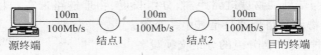

源终端　　100m　　结点1　　100m　　结点2　　100m　　目的终端
　　　　 100Mb/s　　　　　100Mb/s　　　　　100Mb/s

图 1.15　端到端传输路径

① 如果结点为电路交换网络中的交换机，求端到端传输时延。

② 如果结点为分组交换机，整段数据作为单一分组，分组首部长度和分组交换机处理时间（处理时间指确定分组输出端口，并将分组从输入端口交换到输出端口所需时间）和输出队列排队等候时间忽略不计，求端到端传输时延。

③ 如果结点为分组交换机，整段数据作为单一分组，分组首部长度和分组交换机处理时间和输出队列排队等候时间忽略不计，但分组交换机采用直通转发方式，即接收 200b 后，开始转发分组，求端到端传输时延。

④ 如果结点为分组交换机，单一分组长度为 100B，分组首部长度和分组交换机处理时间和输出队列排队等候时间忽略不计，求完成数据端到端传输所需的时间。

⑤ 如果将结点 1 与结点 2 之间的物理链路带宽改为 10Mb/s，结点能否是电路交换网络中的交换机？结点如果是分组交换机，能否采用直通转发方式？假定整段数据作为单一分组，分组首部长度和分组交换机处理时间和输出队列排队等候时间忽略不计，求端到端传输时延。

【解析】 ① 端到端传输时延＝发送时延＋传播时延＝$(1000\times8)/(100\times10^6)$＋$(3\times100)/(2\times10^8)$＝$8\times10^{-5}+1.5\times10^{-6}=81.5\times10^{-6}$ s。

② 分组交换机必须完整接收整个分组后，才能开始转发操作，因此，源终端开始发送分组至结点 1 完整接收分组，即结点 1 开始向结点 2 发送分组所需要的时间＝$(1000\times8)/$

$(100\times10^6)+100/(2\times10^8)=8\times10^{-5}+5\times10^{-7}=805\times10^{-7}$。总的传输时延 $=(805\times10^{-7})\times3=2.415\times10^{-4}$s。

③ 分组交换结点接收 200b 增加的时延 $=200/(100\times10^6)=2\times10^{-6}$,总的传输时延 $=$ 电路交换方式的传输时延 $+(2\times10^{-6})\times2=81.5\times10^{-6}+4\times10^{-6}=85.5\times10^{-6}$s。

④ 由于结点 1、结点 2 可以并行转发分组,即源终端发送第 3 个分组时,结点 1 发送第 2 个分组,结点 3 发送第 1 个分组。因此,总的传输时延是数据段发送时延 $+$ 单段物理链路的传播时延 $+$ 单个分组结点 1 至目的终端的传输时延 $=8\times10^{-5}+5\times10^{-7}+2\times((100\times8)/(100\times10^6)+100/(2\times10^8))=8\times10^{-5}+5\times10^{-7}+2\times(8\times10^{-6}+5\times10^{-7})=81.5\times10^{-6}+16\times10^{-6}=97.5\times10^{-6}$s。

⑤ 不能,组成信道的各段物理链路的带宽必须相等,分组交换机也不能采用直通方式。总的传输时延 $=2\times((1000\times8)/(100\times10^6)+100/(2\times10^8))+((1000\times8)/(10\times10^6)+100/(2\times10^8))=(805\times10^{-7})\times2+8\times10^{-4}+5\times10^{-7}=9.615\times10^{-4}$s。

(4) 分组交换网络如图 1.16 所示,图中分组交换机采用存储转发方式,所有链路的传输速率均为 100Mb/s,分组大小为 1000B,其中 20B 是首部,如果主机 H1 向主机 H2 发送一个大小为 980000B 的文件,在不考虑分组拆装和传播时延的情况下,计算从 H1 开始发送到 H2 完全接收所需要的最少时间。

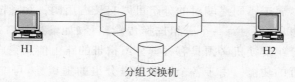

图 1.16　分组交换网络结构

【解析】　最少时间要求数据传输选择最短路径,因此,H1 至 H2 的传输路径只经过两跳分组交换机,每一个分组中净荷长度为 980B,980000B 文件需要分成 $980000/980=1000$ 个分组,经过时间 $(1000\times1000\times8)/(100\times10^6)=0.08$s,最后一个分组被第一跳分组交换机接收。最后一个分组从第一跳分组交换机开始发送,到被 H2 接收所需要的时间 $=2\times((1000\times8)/(100\times10^6))=0.00016$s,总时延 $=0.08+0.00016=0.08016$s。

(5) 如果两个终端之间的物理链路长度为 2km,信号传播速率为 2×10^5km/s,分组长度为 100B,物理链路带宽为多大时,发送时延等于传播时延。如果分组长度为 512B,物理链路带宽为多大时,发送时延等于传播时延。

【解析】　传播时延 $=2/(2\times10^5)=10^{-5}$s。物理链路带宽 $=$ 分组长度(单位 b)/发送时延 $=(100\times8)/10^{-5}=80$Mb/s。

如果分组长度为 512B,物理链路带宽 $=$ 分组长度(单位 b)/发送时延 $=(512\times8)/10^{-5}=409.6$Mb/s。

(6) 计算实时传输下述多媒体数据所需要的带宽(不考虑压缩)。

① 视频分辨率 $=640\times480$,每个像素 3 字节,每秒 30 帧。

② CD-ROM 标识的采样速率为 44.4kHz,表示采样值的二进制数位数为 16。

【解析】　① 实时传输视频所需带宽 $=640\times480\times3\times8\times30=221.184$Mb/s。

② 实时传输音频所需带宽＝$44.4 \times 10^3 \times 16 = 710.4$kb/s。

（7）1Gb/s 链路上，每一位二进制数的时间宽度是多少？假定信号传播速度是(2/3)c，每一位二进制数的物理距离是多少？一条 1km 的电缆能容纳多少位二进制数？

【解析】 比特时间＝传输速率倒数＝$1/10^9$s，每一比特物理长度＝比特时间×信号传播速率＝$(2 \times 10^8)/10^9 = 0.2$m，1km 长度电缆能容纳的二进制数＝$1000/0.2 = 5000$b。

1.2.4 简答题解析

（1）简述数据传输速率和信号传播速率的区别及联系。

【答】 物理链路的传输速率是指每秒发送到物理链路的比特数，单位是 b/s，而信号传播速率是信号每秒在物理链路上传播的距离，单位是 m/s，或是 km/s，如光速 $c = 2 \times 10^8$ m/s，这是两个不同的概念，要说它们的关系，通过比特时间和比特长度来体现。

比特时间是单个比特的时间宽度，它是发送速率的倒数，如果发送速率为 10Mb/s，即比特时间为 100ns，表示单个比特的时间宽度为 100ns。假定电信号经过线路的传播速度是 v，则单个比特占用线路的长度＝$v \times$ 比特时间。

（2）简述分组交换的本质及分组交换机的主要功能。

【答】 分组交换是为了充分利用互连分组交换机的物理链路的带宽，以分组为单位占用物理链路，这样，属于不同终端对的分组可以交叉占用同一物理链路。分组交换带来的问题是，分组交换机必须对每一个分组选择传输路径（如输出端口），因此，分组必须携带路由信息，同时，分组交换机必须具有根据分组携带的路由信息完成分组从输入端口至输出端口的交换过程的功能。由于各个终端发送分组的随机性，可能导致发生多个分组同时需要经过某段物理链路的情况，分组交换机必须具有分组缓冲、排队等候功能。电路交换由于两个终端独占终端之间连接经过的物理链路，且各段物理链路带宽相同，所有交换机采用直接转发方式，交换机不会引入转发时延。但分组交换机由于：一是完整接收分组后才能对分组检错；二是至少接收完路由信息才能开始分组的转发处理；三是分组交换机各个端口连接的物理链路带宽可能不同；四是各个终端发送分组的随机性会导致发生多个分组需要同时经过某段物理链路的情况。因此，分组交换机采用存储转发方式，这样，每一个分组交换机会引入转发时延。

（3）建立虚电路和建立电路交换网络端到端之间连接有何异同，经过虚电路传输分组和以数据报分组交换方式传输分组有何异同？

【答】 建立虚电路和建立电路交换网络端到端之间连接的相同处是都需要连接或虚电路建立过程，在连接或虚电路建立过程中需要完成路径选择，即根据两个终端地址找出两个终端之间的传输路径。不同处在于，电路交换网络建立连接过程是建立点对点信道，交换机完成对应两个端口之间的物理连接。但虚电路建立过程只是通过转发项将虚电路标识符和该虚电路对应的两个端口之间的关联绑定在一起，分组交换机需要根据分组携带的虚电路标识符确定两个端口之间的关联，并完成分组从输入端口至输出端口的转发操作，因此，多条虚电路可以共享某段物理链路。虚电路建立过程已经确定端到端传输路径，并在转发表中将虚电路和对应的传输路径绑定在一起，因此，属于某条虚电路的分组只需携带虚电路标识符，但数据报分组交换方式的每一个分组需要独立选择传输路径，因此,必须携带源和目的终端地址。由于虚电路是先建立,后传输数据,建立虚电路时,知道经过某段物理链路的虚电路数量,并因此可以计算出该物理链路的负荷,在增加虚电路可能导致该物理链路过载时,可以拒绝该虚电路经过该物理链路,以此避免物理链路过载的情况发生,但数据报分组交换方式由于没有事先检测端到端传输路径经过的物理链路的负荷的功能,无法具有拥塞避免功能。由于必须为每一条虚电路保留一项转发项,任何一对终端之间建立虚电路后才能传输数据,因此,实现 N 个终端两两之间通信需要建立 $N \times (N-1)/2$ 条虚电路。实际上,如果支持动态建立虚电路,虚电路分组交换机也需要数据报分组交换机的路由表,用于在建立虚电路时确定端到端传输路径。

(4) 网络分类中的网络指的是什么? 这样分类的意义是什么?

【答】 网络分类中的网络不是指互连网络,而是单一传输网络,如以太网、PSTN 等,单一传输网络采用单一的交换技术,如以太网采用数据报分组交换技术,PSTN 采用电路交换技术,ATM 采用虚电路交换技术,每一个采用不同交换技术的传输网络具有不同的性能和功能,因而适用于不同的应用环境。同样,不同作用范围的传输网络具有不同的端到端传输机制和交换方式,并因此决定它们的作用范围。互连网络可以是具有不同交换方式、不同作用范围的多个传输网络互连而成的网际网,对互连网络按照交换方式和作用范围分类是没有意义的。

(5) 什么是网络体系结构? 为什么要定义网络体系结构?

【答】 网络体系结构是层次结构、层与层之间关系和各层协议的集合,回答为什么要定义网络体系结构需要说清楚以下信息:

① 为什么采用层次结构。

② 为什么层与层之间关系是每一层通过接口为上一层提供服务,同时,使用下一层的服务。

③ 为什么不同结点同一层功能是相同的,用协议实现对等层实体之间的通信。

终端之间通信不仅涉及通信的两个终端,还需涉及公共传输服务,就像寄信人和收信人之间通信涉及邮政系统一样,这样,必须存在服务请求方和服务提供方之间的接口,因此,网络功能分层是必需的。

每一层为了实现对上一层提供的服务,往往需要使用下一层的服务,如邮政系统为了实现信件投递服务,往往需要使用铁路或公路运输系统提供的服务。

通信过程中,不同的结点参与通信的功能是不同的,有的只实现信号传播过程中信号的再生,有的参与分组端到端传输,但为了使实现相同功能的各个结点能够相互连接,相互作用,必须制定每一层的功能标准,及每一层所处理的分组(物理层是信号)的格式,控制信息中各字段的含义,这就是用于实现对等层实体之间通信的协议。

(6) 结合图 1.2(b)说明 IP 层协议数据单元(IP 分组)首部中各个字段在实现 IP 分组从终端 IP 进程至 Web 服务器 IP 进程传输过程中的作用。

【答】 IP 分组中携带源终端和目的终端的 IP 地址,中间转发结点根据 IP 语法规定的 IP 分组格式确定 IP 分组中目的 IP 地址的位置、位数,根据 IP 语义规定的路径选择操作过程通过 IP 分组的目的 IP 地址确定源终端至目的终端传输路径上的下一跳结点,根据 IP 同步规定的转发操作顺序依次完成完整接收 IP 分组、路径选择、确定输出接口及输出接口连接的传输网络类型,完成 IP 分组当前结点至下一跳结点的传输过程。目的终端 IP 进程根据协议字段值确定 IP 分组净荷所属的传输层进程,并把净荷传递给对应的传输层进程。

(7) 结合图 1.2(b)说明两端 TCP 进程的功能。

【答】 用源和目的端口号绑定发送数据和接收数据的应用进程,用序号确定数据的发送顺序,用检错字段检测数据传输过程中可能发生的错误,接收端 TCP 进程确定数据是按序、无传输错误后,传递给目的端口号指定的应用进程。一旦数据未能按序到达,或是数据传输过程中出错,就启动差错控制机制。

(8) 结合图 1.2(b)说明网际层和以太网的网络接口层需要完成的功能,以太网为网际层提供的服务。

【答】 以太网是数据报分组交换网络,以太网中的分组交换机根据 MAC 帧(以太网对应的分组)携带的目的 MAC 地址确定通往目的端点的传输路径。网际层只能确定 IP 分组通往目的终端的传输路径上的下一跳结点的 IP 地址,但完成 IP 分组当前跳至下一跳传输过程需要网络接口层和以太网提供的服务。网络接口层完成的功能包括确定连接当前跳和下一跳的传输网络,通过下一跳的 IP 地址 IP R 确定下一跳传输网络对应的地址(以太网 MAC 地址),将 IP 分组封装成 MAC 帧。以太网完成 MAC 帧当前跳至下一跳的传输过程。值得注意的是,不同的传输网络,对应的网络接口层功能是不同的。

(9) 简述 OSI 体系结构和 TCP/IP 体系结构的本质区别。

【答】 OSI 体系结构的低三层功能定义了同一传输网络两个端点之间的分组传输过程,但 TCP/IP 体系结构的网际层和网络接口层定义了跨多个不同的传输网络的两个终端之间的 IP 分组传输过程,不同传输网络有着独立的分组格式、编址方式,因此需要引入独立于传输网络的分组格式和互连网络统一的编址方式。但实现 IP 分组结点之间传输又必须将 IP 分组封装成互连结点的传输网络对应的分组形式,这一功能由网络接口层实现,对应不同的传输网络,有着不同的网络接口层功能,但网络接口层对网际层提供的服务是不变的:实现 IP 分组当前结点至下一跳结点的传输过程。由于 TCP/IP 体系结构的目的是实现跨多个不同类型的传输网络的互连,而不同的传输网络有着不同的物理层、链路层和网络层标准,因此,只用网络接口层来定义经过不同传输网络实现 IP 分组当前结点至下一跳结点的传输过程所涉及的操作流程,而不会具体涉及物理层、链路层及网络层标准。

(10) 简述 TCP/IP 体系结构中网际层等同于 OSI 体系结构中网络层的理由,及对互连网络结构中链路层功能定义的改变。

【答】 严格的说,OSI 体系结构中的网络层和 TCP/IP 体系结构中的网际层是不同的,网络层定义了连接在同一传输网络上两个端点之间的分组传输过程,而网际层定义了跨多个不同的传输网络的两个终端之间的 IP 分组传输过程。但互连网络是由路由器互连传输网络而成的网际网,如果将图 1.11 中的传输网络虚化为链路,图 1.11 中的互连网络转变为图 1.12 中的分组交换网络,只是由路由器代替了分组交换机,从网际层看,路由器就是 IP 分组交换机,由路由器互连链路组成的网络就是数据报 IP 分组交换网络,将其称为 IP 网络。这是将网际层等同于网络层,将路由器等同于第三层设备(网络层为 OSI 第三层)的原因。当然,另一个原因是习惯上已经将网际层等同于网络层。但路由器互连的不是物理链路,或是基于物理链路的数据链路,而是传输网络,中间可能存在分组交换机这样实现网络层功能的设备,因此,需要将数据链路重新定义为连接在同一传输网络上的两个端点之间的传输路径,将数据链路层功能定义为实现分组连接在同一传输网络上的两个端点之间的传输过程,并将这里的分组称为帧,因此,IP 网络的链路层可能包含路径选择功能。

(11) 对一些网络教材采用五层网络体系结构的一点看法。

【答】　采用如图 1.17 所示的五层网络体系结构,给读者的感觉是 TCP/IP 体系结构与 OSI 体系结构的本质区别只是减少了表示层和会话层,其实 TCP/IP 体系结构与 OSI 体系结构的本质区别是,一种用于定义互连网络的体系结构;另一种是用于定义传输网络的体系结构,同一种传输网络的链路层设备可能有着的不同的实现链路层功能的方式,但提供给网络层的服务是相同的,但不同传输网络相差很大,无法给网际层提供相同的服务,因此,对于互连网络,网际层必须面对多种多样有着不同交换方式、不同作用范围的传输网络共存的局面,为了实现 IP 分组经过不同传输网络完成当前结点至下一跳结点的传输过程,需要增加网络接口层,网络接口层和传输网络相互作用才能为网际层提供 IP 分组当前结点至下一跳结点的传输服务,对应不同的传输网络,网络接口层的功能是不同的,如图 1.2(b)中对应以太网的网络接口层(IP over 以太网)完成将下一跳路由器 IP 地址 IP R 转换为以太网 MAC 地址 MAC R 的功能,然后,由以太网实现终端至路由器的 IP 分组传输过程。对应 PSTN,网络接口层(IP over PSTN)完成将 Web 服务器 IP 地址 IP B 转换为 PSTN 电话号码 56566767 的功能,然后由 PSTN 建立路由器与 Web 服务器之间的点对点语音信道,由基于 PSTN 点对点语音信道的链路层协议(点对点协议)实现 IP 分组路由器至 Web 服务器的传输过程。基于 PSTN 点对点语音信道的链路层协议和以太网链路层协议所提供的同一传输网络两个端点之间的传输服务是非常不同的,需要网络接口层屏蔽这种差异。因此,讨论互连网络端到端 IP 分组传输过程,应该先讨论各种传输网络两个端点之间分组传输过程,在讨论每一种传输网络两个端点之间分组传输过程时,为了体现分层体系结构,可以将两个端点之间分组传输功能划分为物理层功能和链路层功能。在讨论网际层时,针对不同类型传输网络,讨论网络接口层和提供两个端点之间分组传输服务的传输网络相互作用,共同实现 IP 分组当前结点至下一跳结点传输服务的工作机制。这样,也可以凸显不同传输网络有着不同的物理层和链路层协议的事实。因此《计算机网络》(第 2 版)采用如图 1.18 所示的互连网络体系结构,为了和 TCP/IP 四层体系结构一致,将传输网络和 IP over X(X 指传输网络)合并为网络接口层。

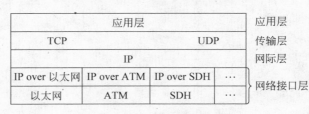

图 1.17　五层网络体系结构　　　　　　　　　图 1.18　互连网络体系结构

第 **2** 章 数据通信基础

2.1 知识要点

2.1.1 数字通信与模拟通信

1. 数字信号

用两种不同的电平分别表示二进制数 0 和 1 的信号形式称为数字信号,数字信号适合作为计算机网络的数据表示形式是因为:一是计算机中的数据都是二进制数,数字信号是二进制数最直接、最方便的表示形式;二是数字信号容易再生;三是数字处理芯片适合处理数字信号,但大量的中间转发结点都是基于数字处理芯片的;四是光纤这样的信道适合传输数字信号。但数字信号的无中继传输距离较短,要求物理链路有较大的带宽,尤其传输速率较高时,无中继传输距离更短,对物理链路带宽要求更高。因此,数字信号不适合用于无中继传输距离较远,带宽特性较差的信道上。

2. 模拟信号

模拟信号是时间与幅度都是连续的信号形式。正弦信号是一种特殊的模拟信号,有着单一频率,因此,可以经过窄带的信道传播。计算机网络中使用模拟信号的主要应用环境是在窄带的信道上传播经过调制的载波信号,当然,调制后的载波信号虽然不是单一频率的正弦信号,但仍然是窄带范围内的带通信号。

3. 信道频率特性和带宽

信道频率特性指信道对不同频率正弦信号所呈现的阻抗特性,如果信道对两种不同频率的正弦信号产生不同的阻抗,这两种正弦信号经过信道传播后的衰减就会不同。信道的带宽指的是这样一种频率范围,信道对该频率范围内的正弦信号呈现相同的阻抗特性,因此,只要构成基带或模拟信号的谐波信号频率在信道的带宽内,信号就可无失真地通过该信道。这是信道带宽的确切定义,与信道传输速率是两个不同的概念,但信道带宽与信道允许达到的最高传输速率(即信道容量)成正比关系。

4. 调制与解调

如图 2.1 所示,用单一频率的正弦信号作为载波信号对数字信号进行处理,用处理后生成的模拟信号表示数字信号表示的数据的过程称为调制;相反,对模拟信号进行处理,重新还原数字信号的过程称为解调,模拟信号称为载波信号的调制信号,它是以载波信号频率为中心频率的带通信号,即模拟信号能量集中在载波信号频率附近。调制解调技术的作用是可以将原本只能在较大带宽信道上传播的数字信号,调制为以载波信号频率为中心频率的,且带宽在窄带范围内的带通信号。

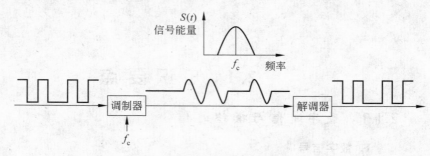

图 2.1　调制解调过程

奈氏准则:没有噪声的理想物理链路的最大码元传输速率$=2×W$,以此可以推出最大数据传输速率$C=2W\text{lb}L$,这里的 W 为物理链路的带宽,L 为信号的状态数。最大数据传输速率也称为信道容量。

香农公式:噪声情况下物理链路的最大传输速率$C=W\text{lb}(1+S/N)$,W 是物理链路的带宽,S 是信号的平均功率,N 是噪声的平均功率。

2.1.2　传输媒体

1. 传输媒体性能比较

传输媒体的选择取决于以下几个因素:一是无中继传输距离;二是传输媒体本身的成本;三是传输媒体的驱动和接收电路成本;四是传输媒体的布线方便性;五是抗电磁干扰能力。

目前常见的三种传输媒体的性能特性如下:

（1）根据无中继传输距离排序:光纤(最远)、同轴电缆、双绞线缆。

（2）根据传输媒体本身的成本排序:双绞线缆(最便宜)、光纤、同轴电缆。

（3）根据驱动和接收电路成本排序:双绞线缆(最便宜)、同轴电缆、光纤。

（4）根据布线方便性排序:双绞线缆(最方便)、光纤、同轴电缆。

（5）根据抗电磁干扰能力排序:光纤(最强)、同轴电缆、双绞线缆。

因此,光纤和双绞线缆是最常使用的网络传输媒体。光纤常被作为要求无中继传输距离远、抗电磁干扰能力强的应用环境下的信道,而双绞线缆常被作为要求无中继传输距离较短、布线成本较低的应用环境下的信道。

2. 电/光转换中的调制操作

光信号也是一种电磁波,因此,将数字信号转换成光脉冲的过程其实就是振幅键控调制过程。由于光纤的带宽很大,因此,光纤的通信容量很大。

2.1.3　时分复用和统计时分复用

1. 时分复用

时分复用的特点,一是线路传输速率大于或等于复用在线路上的物理链路的传输速率之和,如图 2.2(a)所示,复用在同一条线路上的 4 条物理链路的传输速率之和等于线路的传输速率。二是复用在线路上的物理链路和时隙之间存在固定的绑定关系,分用器根据数据的时隙号就可确定数据所属的物理链路,因此,数据本身不携带任何用于标识所属物理链路的信息,如图 2.2(b)所示。这种物理链路和时隙之间存在固定绑定关系的复用方式也称为同步时分复用。三是复用期间,物理链路和时隙之间绑定关系一直存在,即使某条物理链路没有数据传输,对应时隙也为其保留,尽管这样会造成线路带宽浪费,如图 2.2(c)所示。

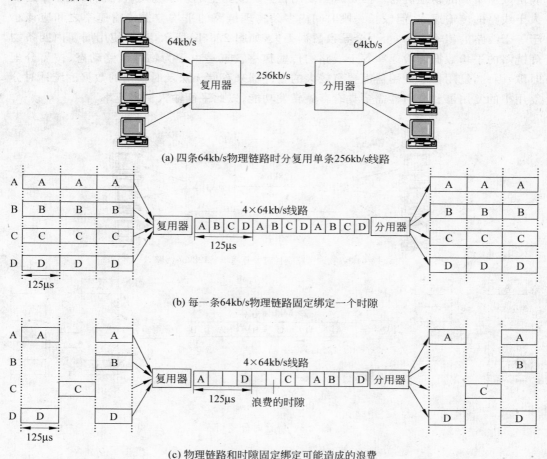

(a) 四条64kb/s物理链路时分复用单条256kb/s线路

(b) 每一条64kb/s物理链路固定绑定一个时隙

(c) 物理链路和时隙固定绑定可能造成的浪费

图 2.2　时分复用

2. 统计时分复用

统计时分复用,一是为了提高线路的利用率,使得复用在同一线路上的多条物理链路的传输速率之和大于线路的传输速率,如图 2.3(a)所示,4 条传输速率为 64kb/s 的物理链路复用到一条传输速率为 128kb/s 的线路上。二是在复用在同一线路上的多条物理链路的传输速率之和大于线路的传输速率的前提下,物理链路和时隙之间无法建立固定的绑定关系,必须为物理链路动态、按需分配时隙,如图 2.3(b)所示,第一个使用周期内的两个时隙分配给 A 和 B 物理链路,第二个使用周期内的两个时隙被分配给 C 和 D 物理链路,而且,D 物理链路在第一个使用周期没有传输的数据,在第二个使用周期得到传输,这种为物理链路动态、按需分配时隙的复用方式称为异步复用方式。三是由于物理链路与时隙之间没有固定的绑定关系,因此,不能根据数据的时隙号确定数据所属的物理链路,数据本身必须携带用于标识其所属物理链路的标识信息,分用器根据数据的标识信息确定数据所属的物理链路。四是虽然复用在同一线路上的多条物理链路的传输速率之和大于线路的传输速率,但较长一段时间内多条物理链路的平均数据传输速率之和应该小于等于线路的传输速率,否则会导致数据丢失,如图 2.3(b)所示,三个使用周期内四条物理链路的平均数据传输速率等于线路的传输速率。五是由于为物理链路动态、按需分配时隙,因此,复用器和分用器需要有较大的缓冲器来存储无法及时输出的数据。统计时分复用中的复用器和分用器需要具有存储转发功能,以此平衡输入输出速率。

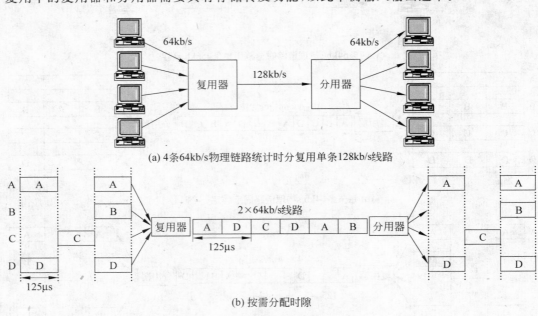

(a) 4条64kb/s物理链路统计时分复用单条128kb/s线路

(b) 按需分配时隙

图 2.3 统计时分复用

2.1.4 差错控制技术

1. 数据传输出错的原因

数据经过信道传输,和经过中间转发结点存储转发都有可能出错,二进制位流出错意味着其中几位二进制数的值发生变化,甚至二进制位流模式发生改变。数据经过信道传输后出错的原因是噪声,噪声分为热噪声和冲击噪声。热噪声是由导体的电子热运动产生的,其特点是时刻存在,幅度较小,强度与信号频率无关,频谱很宽。冲击噪声由外部电子干扰引起的。与热噪声相比,冲击噪声的幅度很大。与信号比特时间相比,冲击噪声的持续时间较长。接收端接收到的是信号和噪声叠加后的结果,如果叠加结果使得原来表示数字 0 的信号形态变为表示数字 1 的信号形态,或相反,使得原来表示数字 1 的信号形态变为表示数字 0 的信号形态,就会导致接收端接收错误。显然,冲击噪声是引发数据传输出错的主要原因,而且往往引发连续多位二进制数出错。提高信号强度对消除由热噪声引发的传输出错比较有效,对消除由冲击噪声引发的传输出错作用不大。

2. 误码率

某个传输系统的误码率(Bit Error Rate,BER)指二进制位在该传输系统中传输出错的概率,等于一段时间内传输系统传输出错的比特数/传输系统传输的总比特数。

3. 检错和纠错

数据经过信道传输出现错误时,检错机制指接收端能够检测出这些错误,纠错机制是指接收端不仅能够检测出这些错误,而且具有纠正这些错误的能力。对于二进制位流中少数几位值发生变化的出错情况,只要接收端能够定位值发生变化的二进制数的位置,可以通过取反这些二进制数的值实现纠错。对于二进制位流模式发生改变的出错情况,如位同步失败,由于无法正确区分每一位二进制数,实现纠错是几乎不可能的。即使是前一种情况,设计纠错码也是一件十分复杂的事情,因此,计算机网络中除了实时数据采用纠错机制外,一般都采用检错机制。

检错码是数据的函数,$C=F(D)$。其中,C 是检错码,D 是数据,理想的函数应该是 C 的位数尽可能少,F 的计算过程尽可能简单,而且对于任何 D 和 D',只要 $D \neq D'$,$F(D) \neq F(D')$。但事实上是不可能的,因此,只能在 C 的位数、F 的计算复杂度和能够检测的错误状况之间平衡。检验和与循环冗余检验是三者之间取得较好平衡的检错码计算方式。

4. 重传机制

端到端实现可靠传输,只有检错机制是不够的,一旦接收端检出错误,只能丢弃传输过程中发生错误的数据,问题是如何让发送端知道这一情况,并重新传输因为传输出错被接收端丢弃的数据。另外,如果是分组交换网络的端到端传输过程,发送端发送的分组可能因为多种原因被中间转发结点丢弃,以至于接收端根本没有接收到该分组,发送端如何知道这一情况?

目前解决这一问题的方法是确认应答和重传定时器(也称重传计数器)。发送端发送数据后,启动重传定时器,如果直到重传定时器溢出(经过了某个规定的时间)也没有接收到接收端对应该数据的确认应答,发送端再次传输该数据。接收端只有通过检错机制确定接收到的数据传输过程中没有发生错误后,才向发送端发送确认应答。这种通过确认应答和重传定时器来实现数据重新传输的机制称为自动请求重传(Automatic Repeat Request,ARQ),是目前普遍采用的重传机制。

5. 重传机制中的几种情况

1) 信道两端传输过程

信道两端传输过程如图 2.4 所示,特点如下:

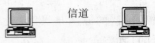

图 2.4 信道两端传输过程

(1) 接收顺序和发送顺序一致。

(2) 在信道传输速率、分组最大长度和信道最大长度固定的情况下,端到端最大传输时延是可以确定的,这意味着可以相对精确地设置重传定时器的值(两倍端到端最大传输时延)。

2) 数据报分组交换网络和互连网络端到端传输过程

互连网络本质上是数据报 IP 分组交换网络,端到端传输过程如图 2.5 所示,特性如下:

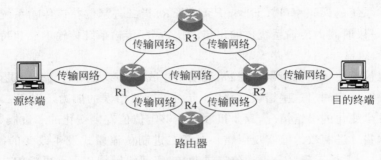

图 2.5 互连网络端到端传输过程

(1) 每一个 IP 分组独立选择传输路径,相同源终端和目的终端的 IP 分组序列可能选择多条不同的传输路径。

(2) 由于 IP 分组在路由器中的排队等待时延和经过该路由器的流量及信息流模式有关,排队等待时延是随机的,是不可确定的,因此无法确定 IP 分组最大端到端传输时延。

(3) 由于相同源终端和目的终端的 IP 分组可以选择不同的传输路径,这些传输路径经过的路由器又可能有着不同的拥塞状态,因此,IP 分组到达目的终端的顺序和 IP 分组的发送顺序可能不同。

(4) IP 分组允许的最大端到端传输时延称为 IP 分组在互连网络中的最大生存时间,这个时间可以很大,不能根据该时间设置重传定时器的值。

3) 发送窗口和接收窗口

连续 ARQ 允许多帧处于传输过程中,处于传输过程中的帧是指发送端已经发送,但接收端没有确认的帧,发送窗口指允许处于传输过程中的最大帧数,显然,停止等待算法由于只允许一帧处于传输过程中,因而它的发送窗口为 1。接收窗口是接收端允许接收的帧的数目,如果接收端只允许接收按序到达的帧,即只允许接收其序号和接收序号相同的帧,则接收窗口为 1,如果允许接收未按序到达的帧,即允许接收其序号和接收序号不同的帧,则接收窗口大于 1。

4) 两种传输环境对差错控制机制的影响

两种传输环境对差错控制机制的影响如下:

（1）除了卫星信道，一般情况下，互连网络端到端传输时延远大于信道两端传输时延，这就意味着为了提高吞吐率，互连网络传输环境下的发送端应该有更大的发送窗口。

（2）由于序号的作用是为了让接收端鉴别出所有可能重复接收的分组，因此，互连网络传输环境下的序号范围应该等于发送端在分组最大生存时间内允许发送的分组数，而信道两端传输环境下的序号范围应该是发送窗口和接收窗口之和，两者相差很大。

（3）设置互连网络传输环境下的重传定时器溢出时间是一个比较复杂的过程。

2.1.5 信道与数据链路

1. 物理层功能

如图 2.6 所示，信道是两端物理层之间的信号传输通路，发送端物理层的功能是从发送端数据链路层接收比特流，将其转换成适合信道传输的信号形式，并将其发送到信道上。接收端物理层的功能将通过信道接收到的信号转换为比特流，并将其传递给接收端数据链路层。

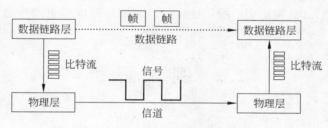

图 2.6 信道与数据链路的关系

2. 数据链路层功能

数据链路层的功能是在两端数据链路层之间正确传输帧，数据链路就是两端数据链路层之间传输帧的通路。从图 2.6 可以看出，数据链路层之间是不存在实际的传输路径的，两端数据链路层之间正确传输帧的功能通过物理层服务和数据链路层协议共同完成。

数据链路层之间传输的分组格式称为帧，除了数据，还需包括实现帧正确地从发送端链路层传输到接收端链路层所需的控制信息，如果是点对点信道，控制信息不需包括路由信息，如果是广播信道，控制信息中需要包括发送端和接收端链路层地址。为了实现差错控制，控制信息中需要包括检错码、序号等和实现差错控制有关的控制信息。

为了在物理层提供的不可靠比特流传输服务的基础上实现两端链路层之间正确传输帧，两端链路层之间需要协调差错控制机制，如检错码生成算法、检错－重传机制、停止等待算法或连续 ARQ 等。

上述协调过程或是静态完成，或是动态完成，若是动态完成，两端链路层之间在传输帧之前有一个动态协调与正确传输帧有关的机制、算法和参数的过程，这个过程称为数据链路建立过程。

静态或动态建立数据链路后，发送端链路层生成数据帧，将构成数据帧的比特流传递给发送端物理层，同时，将数据帧存储在发送缓冲器，启动重传定时器。接收端物理层将构成数据帧的比特流传递给接收端链路层，接收端链路层确定数据帧的起始和结束比特，根据数据帧的帧结构,分离出数据和控制信息,完成寻址和差错检测。在确定数据帧无差错后,生成确认应答帧,由接收端物理层将构成确认应答帧的比特流传输给发送端物理层,发送端链路层同样完成帧定界、寻址和差错检测操作。在确定确认应答帧无差错后,删除缓冲器中的数据帧,关闭和数据帧关联的重传定时器,完成一帧数据帧从发送端链路层至接收端链路层的传输过程。

3. 数据链路和信道关系

信道是两端物理层之间传输信号的通路,数据链路是两端链路层之间传输帧的通路,通过链路层的差错控制机制,数据链路是一条能够实现帧正确传输的通路,数据链路正确传输帧的功能通过物理层提供的服务和数据链路层的协议实现,物理层提供的比特流传输服务通过在信道上传输表示比特流的信号完成。

值得指出的是,OSI 体系结构中的数据链路指的是连接在相同信道上两个端点之间传输帧的通路,对于互联网结构,数据链路指得是连接在相同传输网络上两个端点之间传输帧的通路,这个通路可能由分组交换机和分组交换机互连的多段信道组成,为了和 OSI 体系结构有所区别,互连网络中一般用链路表示相同传输网络上两个端点之间传输帧的通路。

2.2 例题解析

2.2.1 自测题

1. 选择题

(1) 数字通信的优势在于_____。

    A. 物理链路带宽要求低   B. 无中继传输距离远

    C. 信号容易再生   D. 信号衰减小

(2) 信号失真是指_____。

    A. 信号因衰减而幅度变小   B. 信号因衰减而幅度变大

    C. 无中继传输距离变小   D. 不同频率的信号衰减不同

(3) 单根同轴电缆最好情况下能够实现_____。

    A. 单工通信   B. 半双工通信   C. 全双工通信   D. 点对点通信

(4) 实现全双工通信,需要_____。

    A. 一对双绞线   B. 两根光纤   C. 一根同轴电缆   D. 广播信道

(5) 广播信道无法实现的是_____。

    A. 单工通信   B. 半双工通信   C. 全双工通信   D. 广播通信

(6) 光纤适合数字通信的主要原因是_____。

    A. 光纤带宽高   B. 光纤无中继传输距离远

    C. 光纤容易安装   D. 光纤传播光脉冲

(7) 同轴电缆优于双绞线缆的地方是_____。

    A. 带宽高   B. 容易安装   C. 价格便宜   D. 方便布线

（8）无噪声信道上传输单一频率正弦信号会引发_____。

    A. 信号衰减　　　　B. 信号失真　　　　C. 信号过滤　　　　D. 信号屏蔽

（9）经调制器调制后的载波信号是_____。

    A. 单一频率正弦信号

    B. 宽带低通信号

    C. 以载波信号频率为中心频率的窄带带通信号

    D. 宽带高通信号

（10）检错和重传适合的传输环境是_____。

    A. 小概率、随机传输错误　　　　　　B. 小概率、单位传输错误

    C. 大概率、单位传输错误　　　　　　D. 大概率、随机传输错误

（11）纠错码适合的传输环境是_____。

    A. 小概率、随机传输错误　　　　　　B. 高可靠传输环境

    C. 大概率、单位传输错误　　　　　　D. 大概率、随机传输错误

（12）序号的主要作用是_____。

    A. 标识发送顺序　　　　　　　　　　B. 避免接收端重复接收分组

    C. 分组的唯一标识符　　　　　　　　D. 避免发送端重复发送分组

（13）停止等待算法采用 1 位序号的前提是_____。

    A. 分组出错概率小　　　　　　　　　B. 确认应答出错概率小

    C. 分组发送顺序和接收顺序相同　　　D. 每轮只发送一个分组

（14）振幅键控调制技术解决信号衰减的前提是_____。

    A. 窄带带通信号的衰减系数相同　　　B. 传输距离近几乎没有衰减

    C. 振幅键控调制技术与信号衰减无关　D. 降低波特率

（15）如果想要在 PSTN 用户线上取得较高传输速率，一般不采用调频技术，其原因是_____。

    A. 调频技术的抗干扰能力差　　　　　B. 调频技术对信号衰减敏感

    C. 调频后的载波信号传输距离近　　　D. PSTN 用户线带宽窄

（16）QAM256 指的是_____。

    A. 传输速率=256kb/s　　　　　　　　B. 采用 256 级信号幅度

    C. 采用 256 种不同的相位　　　　　　D. 256 种不同的信号状态

（17）下述_____不是在户外采用光缆的原因。

    A. 无中继传输距离远　　　　　　　　B. 抗电磁干扰能力强

    C. 容易安装　　　　　　　　　　　　D. 光缆的密封性好

（18）互连网络端到端传输过程不采用停止等待算法的主要原因是_____。

    A. 需要多位二进制数作为序号　　　　B. 传输过程中出现错误的概率增加

    C. 不容易实现　　　　　　　　　　　D. 端到端传输时延大

（19）信道两端采用连续 ARQ 算法时，确定序号的二进制位数是_____。

    A. 信道距离　　　　　　　　　　　　B. 信道传输速率

    C. 分组平均长度　　　　　　　　　　D. 发送窗口和接收窗口大小

(20) 互连网络两端采用连续 ARQ 算法时,确定序号的二进制位数是_____。

    A. 往返时延   B. 分组最大生存时间

    C. 分组平均长度   D. 发送窗口和接收窗口大小

(21) 如果数据传输速率为 4800b/s,采用 16 种不同相位的移相键控调制技术,则调制速率为_____。

    A. 4800baud   B. 3600baud   C. 2400baud   D. 1200baud

(22) 如果某个无噪声信道的带宽是 4000Hz,采用 16 种不同相位的移相键控调制技术,则数据传输速率为_____。

    A. 16kb/s   B. 32kb/s   C. 48kb/s   D. 64kb/s

(23) 如果某个无噪声信道的带宽是 4000Hz,采用 16 种不同相位的移相键控调制技术,则最大码元传输速率为_____。

    A. 8Kbaud   B. 16Kbaud   C. 32Kbaud   D. 48Kbaud

(24) 若信号的波特率为 600baud,信号的状态数为 16,数据传输速率为_____。

    A. 600b/s   B. 1200b/s   C. 2400b/s   D. 4800b/s

(25) 链路层若采用后退 N 帧 ARQ 协议进行流量控制,帧序号采用 7 位二进制数,则发送窗口的最大长度为_____。

    A. 7   B. 8   C. 127   D. 128

(26) 如果计算 CRC 校验码的生成多项式为 $G(x) = x^{16} + x^{15} + x^2 + 1$,生成的 CRC 校验码的长度为_____。

    A. 2   B. 4   C. 16   D. 32

(27) 图 2.7 所示是一种_____调制方式。

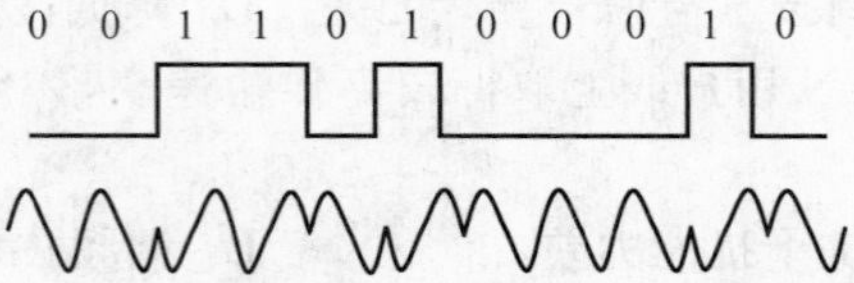

图 2.7 信号调制过程

    A. ASK   B. FSK   C. PSK   D. DPSK

2. 填空题

(1) 信道上常用_____表示数据,其原因是_____、_____和_____。

(2) 远距离无中继系统的窄带信道适合传输_____,它是以_____为中心频率的窄带带通信号,将数字信号变为这种窄带带通信号的过程称为_____,将这种窄带带通信号还原成数字信号的过程称为_____。

(3) 现有的通信方式有_____、_____和_____,区分它们的基本要素是_____和_____。只有点对点双向信道才能使用_____,广播信道一般采用_____。

(4) 常用的导向传输介质有_____、_____和_____,_____适合远距离和户外传输环境,其他两种传输介质中,_____的带宽比_____高,因此,_____更适合传输高速数字信号,但它的高成本和不便于布线的特点使得_____和_____成为目前局域网最常见的传输介质。

（5）多模光纤适合作为_____和_____信道,单模光纤适合作为_____和_____信道,它们的成本差距主要在于发送和接收电路,因此,互连单模光纤的转发结点的价格比较高。

（6）数据通信一般对传输时延和时延抖动不怎么敏感,因此,适合采用_____和_____差错控制机制。实时数据,如视频、语音,对传输时延很敏感,因此,常采用_____差错控制机制。

（7）载波信号的特征有_____、_____和_____,相应有了_____、_____和_____调制技术,如果希望取得较高数据传输速率,需要采用_____调制技术,通过_____和_____两两组合产生较多的信号状态数。

（8）双绞线缆好于同轴电缆的地方有_____、_____和_____,双绞线缆和同轴电缆无法取代光缆的原因有_____、_____和_____。

（9）停止等待算法采用 1 位序号的前提是_____,互连网络端到端传输过程和信道两端传输过程的主要不同点在于_____、_____和_____。

（10）连续 ARQ 适用于_____传输路径。信道两端采用连续 ARQ 的情况通常是_____,序号位数由_____和_____确定。互连网络端到端通常采用连续 ARQ,序号位数由_____确定。

（11）HDLC 帧定界通过_____解决,为了实现数据的透明传输,需要采用_____,以此避免数据中出现_____。

（12）目前常见的复用技术有_____、_____、_____和_____。波分复用的本质是_____,但光信号是_____的载波信号经过_____调制后的结果。

（13）对于链路层差错控制,如果序号的二进制位数为 3,接收窗口等于 1 的情况下,最大发送窗口等于_____,接收窗口等于发送窗口的情况下,最大发送窗口等于_____。

（14）对于互联网端到端差错控制机制,只有保证在_____不出现_____相同的分组,才能避免发生接收端重复接收分组的情况。

（15）隐式通知机制下,发送端通过_____感知发送的分组经过拥塞结点,需要_____发送速率,实现隐式通知机制的前提是_____。

3. 名词解释

_____数据传输速率		_____波特	
_____基带传输		_____频带传输	
_____数字信号		_____模拟信号	
_____单工通信		_____全双工通信	
_____信道容量		_____半双工通信	
_____调制过程		_____解调过程	
_____奈氏准则		_____香农公式	
_____QAM		_____停止等待算法	

_____振幅键控调制技术　　　_____连续 ARQ

（a）数据只能沿一个固定方向传输的通信方式。

（b）每秒经过信道传输的二进制位数。

（c）将数字信号变为以载波信号频率为中心频率的窄带带通信号的过程。

（d）数据允许沿两个方向传输，但是，任一时刻只能沿一个方向传输数据的通信方式。

（e）正交幅度调制，一种通过多级幅度和多种相位的两两组合产生更多信号状态数的调制技术。

（f）一种保证发送的数据已经被接收端正确接收后，才发送下一组数据的差错控制技术。

（g）通过在信道上传播数字信号实现数据传输的方式。

（h）将以载波信号频率为中心频率的窄带带通信号还原成数字信号的过程。

（i）指定带宽和信噪比的信道的最高数据传输速率。

（j）无噪声信道的码元传输速率是该信道带宽的两倍。

（k）存在噪声的信道的容量计算公式。

（l）在往返时延较大的情况下，为了提高端到端路径或信道的吞吐率，允许多组数据处于传输状态的差错控制技术。

（m）单位时间内信号变化的次数。

（n）通过在信道上传播模拟信号实现数据传输的方式。

（o）一种用多级信号幅度表示多个信号状态的调制技术。

（p）允许同时沿两个方向传输数据的通信方式。

（q）一种用两种电平表示二进制数 0 和 1 的信号。

（r）一种幅度连续、时间连续的信号。

4．判断题

（1）相同信道下，数字通信的传输速率比模拟通信高。

（2）数字信号衰减比模拟信号小。

（3）数字信号经过物理信道传播不会失真。

（4）模拟信号要求较高带宽。

（5）同轴电缆的频率特性好于双绞线缆。

（6）信道两端最大传输时延可以确定。

（7）互连网络端到端最大传输时延可以确定。

（8）确定信道的带宽，就可确定信道容量。

（9）调制后的模拟信号经过用户线传播后的衰减可以忽略不计。

（10）纠错码可以纠正所有可能的传输错误。

（11）检错码能够检测出所有可能的传输错误。

（12）停止等待算法只需一位二进制数作为序号。

（13）连续 ARQ 可以得到 100% 的传输效率。

（14）光纤适用于户外传输环境的主要原因在于生产工艺导致的密封性好。

（15）双绞线缆取代同轴电缆的原因在于传输速率。

（16）检错、重传是适合于所有传输环境的差错控制技术。

（17）调制过程是把数字信号变为模拟信号，是 D/A 转换，解调过程是把模拟信号变为数字信号是 A/D 转换。

（18）提高信噪比可以降低突发性差错。

（19）HDLC 是面向比特的链路层协议。

（20）时分和频分复用的目的是在单条线路上同时建立多条物理链路。

（21）HDLC 信息帧能透明传输数据。

2.2.2　自测题答案

1. 选择题答案

（1）C，数字信号的特点是其容易再生。

（2）D，失真是信号形状发生改变，原因是不同频率的谐波信号的衰减不同。

（3）B，单根同轴电缆同时只能实现一个方向数据传输。

（4）B，一根光纤、一对双绞线和一根同轴电缆可以构成一个信道，两根光纤可以构成双向信道。

（5）C，能够实现全双工通信的一般是点对点、双向信道。

（6）D，光脉冲是数字信号。

（7）A，同轴电缆由于中心导体较粗，频率特性比双绞线缆好。

（8）A，信号经过信道传播必然发生衰减。

（9）C，虽然载波信号是单一频率正弦信号，但调制后的模拟信号是以载波信号频率为中心频率的窄带带通信号。

（10）A，小概率出错适合重传，随机错误很难采用纠错技术。

（11）C，大概率出错可能需要多次重传才能成功，重传成本太高，单位出错适合纠错技术。

（12）B，序号作用一是避免接收端重复接收分组，二是让接收端对分组重新排序。

（13）C，不能发生分组先发后至（或是后发先至）的情况。

（14）A，衰减系数相同，可以通过放大器解决衰减问题。

（15）D，调频需要多个不同频率的信号，用户线带宽窄，无法选出太多不同频率的信号。

（16）D，QAM 指同时改变信号幅度和相位的正交幅度调制，256 是不同的信号状态数。

（17）C，户外传输需要防止电磁干扰（尤其是雷电）、需要无中继传输距离远（楼与楼间隔远）、需要防水汽渗入。

（18）D，端到端传输时延越大，停止等待算法的吞吐率越低。

（19）D，序号范围必须保证接收端不会将相同序号的同一个分组作为两个序号相同的不同分组，或是将两个序号相同的不同分组作为同一个分组。

（20）B，分组最大生存时间内不允许出现序号重复的分组，以免出现接收端将相同序号的同一个分组作为两个序号相同的不同分组接收的情况。

(21) D,数据传输速率＝调制速率×lb 信号状态数,当信号状态数＝16 时,调制速率＝数据传输速率/4。

(22) B,$C=2W\mathrm{lb}L$,当 $W=4\mathrm{kHz}$,$L=16$ 时,$C=32\mathrm{kb/s}$。

(23) A,最大码元传输速率(调制速率)＝$2\times W$,W 是带宽,与信号状态数无关。

(24) C,数据传输速率＝波特率×$\mathrm{lb}L=600\times\mathrm{lb}16=2400\mathrm{b/s}$。$L$ 是信号状态数。

(25) C,链路层若采用后退 N 帧 ARQ 协议,最大发送窗口＝$2^7-1=127$。

(26) C,CRC 校验码长度等于生成函数的最高阶数。

(27) C,图中二进制数 0 和 1 对应的信号的相位参考一个标准信号的相位进行变化,这种调相方式称为绝对调相,如果信号相位相对于前一个信号相位进行变化,这种调相方式称为相对调相,如果没有特别说明,PSK 指的是绝对调相。相对调相又称为差分 PSK,用 DPSK 表示。

2. 填空题答案

(1) 数字信号,数字信号容易再生,转发结点大都采用数字处理器,光纤等传输媒介适合传输数字信号。

(2) 模拟信号,载波信号频率,调制,解调。

(3) 单工,半双工,全双工,数据传输方向是否固定,能否同时双向传输数据,全双工通信方式,半双工通信方式。

(4) 同轴电缆,双绞线缆,光缆,光缆,同轴电缆,双绞线缆,同轴电缆,光缆,双绞线缆。

(5) 低速,近距离,高速,远距离。

(6) 检错,重传,纠错。

(7) 幅度,频率,相位,振幅键控,移频键控,移相键控,正交幅度,多级幅度,多种相位。

(8) 低成本,方便布线,适合作为全双工点对点信道,光缆无中继传输距离远,抗电磁干扰能力强,密封性好。

(9) 分组发送顺序和接收顺序相同,传输时延大,传输时延抖动大,发送顺序和接收顺序不一致。

(10) 互连网络端到端,信道两端之间距离较远,发送窗口,接收窗口,分组最大生存时间。

(11) 标识字段特殊位流模式,位填充技术(或 0 比特插入/删除技术),和标识字段相同的位流模式。

(12) 频分复用技术,时分复用技术,波分复用技术,码分复用技术,频分复用,单一频率,振幅键控调制技术。

(13) $7(2^3+1)$,$4(2^3/2)$。

(14) 分组最大生存时间内,序号。

(15) 分组丢失,调低,分组经过拥塞结点是分组丢失的主要原因。

3. 名词解释答案

b	数据传输速率	m	波特
g	基带传输	n	频带传输
q	数字信号	r	模拟信号
a	单工通信	p	全双工通信
i	信道容量	d	半双工通信
c	调制过程	h	解调过程
j	奈氏准则	k	香农公式
e	QAM	f	停止等待算法
o	振幅键控调制技术	l	连续 ARQ

4. 判断题答案

（1）错，数字信号对带宽的要求较高，相同信道，数字信号的传输速率可能低于模拟信号的波特。

（2）错，数字信号包含更多的谐波信号，有些谐波信号的衰减程度较大，导致数字信号总的衰减程度可能比模拟信号大。

（3）错，数字信号包含更多的谐波信号，不同频率的谐波信号的衰减程度不同，数字信号更容易失真，只是信号再生过程能够使数字信号还原。

（4）错，模拟信号可以是不同带宽的带通信号。

（5）对，同轴电缆中心导体较粗，频率特性较好，它只是成本高，不便布线。

（6）对，由于可以规定最大分组长度和信道最大距离，而信道两端之间传输时延由发送时延和传播时延构成，确定了最大发送时延和最大传播时延，自然可以确定最大传输时延。

（7）错，由于每一个分组独立选择端到端传输路径，且转发结点的排队等待时延与互连网络的流量和信息流模式有关，因此，无法确定端到端最大传输时延。

（8）错，信道容量不仅与带宽有关，还与信号状态数（无噪声信道）或信噪比（有噪声信道）有关。

（9）错，由于调制后的模拟信号是用户线带宽内的窄带带通信号，各次谐波信号有着相同的衰减系数，可以通过放大解决信号衰减问题。

（10）错，对于 N 位二进制数的数据，即使不计代价，也几乎无法产生能够纠正任意错误模式的纠错码。

（11）错，由于检错码本身传输过程中可能出错，因此，设计能够检测出任意错误模式的检错码是很困难的。

（12）错，它的前提是分组发送顺序和接收顺序相同，但这一前提在互连网络端到端传输过程中是很难保证的。

（13）错，一是 100% 传输效率要求发送窗口能够动态调整，以便和往返传输时延匹配，因此，发送端必须事先确定最大发送窗口，由于序号位数和发送缓冲器需要根据最大发送窗口确定，最大发送窗口必须有所限制。二是发送窗口需要受制于网络拥塞状态，因此，100% 传输效率是很难实现的。

（14）错，主要是光缆的抗电磁干扰能力和无中继传输距离远。

（15）错，双绞线缆取代同轴电缆的主要原因是成本低、方便布线、适合作为全双工信道。

（16）错，适合于传输出错的概率小，同时对传输时延要求不高的传输环境。

（17）错，D/A、A/D 是专用术语，D/A 是把数值转变为一定幅度的电压或电流，A/D 是把一定幅度的电压或电流转变为数值，这两种转换过程与调制解调过程不同。

（18）错，提高信噪比只能降低热噪声引起的随机差错，而突发性差错主要是由突发性外来干扰引起的，如户外闪电、强磁感应等，提高信噪比对降低这些差错的作用不大。

（19）对，面向比特和面向字符的依据是物理层完成比特同步，还是字符同步，即物理层传输的是比特流，还是字符流。

（20）对，频分和时分复用属于物理层功能，其目的是在单条线路上创建多条物理链路。

（21）对，一旦数据中出现和标识字段相同的位流模式，通过位填充技术（0 比特插入/删除技术）解决。

2.2.3　计算题解析

（1）带宽为 4000Hz 的无噪声信道，采用振幅键控调制技术，信号幅度等级分为 16 级，求数据传输速率。

【解析】　数据传输速率 $C = 2W \text{lb} L$，当 $W = 4\text{kHz}$，$L = 16$ 时，$C = 32\text{kb/s}$。

（2）带宽为 4000Hz 的噪声信道，噪声比为 1000（或为 30dB），求信道容量。

【解析】　信道容量 $C = W\text{lb}(1 + S/N)$，$W = 4\text{kHz}$，$S/N = 1000$，$C = 4 \times \text{lb} 1001 = 39.869\text{kb/s}$。

（3）某个调制解调器采用 QAM 调制技术，由 16 种不同相位和 16 级不同幅度等级的信号参与调制，假定调制速率为 4800baud，求数据传输速率。

【解析】　信号状态数 $= 16 \times 16 = 256$，数据传输速率 = 调制速率 × lb 信号状态数 $= 4.8 \times 8 = 38.4\text{kb/s}$。

（4）10Mb/s 数字信道，如果信号传播速率为 $(2/3)c$，求出每一位二进制数在信道上的长度。

【解析】　比特时间 $= 1/(10 \times 10^6) = 10^{-7}\text{s}$，比特长度 = 比特时间 × 传播速率 $= 10^{-7} \times 2 \times 10^8 = 20\text{m}$。

（5）如果需要在间隔 1000km 的两地之间传输 3Kb 数据，一种方式是直接通过传输速率为 4.8kb/s 的电缆，另一种方式是通过传输速率为 50kb/s 的卫星信道，假定卫星信道两端之间的单向传播时延为 270ms，信号在电缆的传播速率为 $(2/3)c$，分别求出这两种传输方式所需要的时间。

【解析】　第一种方式所需时间 = 发送时延 + 传播时延 $= 3/4.8 + 1000/(2 \times 10^5) = 0.625 + 0.005 = 0.63\text{s}$。

第二种方式所需时间 = 发送时延 + 传播时延 $= 3/50 + 0.27 = 0.33\text{s}$。

需要指出的是：卫星信道的传播时延与两端之间距离无关。

（6）已知某个信道的误码率是 10^{-5}，帧长为 10Kb，试问：

① 若信道是单位出错，帧的平均出错率是多少？

② 若信道是平均长度为 50b 的突发性出错，帧的平均出错率是多少？

【解析】　误码率是 10^{-5}，意味着每 10^5 位比特发生一位比特错误。

① 如果信道是单位错，则错误间隔是 10^5 比特，即 $10^5/(10\times 10^3)=10$ 帧，每 10 帧中有一帧有 1 位二进制位错误，帧的平均出错率是 10%。

② 若信道是平均长度为 50b 的突发性出错，则错误间隔是 50×10^5 比特，即 $(50\times 10^5)/(10\times 10^3)=500$ 帧，每 500 帧中有一帧有 50 位二进制位错误，帧的平均出错率是 0.2%。

（7）在数据传输速率为 50kb/s 的卫星信道上发送长度为 1Kb 的帧，假设确认帧的长度忽略不计，帧的序号位数是 3，卫星信道端到端单向传播时延为 270ms，求出停止等待算法和连续 ARQ 算法下的信道利用率。

【解析】　由于确认帧长度忽略不计，往返时延＝数据帧发送时延＋2×端到端单向传播时延 $=10^3/(50\times 10^3)+2\times 0.27=0.56s$。

对于停止等待算法，往返时延内只传输一帧数据帧，信道利用率 $=10^3/(0.56\times 50\times 10^3)=0.0357$。

3 位比特序号的连续 ARQ，允许在接收到确认应答前连续发送 2^3-1 帧数据帧，信道利用率 $=(7\times 10^3)/(0.56\times 50\times 10^3)=0.25$。

（8）假定信道的传输速率为 4kb/s，单向传播时延为 20ms，确认帧的长度忽略不计，帧长多大时，停止等待算法的信道利用率为 50%？

【解析】　当确认帧长度忽略不计时，往返时延＝发送时延＋2×单向传播时延，当发送时延＝2×单向传播时延，信道利用率＝50%，因此，帧长 $=2\times 0.02\times 4\times 10^3=160b$。

（9）假定数据为 11100011，生成多项式 $G(x)=x^5+x^4+x+1$，求 CRC 校验码。

【解析】　CRC 校验码是 $x^5\times(11100011)/110011$ 的余数。求余过程如图 2.8 所示，得出 CRC 校验码＝11010。

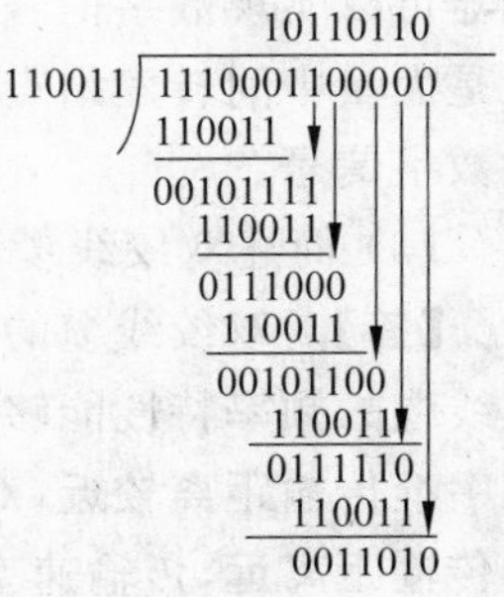

```
                        10110110
110011 ⟌ 1110001100000
         110011
         00101111
          110011
          0111000
          110011
          00101100
           110011
           0111110
           110011
           0011010
```

图 2.8　求余过程

（10）共有 4 个站和基站进行 CDMA 通信，这 4 个站的码片分别如下：

A$(-1-1-1+1+1-1+1+1)$　B$(-1-1+1-1+1+1+1-1)$

C$(-1+1-1+1+1+1-1-1)$　D$(-1+1-1-1-1-1+1-1)$

如果接收到这样的码片$(-1+1-3+1-1-3+1+1)$，问那些站发送了数据，发送的数据是什么？

【解析】　因为：

$(-1+1-3+1-1-3+1+1)(-1-1-1+1+1-1+1+1)/8$

$=(1-1+3+1-1+3+1+1)/8=1$。

$(-1+1-3+1-1-3+1+1)(-1-1+1-1+1+1+1-1)/8$

$=(1-1-3-1-1-3+1-1)/8=-1$。

$(-1+1-3+1-1-3+1+1)(-1+1-1+1+1+1-1-1)/8$
$=(1+1+3+1-1-3-1-1)/8=0$。

$(-1+1-3+1-1-3+1+1)(-1+1-1-1-1-1+1-1)/8$
$=(1+1+3-1+1+3+1-1)/8=1$。

得出：A 站发送数据 1，B 站发送数据 0，C 站没有发送数据，D 站发送数据 1。

（11）如果信道两端采用检错－重传差错控制机制，每一帧数据帧被损坏的概率为 p，假定确认帧不会被损坏和丢失，求每一帧数据帧的平均传输次数。

【解析】 $P_K=$ 数据帧经过 K 次传输成功的概率，它等于前 $K-1$ 次失败，第 K 次传输成功的概率的乘积，$P_K=p^{K-1}\times(1-p)$，平均传输次数 $=\sum_{K=1}^{\infty}k\times(1-p)\times p^{k-1}=$

$\dfrac{1-p}{p}\sum_{K=1}^{\infty}k\times p^k=\dfrac{1-p}{p}\times\dfrac{p}{(1-p)^2}=\dfrac{1}{1-p}$

2.2.4 简答题解析

（1）为使数字信号传得更远，中间使用中继器这一设备，简述中继器的功能。

【答】 中继器的功能是数字信号再生，其中包括根据阈值重新确定信号电平、用同步重新确定不同电平信号的宽度等功能。由于数字信号包含较多谐波信号，因此，容易失真，中继器是实现数字信号远距离传输的关键设备。

（2）简述数字通信优于模拟通信的原因。

【答】 数字信号优于模拟信号的主要原因一是数字信号容易再生，通过不断添加中继器可以实现数字信号无失真远距离传输；二是用数字信号表示二进制数据方便、直观；三是大量中间转发结点采用数字处理器，方便处理数字信号；四是光纤等传输媒体适合传输数字信号。

（3）简述双绞线缆和光纤成为局域网中最常见的传输媒体的原因。

【答】 双绞线缆的优势是成本低，方便布线，适合作为全双工点对点信道，不同类双绞线缆的频率特性能够满足 100m 距离内对应速率数字信号的无中继传输要求。缺点是无中继传输距离较近，对强电、强磁干扰比较敏感，不适合户外使用。光纤的优势是无中继传输距离远，传输速率高，抗电磁干扰能力强，光缆的密封性好，适合户外使用，缺点是发送、接收电路的成本较高，尤其是单模光纤，更是如此。由此可以看出，双绞线缆和光纤的互补性很强，两者结合能够满足局域网对传输媒体的所有要求。

（4）如果某条无噪声信道的带宽为 W，定量分析数字通信和模拟通信的传输速率，并回答采用数字通信的理由。

【答】 当数字信号序列是 0101… 时，基本频率是传输速率的一半，如果用 8 次谐波来拟合数字信号，在带宽为 W 的信道上，（传输速率/2）×8＝W，求出传输速率＝$W/4$。当然，0101…数字信号序列的重复周期是 2b，属于最坏的情况，当重复周期的比特数提高时，数字信号的传输速率可以进一步提高，但和带宽 W 是一个量级。

如果采用调制解调技术，将数字信号调制成模拟信号后再经过信道传输，传输速率 $C=2W\lg L$，L 是信号状态数，理论上，信号状态数可以无穷大，因此，传输速率没有上限，

但 L 越大,对调制解调器的性能要求越高,调制解调器的实现成本越高。

由于光缆的价格越来越低,使用光纤传输媒体的成本主要在于发送、接收电路的成本,采用高成本调制解调器在电缆上实现高速传输,不如采用光纤传输媒体。因此,除非是传输媒体不能更换的应用环境,如 PSTN 用户线,一般情况下用光纤实现数字信号的高速、远距离传输。

(5)信道容量的含义是什么?调制技术如何接近信道容量?

【答】 信道容量是指定带宽和信噪比的信道理论上能够实现的最大数据传输速率。好的调制技术使信道传输速率接近信道容量。由于存在噪声,码元传输速率不能太高;否则容易产生码元间串扰,由于存在噪声,QAM 调制技术的信号幅度等级和相位数都受到限制。因此,调制技术必须找出噪声环境下的最大码元传输速率,和噪声环境下的最大信号状态数,以此实现噪声环境下的最大数据传输速率。

(6)两台计算机之间传输一个文件时,可以有两种差错控制机制,一是针对分割文件后的每一个分组进行差错控制;二是对文件进行差错控制,试比较这两种差错控制机制的优缺点和各自适合的传输环境。

【答】 针对分组进行差错控制是接收端对每一个分组进行检错,对每一个正确接收到的分组发送确认应答,发送端重新传输每一个直到重传定时器溢出都没有接收到对应确认应答的分组。针对文件进行差错控制,是接收端只有在正确接收到属于文件的全部分组后,才向发送端发送表明整个文件已被接收端正确接收的确认应答。发送端如果直到重传定时器溢出都没有接收到表明整个文件已被接收端正确接收的确认应答,重新传输属于文件的所有分组。

如果两台计算机之间传输路径的传输可靠性不高,针对分组进行差错控制能够保证每一个分组都能正确地传输给接收端。反之,针对文件进行差错控制一是重新传输的成本太高;二是重新传输过程中不断有分组传输出错,导致需要反复重传多次后才能正确地把文件传输给接收端。对于可靠性较差的传输路径,在文件长度较大时,甚至无法正确地把文件传输给接收端。

如果两台计算机之间传输路径的传输可靠性很高,分组传输过程中几乎不发生传输错误,针对分组进行差错控制由于需要接收端对每一个分组发送确认应答,导致传输开销的增加。同时,可能降低发送端的吞吐率。针对文件进行差错控制不仅减少了因为发送确认应答增加的传输开销,而且能够有效提高发送端的吞吐率,降低文件总的传输时延。

(7)为什么检错-重传机制采用确认应答,能否只采用否认应答?两者各有什么问题,如何解决?

【答】 目前差错控制机制普遍采用确认应答,接收端对正确接收到的分组发送确认应答,发送端重传在规定时间内没有接收到确认应答的分组。采用否认应答是接收端只对检测出传输出错的分组发送否认应答,发送端只重传接收到对应否认应答的分组。如果发送端至接收端传输路径的传输可靠性很高,采用否认应答一是减少传输开销;二是能够使发送端及时重传传输出错的分组。

问题是采用否认应答必须解决:一是如果发送端发送的分组丢失,接收端一直没有接收到该分组,接收端如何让发送端感知这一情况;二是如果接收端发送的否认应答丢失,如何让发送端重发传输出错的分组?解决第一个问题的思路是每一个分组携带序号,一旦接收端接收到没有按序到达的分组,认为有分组丢失,发送要求重新传输接收端认为已经丢失的分组的否认应答,但如果丢失的是最后一个分组,该解决方法就有问题了。解决第二个问题的思路是接收端对发送否认应答要求重新传输的分组启动定时器,如果直到定时器溢出都没有正确接收到该分组,重发否认应答。显然,采用否认应答解决这两个问题的机制和过程比较复杂。

采用确认应答一是存在分组丢失的问题;二是存在因为确认应答丢失而使发送端再次发送接收端已经正确接收的分组的问题。

采用确认应答一是通过重传定时器解决了分组丢失的问题;二是通过序号解决了接收端重复接收同一分组的问题。显然,采用确认应答更方便实现分组的正确传输。

(8) 简述信道两端之间与互联网端到端之间差错控制技术的本质区别。

【答】 一是经过信道传输的数据不会发生错序;二是由于链路层帧的长度存在上限,因此,信道两端之间的往返时延存在上限;三是信道两端之间只存在流量控制,不存在拥塞问题。

互联网由于一是端到端之间传输路径中存在分组交换结点,分组在分组交换结点中排队等待的时间无法确定;二是端到端之间存在多条传输路径,数据报分组交换方式下每一个分组独立选择传输路径;三是一旦端到端之间传输路径中某个分组交换结点发生拥塞,分组可能被丢弃。

这些情况导致分组端到端传输时延一是足够大;二是时延抖动大;三是容易发生错序的情况;四是分组可能因为经过拥塞结点而被丢弃。

这些差异导致互联网端到端之间差错控制技术一是需要动态测算往返时延;二是分组序号的二进制位数取决于分组在互联网中的最大生存时间;三是采用连续 ARQ 算法,且发送窗口根据接收端处理能力和端到端之间传输路径的拥塞状态自动调整。

(9) 简述 HDLC 实现信道两端之间差错控制的机制。

【答】 一是 HDLC 要求主站至从站信道和从站至主站信道是相互独立的;二是由主站确定允许向主站发送数据的从站,即多个从站在主站控制下,而不是通过自由竞争从站至主站信道,完成数据传输过程;三是通过无编号帧实现主站和从站之间数据传输前的协商过程,即数据链路建立过程,以此保证实现数据传输所需要的资源;四是 HDLC 帧携带检错码,接收端以此检测 HDLC 帧传输过程中发生的错误;五是信息帧的三位发送序号允许发送端采取连续 ARQ 机制,并使发送窗口+接收窗口$=2^3$;六是信息帧和监督帧中的接收序号能够对另一端发送的发送序号小于接收序号的信息帧进行确认;七是同时支持 Go-Back-N 和选择重传机制。

2.2.5 综合题解析

(1) 假定序号二进制位数为 3,发送和接收窗口均为 4,连接在信道两端的发送端至接收端之间实现单向数据传输,给出发送端发送序号为 0~7,且序号为 4 的数据帧第一次传输时出错的数据传输过程。

【解析】　数据传输过程如图 2.9 所示,发送端的发送窗口为 4,初始允许发送序号 0～3 的数据帧,接收端初始接收序号为 0,允许接收序号范围 0～3 的数据帧。当接收端接收到序号和接收序号相同的数据帧,递增接收序号,发送确认应答,调整允许接收的序号范围。当接收到序号为 3 的数据帧,接收序号递增为 4,发送接收序号为 4 的确认应答,将允许接收的序号范围调整为 4～7。在接收序号为 4 的情况下,一旦接收到序号为 5 的数据帧,由于同一信道传输不会发生错序的情况,可以确定序号为 4 的数据帧已经丢失,接收端发送否认应答,否认应答中的接收序号为 4,表明需要发送端重传序号为 4 的数据帧。由于接收端允许接收的序号范围为 4～7,接收端接收虽然序号不等于接收序号,但序号在接收端允许接收的序号范围内的数据帧(序号为 5、6 和 7 的数据帧),一旦接收端接收到序号为 4 的数据帧,将序号为 4～7 的数据帧提交用户进程,将接收序号调整为 0,允许接收的序号范围调整为 0～3,向发送端发送接收序号为 0 的确认应答。

从图 2.9 中可以看出,重传定时器溢出时间应该是一个轮次的往返时延,即从发送发送窗口内第一个数据帧开始,到接收到发送窗口内最后一个数据帧对应的确认应答止。这样,可以在一些确认应答丢失的情况下,由接收序号更大的确认应答作为多个数据帧的累积确认应答,如图中只要发送端接收到接收序号为 4 的确认应答,表明接收端成功接收序号 0～3 的数据帧,丢失若干接收序号为 1～3 的确认应答不会影响数据传输过程正常进行。

发送端接收到否认应答,重传序号为 4 的数据帧时,不仅需要重新设置序号为 4 的数据帧关联的重传定时器,而且需要重新设置缓冲器中其他等待确认的数据帧关联的重传定时器。

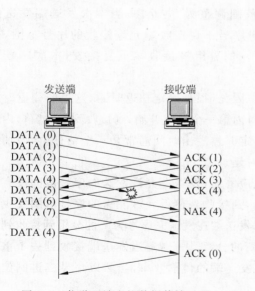

图 2.9　信道两端之间数据传输过程

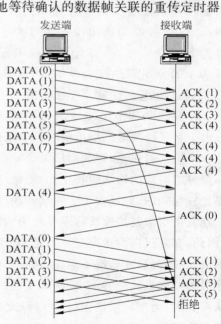

图 2.10　互联网两端之间数据传输过程

(2) 假定序号二进制位数为 3,发送和接收窗口均为 4,连接在互联网两端的发送端至接收端之间实现单向数据传输,给出发送端发送的序号为 4 的分组因为传输时延太长而导致接收端重复接收分组的数据传输过程。

【解析】　互联网两端之间数据传输过程如图 2.10 所示,与图 2.9 中的信道两端之间数据传输过程比较：一是互联网两端数据传输过程中错序是经常发生的事情。因此，一旦接收端接收到序号不等于接收序号，但序号在接收端允许接收的序号范围内的分组，接收端不能断定序号为接收序号的分组已经丢失，因此，不能发送要求重传分组的否认应答，而是发送一个以当前接收序号为接收序号的确认应答，因此，接收端在接收序号为4的情况下，接收到序号为5～7的分组时，重复三次发送接收序号为4的确认应答。发送端重复接收到接收序号相同的确认应答，表明接收端一直没有接收到序号等于接收序号的分组，但接收到其他允许接收的分组，这种情况重复一两次，可以认为序号为接收序号的分组因为传输时延大于其他分组，而迟迟不能到达接收端，但如果重复多次（图2.10中连续三次接收到序号不等于接收序号的分组），可以判定序号等于接收序号的分组丢失，因此，如果发送端连续四次接收到接收序号相同的确认应答，重传序号为确认应答中接收序号的分组。

二是由于分组在互联网中的最大生存时间很大，会发生一个已经被发送端和接收端认为丢失，且成功实现重传的分组出现在接收端的情况，如图2.10中序号为4的分组，如果此时接收端允许接收的序号范围包括该分组的序号，即使接收端接收序号不等于该分组的序号，接收端也接收该分组，并发送一个以当前接收序号为接收序号的确认应答，因此，图2.10中接收端成功接收序号为2的分组后，如果接收到前面已经确定丢失的序号为4的分组时，再次发送接收序号为3的确认应答。这种情况下，当接收端成功接收序号为3的分组后，将接收序号调整为5，并发送接收序号为5的确认应答，将允许接收的序号范围调整为5～7、0，当本次发送端发送的序号为4的分组到达接收端时，由于该分组序号不在接收端允许接收的序号范围，接收端丢弃该分组。这就发生上一次序号为4的分组被接收端重复接收，本次序号为4的分组被接收端拒绝接收的错误情况。

由于互联网的端到端传输时延变化很大，因此，很难确定往返时延（这里的往返时延也是一个轮次的往返时延，即从发送发送窗口内第一个分组开始，到接收到发送窗口内最后一个分组对应的确认应答止）。因此，重传定时器溢出时间通常是一个估计值，该估计值是比较保守的，即远大于实际端到端往返时延。

在发送端重复接收接收序号相同的确认应答时，发送端允许发送的序号范围没有变化，因此，在发送端发送完允许发送的分组后，到接收到使得允许发送的序号范围发生变化的确认应答前，发送端不能发送新的分组，发送端在发送完序号为7的分组到接收到接收序号为0的确认应答前，发送端不能发送新的分组，因此，每当发送端接收到一个重复确认应答时，通常将发送窗口增1，以此提高发送端的传输效率，当然以序号二进制位数的限制为前提。

互联网端到端传输过程中确定序号二进制位数的依据不是发送窗口和接收窗口，而是分组最大生存时间内发送端可能发送的分组数。必须保证在分组最大生存时间内不出现序号相同的分组；否则可能发生错误。

2.3　Cisco Packet Tracer 5.3 使用说明

2.3.1　功能介绍

《计算机网络》课程的教学目标是掌握完整、系统的计算机网络知识和主流计算机网络技术,具备解决和计算机网络有关的实际问题的专业技能,具有进一步深入学习和研究计算机网络技术所需的理论基础。实现上述教学目标需要提供良好的实验环境,但建设能够完成校园网、广域网、接入网实验的实验环境的费用是很高的。另外,对于初学者而言,实际设计、配置和调试网络的过程固然重要,掌握分组端到端传输过程更加重要,而一般的实验环境无法让初学者观察、分析分组端到端传输过程中的每一个步骤。

Cisco Packet Tracer 5.3 是 Cisco 为网络初学者提供的一个学习软件,初学者通过 Packet Tracer 可以用 Cisco 网络设备设计、配置和调试一个网络,而且可以模拟分组端到端传输过程中的每一个步骤,除了不能实际物理接触,Packet Tracer 提供了和实际实验环境几乎一样的仿真环境。

1. 网络设计、配置和调试过程

根据网络设计要求选择 Cisco 网络设备,如路由器、交换机等,用合适的传输媒体将这些网络设备互连在一起,进入设备配置界面对网络设备逐一进行配置,通过启动分组端到端传输过程检验网络任意两个终端之间的连通性。如果发现问题,通过检查网络拓扑结构、互连网络设备的传输媒体、设备配置、设备建立的控制信息(如交换机转发表、路由器路由表等)确定问题的起因,并加以解决。

2. 模拟协议操作过程

网络中分组端到端传输过程是各种协议、各种网络技术相互作用的结果。因此,只有了解网络环境下各种协议的工作流程、各种网络技术的工作机制及它们之间的相互作用过程,才能掌握完整、系统的网络知识,对于初学者,掌握网络设备之间各种协议实现过程中相互传输的报文类型、报文格式、报文处理流程对理解网络工作原理至关重要。Packet Tracer 模拟操作模式给出了网络设备之间各种协议实现过程中每一个步骤涉及的报文类型、报文格式及报文处理流程,可以让初学者观察、分析协议实现的每一个细节。

3. 验证教材内容

《计算机网络》(第 2 版)教材的主要特色是在讲述每一种网络技术前,先构建一个学生能够理解的网络环境,并在该网络环境下详细讨论网络技术的工作机制、相关协议的工作流程及相互作用过程。而且,所提供的网络环境和人们实际应用中所遇到的实际网络十分相似,较好地解决了课程内容和实际应用的衔接问题。在教学过程中,可以用 Packet Tracer 完成教材中每一个网络环境的设计、配置和调试过程。同时,可以用 Packet Tracer 模拟操作模式给出协议实现过程中的每一个步骤,及每一个步骤涉及的报文类型、报文格式和报文处理流程,以此验证教材内容,并通过验证过程,更进一步加深学生对教材内容的理解,真正做到弄懂弄透。

2.3.2 用户界面

启动 Packet Tracer 5.3 后,出现如图 2.11 所示的用户界面。

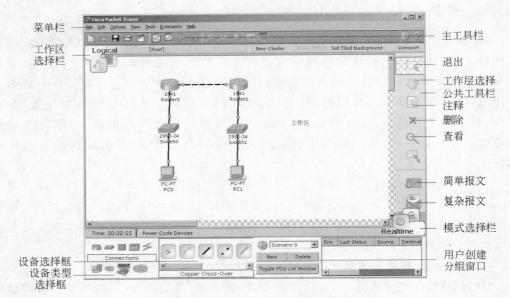

图 2.11　Packet Tracer 5.3 用户界面

1. 菜单栏

菜单栏提供该软件的 7 个菜单,其中文件(File)菜单给出工作区新建、打开和存储文件命令。编辑(Edit)菜单给出复制、粘贴和撤销输入命令。选项(Options)菜单给出 Packet Tracer 的一些配置选项。视图(View)菜单给出放大、缩小工作区中某个设备的命令。工具(Tools)菜单给出几个分组处理命令。扩展(Extensions)菜单给出有关 Packet Tracer 扩展功能的子菜单。帮助(Help)菜单给出 Packet Tracer 详细的使用说明,所有初次使用 Packet Tracer 的读者必须详细阅读帮助(Help)菜单中给出的使用说明。

2. 主工具栏

主工具栏给出 Packet Tracer 常用命令,这些命令通常包含在各个菜单中。

3. 公共工具栏

公共工具栏给出对工作区中构件进行操作的工具,如添加注释、删除构件、查看构件配置等。

4. 工作区

工作区作为逻辑工作区时,用于设计网络拓扑结构、配置网络设备、检测端到端连通性等。作为物理工作区时,给出城市布局、城市内建筑物布局和建筑物内配线间布局等。

5. 工作区选择栏

工作区选择栏可以选择物理工作区和逻辑工作区,物理工作区中可以设置配线间所在建筑物或城市的物理位置。网络设备可以放置在各个配线间中,也可以直接放置在城市中。逻辑工作区中给出各个网络设备之间连接状况和拓扑结构。可以通过物理工作区和逻辑工作区的结合检测互连网络设备的传输媒体的长度是否符合标准要求,如一旦互连两个网络设备的双绞线缆长度超过 100m,两个网络设备连接该双绞线缆的端口将自动关闭。

6. 模式选择栏

模式选择栏可以在实时操作模式和模拟操作模式之间选择,实时操作模式可以验证网络任何两个终端之间的连通性。模拟操作模式给出分组端到端传输过程中的每一个步骤,及每一个步骤涉及的报文类型、报文格式和报文处理流程。

7. 设备类型选择框

设计网络时,可以选择多种 Cisco 网络设备,设备类型选择框用于选择网络设备的类型。设备类型选择框中给出的网络设备类型包括交换机、路由器、集线器、无线设备、连接线、终端设备、云设备等。云设备用于仿真广域网,如 PSTN、ADSL 接入网等。

8. 设备选择框

设备选择框用于选择指定类型的网络设备型号,如果在设备类型选择框中选中路由器,可以通过设备选择框选择 Cisco 各种型号的路由器。

9. 用户创建分组窗口

为了检测网络任意两个终端之间的连通性,需要生成并端到端传输分组。为了模拟协议操作过程和分组端到端传输过程中的每一个步骤,也需要生成分组,并启动分组端到端传输过程,用户创建分组窗口就用于用户创建分组并启动分组端到端传输过程。

2.3.3　工作区分类

工作区选择作为物理工作区时,工作区用于给出城市间地理关系、每一个城市内建筑物布局,建筑物内配线间布局,如图 2.12 所示。当然,也可以直接在城市中某个位置放置配线间和网络设备。New City 按钮用于在物理工作区创建一座新的城市。同样,New Building、New Closet 按钮用于在物理工作区创建一栋新的建筑物和一间新的配线间,一

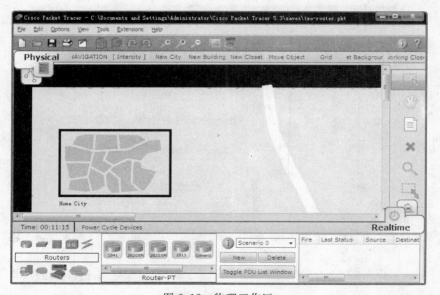

图 2.12　物理工作区

般情况下,在指定城市中创建并放置新的建筑物,在指定建筑物中创建并放置新的配线间。逻辑工作区中创建的网络所关联的设备初始时全部放置于本地城市中公司办公楼内的主配线间中,可以通过 Move Object 菜单完成网络设备配线间之间的移动,也可以直接将设备移动到城市中,当两个互连的网络设备放置在不同的配线间时,或城市不同位置时,可以计算出互连这两个网络设备的传输媒体的长度。如果启动物理工作区距离和逻辑工作区设备之间的连通性之间的关联,一旦互连两个网络设备之间的传输媒体距离超出标准要求,两个网络设备连接该传输媒体的端口将自动关闭。

2.3.4　操作模式

　　Packet Tracer 操作模式分为实时操作模式和模拟操作模式,实时操作模式仿真网络实际运行过程,可以检查网络设备配置、转发表、路由表等控制信息,通过发送分组检测端到端连通性。在模拟操作模式下,可以观察、分析分组端到端传输过程中的每一个步骤,图 2.13 所示是模拟操作模式的用户界面,事件列表(Event List)给出协议报文或分组的逐段传输过程,双击事件列表中某个报文,可以查看该报文内容和格式。情节(Scenario)用于设定模拟操作模式需要模拟的过程,如分组的端到端传输过程,Auto Capture/Play按钮用于启动整个模拟操作过程,按钮下面的滑动条用于控制模拟操作过程的速度,事件列表列出根据情节进行的模拟操作过程所涉及的协议报文或分组的逐段传输过程。Capture/Forward 按钮用于单步推进模拟操作过程。Back 按钮用于回到上一步模拟操作结果。编辑过滤器(Edit Filters)菜单用于选择情节模拟操作过程中涉及的协议。通过单击事件列表中的协议报文或分组可以详细分析协议报文或分组格式,对应段相关网络设备处理该协议报文或分组的流程和结果。因此,模拟操作模式是找出网络不能正常工作的原因的理想工具;同时,也是初学者深入了解协议操作过程和网络设备处理协议报文或分组的流程的理想工具,模拟操作模式是实际网络环境无法提供的学习工具。

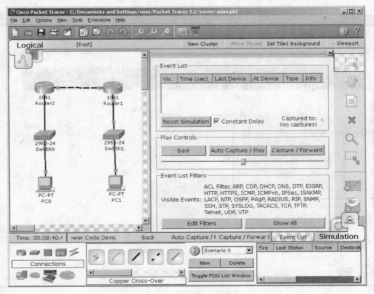

图 2.13　模拟操作模式

2.3.5　设备类型和配置方式

Packet Tracer 提供了设计复杂互连网络可能涉及的网络设备类型,如交换机、路由器、集线器、无线设备、连接线、终端设备、云设备等。其中,云设备用于仿真广域网,如PSTN、帧中继等,通过云设备可以设计出由广域网为互连路由器的传输网络的复杂互连网络。

一般在逻辑工作区和实时操作模式下进行网络设计,如果需要将某个网络设备放置到工作区中,在设备类型选择框中选择特定设备类型,如路由器。然后,在设备选择框中选择特定设备型号,如 Cisco 1841 路由器,按住左键将其拖放到工作区的任意位置,释放左键。单击网络设备进入网络设备的配置界面,每一个网络设备通常有物理、图形接口、命令行接口(Command Line Interface,CLI)三个配置选项,物理配置选项用于为网络设备选择可选模块。图 2.14 所示是路由器 1841 的物理配置界面,可以为路由器的两个插槽选择模块。为了将某个模块放入插槽,首先关闭电源,然后选定模块,按住鼠标左键将其拖放到指定插槽,释放左键。如果需要从某个插槽取走模块,同样也是先关闭电源,然后选定某个插槽模块,按住鼠标左键将其拖放到模块所在位置,释放左键。插槽和可选模块允许用户根据应用环境扩展网络设备的接口类型和数量。

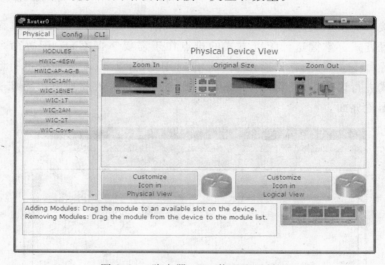

图 2.14　路由器 1841 物理配置界面

图形接口为初学者提供方便、易用的网络设备配置方式,是初学者入门的捷径。图 2.15 所示是路由器 1841 图形接口的配置界面,初学者很容易通过图形接口配置路由器接口的 IP 地址、子网掩码,配置路由器静态路由项等。图形接口不需要初学者掌握Cisco 配置命令就能完成一些基本功能的配置,配置过程直观、简单且容易理解,更难得的是,在用图形接口配置网络设备的同时,Packet Tracer 给出完成同样配置过程需要的配置命令序列。通过图形接口提供的基本功能配置,初学者可以完成简单网络的配置,并观察简单网络的工作原理和协议操作过程,以此验证课程内容。但随着课程内容的深入和复杂网络设计,要求初学者能够通过命令行接口配置网络设备的一些复杂的功能。因此,一开始,用图形接口和命令行接口两种配置方式完成网络设备的配置过程,通过相互比较,进一步加深对 Cisco 配置命令的理解,随着课程学习的深入,强调用命令行接口完成网络设备的配置过程。

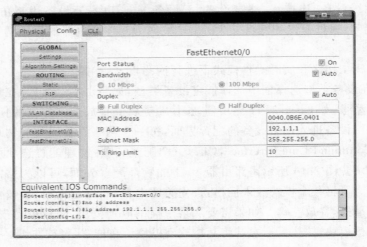

图 2.15　图形接口配置界面

　　命令行接口提供与实际配置 Cisco 设备完全相同的配置界面和配置过程,是需要重点掌握的配置方式。掌握这种配置方式的难点在于需要掌握 Cisco 配置命令,并会灵活运用这些配置命令。因此,在以后章节中不仅对用到的 Cisco 配置命令进行解释,还对命令的使用方式进行讨论,并使得对 Cisco 配置命令有较为深入的理解。图 2.16 所示是命令行接口的配置界面。

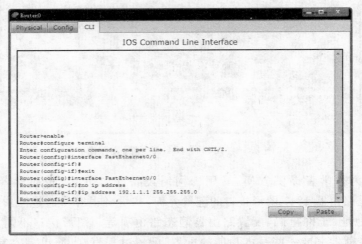

图 2.16　命令行接口配置界面

　　本章只对 Packet Tracer 5.3 作一些基本介绍,具体通过 Packet Tracer 5.3 完成网络设计、配置和调试的过程与步骤在以后讨论具体网络实验时再予以详细讲解。

第 **3** 章 局 域 网

3.1 知识要点

3.1.1 以太网分类

1. 根据传输速率分类

根据传输速率分类,以太网可以分为 10Mb/s 以太网、100Mb/s 以太网(也称快速以太网)、1Gb/s 以太网(也称千兆以太网),10Gb/s 以太网(也称万兆以太网)。

2. 根据网络结构分类

根据网络结构分类,以太网可以分为共享式以太网和交换式以太网。

(1) 共享式以太网:早期总线形以太网,目前以集线器为中心设备的星状以太网,或多级集线器互连而成的树状以太网。允许互连 4 级 10Mb/s 集线器,或 2 级 100Mb/s 集线器。共享式以太网构成单个冲突域。需要指出的是,共享式以太网允许存在不同传输媒体的网段,但只允许存在相同速率的网段。

(2) 交换式以太网:以交换机为中心设备的星状以太网,或多级交换机互连而成的树状以太网,交换机互连级数不受限制,因此,交换式以太网的地理覆盖范围不受限制,这也是"交换到无限"的原因。

以太网应该是泛指,特指某种类型的以太网时,应该指定传输速率和网络结构,如 100Mb/s 交换式以太网。由于交换式以太网中允许不同速率的网段存在,因此,也可用交换式以太网泛指包含不同速率网段的交换式以太网。当以太网特指某种类型的以太网时,它应该是 10Mb/s、总线状、采用曼彻斯特编码的以太网类型。

3.1.2 曼彻斯特编码的作用

表示二进制数最简单、直观的数字信号是不归零编码,用两种电平对应二进制数 0 和 1,每一位二进制数对应的电平宽度取决于二进制数的传输速率。不采用不归零编码的主要原因是需要物理层解决发送端和接收端之间的数字信号同步问题和帧对界问题。解决发送端和接收端之间数字信号同步问题需要在数字信号中引入尽可能多的发送时钟信息,这就要求在每一位数据的开始或中间增加和发送时钟信号同步的跳变,曼彻斯特编码保证在每一位数据的中间发生一次和发送时钟同步的跳变,以便接收端根据该跳变同步自己的时钟。曼彻斯特编码要求表示每一位数据的数字信号的前半部分和后半部分的电平不同,但没有对二进制数 0 或 1 的表示方式作出严格规定,可以用先高后低表示二进制数 0,先低后高表示二进制数 1,也可以相反,用先低后高表示二进制数 0,先高后低表示二进制数 1。

一般情况下由链路层协议实现帧定界,链路层协议用特殊的二进制位流模式作为帧开始标识,该二进制位流模式不允许出现在帧中的其他字段。链路层进程在物理层提供的二进制位流中检索作为帧开始标识的特殊二进制位流模式,以此确定帧的开始和结束。以太网物理层要求两帧之间存在最小帧间间隔,曼彻斯特编码能够区分出总线空闲状态和数据传输状态,物理层通过检测出总线从空闲状态转变为数据传输状态来确定帧的开始,从数据传输状态转变为空闲状态来确定帧的结束。因此,以太网物理层提供给 MAC 层的二进制位流是以帧为单位间隔的。

3.1.3 MAC 帧结构和 MAC 层功能

OSI 体系结构链路层功能的定义是,实现连接在同一信道上的两个端点之间的数据可靠传输。总线状以太网(包括互连多级集线器构成的共享式以太网)要求实现连接在广播信道上的两个端点之间的数据可靠传输。

广播信道如图 3.1 所示,它有如下特点:一是任何终端发送的数字信号能够被所有连接在信道上的其他终端接收,因此,任何时候只允许单个终端发送信号;二是信道上允许连接多个(大于 2 个)终端。

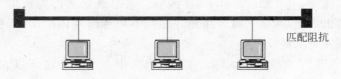

图 3.1 广播信道

实现连接在广播信道上的两个终端之间数据传输必须解决:一是信道争用问题;二是寻址问题。解决信道争用问题需要提出一种机制,这种机制保证在多个终端同时需要发送数据时,最终只有一个终端向信道发送数据。解决寻址问题就是给出在多个终端中确定数据接收者的机制。

1. 解决信道争用问题机制

广播信道解决信道争用问题的方法一般有两种:一是受控方式,终端必须在授权后,才能向广播信道发送数据,授权方式可以多种多样,如获取令牌,接收到广播信道控制设备发送的探询帧等;二是自由竞争方式,如果多个终端同时需要向广播信道发送数据,通过信道争用机制最终胜出一个终端,由胜出的终端向广播信道发送数据,载波侦听多点接入/冲突检测(Carrier Sence Multiple Access/Collision Detection,CSMA/CD)就是一种信道争用机制。需要强调的是,只有全双工点对点信道没有信道争用问题,其他情况,包括半双工点对点信道都存在信道争用问题。

2. 寻址

广播信道上同时连接多个终端,为了在多个终端中确定数据的接收者,一是为每一个终端分配一个地址,该地址称为 MAC 地址;二是在 MAC 帧中分配源和目的地址字段,源地址字段给出发送终端的 MAC 地址,目的地址字段给出接收终端的 MAC 地址,只有终端地址和 MAC 帧中目的地址字段给出的 MAC 地址相同的终端才接收并处理 MAC 帧,其他终端丢弃该 MAC 帧。

编址是对终端分配地址的方式,网络中的终端地址主要用于建立源终端和目的终端之间的路径,也就是说地址的作用在于路由,寻找到达目的终端的路径。目前网络中的编址方式有静态和动态两种,静态编址表明终端和地址之间关系是固定的,不变的,终端地址不会随着终端物理位置的改变而改变。动态编址表明终端和地址之间的关系是动态的,终端地址随着终端物理位置的改变而改变。以太网 MAC 地址是静态编址,IP 地址是动态编址。地址分为平面地址和层次地址,层次地址将地址分为若干字段,每一字段表示一种属性,具有相同属性的一组地址该属性对应的字段值必须相同,如电话号码可以分为区号、局号和用户号三个字段,同一区内的电话号码必须具有相同的区号。平面地址和层次地址对应,全部地址作为一个字段用于标识终端。以太网 MAC 地址是平面地址,IP 地址是层次地址。

3. 差错控制

差错控制机制的作用是在不可靠的广播信道上实现数据的可靠传输,一般情况下,差错控制机制包括检错和重传,检错由 MAC 帧本身携带的检错码实现,MAC 帧中的检错码由帧检验序列(Frame Check Sequence,FCS)字段给出,接收端通过检错码可以检测出 MAC 帧经过广播信道传输时发生的错误。MAC 层没有设置重传机制,这样,接收端虽然用检错码检测 MAC 帧是否存在错误,但只丢弃检测出错误的 MAC 帧,对没有检测出错误的 MAC 帧不作确认应答,因此,发送端只保证成功发送 MAC 帧,不保证 MAC 帧被接收端成功接收。

以太网采用这样的差错控制机制要求:一是广播信道有着非常低的误码率,MAC 帧经过广播信道传输时发生错误的概率非常低;二是信道争用机制能够保证,发送端成功发送的 MAC 帧不会和其他终端发送的 MAC 帧发生冲突。发送端成功发送 MAC 帧是指发送端在 MAC 帧发送期间没有用冲突检测机制检测到冲突发生。

3.1.4　冲突域和冲突域直径

总线状以太网是广播信道,由互连集线器构成的共享式以太网也是一个广播信道,广播信道和连接在广播信道上的所有终端构成冲突域,信道争用机制使得 MAC 帧最短长度和冲突域直径之间存在相互制约:MAC 帧发送时间必须大于等于两倍信号经过冲突域直径传播所需的时间。

MAC 帧发送时间取决于 MAC 帧长度和广播信道传输速率,信号传播时间取决于信号传播速度和广播信道的长度,广播信道的长度就是冲突域直径,定义为连接在广播信道上所有终端中相隔最远的两个终端之间的距离。信号传播速度与传输媒体有关,但差距不大,与传输媒体的数据传输速率无关。因此,信号传播时间基本取决于冲突域直径。在冲突域直径确定的前提下,提高广播信道的数据传输速率,必须同步提高 MAC 帧的最短长度。如果假定信号经过冲突域直径传播所需的时间为 T(单位为 s),MAC 帧的最短长度为 L(单位为 b),广播信道数据传输速率为 S(单位为 b/s),则 $L/S = 2 \times T$,或 $L = 2 \times T \times S$。

交换机

终端

图 3.2　交换式网络

消除冲突域的前提是不再存在信道争用问题,因此只有全双工点对点信道才没有冲突域直径和最短帧长之间的相互制约。

图 3.2 所示的交换式网络使得交换机每一个端口连接的线缆成为单独的信道,如果交换机每一个端口只连接一个终端,互连交换机端口和终端的信道成为点对点信道。

交换式网络存在两种情况:一是交换机端口和终端之间采用半双工通信方式;二是交换机端口和终端之间采用全双工通信方式。对于半双工点对点信道,终端和交换机端口仍然构成一个冲突域,MAC 帧的最短长度和冲突域直径之间仍然存在相互制约。假定信道传输速率是 1Gb/s,信号传播速度为 (2/3)c,MAC 帧最短长度为 64B,求出信号经过冲突域直径传播所需的时间 $T = L/(2 \times S) = (64 \times 8)/(2 \times 10^9) = 2.56 \times 10^{-7}$ s,求出冲突域直径 $= 2.56 \times 10^{-7} \times 2 \times 10^8 = 51.2$ m。当双绞线缆作为传输媒体时,终端和交换机端口之间距离可以达到 100m;当单模光纤作为传输媒体时,终端和交换机端口之间距离可以达到 2～70km,远远超出冲突域直径限制,这是针对交换机端口和终端之间是全双工点对点信道的情况。这种情况下,终端和交换机端口之间距离完全由连接交换机端口和终端的传输媒体及发送到传输媒体上的信号类型和质量决定。这是一个重要的结论:当且仅当交换机每一个端口只连接一个终端,且交换机端口和终端之间是全双工点对点信道时,交换机端口和终端不再是一个冲突域,不再存在MAC 帧的最短长度和冲突域直径之间的相互制约。当然,当交换机端口之间是全双工点对点信道时,这个结论同样适用。因此,对于图 3.2 所示的交换式网络,如果终端和交换机端口之间是半双工信道,则存在三个独立的冲突域,如果终端和交换机端口之间是全双工信道,则没有冲突域。如果终端和交换机端口之间是全双工点对点信道,则无须信道争用机制,因此,交换机端口和终端发送数据时不再采用 CSMA/CD 算法,直接经过信道发送数据。

3.1.5　直通转发和存储转发

网桥(或交换机)本质上是互连多个信道的分组交换机,互连的信道可以是点对点信道,或是广播信道,如果某个端口连接的信道是全双工点对点信道,则无须采用信道争用机制,对于其他类型的信道,用 CSMA/CD 算法解决信道争用问题。交换机从输入端口开始接收 MAC 帧的第一位,到输出端口开始发送该 MAC 帧的第一位所需时间称为转发时延,转发时延＝输入端口接收完整的 MAC 帧需要的时间＋MAC 帧从输入端口交换到输出端口需要的时间＋MAC 帧在输出端口输出队列中排队等候的时间。为了减少转发时延,有的交换机采用直通转发方式(也称直接交换方式),输入端口无须接收完整的MAC帧,在接收完 6 字节的目的地址字段后,开始进行 MAC 帧从输入端口至输出端口的交换操作,并开始通过输出端口发送该 MAC 帧。在转发时延中只考虑输入端口接收完整的 MAC 帧需要的时间,忽略其他所需时间的前提下,在假定 MAC 帧的长度为1518B,端口数据传输速率为 10Mb/s 的情况下,算出采用存储转发方式时的转发时延 $=$ $(1518×8)/10^7=1.2144×10^{-3}$ s,采用直通转发方式时的转发时延 $=(6×8)/10^7=4.8×$ 10^{-6} s,可以看出,直通转发方式能够有效减少转发时延。采用直通转发方式的前提是:①输入端口和输出端口的数据传输速率相同;②输出端口连接的是全双工信道且输出端口空闲。

对 MAC 帧进行检错需要完整接收 MAC 帧,重新根据 MAC 帧中除 FCS 字段外的各个字段计算 CRC 码,并用重新计算出的 CRC 码和 MAC 帧中的 FCS 字段值比较,如果相等,表示 MAC 帧经过信道传输没有发生错误;如果不相等,表示 MAC 帧经过信道传输发生错误,交换机丢弃该 MAC 帧。采用直通转发方式,交换机在接收完 6 字节的目的地址字段后就开始 MAC 帧的转发操作,在 MAC 帧开始转发操作前无法对 MAC 帧检错,取消了 MAC 层的差错控制功能。存储转发方式和直通转发方式转发时延的绝对差值取决于端口传输速率和 MAC 帧的平均长度,随着端口传输速率的提高,完整接收MAC 帧所需的时间降低,而直通转发方式只有特殊情况下才能实施,且取消了 MAC 层的差错控制功能,因此,只有早期大部分端口是 10Mb/s 端口的交换机才具有直通转发方式,现代交换机一般只支持存储转发方式。

3.1.6 中继器、集线器、网桥和交换机

1. 中继器、集线器的信号再生和隔离功能

中继器的功能一是实现信号再生,将已经衰减、失真的数字信号重新还原成原始基带信号;二是实现不同传输媒体的互连,如双绞线缆和光缆的互连,双绞线缆和同轴电缆的互连等,当实现双绞线缆和光缆互连时,能够完成电信号和光信号之间的相互转换;三是实现端口隔离,某个端口连接的网段的阻抗发生变化,不会影响信号在其他端口连接的网段上的传播。

集线器是多端口中继器,一个端口接收到的信号,再生后,从所有其他端口发送出去,如果另一个端口连接的传输媒体和接收信号端口连接的传输媒体不同,集线器还需完成信号转换功能,多级集线器互连可以无限增加总的传输媒体长度,并且保证信号的传播质量。因此,集线器或中继器消除了信号衰减和失真对传输媒体长度的限制。由于集线器或中继器是物理层设备,要求集线器或中继器互连的各个网段有着相同的数据传输速率。根据冲突域的定义,由集线器或中继器互连的各个网段属于同一冲突域。

作为设备名称,中继器通常指总线状以太网中互连多段同轴电缆的设备,而集线器通常指星状以太网中互连多条双绞线缆的设备。

2. 以太网中的网桥和交换机

以太网中的网桥和交换机是同一类设备,都是链路层设备,从一个端口完整接收MAC 帧,完成对 MAC 帧的差错检验,丢弃传输出错的 MAC 帧,对于没有传输出错的

MAC 帧,根据 MAC 帧的目的 MAC 地址和转发表确定输出端口,将 MAC 帧从输出端口发送出去。教材中将交换机定义为在网桥的功能上支持 VLAN 功能的设备,完全是为了叙述简单的要求。

在实际中,以太网交换机是互连多条符合以太网规范的点对点信道或广播信道的设备,而网桥又指在链路层互连多个链路层协议不同的传输网络的设备,如互连令牌环网和以太网的设备。网桥和路由器的区别是处理对象,网桥完成链路层帧的路径选择和不同传输网络对应的链路层帧之间的转换,而路由器的 IP 层完成 IP 分组的路径选择,对应不同传输网络的网络接口层通过 IP over X 技术完成 IP 分组连接在 X 传输网络上的两个端点之间的传输过程。

3. 网桥作为网络互连设备的限制

网桥作为一般的链路层互连设备可以互连不同类型的传输网络,但目前网桥直接互连的传输网络通常是 IEEE 802 委员会定义的局域网,如 802.3 以太网、802.11 无线局域网、802.5 令牌环网等,这些传输网络虽然具有不同的 MAC 子层,但有着统一的编址方式,连接在这些传输网络上的终端有着相同的地址格式——MAC 地址。因此,网桥作为互连设备用于互连的传输网络类型还是有所限制的,真正用于不同类型传输网络互连的设备是路由器,路由器可以实现任意不同类型传输网络之间的互连。图 3.3(a)所示为网桥互连以太网和无线局域网的实例,AP 就是实现以太网和无线局域网互连的网桥。图 3.3(b)所示为路由器互连以太网和 PSTN 的实例,网桥一般不能作为以太网和 PSTN 的互连设备。

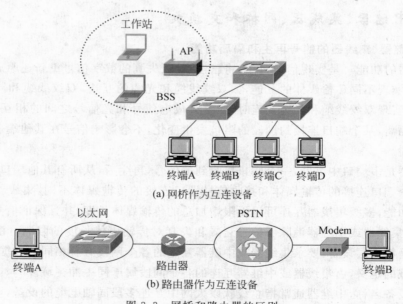

(a) 网桥作为互连设备

(b) 路由器作为互连设备

图 3.3　网桥和路由器的区别

3.1.7　通信方式和端口带宽

以太网交换机端口如果采用全双工通信方式,可以同时以端口速率输入输出数据,因此它的带宽是端口速率的两倍。如果某个交换机端口的速率是 10Mb/s,当该端口连接广播信道或是半双工点对点信道时,它的带宽是端口速率 10Mb/s。当该端口连接全双工点对点信道时,它的带宽是 $2\times$端口速率$=2\times10$Mb/s$=20$Mb/s。交换机总的带宽是所有端口带宽之和,如果一个交换机有 24 个端口,每一个端口的速率是 10Mb/s,如果所有端口采用半双工通信方式(端口连接广播信道或是半双工点对点信道时),交换机总的带宽$=24\times10$Mb/s$=240$Mb/s。如果所有端口采用全双工通信方式(端口连接全双工点对点信道时),交换机总的带宽$=24\times2\times10$Mb/s$=480$Mb/s。

3.1.8 透明网桥和生成树协议

以太网交换机采用透明网桥的转发方式,即通过地址学习建立转发表,对于广播帧或是目的 MAC 地址不在转发表中的单播 MAC 帧,从除接收该 MAC 帧的端口以外的所有其他端口发送该 MAC 帧。这种转发方式要求任何两台交换机之间只存在单条传输路径,即交换机之间不允许存在环路。这就表明交换式以太网只能是树状拓扑结构,如果为了可靠性构建一个网状拓扑结构,必须通过生成树协议阻塞掉导致交换机之间存在环路的端口。

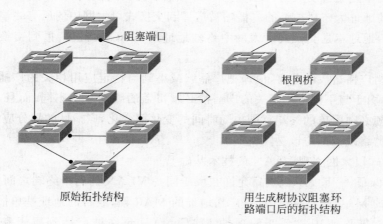

图 3.4　生成树协议工作过程

对于如图 3.4 所示的交换式以太网原始拓扑结构,生成树协议首先确定一个根网桥(交换机),然后确定到达所有其他交换机的最短路径,如果某条物理链路不在交换机与根网桥之间的最短路径上,且该物理链路与两个或以上交换机端口相连,只允许其中一个端口处于转发状态,阻塞其他端口。

3.1.9 VLAN

1. VLAN 本质

VLAN 的本质如图 3.5 所示,是将连接在同一个物理交换式以太网上的终端分成若干个逻辑上完全独立的网络,而且每一个网络中的终端组合是任意的,与终端在物理交换式以太网上的位置无关。

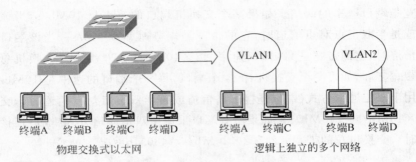

图 3.5 VLAN 本质

1) 交换式以太网需要 VLAN 的原因

交换式以太网需要划分 VLAN 的原因是交换机的广播转发功能,当交换机通过端口 X 接收到 MAC 帧,如果 MAC 帧的目的地址是广播地址,或者 MAC 帧的目的地址是单播地址但无法用 MAC 帧的目的地址在转发表中找到匹配项,交换机将从除端口 X 以外的所有其他端口发送该 MAC 帧。这种方式导致:

(1) 在完整建立转发表前,大量的 MAC 帧被广播到交换式以太网中的所有终端;

(2) 目的地址为广播地址的广播帧被广播到交换式以太网中的所有终端;

(3) 目的地址不是交换式以太网中终端地址的 MAC 帧,被广播到交换式以太网中的所有终端。

为了限制广播造成的危害,应该把广播域减小到与特定应用相关的广播帧必须覆盖的终端范围,由于与不同应用相关的广播帧必须覆盖的终端范围不同,而且,与特定应用相关的广播帧必须覆盖的终端范围也随时间的变化而变化,广播域的划分应该是动态的,广播域覆盖的终端范围应该是随机的。

2) 交换式以太网实现 VLAN 的技术基础

VLAN 保证,一是 MAC 帧只允许在属于同一 VLAN 的两个终端之间传输;二是广播方式传输的 MAC 帧(目的地址是广播地址的 MAC 帧,或目的地址是单播地址但无法用目的地址在转发表中找到匹配项的 MAC 帧)只允许被广播到属于和源终端相同 VLAN 的所有其他终端。

对于通过端口 X 接收到的任何 MAC 帧,交换机一是能够确定该 MAC 帧源终端所属的 VLAN。二是能够确定交换机中属于该 MAC 帧源终端所属 VLAN 的所有端口,只有当端口 X 属于该 MAC 帧源终端所属 VLAN 时,继续转发操作。否则丢弃该 MAC 帧;三是保证该 MAC 帧只能从属于该 MAC 帧源终端所属 VLAN 的某个端口 Y(MAC 帧目的地址是单播地址且用目的地址在转发表中找到匹配项的情况),或从除端口 X 以外属于和该 MAC 帧源终端相同 VLAN 的所有其他端口(广播传输方式)传输该 MAC 帧。

2. VLAN 划分原则

交换机划分 VLAN 就是给出属于每一个 VLAN 的端口列表,一个端口允许同时属于多个 VLAN,因此,两个不同 VLAN 的端口列表可能存在交集。有两种方式可以将某个端口分配给某个 VLAN,一是静态方式;二是动态方式。静态方式就是固定将端口分配给某个指定 VLAN,该端口和 VLAN 之间的绑定关系与该端口接收到的 MAC 帧无关,MAC 帧封装的 IP 分组无关。在动态方式下,端口和某个 VLAN 之间的绑定关系与该端口接收到的 MAC 帧或 MAC 帧封装的 IP 分组有关,当该端口接收到的 MAC 帧发生变化,或 MAC 帧封装的 IP 分组发生变化时,与端口绑定的 VLAN 也随之发生变化。

动态分配方式的例子有基于 MAC 地址分配 VLAN 和基于 IP 地址分配 VLAN。基于 MAC 地址分配 VLAN 一是需要事先建立表示 MAC 地址与 VLAN 之间的绑定关系的绑定列表;二是需要将一些交换机端口定义为动态端口且初始状态不属于任何特定 VLAN,当动态端口 X 接收到某个 MAC 帧,且端口 X 不属于特定 VLAN,交换机用该 MAC 帧的源地址 Z 匹配绑定列表,将端口 X 分配给与 MAC 帧源 MAC 地址绑定的 VLAN Y。端口 X 和 VLAN Y 之间的绑定关系只有在端口 X 接收到的 MAC 帧的源 MAC 地址一直是 Z 且接收 MAC 帧的最长间隔小于指定时间时才能维持,一旦上述条件不能满足,端口 X 重新回到不属于任何特定 VLAN 的初始状态。基于 IP 地址分配 VLAN 的原理相似,交换机用 MAC 帧封装的 IP 分组的源 IP 地址匹配绑定列表,绑定列表给出 IP 地址与 VLAN 之间的绑定关系。

3. 交换路径

属于同一 VLAN 的两个终端之间必须存在传输路径,由于这种传输路径由交换机与互连交换机的传输媒体组成,因此称为交换路径。MAC 帧经过交换路径传输时,交换路径上的每一个交换机必须能够确定 MAC 帧源终端所属的 VLAN。如图 3.6 所示的物理交换式以太网被划分为两个 VLAN,VLAN 1 包含终端 A 和 C,VLAN 2 包含终端 B 和 D,终端 A 至终端 C 交换路径包含连接终端 A 和交换机 1 端口 1 的传输媒体、交换机 1、连接交换机 1 端口 3 和交换机 2 端口 1 的传输媒体、交换机 2、连接交换机 2 端口 2 和交换机 3 端口 3 的传输媒

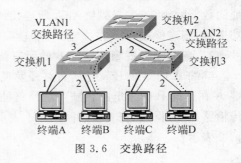

图 3.6 交换路径

体、交换机 3、连接交换机 3 端口 1 和终端 C 传输媒体。为了保证交换机 1、2 和 3 都能确定经过该交换路径传输的 MAC 帧所属的 VLAN,交换机 1 连接终端 A 的端口 1 和交换机 3 连接终端 C 的端口 1 作为非标记端口分配给 VLAN 1,交换机 1 和交换机 3 一律将通过这两个端口接收到的 MAC 帧的源终端确定为属于 VLAN 1 的终端。交换机 1 和交换机 3 向其他交换机发送该 MAC 帧时,必须在该 MAC 帧上加上 VLAN 1 对应的 VLAN ID,以便其他交换机确定该 MAC 帧源终端所属的 VLAN,因此,交换机连接其他交换机的端口一般作为标记端口,除非只有属于单个 VLAN 的交换路径经过该端口。对于图 3.6 中交换机 1 端口 3、交换机 2 端口 1 和 2、交换机 3 端口 3,一是这些端口都是实现交换机之间互连的端口,二是属于 VLAN 1 和 VLAN 2 的交换路径经过这些端口,因此,这些端口被作为标记端口分别分配给 VLAN 1 和 VLAN 2。如果终端 A 发送 MAC 帧给终端 C,交换机 1 通过端口 1 接收到该 MAC 帧,以此确定该 MAC 帧源终端属于 VLAN 1,交换机 1 通过端口 3 转发该 MAC 帧时,由于该端口是标记端口,MAC 帧携带

VLAN 1 对应的 VLAN ID，交换机 2 和 3 根据 MAC 帧携带的 VLAN ID 确定该 MAC 帧源终端所属的 VLAN。Cisco 将交换机直接连接终端的端口称为接入端口（Access），将实现交换机之间互连的端口称为主干端口（Trunk），接入端口一般只能作为非标记端口分配给单个 VLAN，主干端口作为标记端口可以同时分配给多个不同的 VLAN。图 3.6 中作为接入端口的交换机 1 端口 1 只能作为非标记端口分配给 VLAN 1，作为主干端口的交换机 1 端口 3 作为标记端口可以同时分配给 VLAN 1 和 VLAN 2。

3.1.10 令牌环网和源路由网桥

目前以太网中实现多条符合以太网规范的信道（广播信道或点对点信道）互连的网桥一般是透明网桥，称其为透明网桥的原因是发送端感知不到端到端传输过程中经过的网桥，端到端传输路径经过的网桥对发送端是透明的，使用透明网桥的前提是必须用生成树协议将网络结构变成树形结构。源路由网桥必须用 MAC 帧携带的路由信息确定转发端口，因此，发送端必须获知端到端传输路径经过的网桥，而且必须通过路由信息字段给出端到端传输路径经过的令牌环网和网桥。对于如图 3.7 所示的网络结构，如果终端 A 需要发送 MAC 帧给终端 B，终端 A 首先需要获得终端 B 的 MAC 地址。然后进行如下操作过程。

1. 终端 A 确定终端 B 是否连接在同一个令牌环网上

终端 A 构建一个以终端 A 的 MAC 地址为源地址，以终端 B 的 MAC 地址为目的地址的数据帧，将其发送到终端 A 所连接的令牌环网上，如果终端 A 发现该数据帧无法成功送达，确定终端 B 不在终端 A 所连接的令牌环网上。

2. 终端 A 发现到达终端 B 的所有路径

终端 A 向终端 B 发送所有路径发现帧，到达终端 B 的所有路径发现帧见图 3.7。终端 A 在终端 B 的指定路径帧中选择路径{(1,2)(3,0)}，其中(1,2)表示终端 A 至终端 B 传输路径经过标识符为 1（用 LAN 1 表示）的令牌环网和标识符为 2 的源路由网桥（用网桥 2 表示）。

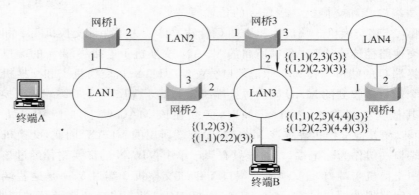

图 3.7 令牌环网和源路由网桥

3. 终端 A 向终端 B 发送指定路径帧

终端 A 向终端 B 发送路由信息为{(1,2)(3,0)}的指定路径帧，路由信息{(1,2)

(3,0)}表明终端 A 至终端B 的传输路径为：

$$终端 A→LAN 1→网桥 2→LAN 3→终端 B$$

3.2 例 题 解 析

3.2.1 自测题

1. 选择题

(1) 曼彻斯特编码的作用是_____。

    A. 提高数据传输速率   B. 降低对线路的带宽要求

    C. 在数据中携带发送时钟信息   D. 提高数据传输的安全性

(2) 总线状以太网发送时钟频率与接收时钟频率的关系是_____。

    A. 严格相同   B. 相互没有制约

    C. 允许存在误差,但误差在可调节范围内 D. 接收时钟频率是发送时钟的两倍

(3) 中继器互连的两段线缆可以是_____。

    A. 不同传输速率的两段线缆   B. 不同传输媒体的两段线缆

    C. 采用不同链路层协议的两段线缆   D. 采用不同网络层协议的两段线缆

(4) 集线器和中继器属于_____设备。

    A. 物理层   B. 链路层   C. 网络层   D. 传输层

(5) CSMA/CD 算法的主要功能是_____。

    A. 解决终端争用广播信道的问题   B. 链路层差错控制

    C. MAC 帧寻址   D. MAC 帧帧定界

(6) 每一个交换机端口只接一个终端,终端和交换机端口之间采用全双工通信方式,终端和交换机端口之间成功传输 MAC 帧所不需要的功能是_____。

    A. 解决终端争用广播信道的问题   B. 链路层差错控制

    C. MAC 帧寻址   D. MAC 帧帧定界

(7) MAC 帧存在最短帧长的原因是_____。

    A. 提高数据传输效率

    B. 解决帧定界

    C. MAC 帧发送时间至少是信号冲突域两端之间传播时间的两倍

    D. 解决帧检错

(8) 限制冲突域直径的因素是_____。

    A. 信号衰减

    B. 中继器价格

    C. MAC 帧发送时间与信号冲突域两端之间传播时间的制约关系

    D. 线缆质量

(9) 根据 CSMA/CD 工作原理,下述情况中需要提高最短帧长的是_____。

    A. 网络传输速率不变,冲突域最大距离变短

      B. 冲突域最大距离不变,网络传输速率变高

      C. 上层协议使用 TCP 概率增加

      D. 在冲突域最大距离不变的情况下,减少线路中的中继器数量

(10) 网桥互连的不同信道,错误的状况是_____。

      A. 不同信道有着不同的传输速率   B. 不同信道采用不同的链路层协议

      C. 不同信道是不同的传输媒体   D. 不同信道采用不同的网络层协议

(11) 如果两个终端之间的距离不变,将终端之间传输路径上的中继器换成网桥,将_____。

      A. 减少端到端传输时延

      B. 增加端到端传输时延

      C. 端到端传输时延不变

      D. 既可能减少,也可能增加端到端传输时延

(12) 增加单段传输媒体长度,需要_____。

      A. 传输媒体一端连接集线器

      B. 传输媒体两端连接集线器

      C. 传输媒体两端连接交换机,采用半双工通信方式

      D. 传输媒体两端连接交换机,采用全双工通信方式

(13) 实现两个相距 2km 的 100Mb/s 交换机端口互连,需要采用_____。

      A. 多段由集线器互连的双绞线缆   B. 多段由集线器互连的光缆

      C. 单段采用全双工通信方式的双绞线缆 D. 单段采用全双工通信方式的光缆

(14) VLAN 中的基本成分是_____。

      A. 交换机端口   B. 终端   C. 传输媒体   D. 冲突域

(15) VLAN 的主要作用是_____。

      A. 增加冲突域直径

      B. 将一个大的广播域细分成多个较小的广播域

      C. 将一个大的冲突域细分成多个较小的冲突域

      D. 增加交换式以太网覆盖范围

(16) 正确的广播域与冲突域之间的关系是_____。

      A. 一个广播域至少包含一个冲突域   B. 广播域中可以不包含冲突域

      C. 一个广播域等于一个冲突域   D. 一个冲突域可以包含多个广播域

(17) 对于 VLAN,正确的描述是_____。

      A. 每一个终端只能属于一个 VLAN

      B. 每一个交换机端口只能属于一个 VLAN

      C. MAC 帧只能在一个 VLAN 内传输

      D. 交换机只能通过 MAC 帧输入端口确定 MAC 帧所属的 VLAN

(18) 引出 VLAN 的主要原因是_____。

      A. 交换机转发 MAC 帧方式   B. 需要隔绝终端之间通信

      C. 交换式以太网覆盖范围有限   D. 交换机之间间隔距离有限

(19) VLAN 不能解决的问题是_____。

    A. 减少带宽浪费   B. 提高网络安全性

    C. 控制信息传输方式   D. 增加交换机之间间隔

(20) VLAN 与独立的物理以太网的区别是_____。

    A. 动态调整终端范围   B. MAC 帧传输方式

    C. MAC 帧广播方式   D. MAC 帧隔离功能

(21) 不同网络设备的转发时延是不同的,下述网络设备中转发时延最大的设备是_____。

    A. 集线器   B. 网桥   C. 交换机   D. 路由器

(22) 不同网络设备的转发时延是不同的,下述网络设备中转发时延最小的设备是_____。

    A. 集线器   B. 网桥   C. 交换机   D. 路由器

(23) 下面_____项不是用网桥分割网络带来的好处。

    A. 减小冲突域的范围

    B. 增加每个网段上每个结点的平均带宽

    C. 过滤网段之间传输的数据

    D. 减少广播域的范围

(24) 一台交换机具有 24 个 10/100Mb/s 电端口和 4 个 1000Mb/s 光端口,如果所有端口工作在全双工状态,交换机的总带宽应是_____。

    A. 6.4Gb/s   B. 20.4Gb/s   C. 12.8Gb/s   D. 28Gb/s

(25) 网桥转发数据的依据是_____。

    A. ARP 表   B. MAC 地址表

    C. 路由表   D. 访问控制列表

(26) 一台 Cisco 交换机和一台 3COM 交换机相连,相连端口都工作在 VLAN Trunk (标记端口)模式,这两个端口应使用的 VLAN 协议是_____。

    A. ISL 和 IEEE 802.10   B. ISL 和 ISL

    C. ISL 和 IEEE 802.1Q   D. IEEE 802.1Q 和 IEEE 802.1Q

2. 填空题

(1) 局域网拓扑结构有_____、_____、_____、_____和_____。

(2) 总线状以太网中的总线是_____信道,终端经过总线传输数据需要解决_____问题,总线状以太网采用_____解决这一问题。

(3) 总线状以太网或其他共享式以太网属于单个_____,间隔最远的两个终端之间的距离称为_____,它和 MAC 帧最短帧长之间存在相互制约,造成这种制约的原因是_____要求 MAC 帧发送时间至少两倍于间隔最远的两个终端之间的信号传播时间。

(4) MAC 帧中_____字段用于寻找目的终端,_____字段用于检测 MAC 帧传输过程中发生的错误,_____字段用于目的终端发送响应帧。

(5) MAC 层主要实现_____、_____和_____功能,其中_____功能是总

线这一广播信道要求的,实现这一功能的算法是_____。

(6) 中继器的功能是实现信号_____,属于_____层设备,它可以无限扩展_____距离。

(7) 集线器的功能是互连多段传输媒体,由于每一个集线器端口具有_____功能,因此连接在单个集线器上的两个终端之间的最远距离是单段传输媒体最大长度的_____倍。

(8) 假定信号经过冲突域直径传播所需要的时间为 T,则每一个终端发送 MAC 帧的时间至少是_____,如果共享式以太网的传输速率为 S,则 MAC 帧的最短长度为_____。

(9) 网桥可以互连多个冲突域,用于无限扩展_____距离,网桥互连的多个冲突域的传输速率可以不同,通过_____技术解决 MAC 帧在不同传输速率的冲突域之间的传输。

(10) 由网桥互连而成的以太网构成单个_____,网桥地址学习和 MAC 帧转发方式要求网桥构成的以太网拓扑结构只能是_____和_____。

(11) VLAN 技术用于划分_____,它的基本成分是_____,MAC 帧只能在属于相同_____的交换机端口之间转发。

(12) 一个 12 端口的集线器含有_____个冲突域,_____个广播域。

(13) 一个 12 端口的交换机,如果所有端口属于同一个 VLAN,每一个端口用半双工点对点信道连接终端,则含有_____个冲突域,_____个广播域。

(14) 一个 12 端口的交换机,如果所有端口属于同一个 VLAN,每一个端口用全双工点对点信道连接终端,则含有_____个冲突域,_____个广播域。

(15) 以太网使用的传输媒体有_____、_____和_____,其中_____和_____是目前以太网最常用的两种传输媒体。

(16) 网桥可以分为_____和_____,其中,_____通过地址学习建立转发表,根据 MAC 帧的目的 MAC 地址确定转发端口。_____通过 MAC 帧携带的路由信息确定转发端口。

(17) 生成树协议和_____一起使用,它的功能是_____。如果端到端传输路径包含_____,源终端必须通过所有路径发现帧确定源终端至目的终端经过的令牌环网和_____,并在源终端发送的 MAC 帧中通过路由信息字段给出这些信息。

3. 名词解释

_____CSMA/CD 算法	_____曼彻斯特编码
_____以太网	_____快速以太网
_____千兆以太网	_____万兆以太网
_____拓扑结构	_____集线器
_____共享式以太网	_____交换式以太网
_____冲突域	_____广播域
_____VLAN	_____网桥
_____交换机	_____冲突域直径

_____物理地址　　　　　　　　_____逻辑地址

_____透明网桥　　　　　　　　_____源路由网桥

（a）802.3 定义的，10Mb/s 传输速率，采用总线状拓扑结构和 CSMA/CD 总线争用算法的局域网。

（b）100Mb/s 传输速率的以太网。

（c）1Gb/s 传输速率的以太网。

（d）10Gb/s 传输速率的以太网。

（e）总线状以太网，或级连集线器构成的星状、树状以太网。

（f）级连交换机构成的星状、树状以太网。

（g）总线状或共享式以太网覆盖范围，任何终端发送的信号将传播到范围内的每一个终端。

（h）冲突域内间隔最远的两个终端之间的距离。

（i）目的地址为广播地址的 MAC 帧的覆盖范围。

（j）一个逻辑以太网，包含的终端可以是某个大型物理以太网终端的任意子集，且子集的分配是动态的，其功能特性等同于包含这些终端的独立物理以太网。

（k）互连信道的链路层设备，互连的信道可以是广播信道，或是点对点信道，允许各个信道使用不同的链路层协议。

（l）特殊网桥，互连的信道或是全双工点对点信道，或是通过 CSMA/CD 算法解决信道争用问题的广播信道，各个信道传输相同格式的 MAC 帧。

（m）一种解决总线争用问题的算法，通过先听再讲、边讲边听、退后再讲的步骤完成数据发送过程。

（n）一种信号编码，目的是在编码中尽可能多地携带发送时钟信息。

（o）一种用图学理论描述网络中转发结点、终端和信道之间关系的方法。

（p）一种将一个端口接收到的信号，再生后，从所有其他端口传播出去的物理层设备。

（q）一种采用静态分配方式，和终端具有固定关系，一般在链路层使用的地址。

（r）一种采用动态分配方式，和终端的关系可以动态改变，一般在网络层使用的地址。

（s）一种通过地址学习建立转发表，根据 MAC 帧的目的 MAC 地址确定转发端口的链路层互连设备。

（t）一种根据 MAC 帧携带的路由信息确定转发端口的链路层互连设备。

4．判断题

（1）曼彻斯特编码影响数据传输速率。

（2）交换式以太网中一定存在冲突域。

（3）交换式以太网中一定存在广播域。

（4）每一个交换机端口只能属于一个 VLAN。

（5）连接在 N 个端口集线器上的终端之间的最大距离等于 $N \times$ 单段传输媒体最大长度。

（6）连接在 N 个端口交换机上的终端之间的最大距离等于 $N \times$ 单段传输媒体最大长度。

（7）通过无限级连集线器构成一个终端之间的最大距离为无限的以太网。

（8）通过无限级连交换机构成一个终端之间的最大距离为无限的以太网。

（9）终端变换其连接的交换机端口，可能导致该终端一小段时间接收不到其他终端发送给它的 MAC 帧。

（10）冲突域导致交换式以太网终端之间的最大距离有限。

（11）单段双绞线缆最大长度为 100m 是因为受冲突域直径的限制。

（12）如果冲突域直径大于单段双绞线缆的最大长度，全双工和半双工通信方式没有区别。

（13）VLAN 与独立物理以太网的主要区别是 VLAN 包含的终端可以是某个大型物理以太网终端的任意子集，且子集是可以动态分配的。

（14）VLAN 的基本成分是交换机端口，不是终端。

（15）VLAN ID 的作用是使源终端至目的终端交换路径上的所有交换机确定 MAC 帧源终端所属的 VLAN。

（16）集线器各个端口连接的传输媒体可以不同。

（17）集线器各个端口连接的信道的传输速率可以不同。

（18）交换机各个端口连接的传输媒体可以不同。

（19）交换机各个端口连接的信道的传输速率可以不同。

（20）网桥可以实现任何传输网络之间的互连。

（21）10Gb/s 以太网交换机仍然使用 CSMA/CD 算法。

（22）同一 VLAN 中的结点不受结点物理位置的限制。

（23）透明网桥只能在树状拓扑结构中使用。

（24）只能用源路由网桥实现令牌环网互连。

（25）一般不用源路由网桥实现以太网互连。

3.2.2 自测题答案

1. 选择题答案

（1）C，曼彻斯特编码将每一位信号分成原码和反码两部分，使得每一位信号中间发生与发送端时钟一致的跳变，目的是用中间跳变来同步接收端时钟，但这样做，会提高信号的波特率，提高对信道带宽的要求。

（2）C，允许有误差，但通过同步，保证能够正确接收数据。

（3）B，中继器是物理层设备，互连的两段线缆属于同一信道，必须有着相同的数据传输速率，使用相同的链路层协议，网络层协议更是应该相同，但两段线缆的传输媒体类型可以不同，如一段是双绞线缆，一段是同轴电缆。

（4）A，集线器等同于多端口中继器。

（5）A，CSMA/CD 仅仅是一种解决多个终端争用总线问题的算法。

（6）A，全双工点对点信道不存在争用信道问题，但同样有着链路层协议需要解决的问题。

（7）C，CSMA/CD 算法检测出最坏情况下发生的冲突的前提是 MAC 帧发送时间至少是信号经过冲突域直径传播所需时间的两倍。这个要求使得 MAC 帧最短长度和冲突域直径之间存在相互制约。

（8）C，冲突域直径和 MAC 帧最短长度之间存在相互制约。

（9）B，最短帧长＝2×信号经过冲突域直径传播所需时间×信道传输速率，提高最短帧长的因素或是冲突域直径增大（包括中继器数量增多），或是信道传输速率提高。

（10）D，网桥是链路层设备，不会处理网络层分组，不会进行不同网络层分组格式之间转换等网络层相关操作，因此，网桥互连的信道不允许使用不同的网络层协议。

（11）B，网桥作为分组交换机将增加转发时延。

（12）D，当传输媒体两端连接交换机且采用全双工通信方式时，没有冲突域直径限制，单段传输媒体长度由传输媒体自身特性和信号质量确定。

（13）D，2km 显然已经超出 100Mb/s 以太网的冲突域直径，因此，两个交换机端口之间不允许存在冲突域，必须采用全双工点对点信道，单段双绞线缆长度不能超过 100m，应该选择全双工通信方式的单段光缆。

（14）A，VLAN 本质是在每一个交换机中限制特定 MAC 帧的传输范围，这个传输范围用端口列表表示，某个 VLAN 的终端范围通过每一个交换机中该 VLAN 的端口列表体现出来。

（15）B，每一个 VLAN 是独立的广播域，将大型物理以太网划分为多个 VLAN，就是将一个大型广播域划分为多个小型广播域。

（16）B，一个广播域可以包含零个或多个冲突域，如果作为单个广播域的交换式以太网全部用全双工点对点信道实现交换机与交换机、交换机与终端之间的互连，就不包含冲突域。

（17）C，任何特定的 MAC 帧只能属于单个 VLAN，标记端口需要通过 MAC 帧携带的 VLAN ID 确定 MAC 帧所属的 VLAN，对于一般的终端，A 也是正确的，但原则上如果终端支持 802.1Q，允许终端属于多个 VLAN。

（18）A，交换机转发方式引发大量广播，必须通过划分 VLAN 来限制广播域。

（19）D，交换机之间间隔受限于冲突域直径和传输媒体特性及信号质量。

（20）A，一个 VLAN 等同于独立的物理以太网，但 VLAN 的端口列表可以动态分配。

（21）D，转发时延取决于转发操作的复杂度，路由器处理的对象是 IP 分组，首先需要完成从比特流分离出链路层帧，从链路层帧中分离出 IP 分组的操作，然后需要根据 IP 分组的目的 IP 地址确定输出端口，接着又需要重新将 IP 分组封装成输出端口连接的网络所对应的链路层帧格式，将链路层帧作为比特流经过输出端口连接的网络的物理层传输出去。其转发操作比集线器的信号再生，比交换机或网桥的链路层帧转发都要复杂。

（22）A，集线器只是完成信号再生操作。

（23）D，网桥无法分割广播域，由网桥互连的多个冲突域属于同一广播域。

（24）C，全双工端口的带宽是传输速率的两倍，因此，24 个 10/100Mb/s 电端口的总带宽＝24×2×100Mb/s＝4.8Gb/s,4 个 1000Mb/s 光端口的总带宽＝4×2×1000Mb/s＝8Gb/s,交换机总带宽＝4.8Gb/s＋8Gb/s＝12.8Gb/s。

(25) B,MAC 地址表是转发表的另一种称呼。

(26) D,因为 802.1Q 是标准 VLAN 协议。

2. 填充题答案

(1) 总线状,星状,环状,树状,网状。

(2) 广播,总线争用,CSMA/CD 算法。

(3) 冲突域,冲突域直径,检测出最坏情况下发生的冲突。

(4) 目的地址,FCS,源地址。

(5) 终端公平使用总线,寻址,差错控制,终端公平使用总线,CSMA/CD。

(6) 再生,物理,信号传播。

(7) 信号再生,2。

(8) 2×T,2×T×S。

(9) 以太网端到端,存储转发。

(10) 广播域,星状,树状。

(11) 广播域,交换机端口,VLAN。

(12) 1,1。

(13) 12,1。

(14) 0,1。

(15) 同轴电缆,双绞线,光纤,双绞线,光纤。

(16) 透明网桥,源路由网桥,透明网桥,源路由网桥。

(17) 透明网桥,将网状网络结构转变为树形网络结构,源路由网桥,源路由网桥。

3. 名词解释答案

m	CSMA/CD 算法	n	曼彻斯特编码
a	以太网	b	快速以太网
c	千兆以太网	d	万兆以太网
o	拓扑结构	p	集线器
e	共享式以太网	f	交换式以太网
g	冲突域	i	广播域
j	VLAN	k	网桥
l	交换机	h	冲突域直径
q	物理地址	r	逻辑地址
s	透明网桥	t	源路由网桥

4. 判断题答案

(1) 对,由于曼彻斯特编码提高了波特率,对于相同带宽传输媒体,使用曼彻斯特编码会降低传输速率。

(2) 错,如果交换式以太网全部用全双工点对点信道实现交换机与交换机、交换机与终端之间的互连,就不包含冲突域。

（3）对，如果交换式以太网只有单个 VLAN，则存在一个广播域，如果交换式以太网被划分为多个 VLAN，则存在多个广播域。

（4）错，作为标记端口，一个交换机端口可以属于多个 VLAN，当某个端口被多条属于不同 VLAN 的交换路径经过时，该端口必须被多个 VLAN 共享。

（5）错，连接在相同集线器的两个终端之间的最大距离等于 MIN{2×单段传输媒体最大长度，冲突域直径}。

（6）错，连接在相同交换机的两个终端之间的最大距离等于 2×单段传输媒体最大长度。

（7）错，由于级连集线器构成的以太网是共享式以太网，终端之间的最大距离受冲突域直径限制。

（8）对，交换式以太网两个终端之间距离可以无限，这也是交换到无限的含义。

（9）对，如果该终端变换其连接的交换机端口后没有发送 MAC 帧，在转发表中与该终端的 MAC 地址绑定的端口是变换前的交换机端口，在该转发项无效前，发送给该终端的 MAC 帧仍然从变换前的交换机端口转发出去。

（10）错，由于交换机的级连级数没有限制，交换式以太网互连的冲突域数量没有限制。

（11）错，这是双绞线缆本身特性和电信号质量决定的。

（12）错，全双工通信方式没有信道争用问题，不存在类似捕获效应这样由 CSMA/CD 算法引发的问题。如果双绞线缆作为半双工点对点信道，仍然需要用 CSMA/CD 算法解决信道争用问题，因此，存在类似捕获效应这样由 CSMA/CD 算法引发的问题。

（13）对，VLAN 等同于独立的物理以太网，比独立的物理以太网好的是可以动态分配属于某个 VLAN 的终端。

（14）对，每一个 VLAN 对应一个交换机端口列表。

（15）对，如果交换机通过非标记端口接收 MAC 帧，则通过接收 MAC 帧的端口确定 MAC 帧所属的 VLAN，如果交换机通过标记端口接收 MAC 帧，则通过 MAC 帧携带的 VLAN ID 确定 MAC 帧所属的 VLAN，因此，需要通过 MAC 帧携带的 VLAN ID 表明 MAC 帧源终端所属的 VLAN。

（16）对，同一信道可以由不同传输媒体组成，需要由集线器完成信号类型的转换。

（17）错，集线器互连的多段传输媒体属于同一信道，必须具有相同的传输速率。

（18）对，交换机互连的多个信道是相互独立的不同信道，当然允许是不同的传输媒体。

（19）对，交换机互连的多个信道是相互独立的不同信道，允许有不同的传输速率，交换机以存储转发方式实现 MAC 帧在不同传输速率的信道之间的转发。

（20）错，不同传输网络编址方式不同，很难用网桥实现互连，网桥实现互连的传输网络一般是 802 委员会定义的网络，它们具有相同的编址方式，任意传输网络互连必须定义统一的地址和统一的分组格式，只有 IP 才能实现，只有处理 IP 分组的路由器才能实现任意传输网络互连。

（21）错，使用 CSMA/CD 算法的原因是交换机端口连接广播信道或半双工点对点信道,如果这样,由于受 10Gb/s 以太网冲突域直径的限制,广播信道或半双工点对点信道的长度到了没有使用价值的程度,因此,10Gb/s 交换机只能连接全双工点对点信道。

(22)对,VLAN 的成员可以是物理以太网上的任何结点。

(23)对,由于透明网桥对广播帧或是目的 MAC 地址不在转发表中的单播帧采用广播转发方式(从除接收端口以外的所有其他端口发送出去),只有树状结构才能不使 MAC 帧在环路中兜圈子。

(24)错,可以用透明网桥实现令牌环网互连,前提是网桥之间不存在环路。

(25)对,源路由网桥要求源终端事先通过所有路径发现帧找出源终端至目的终端的传输路径,大多数以太网卡驱动程序不具有此项功能。

3.2.3 计算题解析

(1) 假定 10Mb/s 总线状以太网由单段电缆构成,电缆长度为 200m,电信号传播速度为 $(2/3)c$,求出对应的最短帧长。

【解析】 MAC 帧的发送时间必须两倍于电信号两端之间的传播时间。电信号两端之间传播时间 $=200/(2\times10^8)=10^{-6}$s,MAC 帧最短帧长/传输速率 $=2\times$电信号两端之间传播时间,求出 MAC 帧最短帧长 $=$ 传输速率 $\times2\times$电信号两端之间传播时间 $=10\times10^6\times2\times10^{-6}=20$b。

(2) 求每秒经过 10Mb/s 总线传输的最大 MAC 帧数。

图 3.8　MAC 帧最小周期

【解析】 MAC 帧的最小周期(以比特时间为单位)$=$ 先导码 $+$ MAC 帧最短帧长 $+$ 最小间隔(换算成比特数)$=8\times8+8\times64+9.6\times10^{-6}\times10\times10^6=672$b,如图 3.8 所示。最大 MAC 帧数 $=(10\times10^6)/672=14880.95$。

或 MAC 帧的最小周期(以时间为单位)$=$ 先导码/传输速率 $+$ MAC 帧最短帧长/传输速率 $+$ 最小间隔 $=(8\times8)/(10\times10^6)+(8\times64)/(10\times10^6)+9.6\times10^{-6}=(8\times64+8\times8+9.6\times10^{-6}\times10\times10^6)/(10\times10^6)$。最大 MAC 帧数 $=1/$ MAC 帧的最小周期(以时间为单位)$=(10\times10^6)/(8\times64+8\times8+9.6\times10^{-6}\times10\times10^6)=14880.95$。

(3) 终端 A 和 B 在同一个 10Mb/s 以太网网段上,它们之间的传播时延为 225 比特时间,假定在时间 $t=0$ 时,终端 A 和 B 同时发送了数据帧,在 $t=225$ 比特时间时同时检测到冲突发生,并在 $t=225+48=273$ 比特时间发送完干扰信号,假定终端 A 和 B 选择的随机数分别是 0 和 1,回答:

① 终端 A 和终端 B 何时重传数据帧。

② 终端 A 重传的数据何时到达终端 B。

③ 终端 A 和终端 B 重传的数据会不会再次发生冲突。

④ 终端 B 在后退延迟后是否立即重传数据帧。

【解析】 ① 对于终端 A,总线在传输完终端 B 发送的阻塞信号后处于空闲状态,因此,总线空闲时间 $=273$ 比特时间 $+225$ 比特时间 $=498$ 比特时间。由于后退时间为 0,在持续 9.6μs 检测到总线空闲后发送数据,因此,发送数据的时间是 498 比特时间 $+96$ 比特时间(9.6μs$=9.6\times10^{-6}\times10\times10^6=96$ 比特时间)$=594$ 比特时间。

对于终端 B,由于后退时间＝51.2μs,因此,开始检测总线是否空闲的时间＝273＋512＝785 比特时间。

② 终端 A 发送的数据在 594 比特时间＋225 比特时间＝819 比特时间到达终端 B。注意,在终端 A 发送的数据到达终端 B 之前,终端 B 开始检测总线状态(785 比特时间),同样,从 498 比特时间开始,终端 B 处的总线状态是空闲,但终端 B 必须持续 9.6μs 检测到总线空闲后才能发送数据,因此,终端 B 发送数据的前提是 785 比特时间～785＋96＝881 比特时间总线一直处于空闲状态,但从 819 比特时间开始,终端 B 处总线状态处于忙状态。

③ 不会,终端 B 重传数据的时间＝终端 A 发送的数据完全经过终端 B 的时间＋96 比特时间,在终端 A 发送的数据经过终端 B 期间,终端 B 不可能发送数据。

④ 不是,因为从 819 比特时间开始,终端 B 处总线状态处于忙状态。

(4) 以太网上只有两个终端,它们同时发送数据,发生了冲突,于是按截断二进制指数类型后退算法进行重传,重传次数计为 $i,i=1,2,3,\cdots$,试计算重传 k 次后,成功发送数据的概率,以及每一帧数据的平均重传次数。

【解析】 重传 k 次成功发送数据意味着 $k-1$ 次发生冲突,第 i 次发生冲突的概率是 2^{-i},计算出第 k 次成功发送数据的概率

$$P_k = (1-2^{-k})\prod_{i=1}^{k-1} 2^{-i} \quad (1\leqslant k\leqslant 10)$$

$$P_k = (1-2^{-10})\times(2^{-10})^{k-11}\prod_{i=1}^{10} 2^{-i} \quad (11\leqslant k<16)$$

$$每一帧数据的平均重传次数 = \sum_{k=1}^{16} k\times P_k$$

(5) 网络结构如图 3.9 所示,根据传输媒体为双绞线和光纤这两种情况,分别计算终端 A 和终端 B 之间的最大传输距离。假定集线器的信号处理时延为 0.56μs。

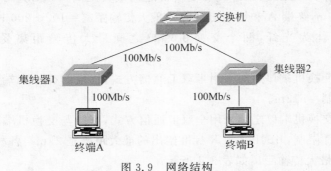

图 3.9 网络结构

【解析】 终端 A 和 B 与交换机端口之间分别构成冲突域。MAC 帧最少发送时间＝$512/(100\times10^6)=5.12\times10^{-6}$ s

$$端到端最大传播时延 = (5.12\times10^{-6})/2 = 2.56\times10^{-6} s$$

终端 A 和 B 与交换机端口之间的冲突域直径(距离)＝$(2.56\times10^{-6}-$集线器信号处理时间$)\times$信号传播速度＝$(2.56\times10^{-6}-0.56\times10^{-6})\times2\times10^8=400$m。

如果传输媒体为双绞线,由集线器互连的两段双绞线的总长不能超过 $100\times2=200$m,终端 A 和 B 与交换机端口之间的最大距离各为 200m,终端 A 和终端 B 之间的最

大传输距离＝2×200m＝400m。

如果传输媒体为光纤,终端 A 和 B 与交换机端口之间的最大距离只受冲突域直径限制,各为 400m,终端 A 和终端 B 之间的最大传输距离＝2×400m＝800m。

(6) 网络结构如图 3.10 所示,根据传输媒体为双绞线和光纤、交换机与终端之间采用全双工和半双工通信方式这 4 种情况,分别计算终端 A 和终端 B 之间的最大传输距离。假定集线器的信号处理时延为 0.56μs。

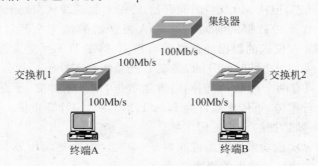

图 3.10 网络结构

【解析】 两个交换机端口之间构成一个冲突域,如果终端和交换机端口之间采用半双工通信方式,则终端和交换机之间构成冲突域,如果终端和交换机端口之间采用全双工通信方式,则终端和交换机端口之间距离只受传输媒体特性的限制。

两个交换机端口之间冲突域直径(距离)＝$(2.56×10^{-6}-0.56×10^{-6})×2×10^8$＝400m。

终端和交换机端口之间冲突域直径(距离)＝$(2.56×10^{-6})×2×10^8$＝512m。

如果传输媒体为双绞线,则终端和交换机之间最大距离＝100m,两个交换机端口之间最大距离＝200m,终端 A 和终端 B 之间的最大传输距离＝100＋200＋100＝400m。

如果传输媒体为光纤,两个交换机端口之间最大传输距离受冲突域直径限制＝400m。

如果终端和交换机端口之间采用半双工通信方式,终端与交换机端口之间最大距离受冲突域直径限制＝512m。

如果终端和交换机端口之间采用全双工通信方式,终端与交换机端口之间最大距离只受光纤传输特性限制,100Base-FX 标准给出的最大距离是 2km。各种情况下,终端 A 和终端 B 之间的最大传输距离如表 3.1 所示。

表 3.1　最大传输距离

传输媒体	通信方式	最大传输距离/m
双绞线	半双工	100＋200＋100＝400
	全双工	100＋200＋100＝400
光纤	半双工	512＋400＋512＝1424
	全双工	2000＋400＋2000＝4400

（7）网络结构如图 3.11 所示,计算所有可能的冲突域、广播域数量,并给出理由。

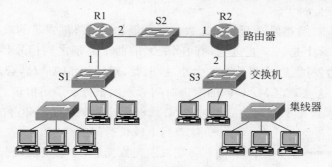

图 3.11　网络结构

【解析】　路由器分割广播域,路由器 R1、R2 将互连网络分成三个广播域。如果每一个连接单个终端或路由器端口的交换机端口采用半双工通信方式,则每一个交换机端口都连接一个冲突域,共有 10 个冲突域。

如果每一个连接单个终端或路由器端口的交换机端口采用全双工通信方式,则只有连接集线器的两个交换机端口连接冲突域,只有两个冲突域。

（8）在图 3.11 中,计算交换机 S1、S2、S3 转发表中可能的 MAC 地址数量,并给出理由。

【解析】　交换机转发表学习到的是连接在同一个广播域内的终端的 MAC 地址,因此,交换机 S1 学习到的是 5 个终端的 MAC 地址＋路由器端口的 MAC 地址,共计 6 个 MAC 地址。交换机 S3 也同样是 6 个 MAC 地址。交换机 S2 是 2 个路由器端口的 MAC 地址。

3.2.4　简答题解析

（1）曼彻斯特编码的作用是什么?

【答】　曼彻斯特编码的作用:一是尽可能在数据中保留发送端时钟信息,以便接收端将自身时钟和发送端同步;二是通过帧间最小间隔和曼彻斯特编码特性实现帧定界;三是判别总线忙和空闲状态。

（2）CSMA/CD 算法的基本功能是什么?

【答】　解决连接在广播信道上的多个终端自由争用信道的问题,具体算法是先听再讲(侦听到总线空闲再发送数据)、边听边讲(一边发送数据,一边检测是否发生冲突)、退后再讲(如果检测到冲突发生,退后一段时间再发送数据)。

（3）总线状以太网和交换式以太网能否确定端到端最大传输时延? 如果不能确定,原因是什么?

【答】　无法确定端到端最大传输时延。总线状以太网在负荷较重的情况下,可能不断发生冲突,导致终端数据发送失败。交换机某个端口发生拥塞时,即因为大量数据通过同一端口输出,导致该端口的输出队列溢出时,后续需要通过该端口输出的 MAC 帧被丢弃,被丢弃的 MAC 帧无法传输到目的终端。

（4）争用窗口是如何定义的，为什么 MAC 帧最小发送时间和后退延迟的基本时间都是由争用窗口确定的？

【答】 争用窗口是指终端开始发送数据后可能和其他终端发送的数据发生冲突的这一小段时间，它实际上是共享式以太网间隔最远的两个终端之间信号传播时间的两倍。由于 MAC 帧是边发送、边检测是否发生冲突，因此，对任何 MAC 帧，必须坚持检测争用窗口规定的时间，这也确定 MAC 帧的发送时间必须大于等于争用窗口。

两个终端如果选择了不同的后退时间，必须保证这两个终端不会再次发生冲突，这意味着后退较长时间的终端必须在后退较短时间的终端发送完数据后，才会发送数据。

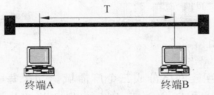

图 3.12 后退时间示意图

如图 3.12 所示，假定终端 A 在 t_0 时间发送数据，信号经过 T 传播时间到达终端 B，在信号到达终端 B 前一瞬间，终端 B 发送数据，终端 B 在 $t_0 + T$ 时间检测到冲突发生，停止发送数据，选择后退时间 t。终端 A 在 $t_0 + 2T$ 时间检测到冲突发生，选择后退时间 0，在 $t_0 + 2T + 9.6\mu s$ 时间再次开始发送数据，这次发送的信号在 $t_0 + 3T + 9.6\mu s$ 时间到达终端 B，终端 B 在 $t_0 + T + t$ 时间开始检测总线状态，如果直到 $t_0 + T + t + 9.6\mu s$ 时间一直检测到总线空闲，终端 B 开始发送数据。要求终端 A 发送数据期间，终端 B 不会发送数据的前提是 $t_0 + 3T + 9.6\mu s \leq t_0 + T + t + 9.6\mu s$，即 $t \geq 2T$。意味着基本后退时间为争用窗口 $2T$，终端选择的后退时间是 $2T$ 的倍数。

（5）简述交换式以太网提高网络性能的原因。

【答】 交换机存储转发特性允许交换机端口连接的冲突域并发传输数据，连接在交换式以太网上的终端数量和终端之间的距离没有限制，不同传输速率的网段可以有机集成为一个性价比很高的交换式以太网。

（6）简述集线器是物理层设备，交换机是链路层设备的理由。

【答】 关键是处理对象，集线器的作用是再生数字信号，处理对象是物理层的信号，集线器能够实现的是不同类型传输媒体互连和信号形式转换，用于在物理层扩展信道范围。交换机用于转发 MAC 帧，而 MAC 帧属于链路层（MAC 层）数据封装形式。因此，称其为链路层设备。在 IP 分组作为网络层封装形式，路由器作为网络层设备的前提下，链路层传输路径不再是基于广播信道或点对点信道的逻辑链路，而是连接在同一传输网络上的两个端点之间的传输路径，中间可能存在分组交换设备，这种用于在不同信道间转发链路层帧的分组交换设备同样称为链路层设备。

（7）简述全双工点对点光纤信道使以太网成为城域网主流网络的理由。

【答】 城域网的特点是网络覆盖范围是一个大型城市的地理范围，虽然，交换式以太网可以交换到无限，意味着网络覆盖范围无限，但两个结点之间的无中继距离并不远，用这样的交换式以太网构建城域网需要在城市中各个位置放置大量的交换机，设备配置比较麻烦。交换机端口之间如果采用全双工点对点链路，就不再受冲突域直径限制，传输距离只受传输媒体特性的限制，而目前单模光纤的无中继传输距离可以达到 70km 左右，这基本上可以实现位于城市中任何位置的两台交换机的光纤直接互连，为设备配置提供了方便。

(8) 简述引出 VLAN 的原因,实现 VLAN 的技术基础。

【答】 引出 VLAN 的原因是交换机的 MAC 地址学习方式和 MAC 帧转发方式,只有某台交换机转发了某个终端发送的 MAC 帧,该终端的 MAC 地址才能被添加到该交换机的转发表中。所有目的地址不在转发表中的 MAC 帧或是广播地址的 MAC 帧以广播方式转发。这种方式导致大量 MAC 帧被广播到交换式以太网中的所有终端。

一旦交换机接收到某个 MAC 帧,交换机就可确定该 MAC 帧所属的 VLAN 和该 VLAN 的端口列表,交换机只从属于该 VLAN 的一个端口或所有端口转发该 MAC 帧。

(9) 如图 3.13 所示,用一个网桥设备互连令牌环网和以太网,给出网桥实现终端 A 和终端 B 之间数据交换所需要具备的功能,并解释用网桥实现不同类型传输网络互连的困难性。

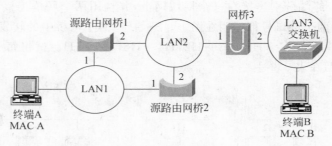

图 3.13 网络结构

【答】 网桥 3 端口 1 连接用源路由网桥互连的令牌环网,端口 2 连接交换式以太网,为了实现终端 A 至终端 B 通信,网桥 3 需要为交换式以太网分配一个网络标识符,在图 3.13 中的 LAN 3(网络标识符为 3),并将 LAN 3 和端口 2 绑定在一起。成功实现终端 A 至终端 B MAC 帧传输的前提是网桥 3 中对应交换式以太网的转发表中已经存在转发项<MAC B,2>。终端 A 在获取终端 B 的 MAC 地址(MAC B)后,发送以 MAC B 为目的地址的所有路径发现帧,到达网桥 3 时路由信息为{(1,1)(2)}或{(1,2)(2)},由于网桥 3 在交换式以太网对应的转发表中找到转发项<MAC B,2>,且端口 2 连接的交换式以太网的网络标识符为 3,网桥 3 最终返还给终端 A 的路由信息是{(1,1)(2,3)(3)}或{(1,2)(2,3)(3)}。终端 A 构建以 MAC A 为源 MAC 地址,MAC B 为目的地址,路由信息为{(1,1)(2,3)(3)}(或{(1,2)(2,3)(3)})的 MAC 帧,该 MAC 帧经过源路由网桥 1(或者源路由网桥 2)转发后到达网桥 3,网桥 3 根据路由信息中{(1,1)(2,3)(3)}网桥 3 标识符(3)和交换式以太网标识符(3)确定从连接交换式以太网的端口发送出去,将 MAC 帧格式从令牌环网格式转换成以太网格式,将以太网 MAC 帧发送给交换式以太网。

为了实现终端 B 至终端 A MAC 帧传输过程,终端 B 构建以 MAC B 为源 MAC 地址,MAC A 为目的 MAC 地址的以太网 MAC 帧,该 MAC 帧最终被交换式以太网转发给网桥 3,当网桥 3 从端口 2 接收到该以太网 MAC 帧,检测端口 1 缓冲器中是否存在目的地址为 MAC A 的路由信息,如果存在,将以太网帧转换为令牌环网 MAC 帧,以目的地址为 MAC A 的路由信息作为 MAC 帧的路由信息,将令牌环网 MAC 帧从端口 1 发送出去。如果端口 1 中不存在目的地址为 MAC A 的路由信息,发送以 MAC A 为目的地址的所有路径发现帧,以此获得用于指明通往终端 A 的传输路径的路由信息。

用网桥实现不同类型传输网络互连一是必须在源终端发送的链路层帧中给出目的终端的链路层地址,因此,只能实现具有相同地址格式的两种不同类型的传输网络互连;二是需要从一种链路层帧格式转换成另一种链路层帧格式;三是需要从一种转发方式转换成另一种转发方式,如交换式以太网透明网桥转发方式转换为令牌环网源路由网桥转发方式。直接由网桥在链路层实施这些转换是比较困难的,如上述终端 A 和终端 B 之间的数据交换过程。

3.2.5　设计题解析

(1) 现有 5 个终端分别连接在三个局域网上,并且用两个网桥连接起来,如图 3.14 所示,每个网桥的两个端口号都标明在图上。开始时,两个网桥中的转发表都是空的,后来进行以下传输操作:H1→H5,H3→H2,H4→H3,H2→H1。试将每一次传输操作发生的有关事项填写在表 3.2 中。

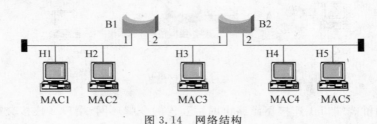

图 3.14　网络结构

【解析】　该题的关键在于一是每一网段是冲突域,网段上任何一个结点发送的 MAC 帧,被网段上所有其他结点接收,包括网桥端口。二是网桥的地址学习和转发机制。

H1→H5:导致 MAC 帧在整个网络中广播,网桥 B1、B2 接收该 MAC 帧,记录 H1 地址,从其他端口广播该 MAC 帧。

H3→H2:导致网桥 B1、B2 都接收到该 MAC 帧,记录 H3 地址,从其他端口广播该 MAC 帧。

H4→H3:导致网桥 B2 从端口 1 转发该 MAC 帧,记录 H4 地址,但从网桥 B2 端口 1 转发的 MAC 帧被网桥 B1 接收,记录 H4 地址。由于接收该 MAC 帧的端口(端口 1)等于学习到地址 H3 的端口,网桥 B1 丢弃该 MAC 帧。

H2→H1:由于网桥 B1 接收该 MAC 帧的端口(端口 1)等于学习到地址 H1 的端口,网桥 B1 记录 H2 地址,丢弃该 MAC 帧。根据上述分析产生如表 3.2 所示的内容。

(2) 网络结构如图 3.15 所示,假定交换机初始转发表为空,给出依次进行①~⑤MAC 帧传输时,交换机 1 和交换机 2 完成的操作及转发表变化过程,并将其填写在表 3.3 中。

表 3.2 网桥转发表内容及对 MAC 帧实施的操作

传输操作	网桥 1 转发表		网桥 2 转发表		网桥 1 的处理 （转发、丢弃、登记）	网桥 2 的处理 （转发、丢弃、登记）
	MAC 地址	转发端口	MAC 地址	转发端口		
H1→H5	MAC 1	1	MAC 1	1	转发、登记	转发、登记
H3→H2	MAC 3	2	MAC 3	1	转发、登记	转发、登记
H4→H3	MAC 4	2	MAC 4	2	丢弃、登记	转发、登记
H2→H1	MAC 2	1			丢弃、登记	接收不到该帧

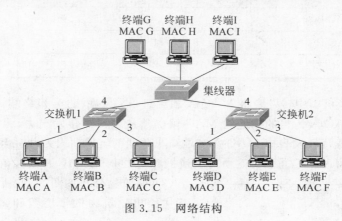

图 3.15 网络结构

① 终端 A→终端 B；

② 终端 G→终端 H；

③ 终端 B→终端 A；

④ 终端 H→终端 G；

⑤ 终端 E→终端 H；

⑥ 如果将终端 A 移到交换机 1 端口 5 后，进行终端 E→终端 A 的 MAC 帧传输过程，会发生什么情况，如何解决？

【解析】 ① MAC 帧在交换式以太网中广播，交换机 1 和 2 记录终端 A 地址 MAC A，从所有其他端口广播该 MAC 帧。

② 由于集线器构成一个冲突域，终端 G 发送的 MAC 帧被冲突域内所有其他结点，包括交换机 1 和 2 的端口 4 接收，该 MAC 帧在交换式以太网中广播，交换机 1 和 2 记录终端 G 地址 MAC G，从所有其他端口广播该 MAC 帧。

③ 由于交换机 1 在转发表中检索到终端 A 的 MAC 地址 MAC A，从端口 1 转发该 MAC 帧，记录终端 B 地址 MAC B，其他设备接收不到该 MAC 帧。

④ 终端 H 发送的 MAC 帧在冲突域中广播，到达交换机 1 和 2，交换机 1 和 2 记录终端 H 地址 MAC H，由于交换机 1 和 2 学习到终端 G 地址的端口和接收该 MAC 帧的端口相同，丢弃该 MAC 帧。

⑤ 交换机 2 记录终端 E 地址 MAC E，从端口 4 转发该 MAC 帧，交换机 1 接收到该

MAC 帧,记录终端 E 地址 MAC E,由于交换机 1 学习到终端 H 地址的端口和接收该 MAC 帧的端口相同,丢弃该 MAC 帧。根据上述分析,产生如表 3.3 所示的内容。

表 3.3　交换机转发表内容及对 MAC 帧实施的操作

传输操作	交换机 1 转发表		交换机 2 转发表		交换机 1 的处理 (转发/广播/ 丢弃、登记)	交换机 2 的处理 (转发/广播/ 丢弃、登记)
	MAC 地址	转发端口	MAC 地址	转发端口		
A→B	MAC A	1	MAC A	4	广播、登记	广播、登记
G→H	MAC G	4	MAC G	4	广播、登记	广播、登记
B→A	MAC B	2			转发、登记	接收不到该帧
H→G	MAC H	4	MAC H	4	丢弃、登记	丢弃、登记
E→H	MAC E	4	MAC E	2	丢弃、登记	转发、登记

⑥ 由于交换机 1 中转发表将 MAC A 和端口 1 关联在一起,当终端 A 移到交换机 1 端口 5 后,以 MAC A 为目的地址的 MAC 帧仍然从端口 1 转发出去,无法到达终端 A。解决方法,一是等待转发表中 MAC A 和端口 1 关联的转发项因为过时而被删除;二是终端 A 广播一帧 MAC 帧,重新确定所有交换机转发表中和 MAC A 有关的转发项。

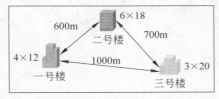

图 3.16　建筑物分布图

(3)建筑物分布如图 3.16 所示,建筑物边上的标注给出建筑物的楼层数和每一楼层的房间数,要求每一房间连接一台终端,每一楼层设置单独的互连设备,如果信息交换过程主要发生在楼层和建筑物之间,给出实现所有房间终端互连的交换式以太网设计,并说明理由。

【解析】　局域网设计,一是确定网络拓扑结构;二是确定端口数量、传输媒体类型和传输速率。每一幢楼采用两层树结构,第一层是每一楼层连接房间终端的交换机,称其为楼层交换机。第二层是连接每一楼层交换机的交换机,称其为楼交换机。整个局域网采用三层树结构,最高一层交换机用于互连每一幢楼内的楼交换机,称为根交换机。楼层交换机的端口数量等于楼层房间数加 1,端口传输媒体类型取决于交换机端口与房间之间的距离,楼层交换机与楼交换机之间距离。一般经过设计可以保证:楼层交换机端口与房间之间的距离,楼层交换机与楼交换机之间距离小于 100m,因此可以采用双绞线。端口传输速率要体现楼层交换机与终端之间传输速率和楼层交换机与楼交换机之间传输速率的关系,由于信息交换过程主要发生在楼层和建筑物之间。因此,楼层交换机与楼交换机之间传输速率应该大于楼层交换机与终端之间传输速率,同样楼交换机与根交换机之间传输速率要大于楼交换机与楼层交换机之间传输速率,因此,选择楼层交换机连接终端端口的传输速率为 10Mb/s,连接楼交换机端口传输速率为 100Mb/s。楼交换机连接根交换机端口传输速率为 1Gb/s。如图 3.16 所示的建筑物分布图,可以将根交换机放置在二号楼,这样一号楼和三号楼与根交换机之间的传输媒体一是必须适合户外数据传输;二是必须保证 1Gb/s 传输速率的传输距离分别大于

600m 和 700m,因此,采用单模光纤。根交换机连接二号楼楼交换机的传输媒体可以是双绞线。根据上述分析可以得出图 3.17 中的网络拓扑结构和如表 3.4 所示的设备配置。

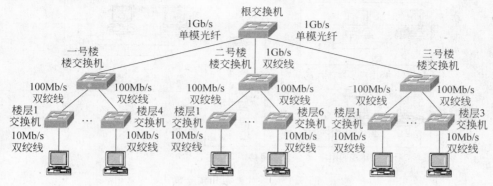

图 3.17 网络拓扑结构

表 3.4 设备配置

楼	楼层交换机		楼交换机		根交换机	
	数量	端口配置	数量	端口配置	数量	端口配置
一号楼	4	12×10Base-T 1×100Base-T	1	4×100Base-T 1×1000Base-LX		
二号楼	6	18×10Base-T 1×100Base-T	1	6×100Base-T 1×1000Base-T	1	2×1000Base-LX 1×1000Base-T
三号楼	3	20×10Base-T 1×100Base-T	1	3×100Base-T 1×1000Base-LX		

(4) 某校拟组建一个小型的校园网,具体要求如下:

- 终端用户包括 48 个普通用户,一个有 24 个多媒体用户的电子阅览室,一个有 48 个用户的多媒体教室(性能要求高于电子阅览室)。
- 服务器提供 Web、DNS、E-mail 服务。
- 各楼之间距离为 500m。
- 从表 3.5 列出的设备列表中选择设备。
- 传输媒介可选用 3 类、5 类双绞线和多模光纤。
- 设计方案和楼分布如图 3.18 所示。

表 3.5 可选设备

设备名称	数量	配 置 说 明
交换机 Switch1	1	2 个 100Base-T 端口和 24 个 10Base-T 端口
交换机 Switch2	2	1 个 100Base-T 端口、1 个 100Base-FX 端口和 24 个 10Base-T 端口
交换机 Switch3	2	2 个 100Base-FX 端口和 24 个 100Base-T 端口
交换机 Switch4	1	4 个 100Base-FX 端口和 24 个 100Base-T 端口

要求给出图 3.18 中①～④处设备名称和⑤～⑦处传输媒介名称。

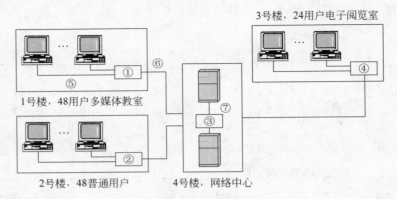

图 3.18　设计方案和楼分布

【解析】　①处是 48 个用户的多媒体教室,需要较高性能,因此,到用户的传输速率定为 100Mb/s,需要两台交换机 Switch3 级连,其中一台交换机的 100Base-FX 端口连接另一台交换机的 100Base-FX 端口,用余下的 100Base-FX 端口连接③处交换机的 100Base-FX 端口,每一个 100Base-T 端口连接一个用户终端。

②处需要连接 48 个普通用户,因此,用一台交换机 Switch1 和一台交换机 Switch2 级连,用交换机 Switch1 的 100Base-T 端口连接交换机 Switch2 的 100Base-T 端口,用交换机 Switch2 的 100Base-FX 端口连接③处交换机的 100Base-FX 端口,每一个 10Base-T 端口连接一个用户终端。

从网络拓扑结构看出,由③处交换机实现和其他楼交换机互连,因此,③处用一台交换机 Switch4,用 3 个 100Base-FX 端口连接分布在其他三幢楼中的交换机,用 100Base-T 端口连接服务器。

④处用一台交换机 Switch2,用 100Base-FX 端口连接③处交换机的 100Base-FX 端口,每一个 10Base-T 端口连接一个用户终端。

⑤处媒体用于互连用户终端和交换机,由于①处交换机用 100Base-T 端口连接用户终端,因此,⑤处媒体是 5 类双绞线。

⑥处媒体用于互连①处和③处交换机,由于①处交换机用 100Base-FX 端口连接③处交换机的 100Base-FX 端口,因此,⑥处媒体是多模光纤。

⑦处媒体用于互连服务器和③处交换机,③处交换机用 100Base-T 端口连接服务器,因此,⑦处媒体是 5 类双绞线。

（5）交换式以太网结构如图 3.19 所示,要求终端 A、B 和 G 属于一个 VLAN,终端 E、F 和 H 属于一个 VLAN,终端 C 和 D 属于一个 VLAN,给出交换机配置,并说明理由。

【解析】　VLAN 的配置原则,一是属于同一 VLAN 的端口之间必须存在交换路径;二是如果某个端口被属于多个不同 VLAN 的交换路径经过,需要将该端口配置成标记端口。假定这三个 VLAN 分别是 VLAN 2、VLAN 3 和 VLAN 4,由于 VLAN 2 包括终端 A、B 和 G,需要建立交换机 S1 端口 1(用 S1.1 表示)和端口 2 之间的交换路径,同一交换机两个端口之间的交换路径由交换机交换结构实现。另外,需要建立交换机 S1 端口 1 或

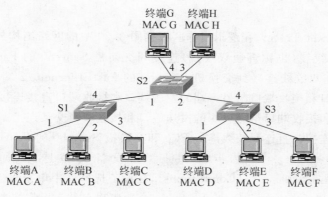

图 3.19　网络结构

端口 2 与交换机 S2 端口 4 之间的交换路径,该交换路径经过端口 S1.1 或 S1.2、S1.4、S2.1、S2.4,因此,端口 S1.1、S1.2、S1.4、S2.1、S2.4 属于 VLAN 2。同样,端口 S3.2、S3.3、S3.4、S2.2、S2.3 属于 VLAN 3,端口 S1.3、S1.4、S2.1、S2.2、S3.4、S3.1 属于 VLAN 4。这里,S1.1、S1.2、S2.4 只属于单个 VLAN(VLAN 2),S3.2、S3.3、S2.3 只属于单个 VLAN(VLAN 3),S1.3、S3.1 只属于单个 VLAN(VLAN 4),因此,它们都是非标记端口,端口 S1.4、S2.1 被 VLAN 2 和 VLAN 4 共享,端口 S2.2、S3.4 被 VLAN 3 和 VLAN 4 共享。根据上述分析,产生如表 3.6 所示的 VLAN 端口配置。

表 3.6　VLAN 端口配置

交换机	VLAN 2		VLAN 3		VLAN 4	
	非标记端口	标记端口	非标记端口	标记端口	非标记端口	标记端口
交换机 S1	S1.1、S1.2	S1.4			S1.3	S1.4
交换机 S2	S2.4	S2.1	S2.3	S2.2		S2.1、S2.2
交换机 S3			S3.2、S3.3	S3.4	S3.1	S3.4

3.3　实　　验

3.3.1　交换机基本连通实验

1. 实验内容

(1) 验证两台连接在交换机端口上的计算机之间的连通性。

(2) 查看转发表建立过程。

2. 网络结构

网络结构如图 3.20 所示,将两台计算机连接到交换机端口,为两台计算机配置 IP 地址和子网掩码,两台计算机配置的 IP 地址必须属于同一网络地址。

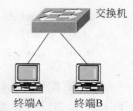

交换机

终端A　　　终端B
192.1.1.1/24　192.1.1.2/24

图 3.20　网络结构

3. 实验步骤

（1）启动 Packet Tracer，在逻辑工作区根据图 3.20 中的网络结构放置和连接设备，将 PC0 用直连双绞线（也称直通双绞线）连接到交换机 Switch0 的 FastEthernet0/1 端口，将 PC1 用直连双绞线连接到交换机 Switch0 的 FastEthernet0/2 端口。直连双绞线将一端的发送端口和接收端口与另一端的发送端口和接收端口直接连接。交叉双绞线将一端的发送端口和接收端口与另一端的发送端口和接收端口交叉连接。终端和交换机之间用直连双绞线连接。直连双绞线连接 PC0 和交换机 Switch0 的 FastEthernet0/1 端口

图 3.21　在 PC0 接口列表中单
选接口 FastEthernet

的步骤如下。在设备类型选择框中单击连接线（Connections），在设备选择框中单击直连双绞线（Copper Straight-Through），出现水晶头形状的光标。将光标移到 PC0，单击，出现如图 3.21 所示的 PC0 接口列表，单选 FastEthernet 接口。将光标移到交换机 Switch0，单击，出现如图 3.22 所示的交换机 Switch0 未连接的端口列表，单选 FastEthernet0/1 端口，完成直连双绞线连接 PC0 和交换机 Switch0 的 FastEthernet0/1 端口的过程。用同样的步骤完成直连双绞线连接 PC1 和交换机 Switch0 的 FastEthernet0/2 端口的过程后，出现如图 3.23 所示的逻辑工作区界面。

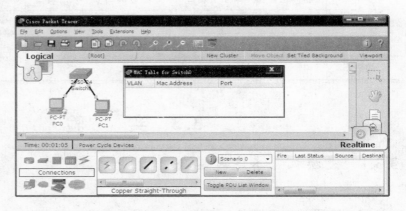

图 3.22　在 Switch0 端口列　图 3.23　放置和连接设备后的逻辑工作区界面及初始 MAC 表
表中单选端口
FastEthernet0/1

（2）PC0 配置 IP 地址和子网掩码为 192.1.1.1/255.255.255.0，如图 3.25 所示，记录下 PC0 的 MAC 地址为 0009.7CA4.6D53。同样 PC1 配置 IP 地址和子网掩码为 192.1.1.2/255.255.255.0，记录下 PC1 的 MAC 地址为 000A.F316.21CD。

（3）单击公共工具栏中查看图标，出现放大镜形状光标，
移动光标到交换机 Switch0，单击 Switch0，出现如图 3.24 所
示的交换机控制信息表列表，选择 MAC Table 项，出现交换
机 MAC 表，初始 MAC 表（转发表）内容为空，如图 3.23 所

图 3.24　控制信息表列表

示。单击公共工具栏中的退出图标退出查看过程。单击公共工具栏中简单报文图标，在
逻辑工作区出现信封形状光标，移动光标到 PC0，单击，再移动光标到 PC1，单击，完成
PC0 和 PC1 之间的一次 Ping 操作。当然，也可在 PC0 命令提示符下输入命令"Ping
192.1.1.2"，完成 PC0 和 PC1 之间的一次 Ping 操作，如图 3.26 所示。再一次查看交换
机转发表，转发表中增添两项转发项，如图 3.27 所示。FastEthernet0/1 端口对应 PC0
的 MAC 地址，FastEthernet0/2 端口对应 PC1 的 MAC 地址。需要指出的是，转发项是
有寿命的，如果一段时间（一般为 30s）没有经过端口发送 MAC 帧，将自动删除该转发项。
因此，如果没有任何操作，经过一段时间再查看交换机转发表，转发表内容又将变空。默
认情况下，交换机所有端口属于默认 VLAN-VLAN 1。

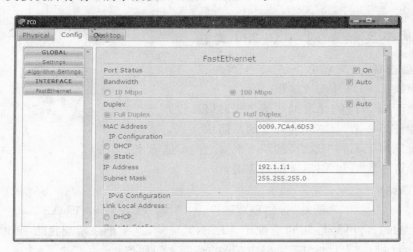

图 3.25　PC0 以太网接口配置界面

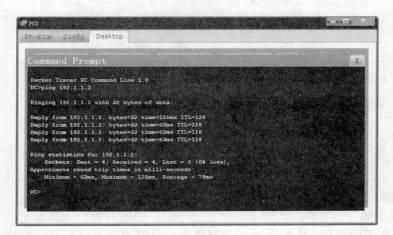

图 3.26　PC0 命令提示符界面

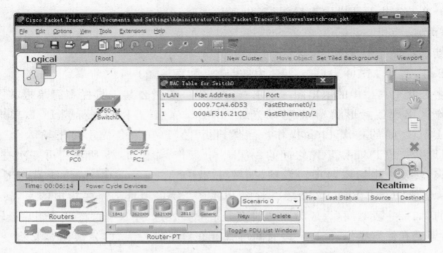

图 3.27　完成 PC0 和 PC1 之间 Ping 操作后的转发表内容

3.3.2　单个交换机划分 VLAN 实验

1. 实验内容

(1) 交换机 VLAN 配置过程。

(2) 属于同一个 VLAN 的终端之间通信过程。

(3) 验证每一个 VLAN 为独立的广播域。

(4) 验证属于不同 VLAN 的两个终端之间不能通信。

(5) 验证转发项和 VLAN 的对应关系。

2. 网络结构

网络结构如图 3.28 所示,分别创建两个 VLAN:VLAN2 和 VLAN3,将终端 A 和 B 分配给 VLAN2,将终端 C 和 D 分配给 VLAN3,虽然,这 4 个终端配置的 IP 地址有着相同的网络地址,但只允许属于同一 VLAN 的终端之间通信。

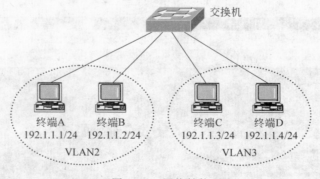

图 3.28　网络结构

3. 实验步骤

(1) 在逻辑工作区根据图 3.28 中的网络结构放置和连接设备,PC0~PC3 分别用直

连双绞线连接交换机 Switch0 的端口 FastEthernet0/1～FastEthernet0/4。初始时将
4 个终端配置为同一个 VLAN,查看广播帧传输过程。在模式选择栏选择模拟操作模式,
单击 Edit Filters 按钮,弹出报文类型过滤框,只选中 ARP 报文类型,如图 3.29 所示。
ARP 报文用于解析目的终端的 MAC 地址,是一个目的 MAC 地址为广播地址的广播帧,
通过 ARP 报文的传输过程,可以查看广播域范围。通过拖动公共工具栏中的简单报文
启动 PC0 和 PC1 之间的 Ping 操作,PC0 首先广播一个 ARP 报文,可以看到,PC0 发送的
ARP 报文被交换机广播到其他三个终端,如图 3.30 所示。

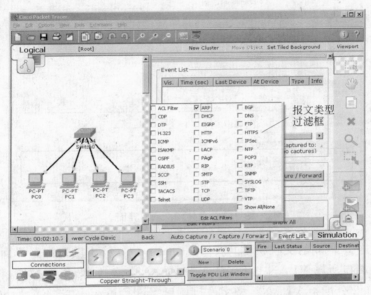

图 3.29 模拟操作模式下报文过滤器配置界面

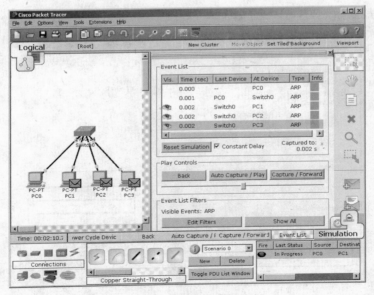

图 3.30 ARP 报文广播过程

（2）重新选择实时操作模式，单击交换机 Switch0，弹出交换机配置界面，单击 VLAN Database 按钮，弹出创建 VLAN 界面，输入新创建的 VLAN 的编号和 VLAN 名，单击 Add 按钮，完成一个 VLAN 的创建，如图 3.31 所示。重复上述操作，创建 VLAN2 和 VLAN3。

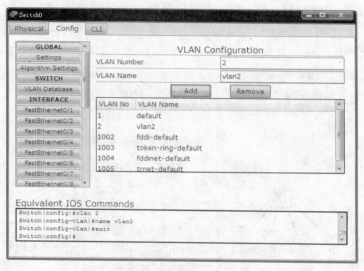

图 3.31 创建 VLAN 界面

（3）单击连接 PC0 的交换机端口 FastEthernet0/1，弹出端口配置界面，端口类型选择 Access 项，端口所属 VLAN 选择 VLAN2，如图 3.32 所示，依次操作，将交换机端口 FastEthernet0/2 分配给 VLAN2，将交换机端口 FastEthernet0/3、FastEthernet0/4 分配给 VLAN3。Cisco 交换机设备配置中，Access 项本义是接入端口，由于接入端口直接连接终端，只能是非标记端口，因此，Access 项等同于非标记端口，对于 Cisco 设备，非标记

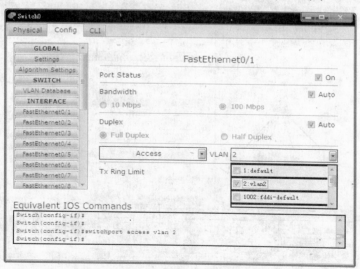

图 3.32 交换机端口配置界面

端口只能分配给单个 VLAN。

（4）完成 VLAN 配置后，只能实现 PC0 和 PC1 之间的 Ping 操作，PC2 和 PC3 之间的 Ping 操作，无法实现 PC0 或 PC1 和 PC2 或 PC3 之间的 Ping 操作。

（5）重新进行步骤（1）的 ARP 报文广播操作，发现 PC0 发送的 ARP 报文只被交换机广播到 PC1。

（6）查看交换机转发表，每一转发项都有对应的 VLAN 标识符，如图 3.33 所示，表明交换机为不同的 VLAN 建立独立的转发表。

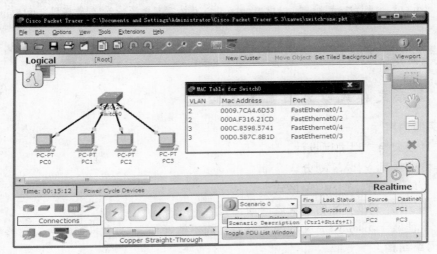

图 3.33　每一个 VLAN 有着独立转发表

4. 交换机命令行配置过程

Switch>;　　　初始进入交换机命令行配置界面时出现的用户模式命令提示符，用户模式下主要用于输入基本的设备检测命令和设备状态显示

Switch>enable;　　用户模式下输入命令 enable，进入特权模式，出现特权模式命令提示符：Switch#，特权模式下可以用 show 命令检查设备配置和状态，进行和设备管理有关的操作

Switch#configure terminal;

特权模式下输入命令 configure terminal，进入全局配置模式，出现全局配置模式命令提示符：Switch(config)#，全局配置模式和接口配置模式相对应，用于输入和接口无关的配置命令

Switch(config)#vlan 2;　　　　　　　　创建 VLAN，其编号为 2

Switch(config-vlan)#name vlan2;　　进入 VLAN 配置模式，为新创建的 VLAN 分配名字：vlan2

Switch(config-vlan)#exit;　　　　　退出 VLAN 配置模式，重新回到全局配置模式

Switch(config)#vlan 3;　　　　　　　　创建 VLAN，其编号为 3

Switch(config-vlan)#name vlan3;　　进入 VLAN 配置模式，为新创建的 VLAN 分配名字：vlan3

Switch(config-vlan)#exit;　　　　　退出 VLAN 配置模式，重新回到全局配置模式

Switch(config)#interface FastEthernet0/1;　进入接口配置模式，配置接口 FastEthernet0/1

Switch(config-if)#switchport access vlan 2;

将接口 FastEthernet0/1 作为非标记端口分配给编号为 2 的 VLAN

Switch(config-if)#exit;　　　　　退回到全局配置模式，以便进入另一个接口的接口配置模式

```
Switch(config)#interface FastEthernet0/2;  进入接口配置模式,配置接口 FastEthernet0/2
Switch(config-if)#switchport access vlan 2;
              将接口 FastEthernet0/2作为非标记端口分配给编号为 2 的 VLAN
Switch(config-if)#exit;    退回到全局配置模式,以便进入另一个接口的接口配置模式
Switch(config)#interface FastEthernet0/3;  进入接口配置模式,配置接口 FastEthernet0/3
Switch(config-if)#switchport access vlan 3;
              将接口 FastEthernet0/3作为非标记端口分配给编号为 3 的 VLAN
Switch(config-if)#exit;    退回到全局配置模式,以便进入另一个接口的接口配置模式
Switch(config)#interface FastEthernet0/4;  进入接口配置模式,配置接口 FastEthernet0/4
Switch(config-if)#switchport access vlan 3;
              将接口 FastEthernet0/4作为非标记端口分配给编号为 3 的 VLAN
Switch(config-if)#exit;    退回到全局配置模式。
```

3.3.3　复杂交换式以太网配置实验

1. 实验内容

(1) 复杂交换式以太网设计。

(2) 跨交换机 VLAN 划分。

(3) 检验 802.1Q MAC 帧格式。

(4) 属于同一 VLAN 的终端之间通信过程。

(5) 验证属于不同 VLAN 的两个终端之间不能通信。

2. 网络结构

网络结构如图 3.34 所示,终端 A、B 和 G 分配给 VLAN2,终端 E、F 和 H 分配给 VLAN3,终端 C 和 D 分配给 VLAN4。属于不同 VLAN 的终端分配网络地址不同的 IP 地址。由于每一个 VLAN 是一个独立的网络,如果不需要实现 VLAN 互连,每一个 VLAN 可以独立分配 IP 地址,这种情况下,属于不同 VLAN 的终端分配网络地址相同的 IP 地址是允许的,如图 3.28 所示的网络结构。但如果需要实现 VLAN 互连,不同 VLAN 必须分配不同的网络地址。

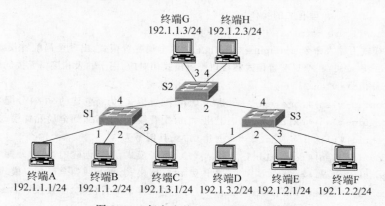

图 3.34　复杂交换式以太网网络结构

3．实验步骤

（1）在逻辑工作区根据图 3.34 中的网络结构放置和连接设备，出现如图 3.35 所示的逻辑工作区界面。PC0～PC2 分别用直连双绞线连接交换机 Switch0 的端口FastEthernet0/1～FastEthernet0/3。PC3～PC5 分别用直连双绞线连接交换机 Switch2的端口 FastEthernet0/1～FastEthernet0/3，PC6、PC7 分别用直连双绞线连接交换机Switch1 的端口 FastEthernet0/3、FastEthernet0/4。用交叉双绞线连接交换机 Switch0的端口 FastEthernet0/4 和交换机 Switch1 的端口 FastEthernet0/1，用交叉双绞线连接交换机 Switch2 的端口 FastEthernet0/4 和交换机 Switch1 的端口 FastEthernet0/2。一般情况下，终端与交换机之间用直连双绞线连接，交换机和交换机之间用交叉双绞线连接。

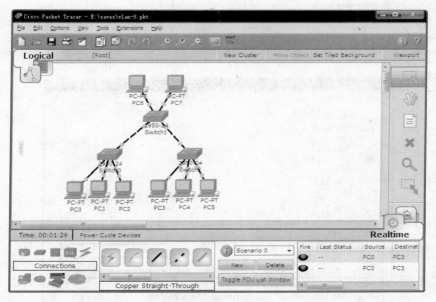

图 3.35　放置和连接设备后的逻辑工作区界面

（2）交换机 Switch0 创建 VLAN2 和 VLAN4，交换机 Switch1 创建 VLAN2、VLAN3 和 VLAN4，交换机 Switch2 创建 VLAN3 和 VLAN4。需要指出的是，各个交换机创建同一个 VLAN 时，输入的 VLAN 编号必须相同，因为 VLAN 编号就是 802.1Q 帧格式中的 VLAN ID。配置各个交换机端口，如表 3.7 所示。

配置交换机 Switch1 端口 FastEthernet0/1 的界面如图 3.36 所示，Trunk 的本义是主干端口，指的是直接连接交换机的端口，与直接连接终端的接入端口相对应，由于经常同时存在多个跨交换机的 VLAN，而这些 VLAN 往往共享那些用于实现交换机互连的端口，因而需要把实现交换机互连的端口（Trunk）定义为标记端口，Trunk 等同于标记端口。一旦将端口类型定义为 Trunk，该端口被已经创建的所有 VLAN 共享，本例中，该端口只需被 VLAN2 和 VLAN4 共享，因此，只选中 VLAN2 和 VLAN4。

表 3.7　交换机端口配置表

交换机	非标记端口（Access）	VLAN	标记端口（Trunk）	VLAN
交换机 Switch0	FastEthernet0/1	VLAN2	FastEthernet0/4	VLAN2 VLAN4
	FastEthernet0/2	VLAN2		
	FastEthernet0/3	VLAN4		
交换机 Switch1	FastEthernet0/3	VLAN2	FastEthernet0/1	VLAN2 VLAN4
	FastEthernet0/4	VLAN3	FastEthernet0/2	VLAN3 VLAN4
交换机 Switch3	FastEthernet0/1	VLAN4	FastEthernet0/4	VLAN3 VLAN4
	FastEthernet0/2	VLAN3		
	FastEthernet0/3	VLAN3		

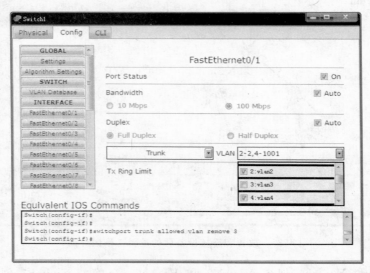

图 3.36　交换机端口配置界面

（3）按照图 3.34 中的配置，分别为终端 PC0～PC7 分配 IP 地址和子网掩码。验证属于同一 VLAN 的终端之间的通信过程。

（4）在模式选择栏选择模拟操作模式，单击 Edit Filters 按钮，弹出报文类型过滤框，只选中 ARP 报文类型，进行 PC0 与 PC6 之间的 Ping 操作，查看交换机 Switch0 通过端口 FastEthernet0/4 发送给交换机 Switch0 的 ARP 报文，验证 VLAN ID。

4. 交换机命令行配置过程

（1）Switch0 配置过程。

```
Switch>enable;              输入命令 enable,进入特权模式
Switch#configure terminal;  特权模式下输入命令 configure terminal,进入全局配置模式
Switch(config)#vlan 2;      创建 VLAN,其编号为 2
```

Switch(config-vlan)#name vlan2;　进入 VLAN 配置模式,为新创建的 VLAN 分配名为 vlan2

Switch(config-vlan)#exit;　　　退出 VLAN 配置模式,重新回到全局配置模式

Switch(config)#vlan 4;　　　　创建 VLAN,其编号为 4

Switch(config-vlan)#name vlan4;　进入 VLAN 配置模式,为新创建的 VLAN 分配名为 vlan4

Switch(config-vlan)#exit;　　　退出 VLAN 配置模式,重新回到全局配置模式

Switch(config)#interface FastEthernet0/1;　进入接口配置模式,配置接口 FastEthernet0/1

Switch(config-if)#switchport access vlan 2;

　　　　　　　　将接口 FastEthernet0/1 作为非标记端口分配给编号为 2 的 VLAN

Switch(config-if)#exit;　　退回到全局配置模式,以便进入另一个接口的接口配置模式

Switch(config)#interface FastEthernet0/2;　进入接口配置模式,配置接口 FastEthernet0/2

Switch(config-if)#switchport access vlan 2;

　　　　　　　　将接口 FastEthernet0/2 作为非标记端口分配给编号为 2 的 VLAN

Switch(config-if)#exit;　　退回到全局配置模式,以便进入另一个接口的接口配置模式

Switch(config)#interface FastEthernet0/3;　进入接口配置模式,配置接口 FastEthernet0/3

Switch(config-if)#switchport access vlan 4;

　　　　　　　　将接口 FastEthernet0/3 作为非标记端口分配给编号为 4 的 VLAN

Switch(config-if)#exit;　　退回到全局配置模式,以便进入另一个接口的接口配置模式

Switch(config)#interface FastEthernet0/4;　进入接口配置模式,配置接口 FastEthernet0/4

Switch(config-if)#switchport mode trunk;　将接口 FastEthernet0/4 定义为标记端口

Switch(config-if)#switchport trunk allowed vlan 2,4;

　　　　　　　　　　　　vlan2 和 vlan4 共享标记端口 FastEthernet0/4

Switch(config-if)#exit;　　　　退回到全局配置模式

(2) Switch1 配置过程。

Switch>enable;　　　　　　　输入命令 enable,进入特权模式

Switch#configure terminal;　　特权模式下输入命令 configure terminal,进入全局配置模式

Switch(config)#vlan 2;　　　　创建 VLAN,其编号为 2

Switch(config-vlan)#name vlan2;　进入 VLAN 配置模式,为新创建的 VLAN 分配名为 vlan2

Switch(config-vlan)#exit;　　　退出 VLAN 配置模式,重新回到全局配置模式

Switch(config)#vlan 3;　　　　创建 VLAN,其编号为 3

Switch(config-vlan)#name vlan3;　　进入 VLAN 配置模式,为新创建的 VLAN 分配名为 vlan3

Switch(config-vlan)#exit;　　　退出 VLAN 配置模式,重新回到全局配置模式

Switch(config)#vlan 4;　　　　创建 VLAN,其编号为 4

Switch(config-vlan)#name vlan4;　　进入 VLAN 配置模式,为新创建的 VLAN 分配名为 vlan4

Switch(config-vlan)#exit;　　　退出 VLAN 配置模式,重新回到全局配置模式

Switch(config)#interface FastEthernet0/1;　进入接口配置模式,配置接口 FastEthernet0/1

Switch(config-if)#switchport mode trunk;　将接口 FastEthernet0/1 定义为标记端口

Switch(config-if)#switchport trunk allowed vlan 2,4;

　　　　　　　　　　　　vlan2 和 vlan4 共享标记端口 FastEthernet0/1

Switch(config-if)#exit;　　　退回到全局配置模式,以便进入另一个接口的接口配置模式

Switch(config)#interface FastEthernet0/2;　进入接口配置模式,配置接口 FastEthernet0/2

Switch(config-if)#switchport mode trunk;　将接口 FastEthernet0/2 定义为标记端口

Switch(config-if)#switchport trunk allowed vlan 3,4;

　　　　　　　　　　　　vlan3 和 vlan4 共享标记端口 FastEthernet0/2

Switch(config-if)#exit; 退回到全局配置模式,以便进入另一个接口的接口配置模式
Switch(config)#interface FastEthernet0/3; 进入接口配置模式,配置接口 FastEthernet0/3
Switch(config-if)#switchport access vlan 2;
　　　　　　　　　　将接口 FastEthernet0/3 作为非标记端口分配给编号为 2 的 VLAN
Switch(config-if)#exit; 退回到全局配置模式,以便进入另一个接口的接口配置模式
Switch(config)#interface FastEthernet0/4; 进入接口配置模式,配置接口 FastEthernet0/4
Switch(config-if)#switchport access vlan 3;
　　　　　　　　　　将接口 FastEthernet0/4 作为非标记端口分配给编号为 3 的 VLAN
Switch(config-if)#exit; 退回到全局配置模式

（3）Switch2 配置过程。

Switch> enable; 输入命令 enable,进入特权模式
Switch#configure terminal; 特权模式下输入命令 configure terminal,进入全局配置模式
Switch(config)#vlan 3; 创建 VLAN,其编号为 3
Switch(config-vlan)#name vlan3; 进入 VLAN 配置模式,为新创建的 VLAN 分配名为 vlan3
Switch(config-vlan)#exit; 退出 VLAN 配置模式,重新回到全局配置模式
Switch(config)#vlan 4; 创建 VLAN,其编号为 4
Switch(config-vlan)#name vlan4; 进入 VLAN 配置模式,为新创建的 VLAN 分配名为 vlan4
Switch(config-vlan)#exit; 退出 VLAN 配置模式,重新回到全局配置模式
Switch(config)#interface FastEthernet0/1; 进入接口配置模式,配置接口 FastEthernet0/1
Switch(config-if)#switchport access vlan 4;
　　　　　　　　　　将接口 FastEthernet0/1 作为非标记端口分配给编号为 4 的 VLAN
Switch(config-if)#exit; 退回到全局配置模式,以便进入另一个接口的接口配置模式
Switch(config)#interface FastEthernet0/2; 进入接口配置模式,配置接口 FastEthernet0/2
Switch(config-if)#switchport access vlan 3;
　　　　　　　　　　将接口 FastEthernet0/2 作为非标记端口分配给编号为 3 的 VLAN
Switch(config-if)#exit; 退回到全局配置模式,以便进入另一个接口的接口配置模式
Switch(config)#interface FastEthernet0/3; 进入接口配置模式,配置接口 FastEthernet0/3
Switch(config-if)#switchport access vlan 3;
　　　　　　　　　　将接口 FastEthernet0/3 作为非标记端口分配给编号为 3 的 VLAN
Switch(config-if)#exit; 退回到全局配置模式,以便进入另一个接口的接口配置模式
Switch(config)#interface FastEthernet0/4; 进入接口配置模式,配置接口 FastEthernet0/4
Switch(config-if)#switchport mode trunk; 将接口 FastEthernet0/4 定义为标记端口
Switch(config-if)#switchport trunk allowed vlan 3,4;
　　　　　　　　　　vlan3 和 vlan4 共享标记端口 FastEthernet0/4
Switch(config-if)#exit; 退回到全局配置模式

3.3.4 生成树配置实验

1. 实验内容
（1）完成交换机生成树协议配置。
（2）验证生成树协议建立生成树过程。
（3）验证 BPDU 报文内容和格式。

2. 网络结构

原始网络结构如图 3.37(a)所示,为了生成以交换机 S4 为根网桥的生成树,同时使交换机优先级满足如下顺序 S2＞S3＞S5＞S6,将交换机 S4 的优先级配置为 4096,将交换机 S2 的优先级配置为 8192,S3 的优先级配置为 12288,S5 的优先级配置为 16384,S6 的优先级配置为 20480,其余交换机的优先级采用默认值。最终阻塞的端口如图 3.37(b)所示。一旦删除连接 S4 和 S5、S5 和 S7 的物理链路,如图 3.37(c)所示,为了保证交换机之间的连通性,交换机生成树协议将自动调整阻塞端口,自动调整后的阻塞端口如图 3.37(d)所示。

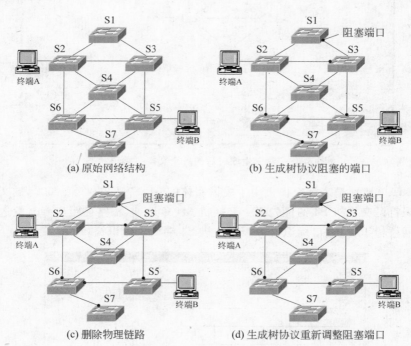

(a) 原始网络结构   (b) 生成树协议阻塞的端口

(c) 删除物理链路   (d) 生成树协议重新调整阻塞端口

图 3.37　生成树协议工作过程

3. 实验步骤

(1) 启动 Packet Tracer,在逻辑工作区根据图 3.37(a)中的网络结构放置和连接设备,放置和连接设备后的逻辑工作区界面如图 3.38 所示。

(2) 进入交换机全局配置模式,用命令 spanning-tree mode pvst 将生成树模式设置成基于 VLAN 的生成树,即为每一个 VLAN 单独建立生成树。用命令 spanning-tree vlan 1 priority 4096 为交换机设置优先级,交换机 S4 的优先级最高,为 4096,Cisco 交换机的优先级必须是 4096 的整数倍。交换机默认状态下所有端口属于一个 VLAN——VLAN 1。为其他交换机配置生成树模式和交换机优先级。

(3) 建立生成树后,各个交换机端口状态见图 3.38。

(4) 进入模拟工作模式,截获交换机 S4 发送给交换机 S2 的 BPDU,如图 3.39 所示。其中,源 MAC 地址为交换机 S4 端口 3 的 MAC 地址(交换机 S4 用端口 3 连接交换机

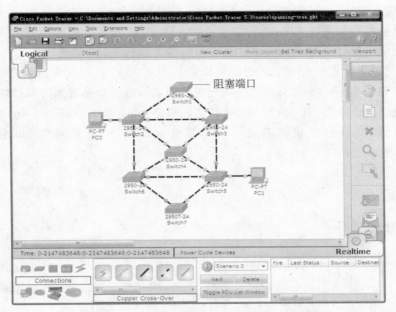

图 3.38　建立生成树后的各个交换机端口状态

S2),目的 MAC 地址是表示交换机中生成树实体的 01:80:C2:00:00:00。报文中给出的根网桥标识符是交换机 S4 的优先级+交换机 MAC 地址,根路径距离=0,发送网桥标识符等于根网桥标识符,端口标识符等于交换机 S4 端口 3 标识符。

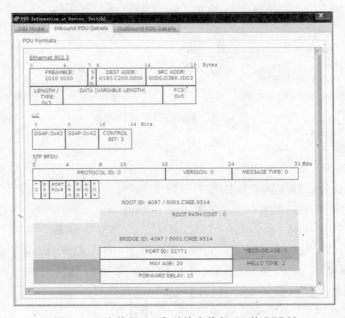

图 3.39　交换机 S4 发送给交换机 S2 的 BPDU

（5）删除连接交换机 S4 和 S5、S5 和 S7 的物理链路,生成树协议重新建立生成树,建立新的生成树后的各个交换机端口状态如图 3.40 所示。

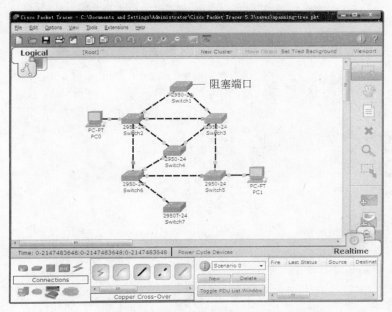

图 3.40　建立新的生成树后的各个交换机端口状态

（6）为 PC0 和 PC1 配置网络号相同的 IP 地址和子网掩码，通过 Ping 操作验证它们之间的连通性。

4. 交换机 S4 命令行配置过程

Switch>enable

Switch# configure terminal

Switch(config)# spanning-tree mode pvst;

　　　　　　　　确定交换机生成树模式是每一个 VLAN 单独建立生成树

Switch(config)# spanning-tree vlan 1 priority 4096;

　　　　　　　　将交换机在建立基于 VLAN 1 的生成树时的优先级设置为 4096

其他交换机的配置过程与此相似，不再赘述。

第**4**章 CHAPTER

无线局域网

4.1 知识要点

4.1.1 无线局域网和总线状以太网的异同

1. 相同点

1) 共享信道

无线局域网同一基本服务集(Basic Service Sets,BSS)中的所有终端共享某段频段,总线状以太网中的所有终端共享总线。共享信道带来信道争用问题,必须提出一种用于解决信道争用问题的机制。如果采用自由争用信道机制,需要提出冲突检测或冲突避免机制,如总线状以太网的CSMA/CD算法。

2) 物理层解决帧定界问题

无线局域网一旦发送数据,必然产生调制后的载波信号,而且两帧之间存在最小间隔,因此,通过侦听载波信号发现终端开始发送先导码,并因此确定帧的开始位置。

3) 相同的 MAC 地址格式

和以太网终端一样,所有无线网卡静态配置48位平面地址——MAC地址。

2. 不同点

1) 传输媒体不同

无线局域网通过电磁波在自由空间传播实现通信,总线状以太网通过电信号在同轴电缆传播实现通信,总线状以太网可以通过中继器的信号再生功能使得连接在总线上的每一个终端都能接收到质量保证的电信号。对于无线局域网,即使是位于同一基本服务区(Basic Service Area,BSA)的终端,只要位置不同、离电磁波发送端的距离不同,接收到的信号的质量和能量相差甚大,这一特性导致无线局域网和总线形以太网实现机制上的不同。

另外,对于总线状以太网,终端必须完成和总线的物理连接过程,才能发送、接收 MAC 帧,对于无线局域网,任何终端只要位于发送端的电磁信号传播范围,就可接收发送端发送的 MAC 帧。同样,任何终端也可以通过 CSMA/CA 算法发送 MAC 帧,这会带来极大的传输安全问题。

2) 隐蔽站问题

总线状以太网由于存在中继器,任何终端发送的电信号能够传播到连接在总线上的所有终端,且能保证到达所有终端的电信号的质量。由于电磁信号的发送能量受到严格限制,且电磁信号能量的衰减与传播距离平方成正比,同时电磁信号具有直线传播特性,使得某个终端发送的电磁信号可能无法被属于同一 BSS 的另一个终端侦听到,因此,可能发生属于同一 BSS 的多个终端同时发送电磁信号的情况,而且这种情况无法由发送端的冲突检测机制解决。

3) 边发送边检测冲突机制无法实现

总线状以太网由于存在中继器,任何终端发送的电信号到达连接在总线上的所有其他终端时,都能保证电信号的质量。因此,某个终端发送的电信号,即使与相距甚远的终端发送的电信号叠加,都能改变电信号的能量,发送端很容易检测到这种改变。但电磁信号一是由于能量衰减与传播距离平方成正比;二是直线传播特性使得障碍物对电磁信号能量的影响很大,使得某个终端发送的电磁信号的能量与到达该终端的相距较远的终端发送的电磁信号的能量有着很大差距,以至于相距较远的终端发送的电磁信号的能量无法对该终端发送的电磁信号产生影响,发送端无法检测出两种电磁信号发生叠加的情况。因此,也检测不出已经发生的冲突。

4) 无线局域网传输可靠性差

一是电磁信号能量的衰减与传播距离平方成正比;二是障碍物对电磁信号能量的影响巨大;三是存在干扰。因此,与电信号经过总线传播相比,电磁信号经过自由空间传播的可靠性很差,而且,又无法实现冲突检测机制,有必要对经过无线信道传输的数据实施更复杂的差错控制机制。

4.1.2 CSMA/CA 和 CSMA/CD 的本质差别

载波侦听多点接入/冲突避免(Carrier Sence Multiple Access/Collision Avoidance,CSMA/CA)和 CSMA/CD 这两种争用信道机制的本质差异在于对可能发生的冲突的处理,CSMA/CD 是允许发生冲突,但能够检测出所有情况下发生的冲突,并加以处理。CSMA/CA 是避免发生冲突。无线局域网发生冲突的原因是同一 BSA 中两个以上终端同时检测到信道空闲且持续空闲 DCF 帧间间隔(DCF InterFrame Space,DIFS)时间。

假定终端 A 和终端 B 位于同一 BSA 中,且电磁波经过两个终端之间距离传播所需要的时间为 t,发生冲突的条件是:如果终端 A 在时间 $T0$ 检测到信道空闲,且持续 DIFS 时间检测到信道空闲,则终端 B 必须在时间 T 已经持续 DIFS 时间检测到信道空闲且

$$|T - (T0 + \text{DIFS})| < t$$

两种情况满足终端 A 和终端 B 发生冲突的条件,一是信道空闲,终端 A 在 $T0$ 开始检测信道,终端 B 在 $T1$ 开始检测信道且 $|T1 - T0| < t$;二是信道忙,在信道忙的时间段内,终端 A 和终端 B 先后开始检测信道,一旦信道变为空闲,终端 A 和终端 B 检测到

信道空闲的时间差小于 t。对于第一种情况,终端 A 和终端 B 几乎同时开始检测信道(时间差小于 t)才会发生冲突。对于第二种情况,只要在信道忙的时间段内终端 A 和终端 B 先后开始检测信道,就会发生冲突。由于信道忙的时间段远大于 t。因此,由于第二种情况发生冲突的概率远大于由于第一种情况发生冲突的概率。冲突避免机制就是防止发生第二种情况。

防止发生第二种情况的办法如下:只要终端开始检测信道时信道忙,终端只有在检测到信道空闲且持续空闲 DIFS+R 时间才开始发送数据,R 是随机选择的时间长度。如果在信道忙的时间段内终端 A 和终端 B 先后开始检测信道,假定终端 A 在时间 $T0$ 检测到信道变为空闲,终端 B 在时间 $T1$ 检测到信道变为空闲,$|T1-T0|<t$。终端 A 必须在时间段 $T0\sim T0+$DIFS$+R_A$ 内持续检测到信道空闲,才会在时间 $T0+$DIFS$+R_A$ 发送数据,同样,终端 B 必须在时间段 $T1\sim T1+$DIFS$+R_B$ 内持续检测到信道空闲,才会在时间 $T1+$DIFS$+R_B$ 发送数据,因此,发生冲突的条件是 $|(T0+$DIFS$+R_A)-(T1+$DIFS$+R_B)|<t$,意味着 $|R_A-R_B|<2t$,由于 R_A 和 R_B 是终端 A 和终端 B 独立随机选择的时间长度,满足不等式 $|R_A-R_B|<2t$ 的可能性较小,使得因为第二种情况导致冲突发生的概率下降。

4.1.3　无线局域网中的停止等待算法

电磁波经过自由空间传播过程中由于存在能量损耗、多径效应和干扰,传输可靠性很低。另外,冲突无法检测,也无法避免。如果端到端传输路径中其中一段链路的传输可靠性很低,但没有对这一段链路的传输过程实施差错控制,完全依赖端到端差错控制机制,那么需要端到端重发大量在该段链路传输出错的分组,这样不仅导致传输延迟加大,而且浪费端到端传输路径各段链路的带宽。因此,一方面需要实施端到端差错控制机制,以此保证端到端可靠传输;另一方面,必须在不可靠链路两端实施差错控制机制,将出错重传过程限制在这一段链路。

停止等待算法要求这一段链路的往返时延要短,并且要求往返时延基本固定且存在上限。由于 BSA 范围很小,电磁波在终端和 AP 之间的传播时延很小,由于分布协调功能(Distributed Coordination Function,DCF)保证确认应答的及时传输,又对 MAC 帧规定了最大长度,终端和 AP 之间的往返时延基本固定且存在上限。上限就是最大长度 MAC 帧的发送时延+2×最远距离下两个端点之间的传播时延+确认应答的发送时延。往返时延存在上限的好处是容易设置重传定时器的溢出时间。

无线局域网为了支持停止等待算法,一是在 MAC 帧中给出实施差错控制机制的链路两端的 MAC 地址,以此实现重发 MAC 帧和确认应答帧在该段链路上的传输过程;二是在 MAC 帧中给出序号,防止接收端重复接收同一 MAC 帧的情况出现。

4.1.4　预留信道的作用

1. 预留信道实现过程

实现预留信道要求 MAC 帧中增加持续时间字段,每一个终端保留网络分配向量(Network Allocation Vector,NAV),网络分配向量本身是一个计数器,每间隔 1μs,计数器值减 1。只要其保留的 NAV 不为 0,终端就认定信道忙,停止争用信道。终端一直侦听经过自由空间传输的每一帧 MAC 帧,当终端不是该 MAC 帧的接收终端且 MAC 帧中持续时间字段值大于终端的 NAV,用 MAC 帧中的持续时间字段值取代终端的 NAV。MAC 帧中的持续时间字段值就是 MAC 帧发送终端以 μs 为单位给出的预留信道的时间长度。

2. 解决隐蔽站问题

如图 4.1 所示,终端 B 和 AP 处于终端 A 的电磁波传播范围,终端 A 处于 AP 的电磁波传播范围,但终端 B 不在 AP 的电磁波传播范围,这意味着当 AP 向终端 A 发送 MAC 帧时,终端 B 侦听不到载波信号,有可能发生 AP 和终端 B 同时发送 MAC 帧的情况。当 AP 和终端 B 同时发送 MAC 帧时,AP 和终端 B 发送的电磁波在终端 A 叠加,导致终端 A 无法正确接收电磁信号,这就是隐蔽站问题。

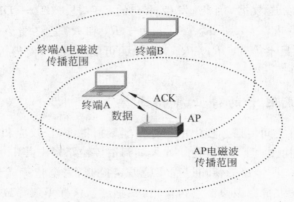

图 4.1 隐蔽站问题

AP 接收终端 A 发送的数据后,为了满足停止等待算法对往返时延的要求,不再经过信道争用过程,直接发送确认应答,为了做到这一点,AP 在经过短帧间间隔(Short InterFrame Space,SIFS)后,发送确认应答,而其他终端需要持续 DIFS 检测到信道空闲才会开始发送数据,由于 SIFS 小于 DIFS,AP 发送确认应答后,其他需要发送数据的终端由于检测到信道忙而无法发送数据,因此,AP 能够成功发送确认应答。但对于图 4.1 中的情况,如果终端 B 在终端 A 发送数据期间,开始检测信道,当 AP 发送确认应答时,终端 B 检测到信道空闲,并在持续 DIFS 检测到信道空闲后开始发送数据,导致终端 A 无法正确接收 AP 发送的确认应答。

预留信道解决这一问题的过程如下:

终端 A 在发送的数据帧的持续时间字段中给出的时间长度是 AP 发送确认应答帧所需时间+SIFS。终端 B 侦听到终端 A 发送的数据帧,将自己的 NAV 设置成数据帧的持续时间字段值。终端 A 数据帧传输结束后,AP 发送确认应答帧所需时间+SIFS 时间段内,即使信道空闲,终端 B 也不会开始信道争用过程。以此保证在 AP 发送确认应答帧的时间段内,终端 B 不会发送数据。

3. 提高信道传输效率

如果两个位于同一 BSA 的终端想要持续发送大量数据,两个终端需要不停地争用信道,退避时间导致信道利用率降低,冲突更是导致多次重传同一组数据,因此,在多个终端想要持续发送大量数据的情况下,CSMA/CA 算法的信道利用率是很低的,可行的办法是让这几个终端轮流占用信道,占用信道期间,允许终端直接发送多个数据帧。这样可以大大提高信道的利用率。预留信道就是这一机制的实现方法。

如图 4.2 所示,当某个终端有大块数据需要发送时,可以将该数据块分片,第一片数据构成的数据帧通过正常的 CSMA/CA 算法发送,该数据帧的持续时间字段值＝发送下一片数据构成的数据帧所需时间＋2×发送 ACK 所需时间＋3×SIFS。除最后一片数据构成的数据帧对应的 ACK 外,其他 ACK 帧的持续时间字段值＝发送下一片数据构成的数据帧所需时间＋发送 ACK 所需时间＋2×SIFS。这样,就保证了属于同一 BSS 的其他终端在该终端发送分片后产生的多个 MAC 帧的过程中,不去争用信道。

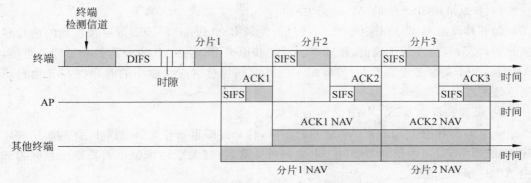

图 4.2　占用信道直接发送多个数据帧

4.1.5　AP 的网桥功能

如图 4.3 所示,虽然无线局域网 1 和 2 中间通过以太网实现互连,但终端 A 和终端 B 就像属于同一基本服务集一样可以实现相互通信,实现这一功能的关键设备是 AP。这里的 AP 是实现无线局域网和以太网互连的网桥设备,作为网桥设备它可以同时通过无线端口和属于同一 BSS 的其他无线局域网终端通信,通过以太网端口和其他连接在以太网上的终端通信。因此,需要设置缓冲队列。无线端口和以太网端口之间采取存储转发方式,如终端 A 至终端 B 传输过程中,AP1 从无线端口接收无线局域网 MAC 帧,对其进行差错检验。如果没有发生传输错误,一方面记录下无线局域网 MAC 帧携带的序号,向终端 A 发送确认应答(ACK);另一方面由转换模块将无线局域网 MAC 帧转换成以太网 MAC 帧,然后,通过以太网端口发送出去。AP2 从以太网端口接收以太网 MAC 帧,对其进行差错检验,如果没有发生传输错误,由转换模块将其转换成无线局域网 MAC 帧,然后通过无线端口发送出去,同时启动重定时器,AP2 无线端口需要在缓冲器保存该无

图 4.3　扩展服务集(ESS)结构

线局域网 MAC 帧,接收到终端 B 发送的确认应答后,才从缓冲器中删除该无线局域网 MAC 帧,如果直到重传定时器溢出,AP2 都没有接收到终端 B 发送的确认应答,AP2 将通过无线端口再次发送该无线局域网 MAC 帧。当然,AP2 通过无线端口发送无线局域网 MAC 帧时,采用 CSMA/CA 算法。

4.1.6　MAC 层漫游必须解决的问题

MAC 层漫游指的是移动终端(一般将安装无线网卡的便携式计算机称为移动终端)从扩展服务集的一个基本服务集移动到同一扩展服务集的另一个基本服务集,并且使移动过程不会影响已经建立的会话(如传输层 TCP 连接)的过程。完成 MAC 层漫游需要完成以下步骤:

1) 和原来的 BSS 中的 AP 分离关联

随着移动终端离开原来的 BSA,通过与原来 BSS 中 AP 同步的信道接收到的信号越来越弱,当信号强度低于阈值,移动终端发起和原来 BSS 中 AP 的分离关联过程。当然,AP 对每一个关联都设置寿命,当终端不活跃时间超过对应关联中的寿命时,AP 也自动删除该关联。

2) 重建和新的 BSS 中 AP 之间的关联

一旦分离和原来 BSS 中 AP 之间的关联,移动终端重新开始信道同步、终端鉴别和重建关联过程。重建和新的 BSS 中 AP 之间的关联,重建关联请求帧中需要给出原来 BSS 中 AP 的 MAC 地址。

3) 修改转发表中与移动终端对应的转发项

如果移动终端在原来的 BSS 时向属于其他 BSS 或以太网中的终端发送过 MAC 帧,以太网各个交换机的转发表中与移动终端对应的转发项将通往原来 BSS 中的 AP 的传输路径作为通往移动终端的传输路径。因此,新的 BSS 中的 AP 需要发送一帧以原来 BSS 中 AP 的 MAC 地址为目的地址,以移动终端 MAC 地址为源地址的 MAC 帧,以此修改以太网中各个交换机的转发表中与移动终端对应的转发项,将通往新的 BSS 中的 AP 的传输路径作为通往移动终端的传输路径。

4.2　例题解析

4.2.1　自测题

1. 选择题

(1) 目前引发人们对无线局域网广泛需求的重要因素是无线局域网具有_____。

    A. 高可靠性　　　　B. 高安全性　　　　C. 高传输速率　　　　D. 移动通信能力

(2) 减轻多径效应的有效方法是_____。

    A. 提高天线的灵敏度　　　　　　　　B. 经常变换 AP 位置

    C. 提高信号能量　　　　　　　　　　D. 设置多个位置不同的天线

(3) 无线局域网最大的问题是_____。

      A. 可靠性低   B. 安全性差

      C. 传输速率低   D. 移动通信能力弱

(4) 扩展服务集的基本功能是_____。

      A. 增大移动终端之间的通信距离

      B. 实现无线局域网和其他网络之间的互连

      C. 提高无线局域网的传输速率

      D. 提高无线局域网的可靠性

(5) 扩展服务集中分配系统互连的多个基本服务集可以不同的是_____。

      A. 服务集标识符   B. AP 使用的信道

      C. 用于鉴别终端身份的密钥   D. 加密数据的密钥

(6) 不是由于使用 ISM (Industrial, Scientific and Medical) 频段带来的问题是_____。

      A. 信号能量受到限制   B. 干扰

      C. 信号传播范围受到限制   D. 多径效应

(7) 设置不同帧间间隔的目的是_____。

      A. 为不同类型的帧分配不同的优先级 B. 提高信道利用率

      C. 提高无线局域网的传输可靠性   D. 避免产生多径效应

(8) CSMA/CA 算法避免发生冲突的方法是_____。

      A. 为可能发生冲突的终端随机增加持续检测信道空闲的时间

      B. 边发送边检测冲突

      C. 降低信号能量

      D. 减小基本服务区

(9) 不是由重负荷下 CSMA/CA 算法导致的问题是_____。

      A. 信道利用率降低

      B. 往返时延不确定

      C. 数据传输可靠性降低

      D. 终端需要持续检测信道空闲的时间增大

(10) 以下_____项不是网络分配向量(NAV)的作用。

      A. 解决隐蔽站问题   B. 提高信道利用率

      C. 减少发生冲突次数   D. 提高终端使用信道的公平性

(11) 以下_____项不是无线电传输导致的问题。

      A. 接收端信号能量与接收端和发送端之间距离平方成反比

      B. 不需要任何过程就有可能侦听到其他终端发送的 MAC 帧

      C. 无法避免冲突发生

      D. 多个终端争用信道

(12) 扩展服务集是一个_____。

      A. 冲突域

      B. 广播域

    C. 所有终端都能接收到任何目的地址 MAC 帧的传输区域

    D. 多个广播域构成的传输区域

(13) 建立关联的目的是_____。

    A. 建立允许与 AP 通信的终端地址列表

    B. 发现无线局域网

    C. 确定 AP 使用的信道

    D. 确定终端数据传输速率

(14) 同一基本服务集的终端可以不同的是_____。

    A. 基本服务集标识符   B. 使用的信道

    C. 数据传输速率   D. 鉴别终端身份用的密钥

(15) 经过无线链路传输的 MAC 帧不需给出的是_____。

    A. 源和目的终端地址

    B. 该段无线链路两端的地址

    C. 端到端传输路径上所有转发结点的地址

    D. 电磁信号接收端地址

(16) 下述不是配置 AP 时需要的参数是_____。

    A. 基本服务集标识符   B. 使用的信道

    C. 数据传输速率   D. 鉴别终端身份用的密钥

(17) 终端选择和 AP 同一信道通信的方法是_____。

    A. 逐个侦听 AP 所有可能使用的信道

    B. 人工配置和 AP 相同的信道

    C. 存在用于交换控制帧的指定信道

    D. 终端和 AP 信道都是固定分配的

(18) 影响无线局域网普及的主要因素是_____。

    A. 传输可靠性差   B. 数据传输速率低

    C. 安全性差   D. 终端间通信距离短

(19) 下述_____项不是移动通信的因素。

    A. 终端不在固定位置

    B. 一定范围内自由行走不影响资源访问过程

    C. 采用无线通信

    D. 不同位置需要更换不同的 IP 地址

(20) 下述_____项是只属于 AP 的功能。

    A. 实现终端间无线通信

    B. 对某个终端进行身份鉴别

    C. 实现基本服务集和分配系统互连

    D. 转发其他两个终端间传输的 MAC 帧

(21) 下列关于 802.11 标准的描述中,错误的是_____。

    A. 802.11 标准定义了无线局域网的物理层和 MAC 层协议

B. 802.11 标准定义了两类设备：无线结点和无线接入点

C. 无线接入点在无线和有线网络之间起桥接作用

D. 802.11 标准在 MAC 层采用 CSMA/CD 访问控制方法

（22）下列关于 802.11b 标准下扩展服务集内无缝漫游的描述中，错误的是_____。

A. 通过以太网将多个 AP 连接在一起构成扩展服务集

B. 允许移动终端在扩展服务集内无缝漫游

C. 随着移动终端位置的改变，从一个 AP 自动切换到另一个 AP

D. 移动终端漫游过程中始终保持 11Mb/s 的数据传输速率

（23）IEEE 定义了无线局域网的两种组网方式，其中 ___①___ 不需要接入点和有线网络的支持。802.11 物理层规定了三种传输技术，红外、跳频扩频和直接序列扩频，后两种扩频技术都工作在 ___②___ 的 ISM 频段。802.11 的 MAC 层有多种功能，其中分布式协调功能使用的是 ___③___ 协议，用于支持突发式通信，而用于支持多媒体应用的是 ___④___ 功能，这种工作方式下，AP 通过查询方式和终端之间交换数据。802.11a 提供的最高数据传输速率为 ___⑤___ 。

① A. Roaming　　　B. Ad hoc　　　C. Infrastructure　　D. DiffuseIR

② A. 600MHz　　　B. 800MHz　　　C. 2.4GHz　　　　　D. 19.2GHz

③ A. CSMA/CA　　B. CSMA/CD　　C. CSMA/CB　　　　D. CSMA/CF

④ A. BCF　　　　　B. DCF　　　　　C. PCF　　　　　　　D. QCF

⑤ A. 1Mb/s　　　　B. 2Mb/s　　　　C. 5.5Mb/s　　　　　D. 54Mb/s

2. 填空题

（1）目前无线局域网使用的物理层标准有_____、_____、_____和_____。

（2）无线局域网常见组网方式有_____、_____和_____。_____是通过_____互连多个_____构成的，因此能扩展移动终端间通信距离。MAC 层漫游实现移动终端无须中断会话就能从构成_____的其中一个_____移动到另一个_____。

（3）BSS 中 AP 需要配置的参数有_____、_____和_____，终端需要配置其中两个参数_____和_____，另一个参数通过同步过程得到。终端完成同步过程有_____和_____两种方式。

（4）无线局域网中存在隐蔽站问题，通过_____方法解决，实现这种方法需要 MAC 帧中增加_____字段。

（5）无线局域网因为_____和_____原因无法检测出冲突。因此，采用_____机制解决冲突问题，这种机制的主要思想是随机延长持续检测到信道空闲的时间，这段随机延长的时间称为_____时间。

（6）终端加入 BSS，并允许和 AP 通信需要完成_____、_____和_____。

（7）无线局域网传输可靠性差的主要因素有_____、_____、_____和_____。因此，采用_____提高传输可靠性，为了实现这一算法，需要 MAC 帧增加

_____字段。

（8）终端在同步过程中获取 AP 的 MAC 地址,在实现 BSS 中两个终端之间单向通信过程中,该地址既作为_____地址,又作为_____地址,对应的两位控制位分别是_____和_____。

（9）无线局域网是共享式网络,需要解决信道争用问题,无线局域网解决信道争用问题的机制有_____和_____,其中_____是可选的,只能用于基本服务集,_____允许终端自由争用信道,采用的算法是_____,和以太网_____算法相似,但两者之间在解决冲突的方法上存在差异,_____采用冲突检测方法,_____采用冲突避免方法。

（10）MAC 层漫游是指移动终端完成两个不同_____之间的移动过程,且保证移动过程中_____不受影响,它一般需要完成_____和_____两个过程,完成_____过程后,由当前 BSS 中的 AP 通过发送以_____为源 MAC 地址,以_____为目的 MAC 地址的 MAC 帧,完成修改转发表中与移动终端对应的转发项的工作。

3. 名词解释

_____分布协调功能(DCF)		_____点协调功能(PCF)
_____扩展服务集(ESS)		_____服务集标识符(SSID)
_____接入点(AP)		_____分配系统(DS)
_____MAC 层漫游		_____网络分配向量(NAV)
_____CSMA/CA		_____隐蔽站问题
_____独立基本服务集(IBSS)		_____基本服务集(BSS)
_____退避时间		_____关联
_____扩频技术		_____跳频扩频(FHSS)
_____直接序列扩频(DSSS)		_____补码键控(CCK)

（a）一组在同一有效通信区域内争用同一信道进行数据传输的终端集合,且这些终端只与同一有效通信区域内的其他终端通信。

（b）一组在同一有效通信区域内争用同一信道进行数据传输的终端集合,允许这些终端通过其他网络与位于其他有效通信区域内的终端通信。

（c）一个用称为分配系统的其他网络互连多个基本服务集而成,且允许属于不同基本服务集的终端之间通信的系统。

（d）用于作为某个基本服务集的唯一标识符,所有属于该基本服务集的终端和 AP 都需配置该标识符。

（e）实现基本服务集和作为分配系统的网络互连的设备。

（f）一个连接多个基本服务集,用于实现将属于某个基本服务集的终端发送的 MAC 帧无缝传输到属于另一个基本服务集中终端的网络。

（g）通过由终端各自执行信道争用机制解决多个终端共享同一信道引发的信道争用问题的一种机制。

（h）通过由集中管理设备负责在共享同一信道的多个终端间分配信道使用时间解决信道争用问题的一种机制。

（i）由共享同一信道的多个终端各自执行的、采用冲突避免机制解决信道争用问题的一种算法。

（j）因为某个终端与发送端的距离超出电磁信号有效传播范围而无法检测到载波信号，并因此发送数据，导致两者发送的电磁信号在第三方发生冲突而引发的问题。

（k）一段因为某个终端存在和其他终端发生冲突的可能，在规定的持续检测信道空闲的时间上增加的长度随机选择的时间。

（l）表明终端完成了向 AP 证实其具有经 AP 转发 MAC 帧权限的过程。

（m）终端从一个 BSA 移动到另一个 BSA 的过程，并且保证这种移动过程对终端正在进行的通信过程没有影响。

（n）终端保留的每间隔 $1\mu s$ 减 1 的计数器，且一旦终端侦听到自己不是 MAC 帧接收端且帧中持续时间字段值大于该计数器值时，必须用帧中持续时间字段值替代计数器值。

（o）一种通过将信道带宽扩展到与传输速率不匹配的宽度来提高信道可靠性和安全性的数据传输技术。

（p）一种将某个频段划分为多个带宽相等的子频段，每一个子频段为一个信道，在规定时间段内，发送端和接收端随机地选择其中一个信道进行数据传输，不同时间段选择不同信道，直到遍历所有信道的数据传输技术。

（q）一种用相互正交的两个 11 位码片分别表示二进制数 0 和 1，使得在一个码片传输出错 5 位二进制数的情况下仍能还原码片原来表示的二进制数的一种传输技术。

（r）一种在 4^8 个编码中选择 16 或 256 个两两之间距离最大的编码表示 4 位二进制数的 16 种不同二进制值或 8 位二进制数的 256 种不同的二进制值，使得一个编码即使传输出错，也能还原编码原来表示的二进制数值的传输技术。

4. 判断题

（1）基本服务集是一个冲突域，扩展服务集用于扩大基本服务集通信范围，所以扩展服务集也是一个冲突域。

（2）一旦建立关联，终端与 AP 之间的数据传输速率确定。

（3）同一 BSA 内的所有终端具有相同的数据传输速率。

（4）MAC 帧中需要给出 MAC 帧经过的所有无线链路两端的 MAC 地址。

（5）配置 AP 时需要配置 SSID、信道和鉴别终端身份用的密钥，因此，配置终端时也同样需要配置这三个参数。

（6）冲突避免就是当终端第一次发送 MAC 帧时检测到信道忙，或是连续发送 MAC 帧时将持续检测信道空闲的时间增加一段随机的时间长度。

（7）AP 用于互连以太网和无线局域网这两种不同类型的网络，是网络层设备。

（8）MAC 层漫游和手机漫游相似，漫游过程中不会中断正在进行的通信过程。

（9）无线局域网因为有冲突避免机制，所以不会有冲突发生。

（10）NAV 其中一个作用是解决隐蔽站问题。

（11）终端从想要发送数据到开始将数据发送到信道之间的时间间隔存在上限。

（12）终端从开始将数据发送到信道到接收到确认应答之间的时间间隔存在上限。

4.2.2 自测题答案

1. 选择题答案

(1) D,无线局域网相比其他网络(如以太网)的最大优势是无线通信的方便性和移动性。

(2) D,多径效应造成某一点信号严重失真,解决办法是 AP 从多个不同位置接收电磁信号,选择质量最好的信号进行处理。

(3) B,无线电通信的开放性导致的传输安全问题是无线局域网最大的问题。

(4) A,扩展服务集的原旨就是扩大移动终端之间的通信距离,消除基本服务区对两个终端之间最大距离的限制。

(5) B,终端和 AP 之间其他三个参数相同是建立终端和 AP 之间关联的必要条件,但终端可以通过同步过程确定 AP 使用的信道,因此,允许终端和使用不同信道的 AP 建立关联。

(6) D,允许自由使用 ISM 规定频段,但严格限制信号能量是导致其他三个问题的原因,多径效应是一切无线电传输需要面对的问题,不仅仅是使用 ISM 规定频段引发的。

(7) A,要求持续检测信道空闲时间短的帧先发送,要求持续检测信道空闲时间长的帧因为信道变忙而无法发送。

(8) A,如果某个终端可能和其他终端发生冲突,将持续检测信道空闲的时间变为 DIFS+随机选择的时间长度,由于每一个终端独立随机选择的时间长度不容易相同,因此,这些终端同时发送数据的概率大大降低。

(9) B,往返时延指从开始发送数据到接收到确认应答的时间间隔,由于发送确认应答不需要信道争用过程,因此,这个时间间隔是固定的。

(10) D,提高终端使用信道的公平性需要使用自由争用信道机制,而 NAV 往往通过牺牲公平性来提高信道利用率。

(11) D,这是共享式信道的公共问题。

(12) B,目的地址为广播地址的 MAC 帧将传输给扩展服务集中的所有终端。

(13) A,只有和 AP 建立关联,该终端才能经 AP 转发 MAC 帧。

(14) C,数据传输速率与终端位于 BSA 中的位置有关。

(15) C,MAC 帧中只需给出源和目的终端地址,当前无线传输媒体两端地址,即电磁信号发送端和接收端地址。

(16) C,AP 和同一 BSS 中不同终端之间的数据传输速率可以不同。

(17) A,同步过程就是通过逐个侦听 AP 可能使用的所有信道发现 AP 正在使用的信道。

(18) C,无线电通信的开放性导致的传输安全问题是无线局域网广泛使用的最大障碍。

(19) D,移动意味着可以在通信过程中自由行走而不会影响通信过程,该项显然不属于移动通信的因素。

(20) C,其他三项,独立基本服务集中的终端也能实现。

(21) D,802.11 标准在 MAC 层采用 CSMA/CA 算法。

(22) D,移动终端的数据传输速率与移动终端在 BSA 中的位置有关,不是常量。

(23) ① B,两种组网方式是 Ad hoc 和配置接入点的有固定基础设施的无线局域网, 这里显然指 Ad hoc。

② C,802.11 使用 2.4GHz 频段。

③ A,DCF 使用 CSMA/CA 算法。

④ C,PCF 能够控制数据的最大传输时延,适合传输多媒体数据。

⑤ D,802.11a 的最大数据传输速率为 54Mb/s。

2. 填空题答案

(1) 802.11,802.11b,802.11a,802.11g。

(2) IBSS,BSS,ESS,ESS,分配系统,BSS,ESS,BSS,BSS。

(3) SSID,信道,鉴别终端身份用或加密数据用的密钥,SSID,密钥,主动同步,被动同步。

(4) 预留信道,持续时间。

(5) 存在隐蔽站,接收信号能量和发送信号能量差距太大,冲突避免,退避。

(6) 同步过程,终端身份鉴别过程,建立关联过程。

(7) 多径效应,干扰,信号能量损耗,冲突无法检测,停止等待算法,序号。

(8) 接收端,发送端,到 DS 位,从 DS 位。

(9) DCF,PCF,PCF,DCF,CSMA/CA,CSMA/CD,CSMA/CD,CSMA/CA。

(10) 基本服务集,正在进行的通信过程,和原来 BSS 中的 AP 分离关联,和当前 BSS 中的 AP 重建关联,和当前 BSS 中的 AP 重建关联,移动终端 MAC 地址,原来 BSS 中 AP 的 MAC 地址。

3. 名词解释答案

g	分布协调功能(DCF)	h	点协调功能(PCF)
c	扩展服务集(ESS)	d	服务集标识符(SSID)
e	接入点(AP)	f	分配系统(DS)
m	MAC 层漫游	n	网络分配向量
i	CSMA/CA	j	隐蔽站问题
a	独立基本服务集(IBSS)	b	基本服务集(BSS)
k	退避时间	l	关联
o	扩频技术	p	跳频扩频(FHSS)
q	直接序列扩频(DSSS)	r	补码键控(CCK)

4. 判断题答案

(1) 错,扩展服务集是一个由分配系统互连多个基本服务集构成的系统,分配系统可以是一种分组交换网络,如以太网。

(2) 错,建立关联只是证实该终端具有经 AP 转发 MAC 帧的权限,终端的数据传输速率与终端在 BSA 中的位置有关,是动态变化的。

(3) 错,终端的数据传输速率与终端在 BSA 中的位置有关,与障碍物移动过程有关,是动态变化的。

（4）错，MAC 帧中只需给出源和目的终端地址，当前传输电磁信号的无线链路两端的地址。

（5）错，配置终端时只需配置 SSID 和鉴别终端身份用的密钥，AP 使用的信道通过同步过程获得。

（6）对，所有可能发生冲突的终端通过增加各自独立随机选择的时间长度，尽可能保证所有终端选择不同的发送数据时间。

（7）错，AP 虽然用于互连无线局域网和以太网，但处理的对象是 MAC 帧，不是 IP 分组。

（8）对，无缝漫游不会中断正在进行的通信过程。

（9）错，虽然每一个终端独立随机产生增加的时间长度，但存在多个终端产生相同的增加的时间长度的可能。

（10）对，通过预留信道保证隐蔽站不会在某个终端发送数据或 ACK 帧的时候开始信道争用过程。

（11）错，由于各个终端自由竞争信道，某个终端从开始信道竞争过程到通过信道发送数据之间的时间间隔是不确定的。

（12）对，从开始通过信道发送数据到接收到确认应答之间的时间间隔是存在上限的，如果过了这个时间仍未接收到确认应答，需要重传数据。

4.2.3　计算题解析

（1）多径效应最严重的情况是经过两条路径传输的电磁波到达接收端时相位相差 $180°$，如果电磁波的频率是 1GHz，两条路径相差多少距离才会造成这一情况？

【解析】　当两条路径相差 0.5 个波长时，两个电磁信号的相位相差 $180°$，根据频率求出波长 $\lambda = c/f = (3 \times 10^8)/10^9 = 0.3$m，两条路径相差 0.15m。

（2）假设一个数据传输速率为 11Mb/s 的无线局域网正在连续不断地发送长度为 64B 的帧，已知该无线信道的误码率为 10^{-7}，求该无线信道每秒传输出错的帧数。

【解析】　已知帧长为 64B＝512b，误码率为 10^{-7}，得出 MAC 帧所有比特传输正确的概率＝$(1-p)^{512} = (1-10^{-7})^{512} = 0.9999488$。因此，MAC 帧传输出错的概率＝$1-0.9999488 \approx 5 \times 10^{-5}$，根据传输速率求出无线信道每秒传输的帧数＝$(11 \times 10^6)/512 = 21484.375$。根据 MAC 帧传输出错概率求出这些帧中传输出错的帧数＝$5 \times 10^{-5} \times 21484.375 = 1.074$。

（3）DCF 操作过程如图 4.4 所示（不考虑电磁信号传播时延），假定终端 A 和 B 从开始检测信道到信道空闲的时间间隔为 $T1$，每一个终端发送数据的时间长度为 $T2$，发送 ACK 的时间长度为 $T3$，退避时间的每一个时隙为 $T4$，求出终端 B 从开始检测信道到开始通过信道发送数据之间的时间间隔，并因此说明该时间间隔不存在上限的原因。

【解析】　时间间隔＝$(T1+\text{DIFS}+3 \times T4+T2)+(\text{SIFS}+T3)+(\text{DIFS}+T4+T2)+(\text{SIFS}+T3)+(\text{DIFS}+T4)$。

其中，终端 A 从开始检测信道到开始通过信道发送数据的时间间隔＝$T1+\text{DIFS}+$

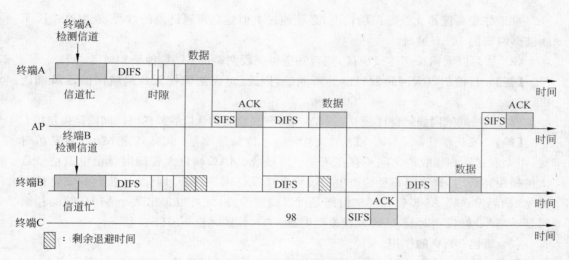

图 4.4 DCF 操作过程

$3\times T4$；

终端 A 发送数据的时间＝$T2$；

AP 向终端 A 发送 ACK 的时间＝SIFS＋$T3$；

AP 向终端 A 发送完 ACK 到通过信道开始向终端 C 发送数据的时间间隔＝DIFS＋$T4$；

AP 发送数据时间＝$T2$；

终端 C 向 AP 发送 ACK 的时间＝SIFS＋$T3$；

终端 B 从终端 C 发送完 ACK 到开始通过信道发送数据的时间间隔＝DIFS＋$T4$；

显然，虽然终端 B 选择的退避时间等于 $5\times T4$，如果多个终端同时竞争信道的话，不断有选择的退避时间小于终端 B 剩余退避时间的终端插入发送数据，延长了终端 B 从开始检测信道到开始通过信道发送数据之间的时间间隔。当多个终端竞争信道时，如果某个终端选择较大的退避时间，则选择较大退避时间的终端从开始检测信道到开始通过信道发送数据之间的时间间隔是没有上限的。

4.2.4 简答题解析

（1）简述无线局域网和总线状以太网的异同及两者的机制差异。

【答】 有线传输媒体和无线传输媒体的差异，导致无线局域网一是存在信号能量损耗；二是存在干扰；三是存在多径效应；四是存在导致无法检测到冲突的隐蔽站问题。因此，无线局域网一是采用冲突避免机制，二是每一段无线链路实施停止等待算法。

（2）无线局域网如何知道每一段无线媒体两端的 MAC 地址？

【答】 对于分配系统不是无线链路的情况，在源终端所在的 BSS，源终端通过同步过程获取 AP 的 MAC 地址，因此获得这一段无线链路的发送端地址（源终端自身 MAC 地址）和接收端地址（AP 的 MAC 地址），在目的终端所在的 BSS，这一段无线链路的发送端地址是该 BSS 中 AP 的 MAC 地址，接收端地址是目的终端的 MAC 地址。

对于分配系统是无线链路的情况,必须通过类似建立逻辑链路的过程,获取这一段无线链路两端的 MAC 地址。

(3) 如果以太网采用逐段确认,能否知道每一段两端的 MAC 地址?

【答】 目前的以太网转发机制是不能的,因此,也无法采用无线局域网的逐段确认机制。

(4) 无线局域网如何保证从发送 MAC 帧,到接收到确认应答帧的时间间隔是固定的?

【答】 发送端获取 MAC 帧长度,无线信道传输速率后,就可确定 MAC 帧发送时延,由于发送端和接收端之间不存在信号中继系统,MAC 帧最大传播时延由电磁信号最大传播距离确定,接收端不经信道争用过程直接发送确认应答,因此,从接收端完整接收 MAC 帧到发送完 ACK 帧需要的时间是可以确定的,由此可以得出某个 MAC 帧的往返时延=MAC 帧发送时延+ACK 帧发送时延+2×传播时延+SIFS。

(5) 简述 NAV 的作用。

【答】 NAV 用于预留信道,当某个终端在发送的 MAC 帧的持续时间字段以 μs 为单位设置时间值时,该时间值被赋值给其他终端的 NAV,终端传输完该 MAC 帧后可以继续占用信道该时间值指定的时间。用 NAV 预留信道可以解决两个问题,一是解决隐蔽站问题;二是通过预留信道实现大块数据的直接传输,并因此提高信道利用率。

(6) BSS 模式下属于同一 BSS 的两个终端之间如何传输数据?解释原因。

【答】 BSS 模式下属于同一 BSS 的两个终端之间通过 AP 实现数据传输,即源终端将数据发送给 AP,由 AP 将数据转发给目的终端。这样做的原因,一是确定源和目的终端是否有通过无线局域网传输数据的权限,只有建立关联的终端才能向 AP 发送数据,并经 AP 转发数据;二是源终端很难确定目的终端是否和自己位于同一个 BSA,而 AP 可以根据已经与其建立关联的终端地址列表确定是在同一 BSS 内转发该 MAC 帧,还是将其转发到分配系统,或是既在同一 BSS 内转发该 MAC 帧,又将其转发到分配系统。

(7) 总线状以太网不存在隐蔽站问题的原因是什么?

【答】 通过中继器,一个终端发送的电信号可以传播到总线状以太网上的所有终端,并且保证到达任何终端的电信号的质量。

(8) 简述 AP 的作用。

【答】 AP 的主要作用是实现 BSS 和分配系统的互连,并且实现两个位于不同 BSA 的终端之间的通信。除此之外,AP 还实现对终端身份的鉴别,保证只有授权终端才能属于该 BSS,并具有该 BSS 所具有的通信功能。

(9) 简述 FHSS、DSSS 和 HR-DSSS 的容错原理。

【答】 FHSS 的特点是抗干扰性好,由于发送端和接收端数据传输过程中不时更换频段,使得固定频率干扰信号对 FHSS 的影响有限。DSSS 的特点是容错性好,由于用相互正交的两个 11 位码片分别表示二进制数 0 和 1,两个码片之间的距离为 11,使得在一个码片传输出错 5 位二进制数的情况下仍能还原码片原来表示的二进制数。HR-DSSS 的特点是结合了高速和容错的特点,采用和 DSSS 相同的频段,但数据传输速率达到 5.5Mb/s 和 11Mb/s。在 4^8 个编码中选择 16 或 256 个两两之间距离最大的编码表示 4 位二进制数的 16 种不同二进制值或 8 位二进制数的 256 种不同的二进制值,使得一个编码即使传输出错,只要错误程度没有严重到被接收端误认为是表示另一个二进制值的编码,仍能还原编码原来表示的二进制值。

4.2.5　设计题解析

　　校园布局如图 4.5 所示,要求设计一个能够满足学生在校园任何角落都能通过移动终端访问校园网资源的无线网络。

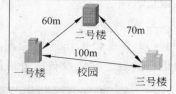

图 4.5　校园布局图

　　【解析】 对于图 4.5 中的校园布局,在每一个楼设置 AP 可以覆盖整个校园,由于以这三个 AP 为中心的 BSA 存在重叠,三个 AP 应该选择频段没有重叠的信道,这里是信道 1(AP1)、信道 6(AP2)和信道 11(AP3)。所有 AP 配置默认 SSID,采用开放系统鉴别方式,不对传输的数据加密。每一个 AP 和楼交换机之间用 100Base-TX 链路连接,用根交换机互连三个楼交换机,根交换机放置在二号楼,因此,分别用 1000Base-SX 链路连接一号楼和三号楼的楼交换机,用 1000Base-TX 链路连接二号楼的楼交换机,网络拓扑结构如图 4.6 所示。这样,所有默认配置的移动终端可以在校园的任何角落连接到校园网上。

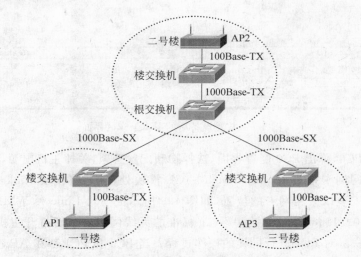

图 4.6　校园网网络拓扑结构

4.3　实　　验

4.3.1　基本服务集实验

1. 实验内容

(1) 终端无线网卡安装。

(2) 基本服务集设计。

（3）基本服务集终端之间通信过程。

2. 网络结构

网络结构如图 4.7 所示，放置一个 AP 和两台安装无线网卡的终端，为每一个终端分配 IP 地址和子网掩码，两台终端分配的 IP 地址必须具有相同的网络地址。

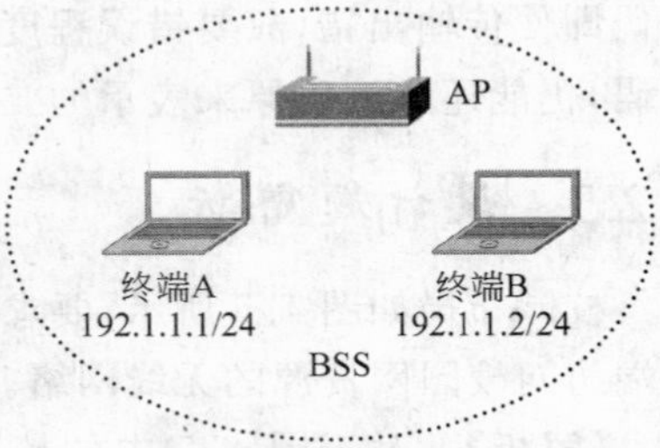

3. 实验步骤

（1）在逻辑工作区根据图 4.7 中的网络结构完成设备放置。完成设备放置后出现如图 4.8 所示的逻辑工作区界面。

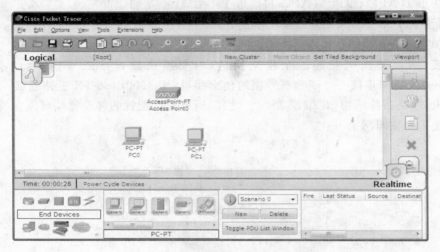

图 4.7　基本服务集网络拓扑结构

图 4.8　放置设备后的逻辑工作区界面

（2）单击 PC0，弹出 PC0 配置界面，选择物理配置选项，关掉主机电源，将原来安装在主机上的以太网网卡拖到 PC-HOST-NM-1CE 模块处，然后将模块 Linksys-WMP300N 拖到主机原来安装以太网网卡的位置，如图 4.9 所示。模块 Linksys-WMP300N 是支持 2.4G 频段的 802.11、802.11b 和 802.11g 标准的无线网卡。重新打开主机电源，PC0 将和 AP 建立关联。对 PC1 进行同样的操作过程。当 PC0 和 PC1 都和 AP 建立关联，出现如图 4.10 所示的逻辑工作区界面。为了建立关联，AP 需要配置 SSID、鉴别协议及鉴别密钥和信道，终端需要配置 SSID、鉴别协议和鉴别密钥，这里 AP 和终端全部采用默认配置。

（3）单击 PC0，弹出 PC0 配置界面，选择配置选项，单击无线接口，弹出如图 4.11 所示的无线接口配置界面，将 IP 地址配置方式设定为静态，输入无线接口的 IP 地址为 192.1.1.1，子网掩码为 255.255.255.0，对 PC1 完成同样配置。用公共工具栏中简单报文工具完成 PC0 和 PC1 之间的一次 Ping 操作。

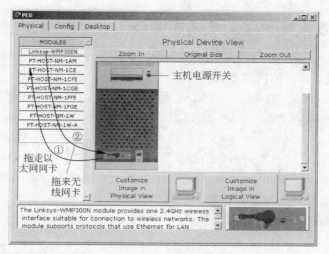

图 4.9　安装无线网卡过程

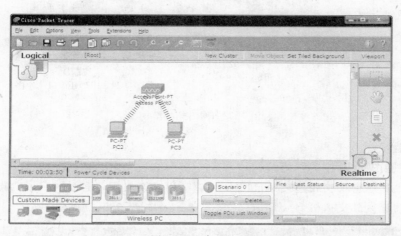

图 4.10　建立关联

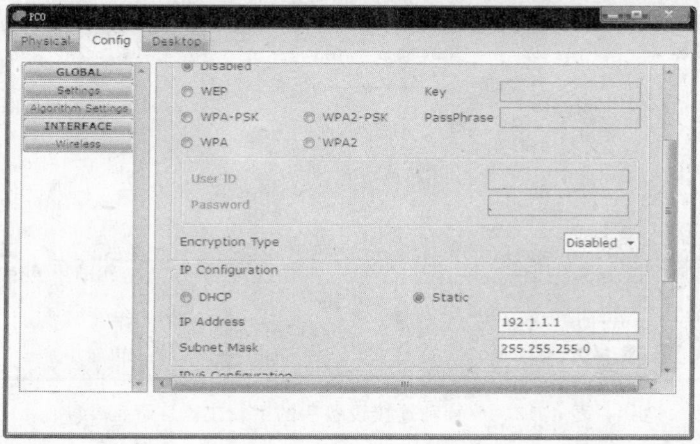

图 4.11　无线接口配置界面

4.3.2 无线局域网和以太网互连实验

1. 实验内容

(1) AP 实现无线局域网和以太网互连。

(2) 查看无线 MAC 帧和以太网 MAC 帧转换过程。

(3) 查看交换机转发表内容变化过程。

2. 网络结构

网络结构如图 4.12 所示,由两部分组成,AP 和移动终端 A、B 构成的基本服务集以及交换机和终端 C、D 构成的交换式以太网,通过互连交换机端口和 AP 以太网端口的双绞线缆将这两部分连成一个整体。整个网络仍然是一个广播域,因此,无论是移动终端,还是普通终端分配的 IP 地址必须属于同一个网络地址。

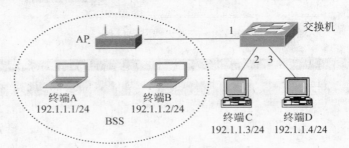

图 4.12 网络拓扑结构

3. 实验步骤

(1) 按照图 4.12 中的网络结构放置和连接网络设备,出现如图 4.13 所示的逻辑工作区界面。用直连双绞线连接 AP 以太网端口和交换机 FastEthernet0/1 端口,分别将 PC2 和 PC3 连接到交换机 FastEthernet0/2 和 FastEthernet0/3 端口。

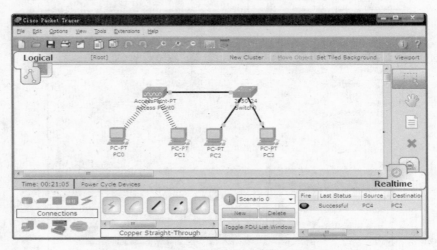

图 4.13 放置和连接设备后的逻辑工作区界面

(2) 分别为 PC0 和 PC1 安装无线网卡,同时为 PC0 与 PC1 的无线接口(Wireless)分配 IP 地址和子网掩码为 192.1.1.1/255.255.255.0、192.1.1.2/255.255.255.0。为 PC2 和 PC3 快速以太网接口(FastEthernet)分配 IP 地址和子网掩码为 192.1.1.3/255.255.255.0 和 192.1.1.4/255.255.255.0。

(3) 通过公共工具栏中简单报文工具完成 PC0 与 PC2、PC1 与 PC3 之间的 Ping 操作,用公共工具栏中的查看工具查看交换机中的转发表内容,得到如图 4.14 所示的交换机转发表内容,通过分析可以发现:属于 BSS 的终端 PC0 和 PC1 的 MAC 地址与交换机连接 AP 的端口 FastEthernet0/1 端口关联在一起,PC2 和 PC3 的 MAC 地址分别与交换机 FastEthernet0/2 和 FastEthernet0/3 端口绑定在一起。

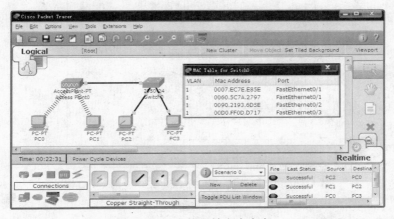

图 4.14　交换机转发表内容

(4) 选择模拟操作模式,报文类型过滤框中只选择 ICMP 报文类型,通过公共工具栏中的简单报文工具开始 PC2 与 PC0 之间的 Ping 操作,打开交换机发送给 AP 的以太网 MAC 帧,该 MAC 帧是以 PC2 的 MAC 地址为源 MAC 地址、PC0 的 MAC 地址为目的 MAC 地址的 MAC 帧,如图 4.15 所示。

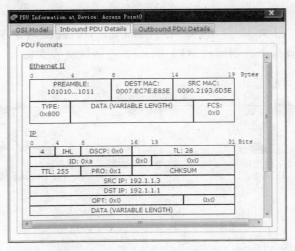

图 4.15　交换机发送给 AP 的 PC2 至 PC0 的 MAC 帧

（5）打开 AP 发送给 PC0 的无线局域网 MAC 帧，该 MAC 帧是以 PC0 的 MAC 地址为接收端地址（地址 1）、AP 的 MAC 地址为发送端地址（地址 2）、PC2 的 MAC 地址为源地址（地址 3）的 MAC 帧，如图 4.16 所示。

图 4.16　AP 发送给 PC0 的 PC2 至 PC0 的 MAC 帧

4.3.3　扩展服务集实验

1. 实验内容

（1）扩展服务集设计。

（2）两个位于不同基本服务集的终端之间通信。

（3）MAC 层无缝漫游过程。

2. 网络结构

网络拓扑结构如图 4.17 所示，分别由 AP1 和 AP2 构成两个基本服务集 BSS1 和 BSS2。这两个基本服务集分别通过 AP1 和 AP2 连接到交换式以太网，构成扩展服务集。

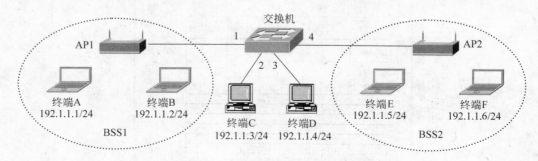

图 4.17　扩展服务集网络拓扑结构

3. 实验步骤

（1）根据图 4.17 中的网络结构在逻辑工作区放置和连接设备，出现如图 4.18 所示的逻辑工作区界面，需要指出的是：逻辑工作区无法确定设备之间的物理距离，因此，PC4 和 PC5 可以直接和 Access Point0 建立关联，如图 4.18 所示的 PC5 与 Access Point0 之间的关联。

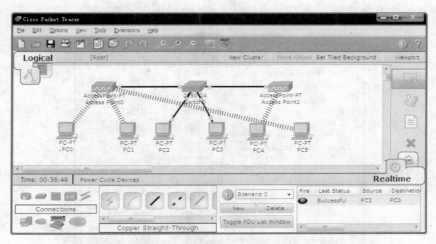

图 4.18 放置和连接设备后的逻辑工作区界面

（2）选择物理工作区，确定各个设备之间的物理距离，在 Home City 中直接放置设备 Access Point0、PC0、PC1、交换机、PC2、PC3、Access Point1、PC4 和 PC5，如图 4.19 所示。这些设备通过 Move Object 命令从默认的企业办公楼 Corporate Office 中的主配线间 Main Wiring Closet 转移到 Home City 中。从图中可以看出 Access Point0 与交换机之

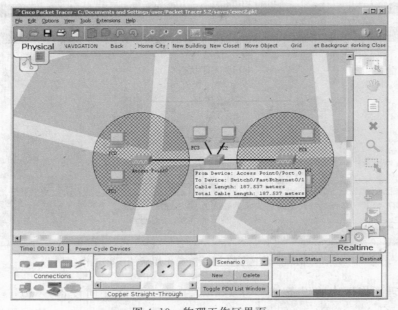

图 4.19 物理工作区界面

间双绞线缆距离为 187.537m,同样方式测出 Access Point1 与交换机之间双绞线缆距离为 192.223m。如果逻辑工作区中的网络结构考虑各个设备之间的物理距离,则 Access Point0、Access Point1 无法与交换机连通。图 4.20 所示是物理工作区中选择 Options 命令打开的 Preferences 对话框中选择<Interface>选项卡后的界面,如果选中 Enable cable length effects 复选框,则逻辑工作区界面如图 4.21 所示,Access Point0、Access Point1 无法与交换机连通。

图 4.20　Preferences 对话框

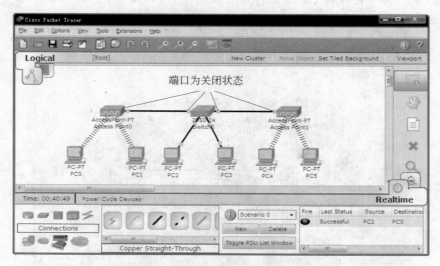

图 4.21　物理工作区设备间距离起作用后的逻辑工作区界面

　　(3) 物理工作区中将设备 Access Point0、Access Point1 向设备 Switch0 靠拢,直至 Access Point0、Access Point1 与交换机之间双绞线缆长度小于 100m,使得逻辑工作区中

Access Point0、Access Point1 与交换机连通。通过公共工具栏中简单报文工具完成 PC0 与 PC5 之间的 Ping 操作。

（4）在物理工作区中将 PC0 移至 Access Point1 所在的 BSA，如图 4.22 所示，则出现图 4.23 所示逻辑工作区界面，PC0 和 Access Point1 建立关联，完成 PC0 从 Access Point0 所在的 BSA 漫游到 Access Point1 所在 BSA 的过程。

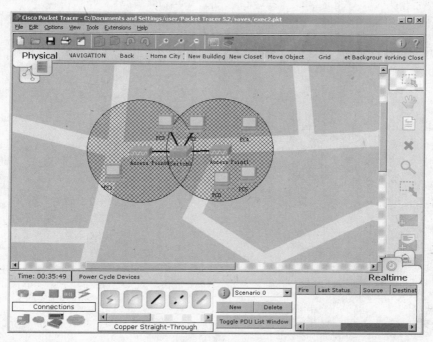

图 4.22　PC0 从 Access Point0 所在 BSA 漫游到 Access Point1 所在 BSA 的过程

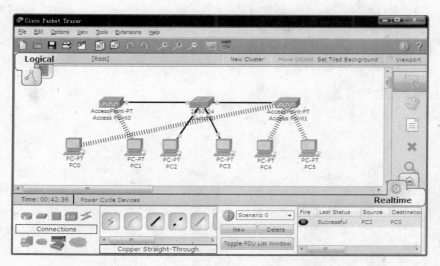

图 4.23　PC0 漫游到 Access Point1 所在的 BSA 后的逻辑工作区界面

第 **5** 章

IP 和网络互连

5.1　知识要点

5.1.1　网络层和网际层的区别

1. OSI 体系结构中网络层的功能

网络层是开放系统互连(OSI)体系结构中定义的功能层,位于数据链路层之上,如果将物理层作为第一层,数据链路层作为第二层,则网络层为第三层。在如图 5.1 所示的 OSI 体系结构定义的网络结构中,物理层定义经过物理链路传输的信号形态,数据链路层(简称为链路层)定义实现连接在同一物理链路上的两个终端(点对点物理链路)或多个终端(广播物理链路)之间数据传输所需要的功能,如帧格式、差错控制机制、帧定界等。在物理链路基础上,通过实现数据链路层协议而建立的数据传输通路称为数据链路。网络层用于定义实现连接在由分组交换机互连的不同物理链路上的终端之间数据传输所需要的功能,不同物理链路允许采用不同的信号形态,使用不同的数据链路层协议。为了实现连接在不同物理链路上的终端之间数据传输,需要为连接在不同物理链路上的终端统一编址,同时需要定义能够被端到端传输路径经过的分组交换机识别、路由(路径选择)和

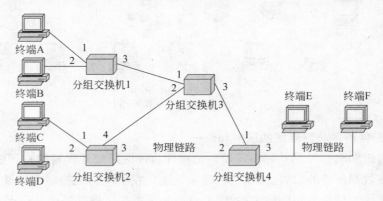

图 5.1　OSI 体系结构定义的网络结构

转发的分组格式。以太网和异步传输模式（Asynchronous Transfer Mode，ATM）都满足 OSI 定义的网络结构，以太网本质上是一种数据报分组交换网络，连接在以太网上的终端需要分配统一的 MAC 地址，端到端传输的数据需要封装成 MAC 帧，以太网交换机能够根据 MAC 帧携带的目的终端 MAC 地址和转发表完成 MAC 帧的路由和转发。ATM 是虚电路分组交换网络，终端之间首先需要建立点对点虚电路，终端之间端到端传输的数据需要封装成信元，ATM 交换机根据建立虚电路时创建的转发项和信元携带的虚电路标识符完成信元的路由和转发。

2. TCP/IP 体系结构中网际层的功能

网际层实现的是连接在不同传输网络上的终端之间的数据传输，如图 5.2 所示的终端 A 与终端 B 之间的数据传输。为了实现连接在不同传输网络上的终端之间通信，需要定义独立于传输网络的编址方式－IP 地址，独立于传输网络的分组格式－IP 分组。连接在互联网中的所有终端需要分配统一的 IP 地址，端到端（连接在不同类型的传输网络的两个终端）传输的数据需要被封装成 IP 分组，IP 分组中用 IP 地址标识源和目的终端。路由器根据路由表和 IP 分组携带的目的终端 IP 地址确定端到端传输路径上的下一跳路由器，由于互连当前跳和下一跳路由器的是传输网络，必须由传输网络完成当前跳至下一跳的 IP 分组传输过程。由于每一个传输网络都有着各自的编址方式和分组格式，实现连接在同一传输网络的两个结点之间的 IP 分组传输一是必须获得两个结点对应该传输网络的地址（称为物理地址）；二是必须将 IP 分组封装成适合该传输网络传输的分组格式。实现这一功能的技术称为 IP over X（X 指特定类型传输网络）。所以，实现 IP 分组端到端传输过程由两层传输路径组成，一是 IP 层传输路径，由源和目的终端及端到端传输路径经过的路由器组成，源终端通过配置的默认网关地址获得第一跳路由器的 IP 地址，每一跳路由器根据 IP 分组携带的目的终端的 IP 地址和路由表确定端到端传输路径上下一跳路由器地址；二是 IP 分组经过特定传输网络实现当前跳至下一跳传输的传输路径，不同类型传输网络有着不同交换方式的传输路径，如以太网的交换路径和 ATM 的点对点虚电路。

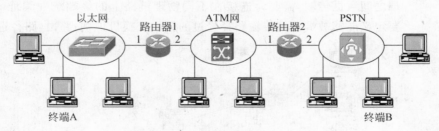

图 5.2 互连网络结构

3. 网络层与网际层的区别和统一

讨论 OSI 体系结构网络需要讨论实现物理链路信号传输的物理层协议，实现物理链路可靠数据传输的数据链路层协议，实现连接在不同物理链路上终端之间数据传输的网络层协议。讨论互连网络结构，需要讨论特定类型传输网络两个端点之间数据传输过程，建立互连网络端到端 IP 层传输路径过程及路由器工作原理，不同类型传输网络实现

IP 分组当前跳至下一跳传输过程,即 IP over X 技术(X 指特定类型传输网络)。当然,讨论特定类型传输网络两个端点之间数据传输过程时可以根据 OSI 体系结构的功能层划分进行。可以说网络层的功能是实现由数据链路和互连数据链路的分组交换机构成的传输路径两端结点之间数据传输过程。网际层的功能是实现由传输网络和互连传输网络的路由器构成的传输路径两端结点之间的 IP 分组传输过程,IP 分组当前跳至下一跳的传输过程由互连当前跳和下一跳的传输网络的网络层实现。

由于目前的教材本质上都是基于 TCP/IP 体系结构,因此,所谓的网络层实际上就是网际层,为了和 OSI 体系结构对应,一般将 IP 分组的路由和转发功能称为网络层功能,将特定传输网络对应的分组的路由和转发功能称为链路层功能,并将特定传输网络对应的分组称为帧。

5.1.2　无分类编址需要理清的几个问题

1. 无分类编址的本质含义

无分类编址将 IP 地址结构变为<网络前缀,主机号>,用子网掩码给出网络前缀的位数,网络前缀的位数任意。将 IP 地址与指定该 IP 地址中网络前缀位数的子网掩码的组合称为无分类 IP 地址格式,用无分类 IP 地址格式确定一组有着相同网络前缀的 IP 地址,如 192.1.1.1/21 表示 32 位二进制数 192.1.1.1 中前 21 位相同的 IP 地址集合192.1.0.0～192.1.7.255。这种有着相同网络前缀的 IP 地址集合称为无分类域间路由(Classless InterDomain Routing,CIDR)地址块,CIDR 地址块本身仅仅用于表示一组有着相同网络前缀的 IP 地址。在路由项中为了强调用无分类 IP 地址格式表示 CIDR 地址块,一般用主机号字段值清零的无分类 IP 地址格式表示 CIDR 地址块,如用 192.1.0.0/21表示 IP 地址集合为 192.1.0.0～192.1.7.255。

2. 聚合路由项

如果可以用一个 CIDR 地址块表示若干网络的 IP 地址集合,而且某个路由器通往这些网络的传输路径有着相同的下一跳,可以用一项路由项给出通往这些网络的传输路径,该路由项的目的网络字段值是表示该 CIDR 地址块的无分类 IP 地址格式。为了判别某个 IP 分组携带的目的终端 IP 地址是否属于该 CIDR 地址块,可以将无分类 IP 地址格式中 IP 地址的主机号字段清零,实际上就是用给出网络前缀位数的子网掩码和无分类IP 地址格式中的 IP 地址进行"与"运算。同样,将 IP 分组携带的目的终端 IP 地址与用于给出网络前缀位数的子网掩码进行"与"运算,然后将两次运算结果比较,如果相等,表示IP 分组携带的目的终端 IP 地址属于该 CIDR 地址块,该 IP 分组转发给该路由项指明的下一跳路由器。这里,主机号字段清零后的无分类 IP 地址格式不一定是某个网络的网络地址,只是由该无分类 IP 地址格式确定的 CIDR 地址块的起始地址,用于确定某个 IP 地址是否属于该 CIDR 地址块。

3. 任意划分子网

采用无分类编址,可以任意确定分配给某个网络的 IP 地址数,某个网络的 IP 地址数可以是 2^n,$n \geq 2$。如果为某个终端或路由器接口分配 IP 地址,需要同时给出 32 位的IP 地址和子网掩码,即无分类 IP 地址格式,通过子网掩码确定该终端或路由器接口所连接的网络的网络地址。如果为终端或路由器接口分配 IP 地址 192.1.1.98/28,表明该终端或路由器接口的 IP 地址是 192.1.1.98,分配给该终端或路由器接口连接的网络的 IP 地址集合是 192.1.1.96～192.1.1.111,该终端或路由器接口连接的网络的网络地址是 192.1.1.96/28。它等于 IP 地址 192.1.1.98 与高 28 位为 1 的子网掩码"与"运算的结果。所有连接在该网络上的终端和路由器接口分配的 IP 地址必须具有相同的网络地址,即必须属于 IP 地址集合 192.1.1.96～192.1.1.111。

路由项中作为目的网络字段值的用无分类 IP 地址格式确定的 CIDR 地址块可能是分配给单个网络的 IP 地址集合,这种情况下,清零主机号字段值后的结果表示该网络的网络地址。也有可能是分配给多个网络的 IP 地址的集合,只是通往这些网络的传输路径有着相同的下一跳,这种情况下,清零主机号字段值后的结果并不是某个网络的网络地址,只是用该无分类 IP 地址格式确定的 CIDR 地址块的起始地址,是用于确定某个 IP 地址是否属于该 CIDR 地址块的比较值。但用分配给终端或路由器接口的无分类 IP 地址格式确定的 CIDR 地址块必须是分配给该终端或路由器接口所连接的网络的 IP 地址集合,清零主机号字段值后的结果就是该网络的网络地址。

4. 无分类编址分配 IP 地址的原则

在如图 5.3 所示的网络结构中,NETi 表示网络,括号中的数字表示该网络要求的有效主机地址数量,为了最大程度减少路由项,分配给这些网络的 IP 地址集合最好构成一个 CIDR 地址块,同样,每一个路由器连接的网络的 IP 地址集合最好也构成一个 CIDR 地址块,这个 CIDR 地址块是总的 CIDR 地址块的子集。

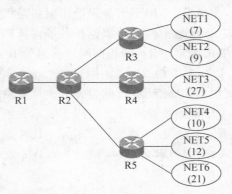

图 5.3 网络结构及有效主机地址分配原则

NET1 需要的有效主机地址数量 = 7,求出满足 $2^n \geq 7+2$ 的最小 $n=4$,得出 NET1 需要网络前缀位数为 28 位,主机号字段位数为 4 位的 CIDR 地址块,同样,得出,NET2 的网络前缀位数为 28 位,NET3 的网络前缀位数为 27 位,NET4 的网络前缀位数为 28 位,NET5 的网络前缀位数为 28 位,NET6 的网络前缀位数为 27 位。

NET1 和 NET2 的 CIDR 地址块可以合并为一个网络前缀位数为 27 位的 CIDR 地址块,NET4 和 NET5 的 CIDR 地址块可以合并为一个网络前缀位数为 27 位的 CIDR 地址块,合并后的 CIDR 地址块又可以和 NET6 的 CIDR 地址块合并为一个网络前缀位数为 26 位的 CIDR 地址块,同样,NET1 和 NET2 合并后的 CIDR 地址块和 NET3 的 CIDR 地址块可以合并为一个网络前缀位数为 26 位的 CIDR 地址块,再进一步,NET1、NET2、NET3 合并后的 CIDR 地址块和 NET4、NET5、NET6 合并后的 CIDR 地址块可以合并为一个网络前缀位数为 25 位的 CIDR 地址块。CIDR 地址块合并和分解过程如图 5.4 所示。

根据图 5.4 中的 CIDR 地址块合并和分解过程,假定 IP 地址 X = 192.1.2.65,得出主机号字段清零的 X/25 = 192.1.2.0/25(IP 地址低 8 位为 00000000),分解后产生的两

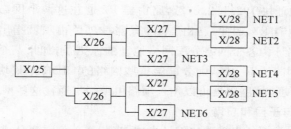

图 5.4　CIDR 地址块合并和分解过程

个网络前缀为 26 位的 CIDR 地址块分别是 192.1.2.0/26(IP 地址低 8 位为 0**0**000000)和 192.1.2.64/26(IP 地址低 8 位为 0**1**000000)。192.1.2.0/26 分解后产生的两个网络前缀为 27 位的 CIDR 地址块分别是 192.1.2.0/27(IP 地址低 8 位为 00**0**00000)和 192.1.2.32/27(IP 地址低 8 位为 00**1**00000)。192.1.2.64/26 分解后产生的两个网络前缀为 27 位的 CIDR 地址块分别是 192.1.2.64/27(IP 地址低 8 位为 01**0**00000)和 192.1.2.96/27(IP 地址低 8 位为 01**1**00000)。192.1.2.0/27 分解后产生的两个网络前缀为 28 位的 CIDR 地址块分别是 192.1.2.0/28(IP 地址低 8 位为 000**0**0000)和 192.1.2.16/28(IP 地址低 8 位为 000**1**0000)。192.1.2.64/27 分解后产生的两个网络前缀为 28 位的 CIDR 地址块分别是 192.1.2.64/28(IP 地址低 8 位为 010**0**0000)和 192.1.2.80/27(IP 地址低 8 位为 010**1**0000)。根据分解后产生的各个网络的网络地址和 CIDR 地址块的合并分解过程,可以得出如图 5.5 所示的各个路由器的路由表。

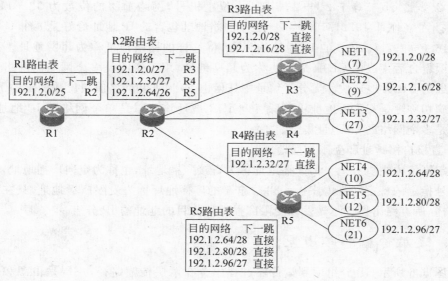

图 5.5　各个路由器的路由表

　　在图 5.5 中,路由器 R1 只需一项路由项就指出通往 6 个网络的传输路径的原因是 6 个网络的 IP 地址集合恰好构成 CIDR 地址块 192.1.2.0/25,且路由器 R1 通往 6 个网络的传输路径有着相同的下一跳——路由器 R2。同样,分配给 NET1 和 NET2 的 IP 地址集合构成 CIDR 地址块 192.1.2.0/27，路由器 R2 通往这两个网络的传输路径有着相同的下一跳——路由器 R3，因此，路由器 R2 只需一项路由项就指出通往这两个网络的传输路径。无分类编址为各个网络分配网络地址的原则是，如果某个路由器通往若干网络的传输路径有着相同的下一跳，则分配给这些网络的 CIDR 地址块可以合并为一个更大的 CIDR 地址块，使得该路由器可以用一项路由项指出通往这些网络的传输路径。

5. 无分类编址与子网和超网

子网地址是无分类编址出现前的编址方式，当一个单位需要分成若干组，每一个组出于安全的考虑需要构建独立网络，一是每一个组的终端数较少，单独使用一个网络地址（如 C 类地址）会造成浪费；二是可能整个单位只分配到一个网络地址（如 C 类地址）。这种情况下，需要将单个网络地址分解为若干个子网地址。假如单位分配的 C 类地址是 192.1.1.0，需要将该 C 类地址均匀分配给 6 个子网，这样，每一个子网的主机号字段位数为 $8-3=5$，3 是子网号的位数，因为子网号的位数是满足 $2^n-2 \geqslant$ 子网数的最小 n，之所以减 2，是因为当时规定子网字段值全 0 和全 1 都不能作为子网号。这种情况下，每一个子网对应的子网掩码为 255.255.255.224，6 个子网对应的子网地址分别是 192.1.1.32/255.255.255.224、192.1.1.64/255.255.255.224、192.1.1.96/255.255.255.224、192.1.1.128/255.255.255.224、192.1.1.160/255.255.255.224、192.1.1.192/255.255.255.224。在出现无分类编址技术后，原来的地址类型已不复存在，32 位 IP 地址统一由网络前缀和主机号组成，不存在将某类网络地址划分为多个子网地址的问题。

出现无分类编址后，网络的主机号位数可以是 $N(N \geqslant 2)$，如果某个网络的终端数大于 $2^{10}-2$，小于等于 $2^{11}-2$，需要 11 位主机号，网络前缀的位数为 $32-11=21$，可以选择网络地址 192.1.16.0/21。这个网络地址包含的 IP 地址恰好是 8 个 C 类地址 192.1.16.0～192.1.23.0 的 IP 地址的集合，将这样的网络地址称为超网地址。有时也将路由项聚合后生成的 CIDR 地址块称为超网地址，用于说明是多个网络的网络地址聚合后生成的 CIDR 地址块。无分类编址中任何由 IP 地址和网络前缀位数确定的 IP 地址集合的确切称呼是 CIDR 地址块，只是该 CIDR 地址块可以是单个网络的 IP 地址集合，也可以是多个网络的 IP 地址集合。

6. 直接广播地址和受限广播地址

特定网络内主机号全 1 的广播地址称为直接广播地址，也称为定向广播地址，用于在由网络号指定的特定网络内广播。32 位全 1 的广播地址称为受限广播地址，只在当前网络内广播，所有路由器均不转发以受限广播地址为目的地址的 IP 分组。

5.1.3 逐跳传输和路由表

如图 5.6 所示，IP 分组端到端传输过程中存在两层传输路径，一层是由源和目的终端及源终端至目的终端传输路径所经过的路由器构成的 IP 层传输路径；另一层是连接当前跳和下一跳的传输网络中当前跳至下一跳的传输路径。第二层传输路径在讨论特定传输网络时讨论，如以太网中两个端点之间的交换路径。第一层传输路径由终端配置的默认网关地址及路由器中的路由表确定。终端 A 配置的默认网关地址给出终端 A 至终端 B 的 IP 层传输路径上第一跳路由器的地址，每一跳路由器根据目的终端 IP 地址和路由表确定通往目的终端传输路径上下一跳的地址。路由表中每一项路由项的目的网络字段给出有着相同下一跳的目的终端的 IP 地址集合,如果某个终端的 IP 地址属于目的网络字段值指定的 CIDR 地址块,意味着该路由项中的下一跳就是通往该终端传输路径上的下一跳。

确定某个 IP 地址是否属于目的网络字段值指定的 CIDR 地址块的过程如下:根据该 CIDR 地址块给出的网络前缀位数,求出主机号字段位数(32−网络前缀位数),清零 IP 地址中主机号字段值,然后用清零主机号字段值的结果与目的网络地址字段值比较,如果相等,表明该 IP 地址属于目的网络字段值指定的 CIDR 地址块。

假定 IP 分组中目的 IP 地址为 192.1.2.1,路由器 R1 根据路由表确定通往终端 B 传输路径上下一跳的过程如下。

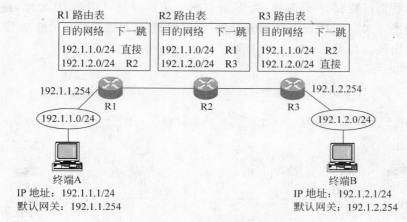

图 5.6　互连网络结构

(1) 由于路由表中第一项路由项的目的网络字段值为 192.1.1.0/24,根据网络前缀位数 24 确定主机号字段位数为 8,清零 IP 地址低 8 位,得到结果 192.1.2.0,用 192.1.2.0 与目的网络字段值 192.1.1.0 比较,确定 IP 地址 192.1.2.1 不属于 192.1.1.0/24 指定的 CIDR 地址块。

(2) 由于路由表中第二项路由项的目的网络字段值为 192.1.2.0/24,根据网络前缀位数 24 确定主机号字段位数为 8,清零 IP 地址低 8 位,得到结果 192.1.2.0,用 192.1.2.0 与目的网络字段值 192.1.2.0 比较,确定 IP 地址 192.1.2.1 属于 192.1.2.0/24 指定的 CIDR 地址块,并因此确定通往终端 B 传输路径上的下一跳是路由器 R2。

在源终端配置默认网关地址,源终端至目的终端传输路径经过的所有路由器均建立路由表的前提下,源终端能够根据目的终端 IP 地址遍历源终端至目的终端 IP 层传输路径。

路由器只转发目的 IP 地址属于某个路由项中(包括默认路由项)目的网络字段值指定的 CIDR 地址块的 IP 分组,如果某个 IP 分组的目的 IP 地址不属于所有路由项中目的网络字段值指定的 CIDR 地址块,路由器丢弃该 IP 分组。

IP 分组终端 A 至终端 B 传输过程中,源终端通过默认网关地址将 IP 分组传输给第一跳路由器,或当前路由器根据目的 IP 地址和路由表确定下一跳路由器,并将 IP 分组传输给下一跳路由器的过程称为间接交付。源和目的终端位于同一个传输网络,或者路由器根据目的 IP 地址和路由表确定的下一跳是目的终端本身(目的 IP 地址匹配的路由项中的下一跳为直接),源终端或路由器通过直接连接的传输网络将 IP 分组传输给目的终端的过程称为直接交付。

5.1.4 数据报 IP 分组交换网络和 IP over X 技术

互连网络如图 5.7(a)所示,用交换式以太网实现终端和路由器、路由器和路由器之间的互连,图 5.7(a)中的互连网络可以虚化为如图 5.7(b)所示的数据报 IP 分组交换网络。在图 5.7(b)中,结点之间用链路互连,网络中的每一个终端分配唯一的 IP 地址,端到端传输的数据封装成 IP 分组格式,IP 分组携带源和目的终端的 IP 地址,路由器以数据报分组交换方式实现 IP 分组的转发操作,即根据 IP 分组携带的目的终端 IP 地址和路由表确定输出接口和下一跳结点 IP 地址。

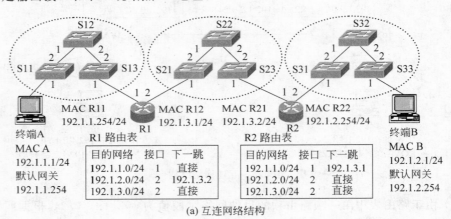

(a) 互连网络结构

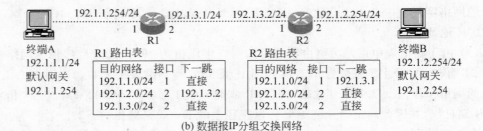

(b) 数据报 IP 分组交换网络

图 5.7　数据报 IP 分组交换网络和 IP over X 技术

和 OSI 低三层定义的数据报分组交换网络不同的是,终端和路由器、路由器和路由器之间不是由信道实现互连,而是由交换式以太网实现互连,交换式以太网本身是分组交换网络,终端和路由器、路由器和路由器之间的 IP 分组传输过程必须通过交换式以太网实现。以太网和 IP over 以太网技术一起实现 IP 分组终端和路由器、路由器和路由器之间传输过程的步骤如下。

（1）终端根据默认网关地址确定第一跳路由器和终端连接在同一个以太网的接口的 IP 地址，或者路由器根据 IP 分组的目的 IP 地址和路由表确定下一跳路由器或目的终端和当前跳连接在同一个以太网的接口的 IP 地址。

（2）当前跳根据下一跳接口的 IP 地址解析出该接口对应的 MAC 地址。

（3）将 IP 分组封装在当前跳连接以太网接口的 MAC 地址为源地址，下一跳连接以太网接口的 MAC 地址为目的地址的 MAC 帧中。

（4）MAC 帧经过以太网建立的当前跳至下一跳交换路径完成 MAC 帧当前跳至下一跳的传输过程。

图 5.8 所示为 IP 分组终端 A 至终端 B 传输过程，IP 分组每经过以太网传输，都需将其封装在当前跳和下一跳连接该以太网的接口的 MAC 地址为源和目的地址的 MAC 帧中。图 5.9 给出实现封装 IP 分组的 MAC 帧终端 A 至路由器 R1 传输的过程。

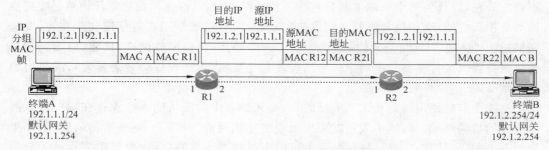

图 5.8　IP 分组经过三个以太网传输过程

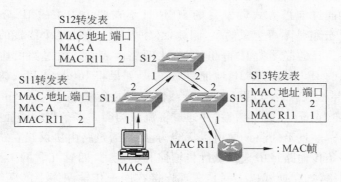

图 5.9　MAC 帧终端 A 至路由器 R1 传输过程

IP 分组实现源终端至目的终端传输过程中分为两层传输路径，一是 IP 层由源和目的终端及经过的路由器所组成的传输路径，源终端通过配置的默认网关地址获得第一跳路由器的 IP 地址，每一个路由器根据目的终端 IP 地址和路由表获得下一跳结点的 IP 地址；二是封装 IP 分组的传输网络对应的链路层帧实现当前跳至下一跳传输过程的传输路径。对于图 5.7 中的互连网络结构，IP 层传输路径由终端 A、路由器 R1、路由器 R2 和终端 B 组成。实现终端 A 至路由器 R1 MAC 帧传输过程的交换路径由终端 A、交换机 S11、交换机 S12、交换机 S13 和路由器 R1 组成。

5.1.5 转发表建立过程与路由表建立过程的差别

以太网交换机和路由器本质上都是数据报分组交换机,其作用都是转发数据报,以太网交换机根据转发表确定 MAC 帧的输出端口,路由器根据路由表确定 IP 分组的输出端口和下一跳结点的 IP 地址,但以太网交换机建立转发表的过程和路由器建立路由表的过程是不同的,以太网交换机通过地址学习建立转发表,而路由器通过路由协议建立路由表。以太网交换机能够通过地址学习建立转发表基于 4 个前提:一是 MAC 地址是平面地址,转发表中每一个 MAC 地址对应一项转发项,转发项由 MAC 地址和输出以该 MAC 地址为目的地址的 MAC 帧的端口组成;二是以太网交换机只有接收到某个终端发送的 MAC 帧,才能在转发表中建立用于指明通往该终端的传输路径的转发项,因此,对目的地址不在转发表中的 MAC 帧,采用广播方式进行转发;三是要求以太网中终端之间不存在环路,即任何两个终端之间只有单条传输路径;四是以太网端到端传输路径中交换机与交换机之间、交换机与终端之间或是用点对点信道,或是用广播信道实现互连,发送到信道上的 MAC 帧必然被传输路径上的下一个结点(交换机或终端)接收,而端到端单条传输路径保证传输路径上的下一个结点或是交换机(再次根据转发表转发),或是目的终端本身。

这 4 个前提路由器都是无法满足的,一是转发表中只需指明通往连接在同一以太网上终端的传输路径。而路由表中需要指明通往互联网中任何一个终端的传输路径,如果为每一个 IP 地址建立一项路由项,路由表的容量将是天文数字,这也是需要通过无分类编址尽量用一项路由项指明有着相同下一跳的多条通往不同终端的传输路径的原因;二是路由器不可能通过广播方式转发目的 IP 地址不在路由表中的 IP 分组,因为在整个 Internet 广播 IP 分组是不可想象的事,因此,必须先建立通往某个终端的传输路径,然后再传输以该终端为目的终端的 IP 分组,这也表明路由表必须通过路由协议建立,而不是通过学习接收到的 IP 分组的源 IP 地址建立;三是如果将 Internet 建成树状结构,不但使 Internet 丧失容错性,树根结点更是无法承载流经它的流量,因此,Internet 必须是网状结构,这样才能增加 Internet 的容错性,并通过将流量均衡到多条传输路径来消除瓶颈结点和瓶颈物理链路。一旦 Internet 采用网状结构,必须通过路由协议建立路由表,且路由协议必须具有在多条传输路径中选择最优传输路径的能力;四是互联网中互连当前跳和下一跳的是传输网络(如交换式以太网),实现连接在同一传输网络上的两个端点之间通信需要获取两个端点传输网络对应的物理地址(如以太网的 MAC 地址),但通过地址学习过程建立的转发表只能建立目的终端地址与输出以该目的终端地址为目的地址的 IP 分组的端口之间的关联,无法获取端到端传输路径上下一跳的地址信息,对于用传输网络互连当前跳与下一跳的情况,下一跳地址信息是实现 IP 分组当前跳至下一跳传输所必需的。

5.1.6 分层路由结构

网络结构如图 5.10 所示,由 AS1 和 AS2 两个自治系统组成,自治系统内部路由器通过内部网关协议构建到达自治系统内部网络的路由项,自治系统之间通过 BGP 交换路由消息,R3 和 R4 分别作为自治系统 AS1 和 AS2 的 BGP 发言人。下面以自治系统 AS1 中路由器 R1 建立到达自治系统内部网络和其他自治系统中网络的路由项的过程为例,讨论分层路由的实现机制。

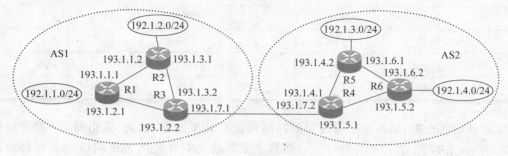

图 5.10　网络结构

1. 自治系统通过内部网关协议构建路由表

每一个自治系统通过内部网关协议构建路由表,假定自治系统 AS1 和 AS2 采用 OSPF 作为内部网关协议,路由器 R1 和 R4 通过 OSPF 建立的路由表分别如表 5.1 和表 5.2 所示。

表 5.1　路由器 R1 路由表

目的网络	下一跳
192.1.1.0/24	直接
192.1.2.0/24	193.1.1.2
193.1.1.0/30	直接
193.1.2.0/30	直接
193.1.3.0/30	193.1.1.2
193.1.3.0/30	193.1.2.2
193.1.7.0/30	193.1.2.2

表 5.2　路由器 R4 路由表

目的网络	下一跳
192.1.3.0/24	193.1.4.2
192.1.4.0/24	193.1.5.2
193.1.4.0/30	直接
193.1.5.0/30	直接
193.1.6.0/30	193.1.4.2
193.1.6.0/30	193.1.5.2
193.1.7.0/30	直接

2. 路由器 R4 向路由器 R3 发送更新报文

路由器 R3 和 R4 之间首先建立 TCP 连接,然后通过 TCP 连接交换更新报文,更新报文中给出 BGP 发言人通过内部网关协议得出的到达自治系统内部网络的路由项,转发地址给出 BGP 发言人发送更新报文的接口的 IP 地址,对于路由器 R4 发送给路由器 R3 的更新报文,转发地址为路由器 R4 连接路由器 R3 的接口的 IP 地址 193.1.7.2,对于路由器 R3,该 IP 地址也是通往自治系统 AS2 中网络的传输路径的下一跳地址。

路由器 R3 接收到路由器 R4 发送的更新报文,建立如表 5.3 所示的用于指明通往自治系统 AS2 中网络的路由项。当路由器 R3 向自治系统 AS1 中路由器泛洪链路状态更新报文时,链路状态更新报文中给出它通过 BGP 获得的指明通往其他自治系统中网络的

表 5.3　路由器 R3 对应其他自治系统中网络的路由项

目的网络	转发地址	经历的自治系统	路由类型
192.1.3.0/24	193.1.7.2	AS2	E
192.1.4.0/24	193.1.7.2	AS2	E
193.1.4.0/30	193.1.7.2	AS2	E
193.1.5.0/30	193.1.7.2	AS2	E
193.1.6.0/30	193.1.7.2	AS2	E

图 5.11　R4 向 R3 发送更新报文过程

传输路径的路由项,路由项中包含目的网络地址和转发地址,因此,路由器 R3 发送的链路状态更新报文中有关用于指明通往其他自治系统中网络的传输路径的路由项的内容与如图 5.11 所示的 R4 向 R3 发送的更新报文的内容相似,只是去掉了到达目的网络需要经历的自治系统。

路由器 R1 计算出到达其他自治系统中网络的路由项的过程如下:目的网络字段值为其他自治系统中网络的网络地址,下一跳是路由器 R1 通往转发地址指定网络的传输路径上的下一跳,对于路由器 R1,通往网络 193.1.7.0/30 的传输路径的下一跳是 193.1.2.2,因此,得出如表 5.4 所示的路由器 R1 包含用于指明通往自治系统内部网络和其他自治系统中网络的传输路径的路由项。

表 5.4　路由器 R1 路由表

目的网络	下一跳	目的网络	下一跳
192.1.1.0/24	直接	193.1.3.0/30	193.1.1.2
192.1.2.0/24	193.1.1.2	193.1.3.0/30	193.1.2.2
192.1.3.0/24	193.1.2.2	193.1.4.0/30	193.1.2.2
192.1.4.0/24	193.1.2.2	193.1.5.0/30	193.1.2.2
193.1.1.0/30	直接	193.1.6.0/30	193.1.2.2
193.1.2.0/30	直接	193.1.7.0/30	193.1.2.2

5.1.7　路由器和三层交换机的差别

路由器用于互连不同类型的传输网络,因此,能够实现连接在不同类型传输网络上的终端之间的 IP 分组传输,而三层交换机主要用于实现属于不同 VLAN 的终端之间的 IP 分组传输。

一般情况下,每一个路由器端口连接独立的网络,因此,不存在同一路由器的多个端口连接同一网络的情况,但存在跨三层交换机的 VLAN。

　　对于连接在某个网络上的终端而言,连接该网络的路由器端口就是该终端通往其他网络的传输路径的第一跳,该路由器端口的 IP 地址就是该终端的默认网关地址,该路由器端口同时需要具有所连接的传输网络对应的物理地址。三层交换机用 VLAN 接口作为属于该 VLAN 的终端通往其他 VLAN 的传输路径的第一跳,用分配给 VLAN 接口的 IP 地址作为属于该 VLAN 的终端的默认网关地址,三层交换机通过 VLAN 接口建立属于该 VLAN 的终端与三层交换机中路由模块之间的传输路径,属于该 VLAN 的终端可以通过三层交换机任何属于该 VLAN 的端口向 VLAN 接口发送 MAC 帧,以 VLAN 接口为目的地的 MAC 帧使用三层交换机能够识别的特殊 MAC 地址作为该 MAC 帧的目的 MAC 地址。

　　路由器除了实现不同网络之间的 IP 分组转发外,还承担控制网络间信息交换过程的功能,如分组过滤、流量管制等,而三层交换机的主要任务是实现不同 VLAN 间 IP 分组的转发。

5.2　例 题 解 析

5.2.1　自测题

1. 选择题

(1) IP 地址分层的原因是_____。
　　A. 减少路由表中的路由项数目
　　B. 适应不同类型传输网络互连
　　C. 实现逐跳转发
　　D. 允许不同的传输网络有着不同的终端数量

(2) IP 地址分类的原因是_____。
　　A. 减少路由表中的路由项数目
　　B. 适应不同类型传输网络互连
　　C. 实现逐跳转发
　　D. 允许不同的传输网络有着不同的终端数量

(3) 分类编址下,IP 地址 192.1.1.3 属于_____IP 地址。
　　A. A 类　　　　　　　B. B 类　　　　　　　C. C 类　　　　　　　D. D 类

(4) A 类地址适用于_____的网络。
　　A. 终端数 $\geqslant 2^{24}-2$ 　　　　　　　　　　　B. $2^{24}-2 \geqslant$ 终端数 $> 2^{16}-2$
　　C. $2^{16}-2 \geqslant$ 终端数 $> 2^{8}-2$ 　　　　　　D. 终端数 $\leqslant 2^{8}-2$

(5) B 类地址适用于_____的网络。
　　A. 终端数 $\geqslant 2^{24}-2$ 　　　　　　　　　　　B. $2^{24}-2 \geqslant$ 终端数 $> 2^{16}-2$
　　C. $2^{16}-2 \geqslant$ 终端数 $> 2^{8}-2$ 　　　　　　D. 终端数 $\leqslant 2^{8}-2$

(6) C 类地址适用于_____的网络。
　　A. 终端数 $\geqslant 2^{24}-2$ 　　　　　　　　　　　B. $2^{24}-2 \geqslant$ 终端数 $> 2^{16}-2$
　　C. $2^{16}-2 \geqslant$ 终端数 $> 2^{8}-2$ 　　　　　　D. 终端数 $\leqslant 2^{8}-2$

(7) 分类编址下,IP 地址 192.1.1.3 的网络地址是_____。

    A. 192.0.0.0   B. 192.1.0.0

    C. 192.1.1.0   D. 192.1.1.3

(8) 分类编址下,IP 地址 192.1.1.3 对应的指定网络内广播的广播地址(定向广播地址或直接广播地址)是_____。

    A. 192.1.1.0   B. 192.1.1.255

    C. 192.1.1.1   D. 192.1.1.3

(9) 20 世纪 90 年代中期,导致 IP 地址短缺的原因是_____。

    A. 终端数量接近 2^{32} B. 地址分类导致 IP 地址大量浪费

    C. 大量 IP 地址不能分配给终端   D. 大国垄断了大量 IP 地址

(10) 下述_____项不是无分类编址带来的好处。

    A. 有效利用 IP 地址   B. 减少路由项

    C. 选择更合理的传输路径   D. 按区域分配 IP 地址

(11) 192.1.1.3/26 表示的 CIDR 地址块是_____。

    A. 192.1.0.0～192.1.255.255   B. 192.1.1.0～192.1.1.255

    C. 192.1.1.0～192.1.1.3   D. 192.1.1.0～192.1.1.63

(12) 路由器实现逐跳转发的依据是_____。

    A. 路由表   B. 目的终端 IP 地址

    C. 源终端 IP 地址   D. 路由表和目的终端 IP 地址

(13) 路由项中无须给出下一跳路由器地址的情况是_____。

    A. 点对点信道连接当前跳和下一跳

    B. 广播信道连接当前跳和下一跳

    C. 分组交换网络连接当前跳和下一跳

    D. 电路交换网络连接当前跳和下一跳

(14) 默认网关地址是_____。

    A. 通往其他网络传输路径上的第一跳路由器地址

    B. 实现终端之间通信的唯一中继设备地址

    C. 终端连接的网络中唯一的路由器接口地址

    D. 终端作为不知道目的终端 IP 地址的 IP 分组的目的 IP 地址

(15) 分类编址情况下,路由项中目的网络字段给出_____。

    A. 该路由器能够到达的某个网络的网络地址

    B. 该路由器能够到达且通往它们的传输路径有着相同下一跳的一组网络的网络地址的集合

    C. 该路由器能够到达的某个终端的 IP 地址

    D. 和该路由器直接相连的某个路由器接口的 IP 地址

(16) 无分类编址情况下,路由项中目的网络字段给出_____。

    A. 该路由器能够到达的某个网络的网络地址

    B. 该路由器能够到达且通往它们的传输路径有着相同下一跳的一组网络的网

　　　　　络地址的集合

　　　C. 该路由器能够到达的某个终端的 IP 地址

　　　D. 和该路由器直接相连的某个路由器接口的 IP 地址

(17) IP 分组分片的原因是＿＿＿＿＿＿。

　　　A. 互连当前跳和下一跳的传输网络的 MTU 小于 IP 分组长度

　　　B. 提高网络的带宽利用率

　　　C. 简化路由器转发操作

　　　D. 提高路由器缓冲器利用率

(18) IP 分组首部长度＿＿＿＿＿＿。

　　　A. 没有限制　　　　　　　　　　　B. 位于 20B 与 60B 之间

　　　C. 大于 60B　　　　　　　　　　　D. 固定 20B

(19) TTL 字段的作用是＿＿＿＿＿＿。

　　　A. 给出 IP 分组允许经过的最大跳数

　　　B. 记录 IP 分组经过的跳数

　　　C. 给出端到端传输路径经过的跳数

　　　D. 给出 IP 分组在每一个路由器允许排队等候的最长时间

(20) 默认路由项的作用是＿＿＿＿＿＿。

　　　A. 指定所有 IP 分组的下一跳

　　　B. 指定目的 IP 地址和所有其他路由项中目的网络字段值不匹配的 IP 分组的
　　　　　下一跳

　　　C. 指定最优传输路径

　　　D. 给出该路由器无法到达的网络

(21) RIP 产生的端到端传输路径是＿＿＿＿＿＿。

　　　A. 传输时延最短的传输路径　　　　B. 经过跳数最少的传输路径

　　　C. 最安全的传输路径　　　　　　　D. 最可靠的传输路径

(22) 产生 RIP 计数到无穷大问题的原因是＿＿＿＿＿＿。

　　　A. 一些路由器无法及时获得某个网络不可达的信息

　　　B. 路由器周期性地相互通告路由消息

　　　C. 路由器及时发送更新路由消息

　　　D. A 和 B

(23) ARP 的作用是＿＿＿＿＿＿。

　　　A. 根据下一跳结点的 IP 地址获取该结点的 MAC 地址

　　　B. 用广播方式传输 IP 分组到下一跳结点

　　　C. 广播自己的 MAC 地址

　　　D. 向网络中的其他结点宣示自己的存在

(24) CIDR 地址块 168.192.33.125/27 的子网掩码可以写为＿＿＿＿＿＿。

　　　A. 255.255.255.192　　　　　　　　B. 255.255.255.224

　　　C. 255.255.255.240　　　　　　　　D. 255.255.255.248

(25) 某个 IP 地址的子网掩码为 255.255.255.192，该子网掩码又可以写为_____。

    A. /22   B. /24   C. /26   D. /28

(26) 某企业分配给人事部的 CIDR 地址块为 10.0.11.0/27，分配给企划部的 CIDR 地址块为 10.0.11.32/27，分配给市场部的 CIDR 地址块为 10.0.11.64/26，这三个 CIDR 地址块聚合后的 CIDR 地址块应是_____。

    A. 10.0.11.0/25   B. 10.0.11.0/26

    C. 10.0.11.64/25   D. 10.0.11.64/26

(27) R1、R2 是两个采用 RIP 的相邻路由器，R1 的路由表如表 5.5(a)所示，R2 发送的路由消息如表 5.5(b)所示，R1 根据 R2 发送的路由消息更新路由表后产生的 4 项路由项的距离分别是_____。

表 5.5(a)　R1 路由表

目的网络	距离	下一跳
10.0.0.0	1	直接
20.0.0.0	5	R2
30.0.0.0	4	R3
40.0.0.0	3	R4

表 5.5(b)　R2 路由消息

目的网络	距离
10.0.0.0	2
20.0.0.0	4
30.0.0.0	2
40.0.0.0	2

    A. 1、4、2、3   B. 1、4、3、3   C. 1、5、3、3   D. 1、4、3、4

(28) 不同 VLAN 间通信需要使用的设备是_____。

    A. 二层交换机   B. 三层交换机   C. 集线器   D. 网桥

(29) 网络结构如图 5.12 所示，R1 向 R2 转发终端 A 传输给终端 B 的 IP 分组，被 R1 转发后的 IP 分组的目的 IP 地址和封装该 IP 分组的目的 MAC 地址是_____。

    A. 222.4.57.2，00-d0-02-85-cd-3f

    B. 222.4.57.2，00-ff-2a-3a-4b-5b

    C. 222.4.59.2，00-d0-02-85-cd-3f

    D. 222.4.59.2，00-ff-2a-3a-4b-5b

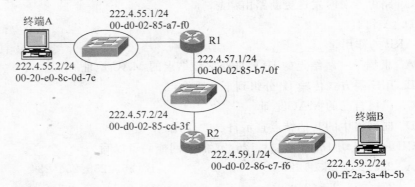

图 5.12　网络结构

（30）路由协议的收敛指_____。

　　A. 聚合多个网络的路由项

　　B. 路由器把分组发送到指定目标

　　C. 路由器处理分组的速度足够快

　　D. 各个路由器的路由表内容与网络拓扑结构一致

（31）IP 分组源终端至目的终端传输过程中可能经过多个网络和路由器,在整个传输过程中,IP 分组中的源和目的 IP 地址是_____。

　　A. 源和目的 IP 地址一直不变

　　B. 源 IP 地址可能变化,但目的 IP 地址一直不变

　　C. 源 IP 地址一直不变,但目的 IP 地址可能变化

　　D. 源和目的 IP 地址都可能变化

（32）下列设备中可以隔离 ARP 广播帧的设备是_____。

　　A. 二层交换机　　B. 路由器　　　　　　C. 集线器　　　　　D. 网桥

（33）在一条点对点链路上,为了减少地址的浪费,使用的子网掩码应该是_____。

　　A. 255.255.255.252　　　　　　　　B. 255.255.255.240

　　C. 255.255.255.230　　　　　　　　D. 255.255.255.196

（34）网络地址 191.22.168.0 的子网掩码是_____。

　　A. 255.255.192.0　　　　　　　　　B. 255.255.224.0

　　C. 255.255.240.0　　　　　　　　　D. 255.255.248.0

（35）假定二进制数表示的 IP 地址为 11010111 00111100 00011111 11000000,它的点分十进制表示应该是_____。

　　A. 211.60.31.120　　　　　　　　　B. 215.64.31.120

　　C. 215.60.31.192　　　　　　　　　D. 211.64.31.192

（36）某个公司拥有 IP 地址块 202.113.77.0/24,其中 202.113.77.16/28 和 202.113.77.32/28 已经分配给人事部和财务部,现技术部需要 100 个 IP 地址,可分配的 IP 地址块是_____。

　　A. 202.113.77.0/25　　　　　　　　B. 202.113.77.48/25

　　C. 202.113.77.64/25　　　　　　　　D. 202.113.77.128/25

（37）R1 和 R2 是一个自治系统中两个采用 RIP 路由协议的相邻路由器,R1 的路由表如表 5.6 所示,接收到 R2 发送的如表 5.6(b)所示的路由消息后,4 项路由项的距离值从上到下依次更新为 1、4、4、2,表 5.7 中 a、b、c、d 的值应该为_____。

表 5.6　R1 路由表

目的网络	距离	下一跳
10.0.0.0	1	直接
20.0.0.0	5	R2
30.0.0.0	4	R3
40.0.0.0	3	R4

表 5.7　R2 路由消息

目的网络	距离
10.0.0.0	a
20.0.0.0	b
30.0.0.0	c
40.0.0.0	d

A. 2、3、2、1　　　B. 2、3、3、1　　　　C. 2、2、3、1　　　D. 2、4、5、1

(38) 下列关于 OSPF 协议的描述中,错误的是_____。

A. 对于规模很大的网络,OSPF 协议通过划分区域来提高路由表的更新收敛速度

B. 每一个区域拥有一个 32 位的区域标识符

C. 一个 OSPF 区域内的路由器可以知道其他区域的网络拓扑结构

D. 单个区域内的路由器数量一般不超过 200

(39) 下列关于 OSPF 协议的描述中,错误的是_____。

A. OSPF 是分布式链路状态协议

B. 链路代价主要指费用、距离、延时、带宽等

C. 当链路状态发生变化时,在区域内泛洪链路状态更新报文

D. 链路状态数据库中包含完整的路由表

(40) 下列关于 BGP 的描述中,错误的是_____。

A. 当路由信息发生变化时,BGP 发言人通过 Notification 报文通知相邻自治系统

B. 一个 BGP 发言人通过 TCP 连接与其他自治系统中 BGP 发言人交换路由消息

C. 两个属于不同自治系统的边界路由器初始协商时要首先发送 Open 报文

D. 两个 BGP 发言人需要周期性地交换 Keepalive 报文来确认双方的相邻关系

(41) BGP 定义的 4 种类型报文中,不包含_____。

A. Hello　　　B. Notification　　　C. Open　　　D. Update

(42) 下列关于 BGP 的描述中,错误的是_____。

A. BGP 是用于自治系统之间的路由协议

B. 每一个自治系统至少有一个路由器作为 BGP 发言人

C. 自治系统之间通过各自的 BGP 发言人交换路由消息

D. BGP 发言人之间交换路由消息时使用 UDP

(43) 当 IP 分组中 TTL 值减为 0 时,路由器发出的 ICMP 报文类型为_____。

A. 时间戳请求　　B. 超时　　　　C. 目标不可达　　D. 重定向

(44) ICMP 属于 TCP/IP 体系结构中的___①___协议,ICMP 封装在___②___协议数据单元中,ICMP 有 13 种报文,常用的 Ping 程序使用了___③___报文,如果路由器发生拥塞,则路由器产生一个___④___报文。

① A. 网络接口层　　B. 网际层　　　C. 传输层　　　D. 应用层

② A. IP　　　　　B. TCP　　　　C. UDP　　　D. PPP

③ A. 子网掩码请求和响应　　　　　　B. 时间戳请求和响应

　　C. 回送请求和响应　　　　　　　　D. 路由器询问和通告

④ A. 源站抑制　　B. 超时　　　　C. 目标不可达　　D. 重定向

(45) 网络 202.115.144.0/20 中可分配的 IP 地址数是_____。

A. 1022　　　　B. 2046　　　　C. 4094　　　D. 8190

2. 填空题

(1) IP 分组端到端传输过程中采用_____转发方式,确定 IP 分组下一跳的依据是_____和_____。

(2) 分类编址情况下,IP 地址分为_____、_____、_____、_____和_____,其中_____、_____和_____是单播地址,_____是组播地址。

(3) 分类编址情况下,IP 地址 11010011 10100011 00001010 00111011 按照点分十进制表示应该为_____,这是一个_____类地址,网络地址是_____,直接广播地址是_____。

(4) A 类地址的有效网络地址数是_____,有效主机地址数是_____,B 类地址的有效网络地址数是_____,有效主机地址数是_____,C 类地址的有效网络地址数是_____,有效主机地址数是_____。

(5) 分类编址情况下,IP 地址 192.1.1.3 对应的网络地址是_____,该网络地址中最小有效主机地址是_____,最大有效主机地址是_____,直接广播地址是_____。

(6) 分类编址情况下,IP 地址 92.1.1.3 对应的网络地址是_____,该网络地址中最小有效主机地址是_____,最大有效主机地址是_____,直接广播地址是_____。

(7) 无分类编址情况下,192.1.1.3/26 指定的 CIDR 地址块的 IP 地址数是_____,如果将该 CIDR 地址块平均分配给 4 个网络,每一个网络的有效主机地址数是_____,这 4 个网络的网络地址分别是_____、_____、_____和_____。

(8) 无分类编址情况下,如果为一个需要 10 个有效 IP 地址的网络分配 CIDR 地址块,主机号字段的位数是_____,对应的子网掩码是_____。

(9) 无分类编址情况下,如果某个单位需要构建一个有着 80 个子网,每一个子网需要不超过 300 个有效 IP 地址的互连网络,为该单位分配的 CIDR 地址块对应的子网掩码是_____,为每一个子网分配的 CIDR 地址块对应的子网掩码是_____。

(10) 一台连接到网络上的终端如果配置如下网络信息:IP 地址 135.62.2.55,子网掩码 255.255.192.0,默认网关地址 135.62.89.1,_____出现问题,更正后的值是_____。

(11) 无分类编址情况下,192.1.1.3/26 主机号字段清零后的地址是_____,它是 IP 地址 192.1.1.3 与子网掩码_____“与”操作的结果。

(12) IP 分组控制信息主要用于实现 IP 分组端到端传输过程,其中_____字段用于确定 IP 分组传输路径,_____字段用于控制端到端传输过程经过的跳数,_____字段用于检测首部传输过程中发生的错误。

(13) IP 分组分片的主要原因是_____,在到达目的主机前,分片后的数据报可能再次_____,但不进行_____,IP 首部中和分片有关的字段包括_____、_____和_____。

(14) 终端 A、B 分别连接在两个不同类型的传输网络上,这两个传输网络通过路由器 R 实现互连,在两个终端之间传输 IP 分组的过程中,具有网络接口层和网际层功能的设备是_____、_____和_____。终端 A 传输给路由器 R 的帧和路由器 R 传输给终端 B 的帧是_____,但终端 A 传输给路由器 R 的 IP 分组和路由器 R 传输给终端 B 的 IP 分组是_____。

(15) 互连网络结构如图 5.13 所示,路由器 R1 中目的网络 10.0.0.0 对应的下一跳是_____,目的网络 20.0.0.0 对应的下一跳是_____,目的网络 30.0.0.0 对应的下一跳是_____,目的网络 40.0.0.0 对应的下一跳是_____。

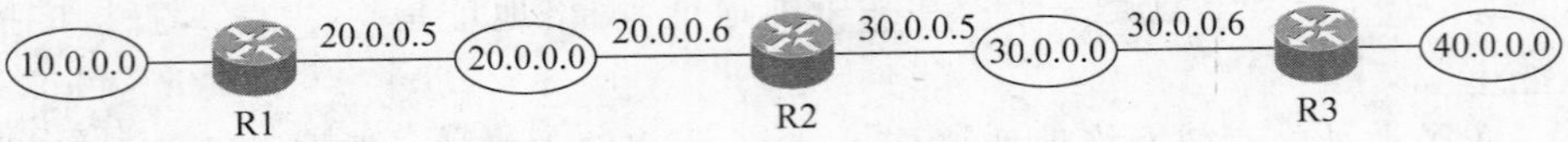

图 5.13 互连网络结构

(16) 路由协议分为_____和_____两大类,RIP 属于_____,RIP 将端到端传输路径经过的最大跳数限制在_____。

(17) 路由项可以分为_____和_____两大类,用手工配置的路由项属于_____,由路由协议动态生成的路由项属于_____。

(18) ARP 的作用是_____,它应用于_____互连当前跳和下一跳的应用环境。

(19) 计算并填写表 5.8。

表 5.8 题(19)计算结果填写表

IP 地址	121.175.21.9
子网掩码	255.192.0.0
分类编址下的地址类别	
网络地址	
直接广播地址	
主机号	
CIDR 地址块中最后一个可用 IP 地址	

3. 名词解释

_____路由	_____地址解析
_____CIDR 地址块	_____网络地址
_____逐跳转发	_____路由项
_____IP	_____IP 地址
_____ICMP	_____互联网
_____三层交换机	_____交换
_____分类编址	_____无分类编址
_____路由器	_____路由协议
_____RIP	_____子网
_____NAT	_____BGP

_____　OSPF　　　　　　　　　　　_____组播

_____网络层无缝漫游　　　　　　_____IP over 以太网

（a）这是一种路由器转发 IP 分组的方式，这种转发方式下，源终端通过配置的默认网关地址确定通往目的终端传输路径上的第一跳路由器地址，每一跳路由器根据 IP 分组的目的 IP 地址和路由表确定通往目的终端传输路径上的下一跳结点，源终端至目的终端传输路径经过的各跳路由器依此操作，完成 IP 分组源终端至目的终端传输过程。

（b）某个路由器中的一项转发项，用于指出该路由器通往一组由 CIDR 地址块指定的终端的传输路径上的下一跳结点。

（c）实现 IP 分组转发的数据报分组交换机。

（d）一种路由器之间为自动建立路由表而制定的规则。

（e）一种为实现连接在不同类型传输网络上的终端之间通信而制定的规则。

（f）一种独立于传输网络，用于唯一标识互连网络中每一个终端的地址。

（g）一种既能实现连接在同一 VLAN 上的两个终端之间 MAC 帧传输，又能实现连接在不同 VLAN 上的两个终端之间 IP 分组传输的设备。

（h）交换机根据 MAC 帧目的 MAC 地址和转发表确定该 MAC 帧输出端口的转发方式。

（i）路由器选择、确定通往某个终端的传输路径的过程。

（j）根据下一跳结点的 IP 地址得出下一跳结点连接互连当前结点和下一跳结点传输网络的接口的传输网络相关物理地址的过程。

（k）一种将单播 IP 地址分类，每一类固定网络号和主机号位数的 IP 地址格式。

（l）一种可以任意确定网络前缀和主机号位数，但需要用子网掩码给出网络前缀位数的 IP 地址格式。

（m）一组有着相同网络前缀的 IP 地址集合。

（n）主机号字段清零的无分类 IP 地址格式，且由该无分类 IP 地址格式确定的 CIDR 地址块只分配给单一网络。

（o）一种属于内部网关协议，分布式的基于距离向量的路由协议。

（p）一种逻辑上完全是一个独立的网络，但物理上可能和其他逻辑上完全独立的网络共享一个大型物理网络的网络结构，或是分割一个大型物理网络后产生的多个小型物理网络中的其中一个，比较典型的例子是交换式以太网中的 VLAN。

（q）一种用于监测 IP 网络是否运行正常，并提供差错报告的基于 IP 的协议。

（r）用路由器互连多种不同类型传输网络构成的网际网。

（s）一种实现内部网络使用的本地 IP 地址和全球 IP 地址之间相互转换的技术。

（t）一种用于在自治系统之间交换路由消息的路径向量路由协议。

（u）一种属于内部网关协议，分布式的基于链路状态的路由协议。

（v）源终端发送单个分组就能实现向分布在多个不同网络、属于同一组播组的一组终端传输分组的技术。

（w）一种在移动终端移动到一个不同的网络，且依然可以用原来网络分配的 IP 地址与其他终端通信的技术。

（x）一种当互连当前跳和下一跳的传输网络是以太网时，实现 IP 分组当前跳至下一跳传输过程的技术。

4．判断题

（1）连接在同一传输网络上的两个端点之间通信需要经过路由器。

（2）任何 CIDR 地址块只能分配给单一网络。

（3）路由项中目的网络字段值指定的 CIDR 地址块是一组通往它们的传输路径有着相同下一跳路由器的终端的 IP 地址的集合。

（4）为了更好地聚合路由项，如果某个路由器通往一组网络的传输路径有着相同的下一跳路由器，分配给这一组网络的 IP 地址集合最好构成一个 CIDR 地址块。

（5）交换机中转发表不需要指定下一跳地址，表示任何接收到 MAC 帧的交换机都需以交换方式转发该 MAC 帧。

（6）路由项中指定下一跳地址，表示只有下一跳地址指定的路由器才能继续转发前一跳路由器根据该路由项转发的 IP 分组。

（7）主机号字段清零的无分类 IP 地址格式都是网络地址。

（8）由分配给终端或路由器接口的无分类 IP 地址格式确定的 CIDR 地址块是分配给单个网络的 IP 地址集合。

（9）将分配给终端或路由器接口的无分类 IP 地址格式中 IP 地址的主机号字段值清零后的无分类 IP 地址格式就是终端或路由器接口所连接的网络的网络地址。

（10）网络地址就是分配给该网络的一组连续的 IP 地址中的起始 IP 地址。

（11）只要源和目的终端连接在互联网上，一定能实现 IP 分组源终端至目的终端的传输过程。

（12）RIP 只能建立两个终端之间单条传输路径。

（13）初始建立的两个终端之间的传输路径失效后，只要两个终端之间存在其他传输路径，RIP 能快速建立两个终端之间新的传输路径。

（14）如果两个终端之间出现新的跳数更少的传输路径，RIP 能快速地将两个终端之间的传输路径更新为新的跳数更少的传输路径。

（15）三层交换机完全等同于多个以太网端口的路由器。

（16）IP over 以太网的功能就是用于实现 IP 分组由以太网互连的当前跳至下一跳的传输过程。

5.2.2 自测题答案

1．选择题答案

（1）A，除非该网络和某个路由器直接相连，该路由器通往属于该网络的所有终端的传输路径有着相同的下一跳路由器，因此，可用网络地址表示属于该网络的所有终端的 IP 地址集合。

（2）D，不同类型 IP 地址的主要区别在于每一个网络地址包含的主机地址数。

（3）C，最高字节值 192 表示该字节最高 3 位的值为 110。

（4）B，A 类地址的有效主机地址数 $=2^{24}-2$。

（5）C，B 类地址的有效主机地址数 $= 2^{16} - 2$。

（6）D，C 类地址的有效主机地址数 $= 2^8 - 2$。

（7）C，网络地址是清零 IP 地址主机号字段后的结果，该 IP 地址是 C 类地址，主机号字段长度为 8 位。

（8）B，直接广播地址是将 IP 地址主机号字段全部置 1 后的结果，该 IP 地址是 C 类地址，最后 8 位全部置 1 后的值是 255。

（9）B，由于大量网络的终端数和适用于该网络的 IP 地址类型所规定的有效主机地址数相差甚远，导致大量 IP 地址被浪费，如 4000 个终端的网络，适合分配 B 类地址，但九成以上 IP 地址被浪费。

（10）D，该项是无分类编址对 IP 地址分配方式提出的要求，应该是限制了分配 IP 地址的自由度。不是 C，因为最长前缀匹配允许 IP 分组在多个匹配的路由项中选择目的网络字段值和目的终端网络地址最靠近的路由项。

（11）D，主机号字段位数是 6 位，该 CIDR 地址块具有 64 个 IP 地址，全部 IP 地址对应最低字节低 6 位对应的 64 个不同的值。

（12）D，路由器根据 IP 分组的目的 IP 地址和路由表确定通往目的终端传输路径上的下一跳。

（13）A，下一跳地址用于指定唯一的继续转发 IP 分组的路由器，点对点信道保证 IP 分组的接收端是唯一的。

（14）A，终端将所有目的终端是其他网络的 IP 分组发送给默认网关地址指定的路由器接口。

（15）A，目的网络字段给出该路由项指定的传输路径所通往的网络的网络地址。

（16）B，目的网络字段确定的 CIDR 地址块就是通往它们的传输路径有着相同下一跳的终端的 IP 地址集合，这些终端可以属于多个不同的网络。

（17）A，IP 分组必须作为互连当前跳和下一跳的传输网络对应的链路层帧的净荷，才能实现 IP 分组当前跳至下一跳的传输过程。

（18）B，由首部长度字段限制最大长度，固定首部长度限制最小长度。

（19）A，以此规定 IP 分组在互联网中的最大生存时间。

（20）B，默认路由项用于给出通往其他路由项没有涉及的网络的传输路径。

（21）B，RIP 是距离向量路由协议，它的距离就是经过的跳数。

（22）D，这两项导致一些路由器中没有及时更新的路由项被扩散到网络中的其他路由器。

（23）A，ARP 就是一种将接口 IP 地址解析为接口 MAC 地址的协议。

（24）B，/27 表示 32 位二进制数中的高 27 位为 1，低 5 位为 0，将这样的二进制数转换成 4 个 8 位二进制数的十进制表示就是 255.255.255.224（低 8 位二进制数为 111 00000）。

（25）C，255.255.255.192（低 8 位二进制数为 11 000000）表示 32 位二进制数中的高 26 位为 1，低 6 位为 0，因此可以表示为 /26。

（26）A，CIDR 地址块 10.0.11.0/27 表示的 IP 地址集合是 10.0.11.0（IP 地址低 8 位为

000 00000)~10.0.11.31(IP 地址低 8 位为 000 11111),CIDR 地址块 10.0.11.32/27 表示的 IP 地址集合是 10.0.11.32(IP 地址低 8 位为 001 00000)~10.0.11.63(IP 地址低 8 位为 001 11111),两个 CIDR 地址块聚合后的 IP 地址集合是 10.0.11.0(IP 地址低 8 位为 00 000000)~10.0.11.63(IP 地址低 8 位为 00 111111),实际上就是 CIDR 地址块 10.0.11.0/26。CIDR 地址块 10.0.11.64/26 表示的 IP 地址集合是 10.0.11.64(IP 地址低 8 位为 01 000000)~10.0.11.127(IP 地址低 8 位为 01 111111),CIDR 地址块 10.0.11.0/26 聚合后的 IP 地址集合为 10.0.11.0(IP 地址低 8 位为 0 0000000)~10.0.11.127(IP 地址低 8 位为 0 1111111),实际上就是 CIDR 地址块 10.0.11.0/25。

(27) C,目的网络 10.0.0.0 的距离为 1,不能替代。目的网络 20.0.0.0 的下一跳本来是 R2,且新距离等于老距离,距离不变。目的网络 30.0.0.0 如果以 R2 为下一跳距离更短,选择 R2 为下一跳,距离变为 3(2+1)。目的网络 40.0.0.0 以 R2 为下一跳的距离与当前以 R4 为下一跳的距离相等,路由项不变。

(28) B,不同 VLAN 间通信需要有路由功能的设备,四项设备中只有三层交换机具有路由功能。

(29) C,目的 IP 地址是终端 B 的 IP 地址,目的 MAC 地址是路由器 R2 连接互连 R1 和 R2 的以太网的接口的 MAC 地址。

(30) D,各个路由器建立正确的路由表。

(31) A,IP 分组端到端传输过程中源和目的 IP 地址一直不变。

(32) B,只有路由器才能隔离广播域。

(33) A,点对点链路只需两个有效 IP 地址,主机号字段只需 2 位,子网掩码为 255.255.255.252。

(34) D,该网络地址的低 11 位为 0,意味着主机号字段位数≤11 位,4 个选项中只有子网掩码 255.255.248.0 符合主机号字段位数≤11 位的要求。

(35) C,将 4 个 8 位二进制数单独转换为十进制数的结果是 215.60.31.192。

(36) D,网络地址中的主机号字段值必须为 0,因此,当主机号字段位数=7 时,网络地址必须是 2^7 的整数倍。

(37) B,根据原来距离值 1、5、4、3 和更新后的距离值 1、4、4、2,可以得出 a≥1,b=3,c≥3,d=1。符合上述条件的选项只能是 2、3、3、1。

(38) C,划分区域的目的就是使得每一个路由器只需获得所在区域的网络拓扑结构信息。

(39) D,链路状态数据库中包含的是路由器所在区域的网络拓扑结构信息,链路状态数据库是推导出完整路由表的依据,但本身没有包含完整的路由表。

(40) A,当路由信息发生变化时,BGP 发言人通过 Update 报文通知相邻自治系统。

(41) A,BGP 定义的 4 种类型报文中,没有 Hello 报文。

(42) D,BGP 发言人之间交换路由消息时使用 TCP。

(43) B,当某个 IP 分组 TTL 字段值减 1 后的结果为 0 时,路由器向 IP 分组的发送端发送超时报文。

(44) ① B,ICMP 属于网际层协议。

② A,ICMP 报文直接封装在 IP 分组中。

③ C,Ping 通过回送请求和响应报文探测目标主机是否可以到达。

④ A,路由器发送拥塞,向 IP 分组的源终端发送源站抑制报文。

(45) C,可分配 IP 地址数 $=2^{(32-20)}-2=4094$。

2. 填空题答案

(1) 逐跳,IP 分组的目的 IP 地址,路由器中的路由表。

(2) A,B,C,D,E,A,B,C,D。

(3) 211.163.10.59,C,211.163.10.0,211.163.10.255。

(4) $2^7-2,2^{24}-2,2^{14}-1,2^{16}-2,2^{21}-1,2^8-2$。

(5) 192.1.1.0,192.1.1.1,192.1.1.254,192.1.1.255。

(6) 92.0.0.0,92.0.0.1,92.255.255.254,92.255.255.255。

(7) 64,14,192.1.1.0/28,192.1.1.16/28,192.1.1.32/28,192.1.1.48/28。

(8) 4,255.255.255.240.

(9) 255.255.0.0,255.255.254.0.

(10) 子网掩码,255.255.128.0(或是默认网关地址,135.62.59.1)。

(11) 192.1.1.0,255.255.255.192.

(12) 目的 IP 地址,TTL,首部检验和。

(13) IP 分组总长大于传输网络的 MTU,分片,重组,标志,标识,片偏移。

(14) 终端 A,终端 B,路由器 R,不同的,相同的(除了 TTL 字段和首部检验和)。

(15) 直接,直接,20.0.0.6,20.0.0.6。

(16) 内部网关协议,外部网关协议,内部网关协议,15。

(17) 静态路由项,动态路由项,静态路由项,动态路由项。

(18) 将 IP 地址解析成 MAC 地址,以太网。

(19) 计算结果如表 5.9 所示。

表 5.9　题(19)计算结果

IP 地址	121.175.21.9
子网掩码	255.192.0.0
分类编址下的地址类别	A
网络地址	121.128.0.0
直接广播地址	121.191.255.255
主机号	0.47.21.9
CIDR 地址块中最后一个可用 IP 地址	121.191.255.254

3. 名词解释答案

___i___ 路由　　　　　　　___j___ 地址解析

___m___ CIDR 地址块　　　___n___ 网络地址

___a___ 逐跳转发　　　　　___b___ 路由项

_____ e IP   _____ f IP 地址

_____ q ICMP   _____ r 互联网

_____ g 三层交换机   _____ h 交换

_____ k 分类编址   _____ l 无分类编址

_____ c 路由器   _____ d 路由协议

_____ o RIP   _____ p 子网

_____ s NAT   _____ t BGP

_____ u OSPF   _____ v 组播

_____ w 网络层无缝漫游   _____ x IP over 以太网

4. 判断题答案

(1) 错,连接在不同传输网络上的终端之间通信需要经过路由器。

(2) 错,CIDR 地址块仅仅表示一组有着相同网络前缀的 IP 地址集合(网络前缀位数由子网掩码确定),这一组 IP 地址可以分配给单个网络,也可以分配给多个不同的网络。

(3) 对,路由项的本质含义就是用于指明通往由目的网络字段指定的一组终端的传输路径。这一组终端可以属于单个网络,可以属于多个不同的网络。但该路由器通往这一组终端的传输路径有着相同的下一跳。

(4) 对,这就是无分类编址对同一区域的多个网络分配有着相同网络前缀的 IP 地址的原因。

(5) 对,交换机这种转发方式要求终端之间不存在环路。

(6) 对,逐跳转发的本质含义就是由路由项指定通往目的终端的传输路径的下一跳,必须由下一跳继续转发该 IP 分组。

(7) 错,主机号字段清零的无分类 IP 地址格式只是由该无分类 IP 地址格式指定的 CIDR 地址块的起始地址,只有在将该 CIDR 地址块分配给单个网络的情况下,才是网络地址。在匹配路由项时,有时将主机号字段清零的无分类 IP 地址格式称为网络地址,这只是为了和分类编址时的称呼一致。

(8) 对,路由器接口或终端只能连接单个网络(不考虑多穴情况),通常由分配给路由器接口的无分类 IP 地址格式确定分配给该网络的 IP 地址集合。

(9) 对,该无分类 IP 地址格式确定的 CIDR 地址块被分配给单个网络。

(10) 对,主机号字段清零的无分类 IP 地址格式是由该无分类 IP 地址格式指定的 CIDR 地址块的起始地址,如果该 CIDR 地址块分配给单个网络,主机号字段清零的无分类 IP 地址格式就是该网络的网络地址。

(11) 错,实现 IP 分组端到端传输的前提是必须建立源终端至目的终端的传输路径,这个过程需要人工配置一些参数,同时,也需要路由协议在各个路由器的路由表中创建用于指明两个终端之间传输路径的路由项。

(12) 对,RIP 只能建立两个终端之间单条经过跳数最少的传输路径。

(13) 错,RIP 计数到无穷大的问题和坏消息传得慢的特点使得 RIP 可能需要较长的时间才能重新建立新的传输路径。

(14) 对,RIP 通过及时发送路由更新消息将两个终端之间的传输路径更新为新的跳数更少的传输路径。

(15) 错,三层交换机的本质是集二层交换和三层路由于一体,既能建立属于同一 VLAN 的终端之间的交换路径,又能实现 VLAN 之间 IP 分组转发。

(16) 对,互连网络本质就是由路由项指出 IP 网络通往目的终端传输路径的下一跳,由 IP over X 技术实现 IP 分组当前跳至下一跳的传输过程(X 指互连当前跳和下一跳的传输网络)。

5.2.3　计算题解析

(1) 假定传输层将包含 20 字节首部和 2048 字节数据的 TCP 报文递交给 IP 层,源终端至目的终端传输路径需要经过两个网络,其中第一个网络的 MTU 是 1024 字节,第二个网络的 MTU 是 512 字节,IP 首部是 20 字节,给出到达目的终端时分片后的 IP 分组序列,并计算出每一片的净荷字节数和片偏移。

【解析】 TCP 首部＋数据＝IP 分组净荷,即 IP 分组数据字段长度＝2048＋20＝2068,经过第一个网络时,由于第一个网络的 MTU 是 1024,根据 $1024 \times n \geqslant 2068 + n \times 20$,求出 $n = 3$。将 2068 分成 3 段,前两段长度须是 8 的倍数,且加上 IP 首部后尽量接近 MTU,因此,3 段长度分别是 1000、1000 和 68,得出 IP 分组的总长分别是 1020、1020 和 88。每一段数据在原始数据中的片偏移分别是 0、1000/8＝125、2×1000/8＝250。经过第二个网络时,由于前 2 个 IP 分组的数据字段长度＝1000,根据 $512 \times n \geqslant 1000 + n \times 20$,求出 $n = 3$,将 1000 分成 3 段,前两段长度须是 8 的倍数,且加上 IP 首部后尽量接近 MTU(512),得出三段长度分别为 488、488 和 24,最后一个 IP 分组的总长小于第二个网络的 MTU,因此,无须分片。第一个 IP 分组分片后三段数据的片偏移分别是 0/8＝0、488/8＝61、2×488/8＝122。第二个 IP 分组分片后三段数据的片偏移分别是 1000/8＝125、(1000＋488)/8＝186、(1000＋2×488)/8＝247。最后一个 IP 分组的片偏移维持不变。由此得出如图 5.14 所示的分片过程。

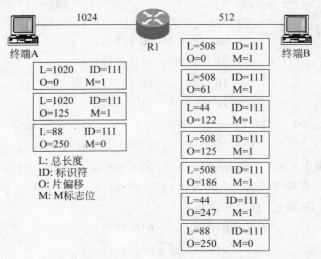

图 5.14　分片过程

(2) 路径 MTU 是端到端传输路径所经过的网络中最小的 MTU,假定源终端能够发现路径 MTU,并以路径 MTU 作为源终端封装 IP 分组的依据,根据第 1 题的参数,给出到达目的终端时分片后的 IP 分组序列,并计算出每一片的净荷字节数和片偏移。

【解析】 终端 A 根据路径 MTU 进行分片操作,根据 $512 \times n \geqslant 2068 + n \times 20$,求出 $n = 5$,将 2068 分成 5 段,前 4 段长度须是 8 的倍数,且加上 IP 首部后尽量接近 MTU,取值 488,最后一段长度是 116。因此,前 4 个 IP 分组的总长为 508,最后一个 IP 分组的总长是 136,片偏移分别是 0、61、2×61、3×61、4×61。由于终端 A 根据路径 MTU 分片 IP 分组的数据字段,因此,分片后产生的 IP 分组序列可以实现端到端传输。

(3) 互连网络结构如图 5.15 所示,假定可分配的 CIDR 地址块为 192.77.33.0/24,图中每一个局域网旁边标明的数字是该局域网要求的有效 IP 地址数,为每一个局域网分配合适的网络地址,使得路由器 R1、R2 的路由项最少,并根据为每一个局域网分配的网络地址,求出路由器 R1、R2 的路由表。

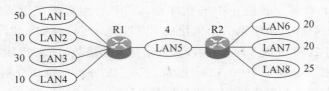

图 5.15 互连网络结构

【解析】 为了最大程度减少路由器 R1 和 R2 的路由项,尽量使分配给 LAN 1、LAN 2、LAN 3 和 LAN 4 的网络地址,分配给 LAN 6、LAN 7 和 LAN 8 的网络地址有着相同的网络前缀。

CIDR 地址块 192.77.33.0/24 的主机号字段位数为 8 位,从最大有效 IP 地址数开始分配,50 个有效 IP 地址对应的主机号字段位数是满足不等式 $2^N \geqslant 50 + 2$ 的最小 N,求出 $N = 6$。给定 CIDR 地址块可以分为 4 个主机号字段位数 $= 6$ 的 IP 地址空间,分别是:

$$00\ 000000 \sim 00\ 111111$$
$$01\ 000000 \sim 01\ 111111$$
$$10\ 000000 \sim 10\ 111111$$
$$11\ 000000 \sim 11\ 111111$$

将 **00** 000000 ~ **00** 111111 分配给 LAN 1。LAN 3 对应的主机号字段位数 $= 5$,为了使分配给 LAN 1、LAN 2、LAN 3 和 LAN 4 的网络地址有着相同的网络前缀,尽量使分配给 LAN 1、LAN 2、LAN 3 和 LAN 4 的网络地址连续,因此,在 **01** 000000 ~ **01** 111111 IP 地址空间中指定分配给 LAN 3 的网络地址,将 **01** 000000 ~ **01** 111111 分为两个主机号字段位数 $= 5$ 的 IP 地址空间,分别是:

$$010\ 00000 \sim 010\ 11111$$
$$011\ 00000 \sim 011\ 11111$$

将 **010** 00000 ~ **010** 11111 分配给 LAN 3。LAN 2 和 LAN 4 对应的主机号字段位

数＝4,恰好可以将 **011** 00000～**011** 11111 分为两个主机号字段位数＝4 的 IP 地址空间,
分别是:

$$0110\ 0000～0110\ 1111$$

$$0111\ 0000～0111\ 1111$$

　　将 **0110** 0000～**0110** 1111 分配给 LAN 2,将 **0111** 0000～**0111** 1111 分配给 LAN 4。

　　LAN 6、LAN 7 和 LAN 8 对应的主机号字段位数＝5,将 **10** 000000～**10** 111111 分
为两个主机号字段位数＝5 的 IP 地址空间,分别是 **100** 00000～**100** 11111 和 **101** 00000～
101 11111,将它们分别分配给 LAN 6 和 LAN 7,将 **11** 000000～**11** 111111 分为两个主机
号字段位数＝5 的 IP 地址空间,分别是 **110** 00000～**110** 11111 和 **111** 00000～**111** 11111,
将 **110** 00000～**110** 11111 分配给 LAN 8。从 **111** 00000～**111** 11111 分出一个主机号字
段位数＝3 的 IP 地址空间 **11100** 000～**11100** 111,用于分配给 LAN 5。

　　各个 LAN 对应的网络地址如图 5.16 所示,由于网络地址 192.77.33.0/26、192.77.
33.64/27、192.77.33.96/28 和 192.77.33.112/28 构成 CIDR 地址块 192.77.33.0/25,
因此路由器 R2 中可以用 CIDR 地址块 192.77.33.0/25 作为包含 LAN 1、LAN 2、LAN 3
和 LAN 4 网络地址的目的网络字段值。同样,由于网络地址 192.77.33.128/27 和
192.77.33.160/27 构成 CIDR 地址块 192.77.33.128/26,因此路由器 R1 中可以用
CIDR 地址块 192.77.33.128/26 作为包含 LAN 6 和 LAN 7 网络地址的目的网络字
段值。

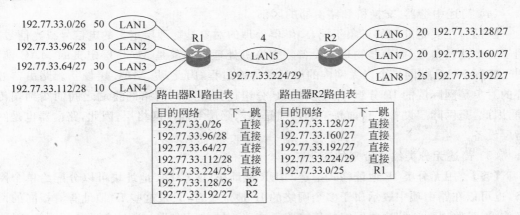

图 5.16　各个 LAN 对应的网络地址及路由表

5.2.4　简答题解析

　　(1) 简述造成以太网交换机转发表内容和路由器路由表内容差别的原因。

　　【答】 由于交换式以太网任何一对终端之间只存在单条交换路径,且允许交换机广
播转发目的 MAC 地址不在转发表中的 MAC 帧,同时要求所有接收到 MAC 帧的交换机
均根据转发表转发 MAC 帧,因此,转发表中只需给出转发端口。IP 网络中路由器之间存
在环路,同时不允许在整个 IP 网络中广播 IP 分组。对每一个 IP 分组,路由器在已经建
立通往该 IP 分组的目的终端的传输路径的情况下,才转发该 IP 分组,而且要求 IP 分组

沿着已经建立的通往目的终端的传输路径逐跳转发,因此,当前跳必须唯一确定用于转发该 IP 分组的下一跳,因此,除了当前跳和下一跳用点对点信道连接的情况外,路由项中必须给出下一跳地址。

(2) 简述 IP over 以太网的功能。

【答】 IP over 以太网的功能主要有三点,一是根据下一跳的 IP 地址解析出下一跳连接以太网接口的 MAC 地址;二是将 IP 分组封装成以下一跳连接以太网接口的 MAC 地址为目的 MAC 地址的 MAC 帧;三是通过以太网实现封装 IP 分组的 MAC 帧当前跳至下一跳的传输过程。

(3) 简述默认路由项的含义和作用。

【答】 默认路由项的特点,一是网络前缀长度为 0;二是和所有 IP 地址匹配。根据最长网络前缀匹配规则,只要 IP 分组中的目的 IP 地址和路由表中其他路由项匹配,根据该路由项指定的传输路径转发该 IP 分组。如果 IP 分组中的目的 IP 地址除了默认路由项外,没有和路由表中所有其他路由项匹配,根据默认路由项指定的传输路径转发。如果某个路由器通往大量目的网络的传输路径有着相同的下一跳,但无法用一个或少许几个 CIDR 地址块表示这些目的网络的 IP 地址集合,用一项默认路由项指定通往这些目的网络的传输路径,以此减少路由表中的路由项数量。采用默认路由项不好的地方是一些目的终端并不存在的 IP 分组也得到转发,这些 IP 分组丢弃前消耗的网络资源被白白浪费。

(4) 简述中继器、交换机和路由器的区别。

【答】 主要是处理的对象不同,中继器处理的对象是物理层定义的电信号或光信号,用于再生这些信号,因而是物理层设备。交换机处理的对象是 MAC 层定义的 MAC 帧,用于实现 MAC 帧同一个以太网内的端到端传输过程,因此,是 MAC 层设备。路由器处理的对象是网际层的 IP 分组,用于实现 IP 分组连接在不同网络的终端之间的端到端传输,因此,是网际层设备。目前普遍的习惯是将网际层等同于网络层,因此,路由器也是网络层设备。

(5) 简述无分类编址带来的变化。

【答】 用无分类 IP 地址格式指定 CIDR 地址块,该 CIDR 地址块可以分配给单个网络,也可以在路由项中表示属于多个网络的 IP 地址集合,只是这些 IP 地址有着相同的网络前缀,且路由器通往这些网络的传输路径有着相同的下一跳。通过合理分配网络地址,使得相同区域的 IP 地址尽量构成单个 CIDR 地址块,以此减少路由项。同时,由于网络前缀位数任意($\leqslant 30$),允许为网络分配有效 IP 地址数任意的 CIDR 地址块。

5.2.5　综合题解析

(1) 假定终端 A 和终端 B 的 IP 地址分别为 208.17.15.165、208.17.15.185,它们的子网掩码为 255.255.255.224,回答下列问题:

① 终端 A 能否和终端 B 直接通信?

② 如果 DNS 服务器的 IP 地址为 208.17.15.34,终端 A 或 B 能否直接与其通信? 解释原因。如果要求终端 A 或 B 能够与 DNS 服务器直接通信,重新配置 DNS 服务器 IP 地址。

③ 给出终端 A 和 B 所在网络的网络地址和定向广播地址（直接广播地址），求出有效 IP 地址数。

【解析】 ① 直接通信指同一网络内两个终端之间通信，不需要经过路由器转发，终端 A 与终端 B 能否直接通信的依据是它们的 IP 地址是否属于同一个网络地址，将 IP 地址 208.17.15.165、208.17.15.185 分别与子网掩码 255.255.255.224 进行"与"操作，得到结果都是 208.17.15.160。表明这两个 IP 地址属于同一个网络地址 208.17.15.160，终端 A 与终端 B 能够直接通信。

② 将 DNS 服务器的 IP 地址 208.17.15.34 与子网掩码 255.255.255.224 进行"与"操作，得到结果是 208.17.15.32，与终端 A 或终端 B 所在网络的网络地址不同，不能与终端 A 或终端 B 直接通信，需要为 DNS 服务器配置一个属于网络地址 208.17.15.160 的 IP 地址，如 208.17.15.167。

③ 网络地址为 208.17.15.160，由于主机号字段位数为 5，定向广播地址（直接广播地址）为 208.17.15.191，有效 IP 地址数 $= 2^5 - 2 = 30$。

（2）某个路由器的路由表如表 5.10 所示，假定接收到目的 IP 地址为下述 IP 地址的 IP 分组，求出每一个 IP 分组的下一跳。

① 192.1.2.151

② 192.1.104.178

③ 192.1.1.151

④ 192.1.1.223

⑤ 192.1.1.126

表 5.10　路由表

目的网络	子网掩码	下一跳
192.1.95.0	255.255.240.0	R1
192.1.1.0	255.255.255.128	R2
192.1.1.128	255.255.255.192	R3
192.1.1.144	255.255.255.240	R4
0.0.0.0	0.0.0.0	R5

【解析】 匹配路由项时，首先将 IP 分组的目的 IP 地址和路由项的子网掩码进行"与"操作，然后，用"与"操作的结果和路由项的目的网络字段值比较，如果相等，表明该路由项和该目的 IP 地址匹配，如果该目的 IP 地址和多项路由项匹配，用网络前缀最长的路由项给出的下一跳作为该 IP 分组的下一跳，所有目的 IP 地址都和默认路由项匹配，默认路由项的网络前缀长度为 0。

① 192.1.2.151 和第一项路由项的子网掩码"与"操作的结果如下。

```
11000000 00000001 00000010 10010111   192.1.2.151
11111111 11111111 11110000 00000000   255.255.240.0
11000000 0000001 00000000 00000000   192.1.0.0
```

由于 192.1.0.0≠192.1.95.0,因此和第一项路由项不匹配。由于其他三项路由项的网络前缀大于 24 位,该目的 IP 地址和这三项路由项的子网掩码"与"操作的结果是 192.1.2.X,显然不等于这三项路由项中的目的网络字段值,因此,以 192.1.2.151 为目的 IP 地址的 IP 分组的下一跳是默认路由项对应的下一跳 R5。

② 192.1.104.178 和第一项路由项的子网掩码"与"操作的结果如下。

```
11000000 00000001 01101000 10110010    192.1.104.178
11111111 11111111 11110000 00000000    255.255.240.0
11000000 0000001 01100000 00000000    192.1.95.0
```

由于"与"操作结果等于 192.1.95.0,因此和第一项路由项匹配。和①同样的原因,该目的 IP 地址不可能和其他三项路由项匹配,下一跳为第一项路由项中的下一跳 R1。

③ 192.1.1.151 和四项路由项中的子网掩码 255.255.240.0、255.255.255.128、255.255.255.192、255.255.255.240"与"操作后的结果分别是 192.1.0.0、192.1.1.128、192.1.1.128、192.1.1.144,与第三项、第四项路由项中的子网掩码的"与"操作结果和这两项路由项中的目的网络相同,由于第四项的网络前缀是 28 位,大于第三项的网络前缀位数(26 位),以第四项路由项中的下一跳 R4 为下一跳。

④ 192.1.1.223 和四项路由项中的子网掩码 255.255.240.0、255.255.255.128、255.255.255.192、255.255.255.240"与"操作后的结果分别是 192.1.0.0、192.1.1.128、192.1.1.192、192.1.1.208,其结果和这四项路由项的目的网络字段值不同,选择默认路由项中的下一跳 R5 为下一跳。

⑤ 192.1.1.126 和子网掩码 255.255.240.0、255.255.255.128、255.255.255.192、255.255.255.240"与"操作后的结果分别是 192.1.0.0、192.1.1.0、192.1.1.64、192.1.1.112,与第二项路由项中的子网掩码的"与"操作结果和这一项路由项中的目的网络字段值相同,以第二项路由项中的下一跳 R2 为下一跳。

(3) 假定路由器 B 的路由表内容如表 5.11 所示。

现路由器 B 接收到路由器 C 发来的如表 5.12 所示的路由消息。

表 5.11　路由器 B 的路由表

目的网络	距离	下一跳
N1	7	A
N2	2	C
N6	8	F
N8	4	E
N9	4	F

表 5.12　路由器 C 的路由消息

目的网络	距离
N2	4
N3	8
N6	4
N8	3
N9	5

试求出路由器 B 更新后的路由表(详细说明每一个步骤)。

【解析】　路由器 B 更新后的路由表内容如表 5.13 所示。

表 5.13　更新后的路由器 B 路由表

目的网络	距离	下一跳	注　　释
N1	7	A	无新消息,不改变
N2	5	C	相同下一跳,新距离取代旧距离
N3	9	C	新添路由项
N6	5	C	发现更短路径
N8	4	E	不同的下一跳,距离相同,维持源路由项不变
N9	4	F	不同的下一跳,距离更大,维持源路由项不变

（4）互连网络结构如图 5.17 所示,用一个实例说明 RIP 坏消息传得慢的缺陷。

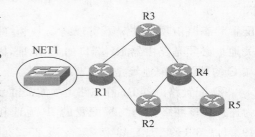

图 5.17　互连网络结构

【解析】　计数到无穷大问题是造成 RIP 在某些路由器或链路发生故障的情况下,导致路由协议收敛慢的原因,除此之外,RIP 的工作机制也是造成 RIP 坏消息传得慢的原因。对于图 5.17 所示的互连网络结构,在路由协议收敛的情况下,路由器 R5 和 R4 各自建立用于指明通往网络 NET1 的路由项<NET1,3,R2>和<NET1,3,R3>。虽然路由器 R5 定期接收到路由器 R4 发送的路由消息,由于以路由器 R4 为下一跳的通往网络 NET1 的传输路径的距离大于以路由器 R2 为下一跳的通往网络 NET1 的传输路径的距离,因此路由器 R5 采用以路由器 R2 为下一跳的通往网络 NET1 的传输路径。如果路由器 R2 发生故障,无法正常转发 IP 分组,路由器 R5 直到和路由项<NET1,3,R2>关联的定时器溢出,才使得路由项<NET1,3,R2>无效,定时器溢出时间是路由器定期发送路由消息的间隔时间的三倍。只有在路由器 R5 使得路由项<NET1,3,R2>无效后,再次接收到路由器 R4 定期发送的路由消息,路由器 R5 才重新生成用于指明以路由器 R4 为下一跳的通往网络 NET1 的传输路径的路由项<NET1,4,R4>,这时路由器 R5 才能正常转发目的网络为 NET1 的 IP 分组,而此时离路由器 R2 发生故障的时间至少已经经过了三倍路由器定期发送路由消息的间隔时间。如果路由器 R4 的初始路由项是<NET1,3,R2>,路由器 R5 从路由器 R2 发生故障到重新生成用于指明正确的传输路径的路由项所间隔的时间将更长。

（5）互连网络结构如图 5.18 所示,回答下列问题。

① 给出不需要在互连网络中的路由器配置静态路由项的情况下,实现终端 B 与终端 C 通信所要求的默认网关地址。

② 配置路由器 R1 到达所有网络所需的静态路由项。

③ 在完成①和②配置的条件下,给出实现终端 B 与终端 A 通信所要求的静态路由项。

【解析】　① 终端 B 和终端 C 连接的网络都和路由器 R2 直接相连,如果要求在没有

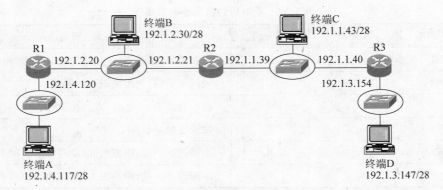

图 5.18　互连网络结构

配置静态路由项的情况下实现终端 B 和终端 C 之间通信,终端 B 和终端 C 配置的默认网关地址必须是路由器 R2 端口的 IP 地址,因此,终端 B 的默认网关地址是 192.1.2.21,终端 C 的默认网关地址是 192.1.1.39。

　　② 配置路由器 R1 静态路由项的关键是确定这 4 个网络的网络地址,根据每一个网络为连接在该网络上的终端配置的 IP 地址和子网掩码确定这 4 个网络的网络地址分别是192.1.1.32(192.1.1.43 和 255.255.255.240"与"操作的结果)、192.1.2.16(192.1.2.30 和255.255.255.240"与"操作的结果)、192.1.3.144(192.1.3.147 和 255.255.255.240"与"操作的结果)和 192.1.4.112(192.1.4.117 和 255.255.255.240"与"操作的结果)。根据这 4 个网络的网络地址给出如表 5.14 所示的路由器 R1 到达这 4 个网络的路由项。

表 5.14　路由器 R1 路由表

目 的 网 络	子 网 掩 码	下 一 跳
192.1.1.32	255.255.255.240	192.1.2.21
192.1.2.16	255.255.255.240	直接
192.1.3.144	255.255.255.240	192.1.2.21
192.1.4.112	255.255.255.240	直接

　　③ 由于终端 B 的默认网关地址是路由器 R2 端口的 IP 地址,而路由器 R2 并没有和网络 192.1.4.112/28 直接相连,因此,需要配置用于指明通往网络 192.1.4.112/28 传输路径的静态路由项"目的网络=192.1.4.112/28,下一跳=192.1.2.20"。

　　(6) 互连网络结构如图 5.19 所示。回答下列问题,并按要求给出配置信息。

　　① 在不需要配置静态路由项的情况下,能否实现终端 A 和终端 C 之间的通信?

　　② 在不需要配置静态路由项的情况下,终端 A 能否用相同配置实现与终端 B、C 和 D 之间的通信?

　　③ 分别给出不需要配置静态路由项的情况下,终端 A 实现与终端 B、C 和 D 之间通信所需要的配置信息(IP 地址、子网掩码和默认网关地址)。

　　④ 给出终端 A 用 192.1.4.2 作为默认网关时,实现与终端 B、C 和 D 之间通信所需

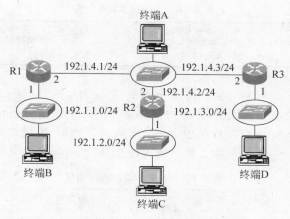

图 5.19　互连网络结构

要的各个路由器的静态路由项。

⑤ 如果终端 A 和路由器支持 ICMP 的改变路由(重定向)功能,给出终端 A 完成与终端 B、C 和 D 通信后的终端 A 的路由项。

【解析】　① 由于终端 A 连接的网络和三个路由器直接相连,因此,终端 A 与连接在和这三个路由器直接相连的网络上的终端之间的通信是不需要静态路由项的,终端 A 可以在不需要配置静态路由项的情况下实现和终端 C 通信。

② 不能,终端 A 只能在三个路由器连接网络 192.1.4.0/24 的三个接口中选择其中一个接口的 IP 地址作为默认网关地址,一旦选择了默认网关地址,在没有配置静态路由项的情况下,终端 A 只能与连接在和作为终端 A 默认网关的路由器直接相连的网络上的终端通信,如终端 A 选择 192.1.4.2 作为默认网关地址,则在没有配置静态路由项的情况下,终端 A 只能与终端 C 进行通信。

③ 终端 A 如果要求在没有配置静态路由项的情况下,与连接在另一个网络的终端通信,则该终端连接的网络必须和终端 A 的默认网关直接相连,因此,终端 A 需要分别用路由器 R1、R2 和 R3 作为默认网关,才能实现和终端 B、C 和 D 的通信。因此,终端 A 分别实现和终端 B、C 和 D 通信所需要的配置如表 5.15 所示。

表 5.15　终端 A 配置

网络参数名称	与终端 B 通信的配置	与终端 C 通信的配置	与终端 D 通信的配置
IP 地址	192.1.4.7	192.1.4.7	192.1.4.7
子网掩码	255.255.255.0	255.255.255.0	255.255.255.0
默认网关地址	192.1.4.1	192.1.4.2	192.1.4.3

④ 当终端 A 用路由器 R2 作为默认网关时,需要配置用于指明路由器 R2 通往网络 192.1.1.0/24、192.1.3.0 的传输路径的静态路由项。因此,路由器 R2 配置的静态路由项如表 5.16 所示。

表 5.16　路由器 R2 路由表

目的网络	下一跳	目的网络	下一跳
192.1.1.0/24	192.1.4.1	192.1.3.0/24	192.1.4.3

⑤ 当路由器 R2 接收到分别以终端 B 和终端 D 为目的终端的 IP 分组时,发现根据路由表确定的下一跳与接收该 IP 分组的接口位于同一个网络,路由器 R2 将通过 ICMP 改变路由报文要求终端 A 将路由项中下一跳字段指定的 IP 地址作为通往目的终端的传输路径的下一跳地址。终端 A 除了默认网关地址,增加两项路由项,如表 5.17 所示。

表 5.17　终端 A 增加的路由项

目的网络	下一跳	目的网络	下一跳
192.1.1.0/24	192.1.4.1	192.1.3.0/24	192.1.4.3

(7) 互连网络结构如图 5.20 所示,S1 和 S2 是三层交换机,要求终端 A 和终端 C 属于一个 VLAN(VLAN 2),终端 B 和终端 D 属于一个 VLAN(VLAN 3),允许在单个三层交换机上定义 VLAN 2 和 VLAN 3 对应的 IP 接口,给出能够实现属于同一 VLAN 的终端之间通信,属于不同 VLAN 的终端之间通信功能所需的全部配置信息。

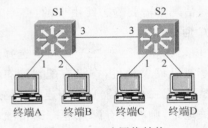

图 5.20　互连网络结构

图 5.21　对应的逻辑结构

【解析】　这个题要求的逻辑结构如图 5.21 所示,由于 VLAN 2 和 VLAN 3 对应的 IP 接口定义在三层交换机 S1 中。因此,属于同一 VLAN 的终端之间必须建立交换路径,属于 VLAN 2 和 VLAN 3 的终端必须建立与三层交换机 S1 之间的交换路径,图 5.22 所示为交换机 S1 和 S2 的 VLAN 配置,三层交换机 S1 作为三层交换机使用,定

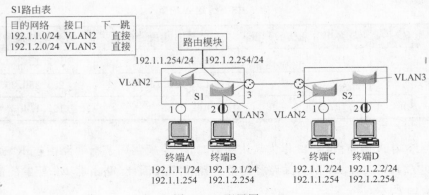

图 5.22　配置图

义分别对应 VLAN 2 和 VLAN 3 的 IP 接口,并分配 IP 地址和子网掩码,为 IP 接口分配 IP 地址和子网掩码后,建立图 5.22 中的路由表。三层交换机 S2 作为普通二层交换机使用,用于建立属于同一 VLAN 的终端之间的交换路径和连接在三层交换机 S2 上的终端与三层交换机 S1 之间的交换路径。交换机 S1 和 S2 的 VLAN 端口配置如表 5.18 所示。

表 5.18 VLAN 端口配置

交换机	VLAN 2		VLAN 3	
	非标记端口	标记端口	非标记端口	标记端口
交换机 S1	S1.1	S1.3	S1.2	S1.3
交换机 S2	S2.1	S2.3	S2.2	S2.3

注:S1.1 表示交换机 S1 的端口 1。

(8) 网络结构和终端与 VLAN 之间关系和第 7 题相同,要求在三层交换机 S1 和 S2 上同时定义 VLAN 2 和 VLAN 3 对应的 IP 接口,给出能够实现属于同一 VLAN 的终端之间通信,属于不同 VLAN 的终端之间通信功能所需要的全部配置信息。

【解析】 这个题要求的逻辑结构如图 5.23 所示,由于三层交换机 S1 和 S2 中同时定义 VLAN 2 和 VLAN 3 对应的 IP 接口定义,因此,属于同一 VLAN 的终端之间必须建立交换路径,属于 VLAN 2 和 VLAN 3 的终端必须建立与三层交换机 S1 和 S2 之间的交换路径,图 5.24 所示为交换机 S1 和 S2 的 VLAN 配置,三层交换机 S1 和 S2 均作为三层交换机使用,定义分别对应 VLAN 2 和 VLAN 3 的 IP 接口,并分配 IP 地址和子网掩码,

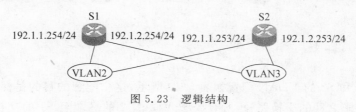

图 5.23 逻辑结构

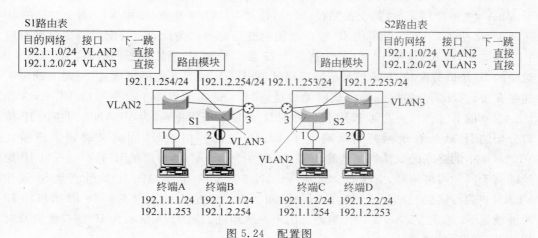

图 5.24 配置图

为 IP 接口分配 IP 地址和子网掩码后,建立图 5.24 中的路由表。同时三层交换机 S1 和 S2 又具有普通二层交换机功能,用于建立属于同一 VLAN 的终端之间交换路径和自己连接的终端与另一个三层交换机之间的交换路径。交换机 S1 和 S2 的 VLAN 配置和表 5.14 中的内容相同。对于图 5.24 中的 IP 接口配置,属于 VLAN 2 的终端可以任意选择 192.1.1.254 或 192.1.1.253 作为默认网关地址,同样,属于 VLAN 3 的终端可以任意选择 192.1.2.254 或 192.1.2.253 作为默认网关地址。

（9）网络结构和终端与 VLAN 之间关系和第 7 题相同,要求 VLAN 2 对应的 IP 接口设置在 S1 上,VLAN 3 对应的 IP 接口设置在 S2 上,给出能够实现属于同一 VLAN 的终端之间通信,属于不同 VLAN 的终端之间通信功能所需的全部配置信息。

【解析】 这个题要求的逻辑结构如图 5.25 所示,其中 VLAN 2 直接和 S1 相连,VLAN 3 直接和 S2 相连,为了实现 VLAN 2 和 VLAN 3 之间通信;需要用 VLAN 4 互连 S1 和 S2。和两个路由器互连三个 VLAN 不同,VLAN 2 包含物理上连接在 S2 上的终端 C,因此对于 VLAN 2 和终端 C,S2 是一个二层交换机,用于创建终端 C 至 S1 中 VLAN 2 对应的 IP 接口和终端 A 之间的交换路径。同理,对于 VLAN 3 和终端 B,S1 是一个二层交换机,用于创建终端 B 至 S2 中 VLAN 3 对应的 IP 接口和终端 D 之间的交换路径。这是三层交换机和路由器的本质区别,即既可建立属于同一 VLAN 的终端之间的交换路径,又可建立不同 VLAN 之间的 IP 传输路径。

图 5.25　逻辑结构

交换机 S1 和 S2 的 VLAN 配置如表 5.19 所示,这样配置的目的是保证建立属于同一 VLAN 的终端之间的交换路径,所有属于 VLAN 2 的终端至 S1 的交换路径,所有属于 VLAN 3 的终端至 S2 的交换路径,同时,通过 VLAN 4 建立 S1 中 VLAN 2 对应的 IP 接口至 S2 中 VLAN 3 对应的 IP 接口之间的交换路径。为此,S1 需配置两个分别对应 VLAN 2 和 VLAN 4 的 IP 接口,为这两个 IP 接口分配 IP 地址和子网掩码,为 VLAN 2 对应的 IP 接口分配的 IP 地址和子网掩码既确定了 VLAN 2 的网络地址,同时又确定了连接在 VLAN 2 中的终端的默认网关地址,同样,S2 需配置两个分别对应 VLAN 3 和 VLAN 4 的 IP 接口,为这两个 IP 接口分配 IP 地址和子网掩码,为 VLAN 3 对应的 IP 接口分配的 IP 地址和子网掩码既确定了 VLAN 3 的网络地址,同时又确定了连接在 VLAN 3 中的终端的默认网关地址。S1 和 S2 中为 VLAN 4 对应的 IP 接口分配的 IP 地址须属于同一网络地址,对于 S1,S2 中 VLAN 4 对应的 IP 接口的 IP 地址就是 S1 通往 VLAN 3 的传输路径的下一跳地址,同样,对于 S2,S1 中 VLAN 4 对应的 IP 接口的 IP 地址就是 S2 通往 VLAN 2 的传输路径的下一跳地址。图 5.26 所示为 IP 接口配置及对应的 S1 和 S2 的路由表。

表 5.19　VLAN 端口配置

交换机	VLAN 2		VLAN 3		VLAN 4	
	非标记端口	标记端口	非标记端口	标记端口	非标记端口	标记端口
交换机 S1	S1.1	S1.3	S1.2	S1.3		S1.3
交换机 S2	S2.1	S2.3	S2.2	S2.3		S2.3

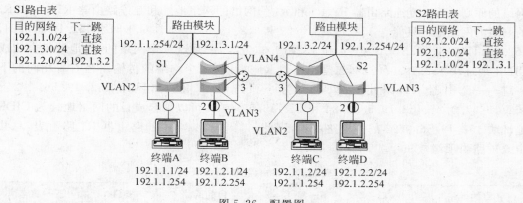

图 5.26　配置图

（10）根据图 5.27 所示的网络结构，在表 5.20 中填写优化后的路由器 R1 的全部 6 项路由项。

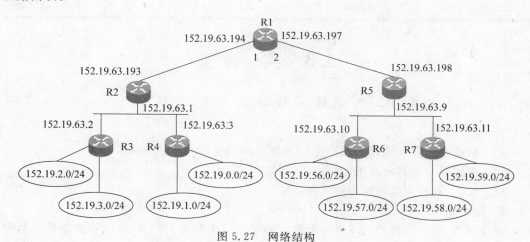

图 5.27　网络结构

【解析】　从图 5.27 中可以看出，除了 8 个末梢网络，还有 4 个网络，分别是互连路由器 R1 和 R2 的网络，互连路由器 R2、R3 和 R4 的网络，互连路由器 R1 和 R5 的网络，互连路由器 R5、R6 和 R7 的网络。互连路由器 R1 和 R2 的网络地址应该是 152.19.63.192/N（N≤30），当 N＝30 时，网络地址 152.19.63.192/30 刚好包含两个有效 IP 地址 152.19.63.193 和 152.19.63.194，当 N＜30 时，网络地址 152.19.63.192/N 不仅包含有效 IP 地址 152.19.63.193 和 152.19.63.194，还包含有效 IP 地址 152.19.63.197 和 152.19.63.198，显然违背了互

连路由器 R1 和 R2 的网络与互连路由器 R1 和 R5 的网络是两个不同网络的原则,因此,互连路由器 R1 和 R2 网络的网络地址和互连路由器 R1 和 R5 网络的网络地址只能是 152.19.63.192/30 和 152.19.63.196/30。同样,互连路由器 R2、R3 和 R4 的网络地址应该是 $152.19.63.0/N(N\leqslant29)$,当 $N=29$ 时,网络地址 152.19.63.0/29 包含有效 IP 地址 152.19.63.1～152.19.63.6,一旦 $N<29$,网络地址 152.19.63.0/N 包含有效 IP 地址 152.19.63.1～152.19.63.14,其中含有互连路由器 R5、R6 和 R7 网络使用的 IP 地址,同样违背了互连路由器 R2、R3 和 R4 的网络与互连路由器 R5、R6 和 R7 的网络是两个不同网络的原则,因此,互连路由器 R2、R3 和 R4 的网络的网络地址和互连路由器 R5、R6 和 R7 的网络的网络地址只能是 152.19.63.0/29 和 152.19.63.8/29。对于网络 152.19.0.0/24、152.19.1.0/24、152.19.2.0/24 和 152.19.3.0/24,一是这 4 个网络的 IP 地址集合构成 CIDR 地址块 152.19.0.0/22,二是路由器 R1 通往这 4 个网络的传输路径有着相同的下一跳——路由器 R2,因此,可以聚合为一项路由项。同样,网络 152.19.56.0/24、152.19.57.0/24、152.19.58.0/24 和 152.19.59.0/24 可以聚合成目的网络地址为 CIDR 地址块 152.19.56.0/22 的一项路由项,因此,得出表 5.20 中的路由器 R1 路由表,总共由 6 项路由项组成。

表 5.20　路由器 R1 路由表

目的网络	接口	下一跳	目的网络	接口	下一跳
152.19.63.192/30	1	直接	152.19.63.8/29	2	152.19.63.198
152.19.63.196/30	2	直接	152.19.0.0/22	1	152.19.63.193
152.19.63.0/29	1	152.19.63.193	152.19.56.0/22	2	152.19.63.198

5.3　实　　验

5.3.1　以太网和 PSTN 互连实验

1. 实验内容

(1) 验证路由器实现以太网和 PSTN 互连的机制。

(2) 配置终端和路由器 IP 地址和子网掩码。

(3) 验证 IP 分组端到端传输过程。

2. 网络结构

网络结构如图 5.28 所示,用一个路由器互连以太网和 PSTN,路由器必须具有两种类型的接口:以太网接口(RJ-45)和连接 PSTN 用户线接口(RJ-11),同样,终端 A 必须具有以太网接口,终端 B 必须具有 PSTN 用户线接口。在进行终端 A 至终端 B 的 IP 分组传输操作前,须建立终端 B 与路由器之间的点对点语音信道。

3. 实验步骤

(1) 启动 Packet Tracer,在逻辑工作区根据如图 5.28 所示的网络结构放置和连接设备,逻辑工作区完成设备放置和连接后的界面如图 5.29 所示。用交换机互连 PC0 和路由器以太网接口 FastEthernet0/0。为 PC1 安装 Modem 模块,安装过程如图 5.30 所示。

图 5.28　路由器实现以太网和 PSTN 互连

为路由器安装 Modem 模块,安装过程如图 5.31 所示。由于 Cisco 无法提供用于构建 PSTN 的设备,因此用 WAN 仿真设备来仿真广域网,如 PSTN。WAN 仿真设备提供多种类型接口,其中就有连接 PC1 和路由器 Modem 模块的接口,用 Modem 标识这种类型接口。这里 WAN 仿真设备用于连接 PC1 和路由器 Modem 模块的接口等同于实际 PSTN 的用户线,需要为这两个接口分配电话号码,这里,连接 PC1 Modem 模块的接口 (Modem5)的电话号码为 56566767,连接路由器 Modem 模块的接口(Modem4)的电话号码是 68686767。为 WAN 仿真设备配置电话号码的界面如图 5.32 所示。

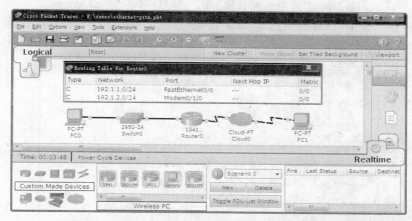

图 5.29　放置和连接设备后的逻辑工作区界面及路由表

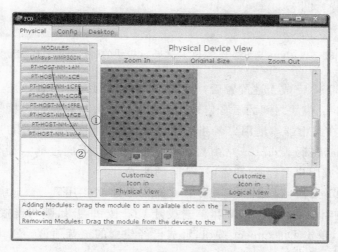

图 5.30　PC1 安装 Modem 模块过程

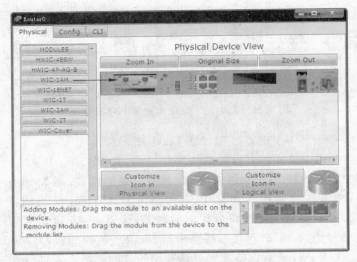

图 5.31 路由器安装 Modem 模块过程

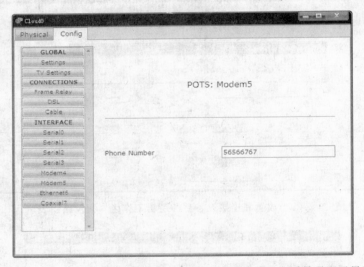

图 5.32 WAN 仿真设备连接 PC1 Modem 模块的接口电话号码配置界面

(2) 对于 PSTN,完成上述配置后,可以通过呼叫连接建立过程,建立 PC1 Modem 模块与路由器 Modem 模块之间的语音信道。但 Cisco 路由器只允许与授权用户建立语音信道,因此,需要在路由器本地用户名和密码列表中输入授权用户的用户名和密码,这里假定用户名为 aaa,密码为 bbb。路由器在全局配置模式下通过输入命令 username aaa password bbb 完成用户名(aaa)和密码(bbb)的配置。

(3) 启动 PC1 桌面<Desktop>菜单下的拨号建立实用程序 Dial-up,输入用户名 aaa,密码 bbb,被叫端号码 68686767,单击拨号 Dial 按钮,开始呼叫连接建立过程,完成语音信道建立后,单击 Disconnect 按钮,释放已经建立的语音信道。Dial-up 实用程序界面如图 5.33 所示。

图 5.33　拨号建立实用程序界面

（4）为路由器 Router0 连接以太网和 PSTN 的接口配置 IP 地址和子网掩码，如果接口状态不是开启的(ON)，开启接口。Router0 以太网接口 FastEthernet0/0 配置的 IP 地址与子网掩码是 192.1.1.254/24，PSTN 接口 Modem0/1/0 配置的 IP 地址与子网掩码是 192.1.2.254/24，接口配置的 IP 地址和子网掩码确定了接口所连接的网络的网络地址。同时，接口配置的 IP 地址就是连接在该接口所连接的网络上的终端的默认网关地址。图 5.34 所示为 Router0 以太网接口 FastEthernet0/0 配置 IP 地址与子网掩码的界面，单击 Modem0/1/0，将出现 PSTN 接口 Modem0/1/0 配置 IP 地址和子网掩码的界面。Router0 完成接口配置后生成如图 5.29 所示的路由表。类型 C 表示是直接连接的网络，对于直接连接的网络，没有下一跳。

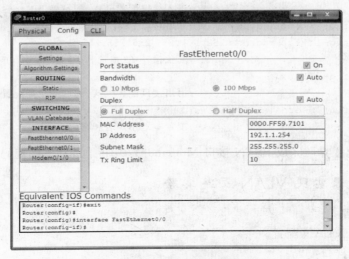

图 5.34　路由器接口配置界面

（5）为终端配置 IP 地址、子网掩码和默认网关地址，终端配置的 IP 地址必须属于由连接终端所连接的网络的路由器接口的 IP 地址和子网掩码确定的网络地址，且终端将该路由器接口的 IP 地址作为其默认网关地址。图 5.35 所示为终端 PC0 配置 IP 地址和子网掩码的界面，配置的 IP 地址和子网掩码是 192.1.1.1/24，单击设置选项 Settings，进入默认网关地址配置界面，配置的默认网关地址是 192.1.1.254。用同样的方式为 PC1 配置 IP 地址和子网掩码 192.1.2.1/24，默认网关地址 192.1.2.254。

图 5.35 终端接口配置界面

（6）通过 PC0 和 PC1 之间的 Ping 操作，完成 PC0 和 PC1 之间的 IP 分组传输过程。

4. 路由器命令行配置过程

```
Router>enable                ;从用户模式命令提示符进入特权模式命令提示符
Router#configure terminal    ;从特权模式命令提示符进入全局配置模式命令提示符
Router(config)#interface FastEthernet0/0
                             ;进入接口配置模式,配置接口 FastEthernet0/0
Router(config-if)#no shutdown    ;开启接口 FastEthernet0/0
Router(config-if)#ip address 192.1.1.254 255.255.255.0
                             ;配置接口 IP 地址和子网掩码
Router(config-if)#exit
                             ;退出接口配置模式,返回到全局配置模式
Router(config)#username aaa password bbb
                             ;配置本地用户名和密码
```

只能通过配置界面完成 PSTN 接口 Modem0/1/0 IP 地址和子网掩码的配置。

5.3.2 路由器实现 VLAN 互连实验

1. 实验内容

（1）交换机 VLAN 配置。

（2）路由器接口配置。

（3）VLAN 间 IP 分组传输过程。

2. 网络结构

图 5.36(a)所示为用路由器实现三个 VLAN 互连的物理结构图,在交换机上划分三个 VLAN,VLAN 2 包括交换机端口 1、2 和 3,VLAN 3 包括交换机端口 4、5 和 6,VLAN 4 包括交换机端口 7、8 和 9,用一个拥有三个物理接口的路由器互连 3 个 VLAN。因此,路由器三个物理接口分别连接属于三个 VLAN 的交换机端口:端口 3、6 和 9。图 5.36(b)所示为用路由器实现三个 VLAN 互连的逻辑结构图,属于每一个 VLAN 的终端只能和路由器连接该 VLAN 的物理接口直接通信,属于不同 VLAN 的终端之间通信需要经过路由器转发,路由器连接每一个 VLAN 的物理接口的 IP 地址就是属于该 VLAN 的终端的默认网关地址。

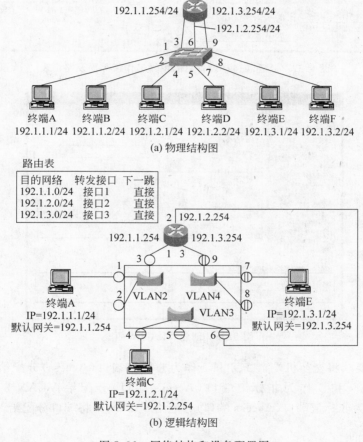

(a) 物理结构图

路由表

目的网络	转发接口	下一跳
192.1.1.0/24	接口1	直接
192.1.2.0/24	接口2	直接
192.1.3.0/24	接口3	直接

(b) 逻辑结构图

图 5.36　网络结构和设备配置图

3. 实验步骤

(1) 启动 Packet Tracer,在逻辑工作区根据图 5.36 所示的网络结构放置和连接设备,逻辑工作区完成设备放置和连接后的界面如图 5.37 所示。

(2) 通过交换机的配置界面在交换机中创建 VLAN 2、3 和 4,创建 VLAN 的界面如图 5.38 所示。

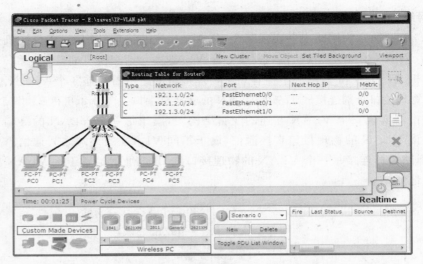

图 5.37　放置和连接设备后的逻辑工作区界面及路由表

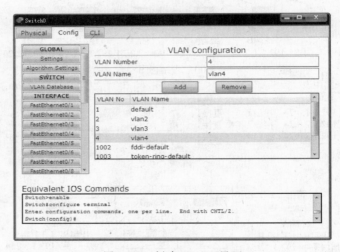

图 5.38　创建 VLAN 界面

（3）按照要求将交换机端口 1、2 和 3 作为非标记端口（Access）分配给 VLAN 2，将交换机端口 4、5 和 6 作为非标记端口（Access 端口）分配给 VLAN 3，将交换机端口 7、8 和 9 作为非标记端口（Access 端口）分配给 VLAN 4，将端口分配给 VLAN 的界面如图 5.39 所示。

（4）为路由器 Router0 连接各个 VLAN 的物理接口配置 IP 地址和子网掩码，为路由器每一个物理接口配置的 IP 地址和子网掩码确定了该物理接口连接的 VLAN 的网络地址。Router0 完成物理接口 IP 地址和子网掩码配置后，生成如图 5.37 中的路由表。

（5）为各个终端配置 IP 地址和子网掩码，每一个终端配置的 IP 地址和子网掩码必须和该终端所属的 VLAN 的网络地址一致，连接该终端所属的 VLAN 的路由器物理接口的 IP 地址就是该终端的默认网关地址。

（6）通过 Ping 操作验证属于不同 VLAN 的终端之间的 IP 分组传输过程。需要指出

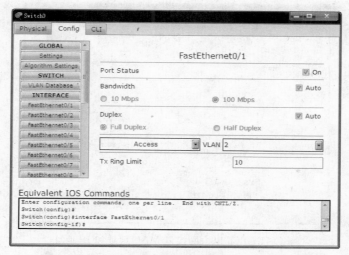

图 5.39 将交换机端口分配给 VLAN 界面

的是,通过拖动公共工具栏中的简单报文启动属于不同 VLAN 的终端之间的 Ping 操作时,第一次的操作结果是失败,这是因为,当路由器 Router0 将 IP 分组转发给目的终端时,由于路由器 Router0 的 ARP 缓冲器中没有目的终端 IP 地址与其 MAC 地址的绑定项,需要通过地址解析过程获取目的终端的 MAC 地址,在启动地址解析过程的同时,路由器 Router0 先丢弃该 IP 分组,因此,路由器只能成功转发 ARP 缓冲器中存在目的 IP 地址(或者下一跳路由器 IP 地址)与其 MAC 地址绑定项的 IP 分组。

(7)为了验证 ARP 地址解析过程和 IP 分组 PC0 至 PC5 的传输过程,获得如图 5.40和图 5.41 所示的 PC0 和 PC5 以太网接口的 MAC 地址和 IP 地址。获得如图 5.42 和图 5.43 所示的 Router0 连接 VLAN 2 的物理接口 FastEthernet0/0 和连接 VLAN 4 的物理接口 FastEthernet1/0 的 MAC 地址和 IP 地址。

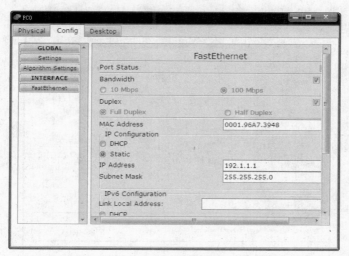

图 5.40 PC0 以太网接口 MAC 地址和 IP 地址

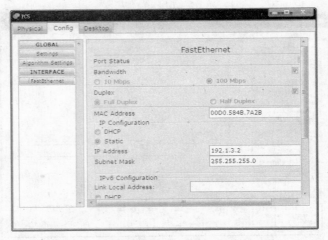

图 5.41　PC5 以太网接口 MAC 地址和 IP 地址

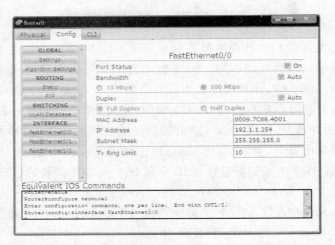

图 5.42　Router0 FastEthernet0/0 接口 MAC 地址和 IP 地址

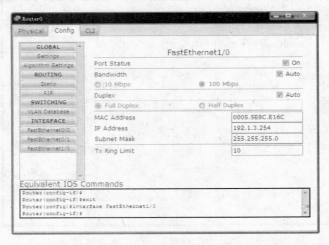

图 5.43　Router0 FastEthernet1/0 接口 MAC 地址和 IP 地址

（8）在模式选择栏选择模拟操作模式，单击 Edit Filters 按钮，弹出报文类型过滤框，只选中 ARP 报文类型。通过拖动公共工具栏中的简单报文启动 PC0 和 PC5 之间的 Ping 操作，PC0 首先广播一个 ARP 请求报文，请求解析 Router0 连接 VLAN 2 接口的 MAC 地址。ARP 请求报文如图 5.44 所示，源 MAC 地址是 PC0 以太网接口的 MAC 地址，目的 MAC 地址为广播地址，类型字段值十六进制 806 表示数据字段中的数据是 ARP 报文。报文中给出 PC0 以太网接口的 IP 地址和 MAC 地址对、Router0 连接 VLAN 2 接口的 IP 地址，请求解析 Router0 连接 VLAN 2 接口的 MAC 地址（ARP 请求报文中用全 0 代表请求解析的 MAC 地址）。Router0 发送给 PC0 的 ARP 响应报文如图 5.45 所示，源 MAC 地址是 Router0 连接 VLAN 2 接口的 MAC 地址，目的 MAC 地址是 PC0 以太网接口的 MAC 地址，报文中给出 Router0 连接 VLAN 2 接口的 IP 地址和 MAC 地址对、PC0 以太网接口的 IP 地址和 MAC 地址对。

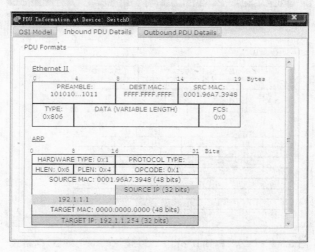

图 5.44　PC0 发送的 ARP 请求报文

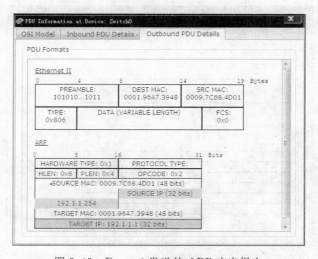

图 5.45　Router0 发送的 ARP 响应报文

（9）在报文类型过滤框中单选 ICMP 报文类型，启动 PC0 和 PC5 之间的 Ping 操作。IP 分组 PC0 至 PC5 传输过程中，IP 分组的源和目的 IP 地址不变，分别是 PC0 和 PC5 以太网接口的 IP 地址，但 IP 分组 PC0 至 PC5 传输过程中分别经过连接 PC0 与 Router0 的 VLAN 2 和连接 Router0 与 PC5 的 VLAN 4 这两个独立的以太网，需要封装成适合这两个以太网传输的 MAC 帧，经过 VLAN 2 实现 IP 分组 PC0 至 Router0 的传输过程中，IP 分组被封装成 PC0 以太网接口 MAC 地址为源地址，Router0 连接 VLAN 2 接口 MAC 地址为目的地址的 MAC 帧，该 MAC 帧结构如图 5.46 所示，类型字段值十六进制 800 表示数据字段中的数据是 IP 分组。经过 VLAN 4 实现 IP 分组 Router0 至 PC5 的传输过程中，IP 分组被封装成 Router0 连接 VLAN 4 接口 MAC 地址为源地址，PC5 以太网接口 MAC 地址为目的地址的 MAC 帧，该 MAC 帧结构如图 5.47 所示。

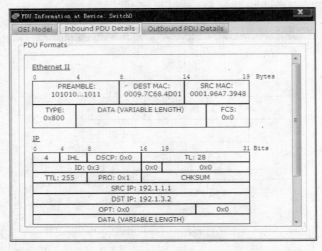

图 5.46　PC0～PC5 IP 分组 PC0 至 Router0 MAC 帧格式

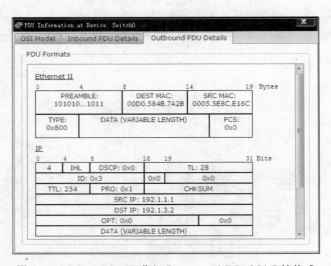

图 5.47　PC0～PC5 IP 分组 Router0 至 PC5 MAC 帧格式

4. 命令行配置过程

（1）交换机 Switch0 命令行配置过程。

```
Switch> enable                              ;从用户模式命令提示符进入特权模式命令提示符
Switch#configure terminal                   ;从特权模式命令提示符进入全局配置模式命令提示符
Switch(config)#vlan 2                        ;创建编号等于 2 的 VLAN
Switch(config-vlan)#name vlan2               ;将编号等于 2 的 VLAN 取名为 VLAN2
Switch(config-vlan)#exit                     ;退出 VLAN 创建过程
Switch(config)#vlan 3
Switch(config-vlan)#name vlan3
Switch(config-vlan)#exit
Switch(config)#vlan 4
Switch(config-vlan)#name vlan4
Switch(config-vlan)#exit
Switch(config)#interface FastEthernet0/1
                                            ;进入接口配置模式,配置接口 FastEthernet0/1
Switch(config-if)#switchport access vlan 2
                                            ;将该接口作为非标记端口分配给编号为 2 的 VLAN
Switch(config-if)#exit                       ;退出接口 FastEthernet0/1 的配置过程
Switch(config)#interface FastEthernet0/2
Switch(config-if)#switchport access vlan 2
Switch(config-if)#exit
Switch(config)#interface FastEthernet0/3
Switch(config-if)#switchport access vlan 2
Switch(config-if)#exit
Switch(config)#interface FastEthernet0/4
Switch(config-if)#switchport access vlan 3
Switch(config-if)#exit
Switch(config)#interface FastEthernet0/5
Switch(config-if)#switchport access vlan 3
Switch(config-if)#exit
Switch(config)#interface FastEthernet0/6
Switch(config-if)#switchport access vlan 3
Switch(config-if)#exit
Switch(config)#interface FastEthernet0/7
Switch(config-if)#switchport access vlan 4
Switch(config-if)#exit
Switch(config)#interface FastEthernet0/8
Switch(config-if)#switchport access vlan 4
Switch(config-if)#exit
Switch(config)#interface FastEthernet0/9
Switch(config-if)#switchport access vlan 4
Switch(config-if)#exit
```

（2）路由器 Router0 命令行配置过程。

```
Router> enable                              ;从用户模式命令提示符进入特权模式命令提示符
Router#configure terminal                   ;从特权模式命令提示符进入全局配置模式命令提示符
Router(config)#interface FastEthernet0/0
                                            ;进入接口配置模式,配置接口 FastEthernet0/0
Router(config-if)#ip address 192.1.1.254 255.255.255.0
                                            ;为接口配置 IP 地址和子网掩码 192.1.1.254/24
Router(config-if)#no shutdown               ;开启接口
Router(config-if)#exit                      ;退出接口 FastEthernet0/0 的配置过程
Router(config)#interface FastEthernet0/1
Router(config-if)#ip address 192.1.2.254 255.255.255.0
Router(config-if)#no shutdown
Router(config-if)#exit
Router(config)#interface FastEthernet1/0
Router(config-if)#ip address 192.1.3.254 255.255.255.0
Router(config-if)#no shutdown
Router(config-if)#exit
```

5.3.3 单臂路由器实验

1. 实验内容

（1）验证用单个路由器物理接口实现 VLAN 互连的机制。

（2）单臂路由器配置过程。

（3）VLAN 间 IP 分组传输过程。

2. 网络结构

如图 5.48 所示的交换机 S1、S2 和 S3 构成一个交换式以太网,其中终端 A、B 和 G 属于 VLAN 2,终端 E、F 和 H 属于 VLAN 3,终端 C 和 D 属于 VLAN 4,用一台单个物理接口的路由器(俗称单臂路由器)实现 VLAN 互连,即实现连接在不同 VLAN 上的终端之间的 IP 分组传输过程。VLAN 配置的要点一是保证属于同一 VLAN 的终端之间存在交换路径;二是交换机连接路由器的端口必须是 VLAN 2、3 和 4 的共享端口,且属于每一个 VLAN 的终端必须存在与该端口之间的交换路径。路由器的物理接口必须划分为 3 个逻辑接口,分别对应 VLAN 2、3 和 4,为每一个逻辑接口分配的 IP 地址和子网掩码确定了对应 VLAN 的网络地址,同时,连接在某个 VLAN 上的终端以路由器连接该 VLAN 的逻辑接口的 IP 地址作为默认网关地址。路由器通过命令"Encapsulation dot1q 2",将某个逻辑接口和编号为 2 的 VLAN 绑定在一起,路由器物理接口接收到的所有 VLAN ID＝2 的 MAC 帧都传输给该逻辑接口,该逻辑接口的功能等同于连接编号为 2 的 VLAN 的路由器物理接口。

3. 实验步骤

（1）启动 Packet Tracer,在逻辑工作区根据图 5.48(a)中的网络结构放置和连接设备,逻辑工作区完成设备放置和连接后的界面如图 5.49 所示。

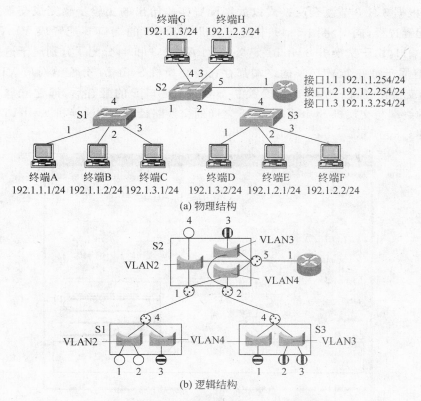

(a) 物理结构

(b) 逻辑结构

图 5.48　单臂路由器实现 VLAN 互连网络结构

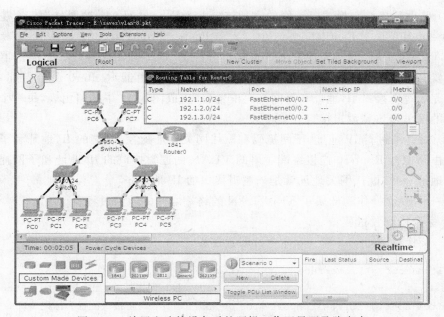

图 5.49　放置和连接设备后的逻辑工作区界面及路由表

（2）根据 3.3.3 节复杂交换式以太网配置实验给出的实验步骤完成交换式以太网 VLAN 配置过程，同时将图 5.49 中的交换机 Switch1 的端口 5 配置成 VLAN 2、3 和 4 的共享端口，由于交换机 Switch1 定义了 VLAN 2、3 和 4，分配了分别属于这些 VLAN 的端口，且属于每一个 VLAN 的终端都存在与交换机 Switch1 分配给对应 VLAN 的端口之间的交换路径，因此，完成对交换机 Switch1 端口 5 的配置后，即建立属于每一个 VLAN 的终端与交换机 Switch1 端口 5 之间的交换路径。配置交换机 Switch1 端口 5 的界面如图 5.50 所示。

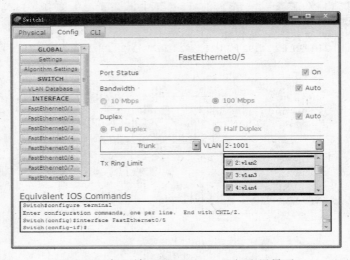

图 5.50　标记端口 FastEthernet0/5 配置界面

（3）路由器连接交换式以太网的物理接口 FastEthernetF0/0 被划分为三个逻辑接口 FastEthernetF0/0.1、FastEthernetF0/0.2 和 FastEthernetF0/0.3。将三个逻辑接口和对应的 VLAN 关联，同时为这三个逻辑接口分配 IP 地址和子网掩码。对路由器逻辑接口的配置必须通过命令行接口进行，配置命令见下面路由器 Router0 命令行配置过程。路由器完成逻辑接口 IP 地址和子网掩码配置后，生成图 5.49 中的路由表，每一个目的网络对应的输出接口是逻辑接口。

（4）对终端进行 IP 地址、子网掩码和默认网关地址配置，终端的 IP 地址和子网掩码必须与由路由器 Router0 连接终端所属的 VLAN 的逻辑接口的 IP 地址和子网掩码确定的网络地址一致，默认网关地址就是该逻辑接口的 IP 地址。

（5）用 Ping 操作验证属于不同 VLAN 的终端之间的通信过程。

4. 命令行配置过程

（1）交换机 Switch1 端口 5 命令行配置过程。

```
Switch(config)#interface FastEthernet0/5
                              ;进入接口配置模式,配置接口 FastEthernet0/5
Switch(config-if)#switchport mode trunk        ;将接口配置为标记端口
Switch(config-if)#switchport trunk allowed vlan 2,3,4
                              ;作为编号为 2、3 和 4 的 VLAN 共享该端口
```

```
Switch(config-if)#exit                ;退出接口 FastEthernet0/5 的配置过程
```

（2）路由器 Router0 命令行配置过程。

```
Router>enable                         ;从用户模式命令提示符进入特权模式命令提示符
Router#configure terminal             ;从特权模式命令提示符进入全局配置模式命令提示符
Router(config)#interface FastEthernet0/0.1
      ;进入接口配置模式,配置接口 FastEthernet0/0.1,FastEthernet0/0.1 是划分物理接口
      FastEthernet0/0 后产生的逻辑接口(或子接口)
Router(config-subif)#encapsulation dot1q 2
      ;将该逻辑接口与编号为 2 的 VLAN 关联,其效果等同于用该逻辑接口连接编号为 2 的 VLAN
Router(config-subif)#ip address 192.1.1.254 255.255.255.0
      ;为该逻辑接口分配 IP 地址和子网掩码,以此确定该逻辑接口关联的 VLAN 的网络地址和连
      接在该 VLAN 上的终端的默认网关地址
Router(config-subif)#exit             ;退出接口 FastEthernet0/0.1 的配置过程
Router(config)#interface FastEthernet0/0.2
Router(config-subif)#encapsulation dot1q 3
Router(config-subif)#ip address 192.1.2.254 255.255.255.0
Router(config-subif)#exit
Router(config)#interface FastEthernet0/0.3
Router(config-subif)#encapsulation dot1q 4
Router(config-subif)#ip address 192.1.3.254 255.255.255.0
Router(config-subif)#exit
```

5.3.4　三层交换机三层接口实验

1. 实验内容

（1）配置三层交换机三层接口。

（2）验证三层交换机多个以太网端口路由器功能。

（3）体会三层接口和 VLAN 对应的 IP 接口的本质区别。

2. 网络结构

网络结构如图 5.51 所示,该实验和 5.3.2 节路由器实现 VLAN 互连实验相似,只是用三层交换机取代路由器。三层交换机是一种具有交换和路由功能的设备,但如果去掉

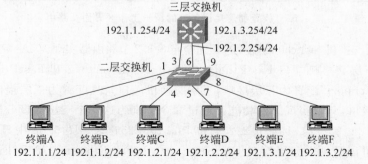

图 5.51　三层交换机三层接口互连 VLAN 网络结构

交换功能,就是一台多个以太网端口的路由器。这里的三层交换机完全作为多个以太网端口的路由器使用,每一个交换机端口等同于路由器物理接口,将这样的三层交换机端口称为三层接口,以此区别三层交换机中具有二层交换功能的端口。不同的三层接口必须连接不同的 VLAN。三层交换机实现三层接口之间的 IP 分组转发,VLAN 内的 MAC帧传输过程必须由二层交换机实现。因此,图 5.51 中除了三层交换机,还需有实现VLAN 内 MAC 帧传输的二层交换机。图 5.51 中用三个三层交换机的三层接口连接二层交换机的端口 3、6 和 9,二层交换机的端口 3、6 和 9 的配置和 5.3.2 节路由器实现VLAN 互连实验相同,必须配置成非标记端口(Access 端口),三层交换机的三个三层接口按照图 5.51 所示分别配置三个网络号不同的 IP 地址和子网掩码。该实验的主要目的是加深领会普通路由器和同时具有交换和路由功能的三层交换机之间的区别,先完成一个仅仅用三层交换机实现路由功能的实验,在 5.3.5 节三层交换机 IP 接口实验中完成一个用三层交换机实现交换和路由功能的实验,以此体会它们之间的区别。

3. 实验步骤

(1) 启动 Packet Tracer,在逻辑工作区根据图 5.51 中的网络结构放置和连接设备,逻辑工作区完成设备放置和连接后的界面如图 5.52 所示。

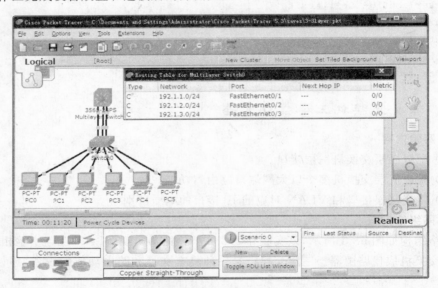

图 5.52　放置和连接设备后的逻辑工作区界面及路由表

(2) 二层交换机 Switch0 的配置过程完全与 5.3.2 节路由器实现 VLAN 互连实验相同。

(3) 将三层交换机端口 FastEthernet0/1、FastEthernet0/2 和 FastEthernet0/3 通过命令"no switchport"配置为三层接口,三层交换机端口一旦配置为三层接口,完全等同于路由器物理接口,只能实现路由功能。通过命令分别为这三个三层接口分配 IP 地址和子网掩码 192.1.1.254/24、192.1.2.254 和 192.1.3.254/24。图 5.52 中显示的三层交换机的路由表可以证明:三层接口 FastEthernet0/1、FastEthernet0/2 和 FastEthernet0/3完全等同于路由器物理接口。

（4）完成 PC0～PC5 的 IP 地址、子网掩码和默认网关地址配置后，用 Ping 操作验证属于不同 VLAN 的终端之间的通信过程。

4. Multilayer Switch0 命令行配置过程

```
Switch>enable
Switch#configure terminal
Switch(config)#interface FastEthernet0/1      ;进入接口 FastEthernet0/1 配置过程
Switch(config-if)#no switchport
              ;将接口 FastEthernet0/1 配置为三层接口,三层接口完全等同于路由器物理接口
Switch(config-if)#ip address 192.1.1.254 255.255.255.0
                                      ;为三层接口配置 IP 地址和子网掩码
Switch(config-if)#exit
Switch(config)#interface FastEthernet0/2
Switch(config-if)#no switchport
Switch(config-if)#ip address 192.1.2.254 255.255.255.0
Switch(config-if)#exit
Switch(config)#interface FastEthernet0/3
Switch(config-if)#no switchport
Switch(config-if)#ip address 192.1.3.254 255.255.255.0
Switch(config-if)#exit
Switch(config)#
```

5.3.5　三层交换机 IP 接口实验

1. 实验内容

（1）验证三层交换机的路由和交换功能。

（2）验证用三层交换机实现 VLAN 间通信的功能。

（3）区分 VLAN 关联的 IP 接口与路由器接口的异同。

2. 网络结构

如图 5.53(a)所示的交换机 S1 是一个三层交换机，它的交换功能能够实现属于同一 VLAN 的终端之间通信，它的路由功能能够实现属于不同 VLAN 的终端之间通信。图 5.53(b)所示是逻辑结构，三层交换机的路由模块能够为每一个 VLAN 定义一个 IP 接口，同时为该 IP 接口分配 IP 地址和子网掩码，该 IP 接口的 IP 地址和子网掩码确定了该 IP 接口关联的 VLAN 的网络地址，属于该 VLAN 的终端也以该 IP 接口的 IP 地址作为默认网关地址，显然，属于该 VLAN 的终端必须建立与该 IP 接口之间的交换路径，建立与该 IP 接口之间的交换路径就是在定义 IP 接口的三层交换机中创建该 IP 接口关联的 VLAN，且使终端存在与该三层交换机中分配给该 VLAN 的端口之间的交换路径。从实现 VLAN 间 IP 分组转发的功能看，为每一个 VLAN 定义的 IP 接口等同于路由器逻辑接口，由于三层交换机中可以定义大量 VLAN。因此，三层交换机的路由模块可以看做是存在大量逻辑接口的路由器，且接口数量随着需要定义 IP 接口的 VLAN 数量变化而变化。

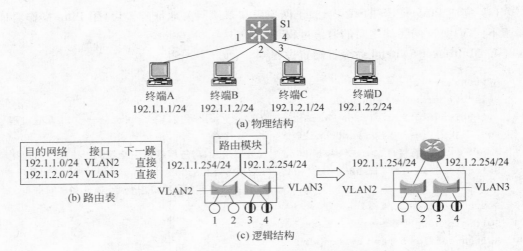

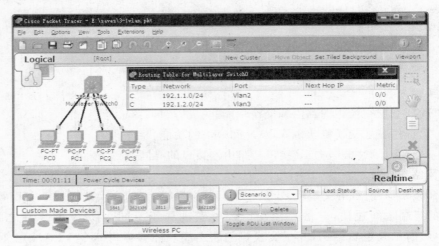

图 5.53 三层交换机互连 VLAN 网络结构

3. 实验步骤

（1）启动 Packet Tracer,在逻辑工作区根据图 5.53(a)中的网络结构放置和连接设备,逻辑工作区完成设备放置和连接后的界面如图 5.54 所示。

图 5.54 放置和连接设备后的逻辑工作区界面及路由表

（2）在三层交换机 Multilayer Switch0 中创建编号分别为 2 和 3 的两个 VLAN(名为 VLAN 2 和 VLAN 3),将端口 FastEthernet0/1、FastEthernet0/2 作为非标记端口(Access 端口)分配给 VLAN 2,将端口 FastEthernet0/3、FastEthernet0/4 作为非标记端口(Access 端口)分配给 VLAN 3。

（3）分别为编号为 2 和 3 的 VLAN 定义 IP 接口,为这两个 IP 接口配置 IP 地址和子网掩码,这一步只能通过命令行接口实现,三层交换机用命令"interface vlan 2"创建与编号为 2 的 VLAN 关联的 IP 接口,并进入该 IP 接口配置模式。完成所有 IP 接口配置后,Multilayer Switch0 生成的路由表见图 5.54,每一个目的网络对应的输出接口是与

VLAN 关联的 IP 接口。

（4）为终端配置 IP 地址、子网掩码和默认网关地址，它们必须与和终端连接的 VLAN 关联的 IP 接口配置的 IP 地址和子网掩码一致。

（5）通过 Ping 操作验证属于同一 VLAN 的终端之间、属于不同 VLAN 的终端之间的通信过程。

4. 三层交换机命令行配置过程

```
Switch>enable                          ;从用户模式命令提示符进入特权模式命令提示符
Switch#configure terminal              ;从特权模式命令提示符进入全局配置模式命令提示符
Switch(config)#vlan 2                   ;创建编号等于 2 的 VLAN
Switch(config-vlan)#name vlan2          ;将编号等于 2 的 VLAN 取名为 vlan2
Switch(config-vlan)#exit                ;退出 VLAN 创建过程
Switch(config)#vlan 3
Switch(config-vlan)#name vlan3
Switch(config-vlan)#exit
Switch(config)#interface FastEthernet0/1
                                       ;进入接口配置模式,配置接口 FastEthernet0/1
Switch(config-if)#switchport access vlan 2
                                       ;将该端口作为非标记端口分配给编号为 2 的 VLAN
Switch(config-if)#exit                  ;退出接口 FastEthernet0/1 的配置过程
Switch(config)#interface FastEthernet0/2
Switch(config-if)#switchport access vlan 2
Switch(config-if)#exit
Switch(config)#interface FastEthernet0/3
Switch(config-if)#switchport access vlan 3
Switch(config-if)#exit
Switch(config)#interface FastEthernet0/4
Switch(config-if)#switchport access vlan 3
Switch(config-if)#exit
Switch(config)#interface vlan 2        ;将编号为 2 的 VLAN 作为 IP 接口进行配置
Switch(config-if)#ip address 192.1.1.254 255.255.255.0
     ;为与编号为 2 的 VLAN 关联的 IP 接口分配 IP 地址和子网掩码,以此确定该 IP 接口关联的
     VLAN 的网络地址和连接在该 VLAN 上的终端的默认网关地址
Switch(config-if)#exit
Switch(config)#interface vlan 3
Switch(config-if)#ip address 192.1.2.254 255.255.255.0
Switch(config-if)#exit
```

5.3.6　两个三层交换机直接互连实验

1. 实验内容

（1）验证 IP 分组逐跳转发过程。

（2）配置静态路由项。

（3）验证三层交换机互连机制。

2. 网络结构

采用图 5.20 中的网络结构，要求 VLAN 2 对应的 IP 接口设置在 S1 上，VLAN 3 对应的 IP 接口设置在 S2 上，因此，分别在三层交换机 S1 和 S2 定义与编号为 2 和 3 的 VLAN 关联的 IP 接口，同时，通过三层交换机互连机制，实现三层交换机 S1 中与编号为 2 的 VLAN 关联的 IP 接口和三层交换机 S2 中与编号为 3 的 VLAN 关联的 IP 接口之间的通信。

3. 实验步骤

（1）启动 Packet Tracer，在逻辑工作区根据图 5.20 中的网络结构放置和连接设备，逻辑工作区完成设备放置和连接后的界面如图 5.55 所示。

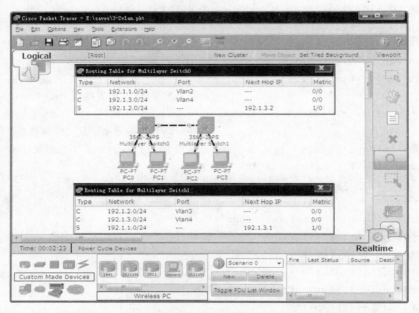

图 5.55　放置和连接设备后的逻辑工作区界面及路由表

（2）在三层交换机 Multilayer Switch0 中创建编号为 2、3 和 4 的 VLAN（取名为 VLAN 2、VLAN 3 和 VLAN 4），将端口 FastEthernetF0/1 作为非标记端口（Access 端口）分配给 VLAN 2，将端口 FastEthernetF0/2 作为非标记端口（Access 端口）分配给 VLAN 3，将端口 FastEthernetF0/3 作为被 VLAN 2、VLAN 3 和 VLAN 4 共享的标记端口（Trunk 端口）。对于用于互连两个三层交换机的标记端口，需要通过命令"switchport trunk encapsulation dot1q"指定输入输出标记端口的 MAC 帧的封装格式。在三层交换机 Multilayer Switch1 中创建编号为 2、3 和 4 的 VLAN（取名为 VLAN 2、VLAN 3 和 VLAN 4），将端口 FastEthernetF0/1 作为非标记端口（Access 端口）分配给 VLAN 2，将端口 FastEthernetF0/2 作为非标记端口（Access 端口）分配给 VLAN 3，将端口 FastEthernetF0/3 作为被 VLAN 2、VLAN 3 和 VLAN 4 共享的标记端口（Trunk 端口）。这样分配的目的是保证属于同一 VLAN 的终端之间存在交换路径，所有属于

VLAN 2 的终端存在该终端至三层交换机 Multilayer Switch0 中分配给 VLAN 2 的端口之间的交换路径，所有属于 VLAN 3 的终端存在该终端至三层交换机 Multilayer Switch1 中分配给 VLAN 3 的端口之间的交换路径，存在三层交换机 Multilayer Switch0 中分配给 VLAN 4 的端口与三层交换机 Multilayer Switch1 中分配给 VLAN 4 的端口之间的交换路径。

（3）在三层交换机 Multilayer Switch0 中定义与 VLAN 2 和 VLAN 4 关联的 IP 接口，为这两个 IP 接口配置 IP 地址和子网掩码 192.1.1.254/24 和 192.1.3.1/24。在三层交换机 Multilayer Switch1 中定义与 VLAN 3 和 VLAN 4 关联的 IP 接口，为这两个 IP 接口配置 IP 地址和子网掩码 192.1.2.254/24 和 192.1.3.2/24。这样配置的目的是用 VLAN 4 互连分别定义在三层交换机 Multilayer Switch0 和 Multilayer Switch1 中与 VLAN 2 和 VLAN 3 关联的 IP 接口。对于三层交换机 Multilayer Switch0，三层交换机 Multilayer Switch1 中与 VLAN 4 关联的 IP 接口就是通往 VLAN 3 的传输路径的下一跳，同理，对于三层交换机 Multilayer Switch1，三层交换机 Multilayer Switch0 中与 VLAN 4 关联的 IP 接口就是通往 VLAN 2 的传输路径的下一跳。值得指出的是，三层交换机 Multilayer Switch0 中的 PC1 通过 VLAN 3 内的交换路径连接到三层交换机 Multilayer Switch1 中与 VLAN 3 关联的 IP 接口，同样，三层交换机 Multilayer Switch1 中的 PC2 通过 VLAN 2 内的交换路径连接到三层交换机 Multilayer Switch0 中与 VLAN 2 关联的 IP 接口。这是三层交换机和路由器的差别所在，对于同一 VLAN 内终端之间，或终端与 IP 接口之间的交换路径，三层交换机等同于二层交换机。

（4）在三层交换机 Multilayer Switch0 中配置到达 VLAN 3 对应网络 192.1.2.0/24 的静态路由项＜192.1.2.0/24，192.1.3.2＞，三层交换机 Multilayer Switch0 配置静态路由项的界面如图 5.56 所示。在三层交换机 Multilayer Switch1 中配置到达 VLAN 2 对应网络 192.1.1.0/24 的静态路由项＜192.1.1.0/24，192.1.3.1＞。两个三层交换机完成 IP 接口和静态路由项配置后得到的路由表见图 5.55。

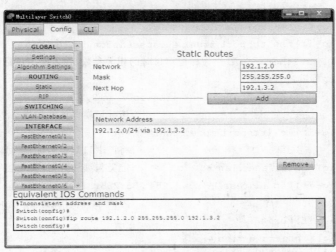

图 5.56 Multilayer Switch0 配置静态路由项界面

(5) 终端配置 IP 地址、子网掩码和默认网关地址,属于 VLAN 2 的终端配置的 IP 地址和子网掩码必须与网络地址 192.1.1.0/24 一致,默认网关地址是 192.1.1.254,属于 VLAN 3 的终端配置的 IP 地址和子网掩码必须与网络地址 192.1.2.0/24 一致,默认网关地址是 192.1.2.254。

(6) 通过 Ping 操作验证属于同一 VLAN 的终端之间,属于不同 VLAN 的终端之间的 IP 分组传输过程。

4. 三层交换机命令行配置过程

(1) Multilayer Switch0 命令行配置过程。

```
Switch>enable                              ;从用户模式命令提示符进入特权模式命令提示符
Switch#configure terminal                  ;从特权模式命令提示符进入全局配置模式命令提示符
Switch(config)#vlan 2                      ;创建编号等于 2 的 VLAN
Switch(config-vlan)#name vlan2             ;将编号等于 2 的 VLAN 取名为 vlan2
Switch(config-vlan)#exit                   ;退出 VLAN 创建过程
Switch(config)#vlan 3
Switch(config-vlan)#name vlan3
Switch(config-vlan)#exit
Switch(config)#vlan 4
Switch(config-vlan)#name vlan4
Switch(config-vlan)#exit
Switch(config)#interface FastEthernet0/1
                                           ;进入接口配置模式,配置接口 FastEthernet0/1
Switch(config-if)#switchport access vlan 2
                                           ;将该端口作为非标记端口分配给编号为 2 的 VLAN
Switch(config-if)#exit                     ;退出接口 FastEthernet0/1 的配置过程
Switch(config)#interface FastEthernet0/2
Switch(config-if)#switchport access vlan 3
Switch(config-if)#exit
Switch(config)#interface FastEthernet0/3
Switch(config-if)#switchport trunk encapsulation dot1q
            ;定义端口 FastEthernet0/3 作为标记端口时的相关参数,输入输出该标记端口的 MAC 帧按
                照 802.1Q 标准进行封装
Switch(config-if)#switchport trunk allowed vlan 2,3,4
                                           ;该标记端口被编号为 2、3 和 4 的 VLAN 共享
Switch(config-if)#switchport mode trunk
                                           ;将该端口配置为标记端口
Switch(config)#interface vlan 2            ;定义与编号为 2 的 VLAN 关联的 IP 接口
Switch(config-if)#ip address 192.1.1.254 255.255.255.0
                                           ;为该 IP 接口配置 IP 地址和子网掩码
Switch(config-if)#exit
Switch(config)#interface vlan 4
Switch(config-if)#ip address 192.1.3.1 255.255.255.0
Switch(config-if)#exit
```

```
Switch(config)#ip route 192.1.2.0 255.255.255.0 192.1.3.2
```
　　　　　　　　　　;配置目的网络=192.1.2.0/24,下一跳=192.1.3.2 的静态路由项

（2）Multilayer Switch1 命令行配置过程。

前面的命令行与配置 Multilayer Switch0 的相同。

```
Switch(config)#interface vlan 3            ;定义与编号为 3 的 VLAN 关联的 IP 接口
Switch(config-if)#ip address 192.1.2.254 255.255.255.0
```
　　　　　　　　　　　　　　　;为该 IP 接口配置 IP 地址和子网掩码
```
Switch(config-if)#exit
Switch(config)#interface vlan 4
Switch(config-if)#ip address 192.1.3.2 255.255.255.0
Switch(config-if)#exit
Switch(config)#ip route 192.1.1.0 255.255.255.0 192.1.3.1
```
　　　　　　　　　;配置目的网络=192.1.1.0/24,下一跳=192.1.3.1 的静态路由项

5. 另外两种实现方案

（1）如果 VLAN 2 和 VLAN 3 对应的 IP 接口定义在单个三层交换机 Multilayer Switch0 上,配置过程将变得简单,Multilayer Switch0 作为三层交换机使用,分别定义与 VLAN 2 和 VLAN 3 对应的 IP 接口,为 IP 接口分配 IP 地址和子网掩码。Multilayer Switch1 作为普通二层交换机使用,Multilayer Switch1 中属于 VLAN 2 和 VLAN 3 的终端必须建立和 Multilayer Switch0 之间的交换路径。

Multilayer Switch0 命令行配置过程如下:

```
Switch>enable                       ;从用户模式命令提示符进入特权模式命令提示符
Switch#configure terminal           ;从特权模式命令提示符进入全局配置模式命令提示符
Switch(config)#vlan 2               ;创建编号等于 2 的 VLAN
Switch(config-vlan)#name vlan2      ;将编号等于 2 的 VLAN 取名为 vlan2
Switch(config-vlan)#exit           ;退出 VLAN 创建过程
Switch(config)#vlan 3
Switch(config-vlan)#name vlan3
Switch(config-vlan)#exit
Switch(config)#interface FastEthernet0/1
```
　　　　　　　　　　　　　　;进入接口配置模式,配置接口 FastEthernet0/1
```
Switch(config-if)#switchport access vlan 2
```
　　　　　　　　　　　　　　;将该端口作为非标记端口分配给编号为 2 的 VLAN
```
Switch(config-if)#exit              ;退出接口 FastEthernet0/1 的配置过程
Switch(config)#interface FastEthernet0/2
Switch(config-if)#switchport access vlan 3
Switch(config-if)#exit
Switch(config)#interface FastEthernet0/3
Switch(config-if)#switchport trunk encapsulation dot1q
```
　　　;定义接口 FastEthernet0/3 作为标记端口时的相关参数,输入输出该标记端口的 MAC 帧按
　　　　照 802.1Q 标准进行封装

```
Switch(config-if)#switchport trunk allowed vlan 2,3
                                        ;该标记端口被编号为 2 和 3 的 VLAN 共享
Switch(config-if)#switchport mode trunk        ;将该接口配置为标记端口
Switch(config-if)#exit
(Multilayer Switch1 命令行配置过程和以上 Multilayer Switch0 命令行配置过程完全相同)
Switch(config)#interface vlan 2        ;定义与编号为 2 的 VLAN 关联的 IP 接口
Switch(config-if)#ip address 192.1.1.254 255.255.255.0
                                        ;为该 IP 接口配置 IP 地址和子网掩码
Switch(config-if)#exit
Switch(config)#interface vlan 3
Switch(config-if)#ip address 192.1.2.254 255.255.255.0
Switch(config-if)#exit
```

(2) 如果在 Multilayer Switch0 和 Multilayer Switch1 都定义 VLAN 2 和 VLAN 3 对应的 IP 接口,属于 VLAN 2 和 VLAN 3 的终端必须建立与两个三层交换机之间的交换路径。Multilayer Switch0 命令行配置过程完全等同于(1),除了 IP 接口配置的 IP 地址不同外,两个三层交换机其他的配置都相同。属于 VLAN 2 的终端可以任意选择 192.1.1.254 或 192.1.1.253 作为默认网关地址,同样,属于 VLAN 3 的终端可以任意选择 192.1.2.254 或 192.1.2.253 作为默认网关地址。

Multilayer Switch1 命令行配置 IP 接口过程如下:

```
Switch(config)#interface vlan 2        ;定义与编号为 2 的 VLAN 关联的 IP 接口
Switch(config-if)#ip address 192.1.1.253 255.255.255.0
                                        ;为该 IP 接口配置 IP 地址和子网掩码
Switch(config-if)#exit
Switch(config)#interface vlan 3
Switch(config-if)#ip address 192.1.2.253 255.255.255.0
Switch(config-if)#exit
```

5.3.7　用二层交换机互连两个三层交换机实验

1. 实验内容

(1) 验证 VLAN 内交换路径。

(2) 验证 IP 接口与 VLAN 的关联。

(3) 区分路由器接口与三层交换机 IP 接口的差别。

2. 网络结构

二层交换机互连三层交换机物理结构如图 5.57(a)所示,为了保证同一 VLAN 内终端之间、终端与 IP 接口之间、两个 IP 接口之间的交换路径,二层交换机 S3 必须建立端口 1 与端口 2 之间分别属于 VLAN 2、VLAN 3 和 VLAN 4 的交换路径。因此,必须在二层交换机 S3 中创建编号为 2、3 和 4 的三个 VLAN(取名为 VLAN 2、VLAN 3 和 VLAN 4),同时使得端口 1 与端口 2 成为被 VLAN 2、VLAN 3 和 VLAN 4 共享的标记端口。

3. 实验步骤

(1) 该实验在 5.3.6 节两个三层交换机直接互连实验基础上完成,在两个三层交换

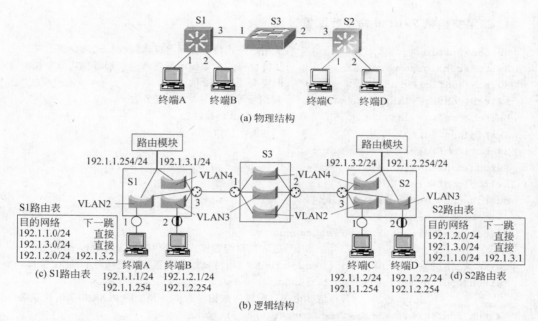

图 5.57　二层交换机互连三层交换机网络结构

机 Multilayer Switch0 与 Multilayer Switch1 之间放置二层交换机 Switch0，Switch0 端口 FastEthernet0/1 连接 Multilayer Switch0 端口 FastEthernet0/3，Switch0 端口 FastEthernetF0/2 连接 Multilayer Switch1 端口 FastEthernet0/3，增加二层交换机 Switch0 后逻辑工作区放置和连接设备后的界面如图 5.58 所示。

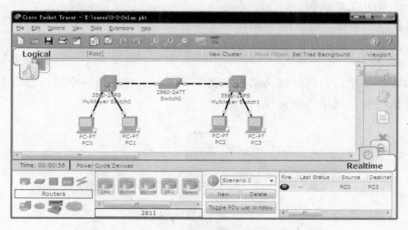

图 5.58　放置和连接设备后的逻辑工作区界面

（2）在二层交换机 Switch0 中创建编号为 2、3 和 4 的三个 VLAN（取名为 VLAN 2、VLAN 3 和 VLAN 4），同时使得端口 FastEthernet0/1 与端口 FastEthernet0/2 成为被 VLAN 2、VLAN 3 和 VLAN 4 共享的标记端口。

（3）通过 Ping 操作验证同一 VLAN 内终端之间、属于不同 VLAN 的终端之间的 IP 分组传输过程。

4. 二层交换机 Switch0 命令行配置过程

```
Switch>enable                           ;从用户模式命令提示符进入特权模式命令提示符
Switch#configure terminal               ;从特权模式命令提示符进入全局配置模式命令提示符
Switch(config)#vlan 2                    ;创建编号等于 2 的 VLAN
Switch(config-vlan)#name vlan2          ;将编号等于 2 的 VLAN 取名为 vlan2
Switch(config-vlan)#exit                 ;退出 VLAN 创建过程
Switch(config)#vlan 3
Switch(config-vlan)#name vlan3
Switch(config-vlan)#exit
Switch(config)#vlan 4
Switch(config-vlan)#name vlan4
Switch(config-vlan)#exit
Switch(config)#interface FastEthernet0/1
                                         ;进入接口配置模式,配置接口 FastEthernet0/1
Switch(config-if)#switchport mode trunk      ;将该端口配置为标记端口(Trunk 接口)
Switch(config-if)#switchport trunk allowed vlan 2,3,4
                        ;将该标记端口配置为被编号为 2、3 和 4 的 VLAN 共享的共享端口
Switch(config)#interface FastEthernet0/2
Switch(config-if)#switchport mode trunk
Switch(config-if)#switchport trunk allowed vlan 2,3,4
```

5.3.8 RIP 配置实验

1. 实验内容

(1) 验证 RIP 工作机制。

(2) 配置路由器接口和 RIP 网络地址。

(3) 区分动态路由项和静态路由项配置与生成过程的差别。

2. 网络结构

路由器互连多个以太网的网络结构如图 5.59 所示,要求每一个路由器动态生成到达没有与其直接连接的网络的路由项。

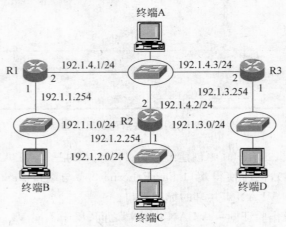

图 5.59 实现 RIP 配置的网络结构

3．实验步骤

（1）启动 Packet Tracer，在逻辑工作区根据图 5.59 中的网络结构放置和连接设备，逻辑工作区完成设备放置和连接后的界面如图 5.60 所示。

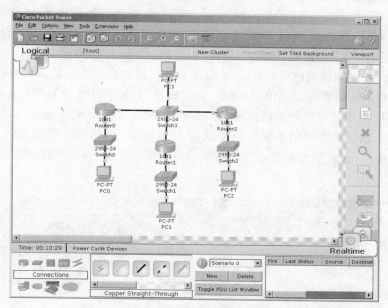

图 5.60 放置和连接设备后的逻辑工作区界面

（2）对照图 5.59 中为各个路由器接口配置的 IP 地址，为图 5.60 中每一个路由器接口配置 IP 地址和子网掩码。

（3）进入各个路由器 RIP 配置界面，配置路由器直接相连的网络的网络地址，如路由器 Router0 直接相连的网络地址分别是 192.1.1.0 和 192.1.4.0，路由器 Router0 的 RIP 配置界面如图 5.61 所示。

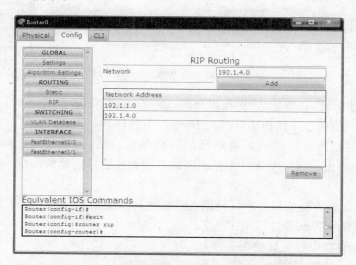

图 5.61 配置路由器参与 RIP 建立动态路由项的直接相连的网络的界面

（4）检查各个路由器的路由表，查看通过 RIP 建立的动态路由项，路由器 Router0 的路由表如图 5.62 所示，其中类型 C 是用于指明通往直接相连的网络的传输路径的路由项，类型 R 是通过 RIP 建立的用于指明通往没有与其直接相连的网络的传输路径的路由项，路由项"R 192.1.3.0/24 FastEthernet0/1 192.1.4.3 120/1"中的 R 是路由项类型，192.1.3.0/24 是目的网络的网络地址和网络号位数，FastEthernet0/0 是输出接口，192.1.4.3 是下一跳 IP 地址，120/1 中的 1 是跳数，Cisco 路由器跳数的定义不包含路由器自身，因此，直接相连的网络的跳数为 0，这一点与教材内容不一致，需要注意。每一个路由协议都有默认的管理距离值，值越小，优先级越高，如果路由项类型为直接，管理距离值是 0，如果路由项类型为静态路由项，管理距离值是 1，OSPF 创建的路由项的管理距离值是 110，RIP 创建的路由项的管理距离值是 120，120/1 中的 120 就是 RIP 创建的路由项的管理距离值，这表明如果存在目的网络相同的多项类型不同的路由项，首先启用类型为直接的路由项。

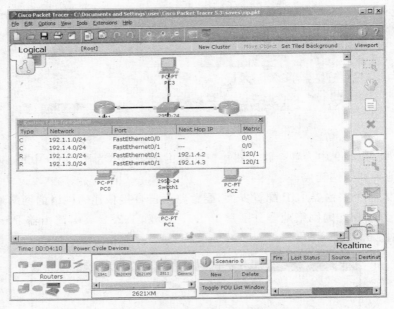

图 5.62　路由器 Router0 的路由表

（5）为终端配置 IP 地址、子网掩码和默认网关地址。PC3 配置的默认网关地址可以是连接在相同网络的三个路由器接口的 IP 地址中的任意一个 IP 地址。但在所有路由器建立用于指明通往所有网络的传输路径的路由项前，PC3 为了和其他网络中的终端通信，需要在三个路由器接口中选择和目的网络直接相连的路由器的接口的 IP 地址作为默认网关地址。

（6）用 Ping 操作验证属于不同网络的终端之间的通信过程。

4. 路由器命令行配置过程

（1）Router0 命令行配置过程。

```
Router>enable                          ;从用户模式命令提示符进入特权模式命令提示符
```

```
Router#configure terminal          ;从特权模式命令提示符进入全局配置模式命令提示符
Router(config)#interface FastEthernet0/0
                                   ;进入接口配置模式,配置接口 FastEthernet0/0
Router(config-if)#ip address 192.1.1.254 255.255.255.0
                                   ;配置接口 IP 地址和子网掩码
Router(config-if)#no shutdown      ;开启接口
Router(config-if)#exit             ;退出接口 FastEthernet0/0 的配置过程
Router(config)#interface FastEthernet0/1
Router(config-if)#ip address 192.1.4.1 255.255.255.0
Router(config-if)#no shutdown
Router(config-if)#exit
Router(config)#router rip          ;启动路由器 RIP 进程
Router(config-router)#network 192.1.1.0
                          ;配置参与 RIP 建立动态路由项且与路由器直接相连的网络的网络地址
Router(config-router)#network 192.1.4.0
Router(config-router)#exit
```

（2）Router1 命令行配置过程。

```
Router> enable                     ;从用户模式命令提示符进入特权模式命令提示符
Router#configure terminal          ;从特权模式命令提示符进入全局配置模式命令提示符
Router(config)#interface FastEthernet0/0
                                   ;进入接口配置模式,配置接口 FastEthernet0/0
Router(config-if)#ip address 192.1.2.254 255.255.255.0
                                   ;配置接口 IP 地址和子网掩码
Router(config-if)#no shutdown      ;开启接口
Router(config-if)#exit             ;退出接口 FastEthernet0/0 的配置过程
Router(config)#interface FastEthernet0/1
Router(config-if)#ip address 192.1.4.2 255.255.255.0
Router(config-if)#no shutdown
Router(config-if)#exit
Router(config)#router rip          ;启动路由器 RIP 进程
Router(config-router)#network 192.1.2.0
                     ;配置参与 RIP 建立动态路由项且与路由器直接相连的网络的网络地址
Router(config-router)#network 192.1.4.0
Router(config-router)#exit
```

（3）Router2 命令行配置过程。

```
Router> enable                     ;从用户模式命令提示符进入特权模式命令提示符
Router#configure terminal          ;从特权模式命令提示符进入全局配置模式命令提示符
Router(config)#interface FastEthernet0/0
                                   ;进入接口配置模式,配置接口 FastEthernet0/0
Router(config-if)#ip address 192.1.3.254 255.255.255.0
                                   ;配置接口 IP 地址和子网掩码
```

```
Router(config-if)#no shutdown          ;开启接口
Router(config-if)#exit                 ;退出接口 FastEthernet0/0 的配置过程
Router(config)#interface FastEthernet0/1
Router(config-if)#ip address 192.1.4.3 255.255.255.0
Router(config-if)#no shutdown
Router(config-if)#exit
Router(config)#router rip              ;启动路由器 RIP 进程
Router(config-router)#network 192.1.3.0
                                       ;配置参与 RIP 建立动态路由项且与路由器直接相连的网络的网络地址
Router(config-router)#network 192.1.4.0
Router(config-router)#exit
```

5.3.9 聚合路由项实验

1. 实验内容

（1）验证无分类编址方式。

（2）任意划分子网。

（3）聚合路由项。

2. 网络结构

网络结构如图 5.63 所示，它是 5.2.3 节中例题 3 的具体实现。在交换机 S1 中创建 4 个编号分别为 2、3、4 和 5 的 VLAN，对应图 5.15 中的 LAN 1、LAN 2、LAN 3 和 LAN 4，分配给 4 个 VLAN 的网络地址也与分配给图 5.15 中的 LAN 1、LAN 2、LAN 3 和 LAN 4 的网络地址一致，同样，在 S3 中创建 3 个编号分别为 2、3 和 4 的 VLAN，对应图 5.15 中的 LAN 6、LAN 7 和 LAN 8，分配给 3 个 VLAN 的网络地址也与分配给图 5.15 中的 LAN 6、LAN 7 和 LAN 8 的网络地址一致，交换机 S2 构成的以太网对应图 5.15 中的 LAN 5，分配给该以太网的网络地址与分配给图 5.15 中的 LAN 5 的网络地址一致。

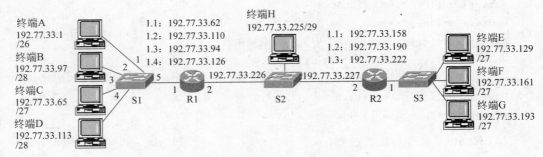

图 5.63 实现路由项聚合的网络结构

3. 实验步骤

（1）启动 Packet Tracer，在逻辑工作区根据图 5.63 中的网络结构放置和连接设备，逻辑工作区完成设备放置和连接后的界面如图 5.64 所示。

（2）在交换机 Switch0 中创建 4 个编号分别为 2、3、4 和 5 的 VLAN（取名为 VLAN 2、

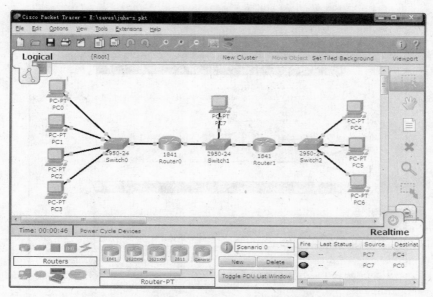

图 5.64　放置和连接设备后的逻辑工作区界面

VLAN 3、VLAN 4 和 VLAN 5)，将端口 FastEthernet0/1～FastEthernet0/4 分别作为非标记端口(Access 接口)分配给 4 个 VLAN，端口 FastEthernet0/5 配置为被 4 个 VLAN 共享的标记端口(Trunk 接口)，同样，在交换机 Switch2 中创建 3 个编号分别为 2、3 和 4 的 VLAN(取名为 VLAN 2、VLAN 3 和 VLAN 4)，将端口 FastEthernet0/1～FastEthernet0/3 分别作为非标记端口(Access 接口)分配给 3 个 VLAN，端口 FastEthernet0/4 配置为被 3 个 VLAN 共享的标记端口(Trunk 接口)。

　　(3) 路由器 Router0 接口 FastEthernet0/0 被划分为 4 个逻辑接口，分别对应交换机 Switch0 中创建的 4 个编号分别为 2、3、4 和 5 的 VLAN，用命令"encapsulation dot1q n (n＝2,3,4,5)"将 4 个逻辑接口与 4 个 VLAN 关联在一起。路由器 Router1 接口 FastEthernet0/0 被划分为 3 个逻辑接口，分别对应交换机 Switch2 中创建的 3 个编号分别为 2、3 和 4 的 VLAN，用命令"encapsulation dot1q n(n＝2,3,4)"将 3 个逻辑接口与 3 个 VLAN 关联在一起。

　　(4) 分别为路由器物理接口和逻辑接口分配 IP 地址和子网掩码(只能通过命令行为逻辑接口配置 IP 地址和子网掩码)。同时在路由器 Router0 中配置用于指明通往 Router1 逻辑接口连接的 3 个 VLAN 的传输路径的路由项，由于分配给编号为 2 和 3 的 VLAN 的 IP 地址集合构成 CIDR 地址块 192.77.33.128/26，只需配置 2 项静态路由项。由于分配给 Router0 逻辑接口连接的 4 个 VLAN 的 IP 地址集合构成 CIDR 地址块 192.77.33.0/25，因此，Router1 只需配置一项静态路由项就可指明通往 Router0 逻辑接口连接的 4 个 VLAN 的传输路径。路由器 Router0 和 Router1 的路由表如图 5.65 所示。

　　(5) 为终端配置 IP 地址、子网掩码和默认网关地址。

　　(6) 用 Ping 操作验证属于不同网络的终端之间的通信过程。

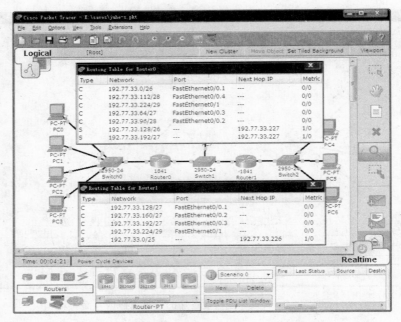

图 5.65　路由器 Router0 和 Router1 路由表

4. 命令行配置过程

（1）Switch0 命令行配置过程。

```
Switch>enable                               ;从用户模式命令提示符进入特权模式命令提示符
Switch#configure terminal                   ;从特权模式命令提示符进入全局配置模式命令提示符
Switch(config)#vlan 2                        ;创建编号等于 2 的 VLAN
Switch(config-vlan)#name vlan2              ;将编号等于 2 的 VLAN 取名为 vlan2
Switch(config-vlan)#exit                     ;退出 VLAN 创建过程
Switch(config)#vlan 3
Switch(config-vlan)#name vlan3
Switch(config-vlan)#exit
Switch(config)#vlan 4
Switch(config-vlan)#name vlan4
Switch(config-vlan)#exit
Switch(config)#vlan 5
Switch(config-vlan)#name vlan5
Switch(config-vlan)#exit
Switch(config)#interface FastEthernet0/1
                                            ;进入接口配置模式,配置接口 FastEthernet0/1
Switch(config-if)#switchport access vlan 2
                                            ;将端口作为非标记端口分配给编号为 2 的 VLAN
Switch(config-if)#exit                       ;退出接口 FastEthernet0/1 配置过程
Switch(config)#interface FastEthernet0/2
Switch(config-if)#switchport access vlan 3
```

```
Switch(config-if)#exit
Switch(config)#interface FastEthernet0/3
Switch(config-if)#switchport access vlan 4
Switch(config-if)#exit
Switch(config)#interface FastEthernet0/4
Switch(config-if)#switchport access vlan 5
Switch(config-if)#exit
Switch(config)#interface FastEthernet0/5
```
　　　　　　　　　　　　　　　　　;进入接口配置模式,配置接口 FastEthernet0/5
```
Switch(config-if)#switchport mode trunk
```
　　　　　　　　　　　　　;将该端口配置为标记端口(Trunk 接口)
```
Switch(config-if)#switchport trunk allowed vlan 2,3,4,5
```
　　　　　　　　　　;将该标记端口配置为被编号为 2、3、4 和 5 的 VLAN 共享的共享端口
```
Switch(config-if)#exit
```
　　　　　　　　　　　　;退出接口 FastEthernet0/1 配置过程

Switch2 命令行配置过程与 Switch0 相似,不再赘述

(2) Router0 命令行配置过程。

```
Router>enable
Router#configure terminal
Router(config)#interface FastEthernet0/1
```
　　　　　　　　　　　　　　　　;进入接口配置模式,配置接口 FastEthernet0/1
```
Router(config-if)#no shutdown
```
　　　　　　　　　　　　;开启接口
```
Router(config-if)#ip address 192.77.33.226 255.255.255.248
```
　　　　　　　　　　　　　　　　;为接口配置 IP 地址和子网掩码
```
Router(config-if)#exit
```
　　　　　　　　　　　　;退出接口 FastEthernet0/1 配置过程
```
Router(config)#interface FastEthernet0/0
Router(config-if)#no shutdown
Router(config-if)#exit
Router(config)#interface FastEthernet0/0.1
```
　　　　　　　　　　　　　　　　;进入接口配置模式,配置子接口 FastEthernet0/0.1
```
Router(config-subif)#encapsulation dot1q 2
```
;将子接口 FastEthernet0/0.1 与编号为 2 的 VLAN 关联在一起,意味着输入输出该子接口的
 MAC 帧携带的 VLAN ID 为 2
```
Router(config-subif)#ip address 192.77.33.62 255.255.255.192
```
　　　　　　　　　　　　　　　　　;为该逻辑接口分配 IP 地址和子网掩码
```
Router(config-subif)#exit
Router(config)#interface FastEthernet0/0.2
Router(config-subif)#encapsulation dot1q 3
Router(config-subif)#ip address 192.77.33.110 255.255.255.240
Router(config-subif)#exit
Router(config)#interface FastEthernet0/0.3
Router(config-subif)#encapsulation dot1q 4
Router(config-subif)#ip address 192.77.33.94 255.255.255.224
Router(config-subif)#exit
Router(config)#interface FastEthernet0/0.4
```

```
Router(config-subif)#encapsulation dot1q 5
Router(config-subif)#ip address 192.77.33.126 255.255.255.240
Router(config-subif)#exit
Router(config)#ip route 192.77.33.128 255.255.255.192 192.77.33.227
;配置静态路由项,其中目的网络地址=192.77.33.128/26,下一跳 IP 地址=192.77.33.227
Router(config)#ip route 192.77.33.192 255.255.255.224 192.77.33.227
;配置静态路由项,其中目的网络地址=192.77.33.192/27,下一跳 IP 地址=192.77.33.227
```

(3) Router1 命令行配置过程。

```
Router>enable
Router#configure terminal
Router(config)#interface FastEthernet0/1
Router(config-if)#no shutdown
Router(config-if)#ip address 192.77.33.227 255.255.255.248
Router(config-if)#exit
Router(config)#interface FastEthernet0/0
Router(config-if)#no shutdown
Router(config-if)#exit
Router(config)#interface FastEthernet0/0.1
Router(config-subif)#encapsulation dot1q 2
Router(config-subif)#ip address 192.77.33.158 255.255.255.224
Router(config-subif)#exit
Router(config)#interface FastEthernet0/0.2
Router(config-subif)#encapsulation dot1q 3
Router(config-subif)#ip address 192.77.33.190 255.255.255.224
Router(config-subif)#exit
Router(config)#interface FastEthernet0/0.3
Router(config-subif)#encapsulation dot1q 4
Router(config-subif)#ip address 192.77.33.222 255.255.255.224
Router(config-subif)#exit
Router(config)#ip route 192.77.33.0 255.255.255.128 192.77.33.226
```

5.3.10　RIP 计数到无穷大实验

1. 实验内容

(1) 验证水平分割和非水平分割的区别。

(2) 验证非水平分割下形成路由消息公告环路的情况。

(3) 验证计数到无穷大的过程。

2. 网络结构

网络结构如图 5.66 所示,在路由器 R1 和 R2 启动 RIP 进程后,路由器 R1 和 R2 将生成稳定的路由表,一旦路由器 R1 连接 NET1 的链路发生故障,在路由器 R1 端口 2 和路由器 R2 端口 2 没有启动水平分割功能的情况下,将发生计数到无穷大的情况,路由器 R1 和路由器 R2 反复多次相互公告路由消息后,才使得路由器 R1 和 R2 中以 NET1 为目的网络的路由项的距离变为 16,表示 NET1 不可达。如果在路由器 R2 端口 2 启动水平分割,路由器 R1 在监测到连接 NET1 的链路故障后,立即删除以 NET1 为目的网络的路由项,R2 中以 NET1 为目的网络的路由项的距离将变为 16,表示 NET1 不可达。

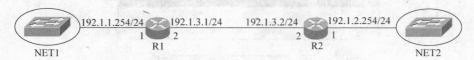

图 5.66　验证 RIP 计数到无穷大的网络结构

3. 实验步骤

(1) 启动 Packet Tracer,在逻辑工作区根据图 5.66 中的网络结构放置和连接设备,逻辑工作区完成设备放置和连接后的界面如图 5.67 所示。

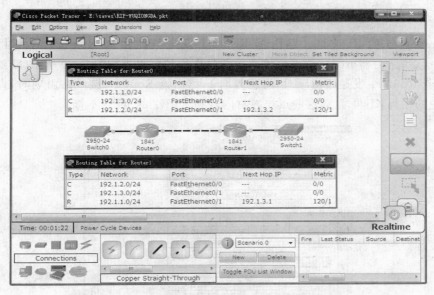

图 5.67　放置和连接设备后的逻辑工作区界面及路由表

(2) 为路由器接口配置 IP 地址和子网掩码,启动 RIP 进程,在路由器 Router0 中配置参与通过 RIP 建立路由项的网络 192.1.1.0 和 192.1.3.0,路由器 Router1 中配置参与通过 RIP 建立路由项的网络 192.1.2.0 和 192.1.3.0。

(3) 查看在路由器 Router0 和 Router1 中建立的路由表。路由器 Router0 和 Router1 的路由表见图 5.67。

(4) 在路由器 Router1 的接口 FastEthernet0/1 中通过命令"no ip split-horizon"关闭水平分割功能,同时,删除路由器 Router0 接口 FastEthernet0/0 连接交换机 Switch0 的直连双绞线。查看路由器 Router0 的路由表,Router0 的路由表如图 5.68 所示。

(5) 进入模拟操作模式,查看路由器 Router1 发送给路由器 Router0 的路由消息,其中包含目的网络为 192.1.1.0/24 的路由项,路由器 Router0 根据该路由项生成目的网络为 192.1.1.0/24,下一跳为 192.1.3.2 的路由项,其中 192.1.3.2 是路由器 Router1 接口

Routing Table for Router0

Type	Network	Port	Next Hop IP	Metric
C	192.1.3.0/24	FastEthernet0/1	---	0/0
R	192.1.2.0/24	FastEthernet0/1	192.1.3.2	120/1

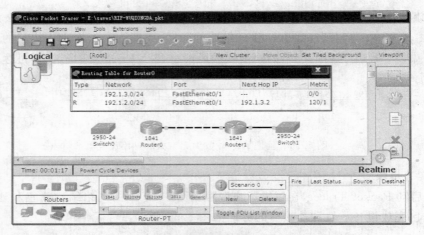

图 5.68 删除连接后的路由器 Router0 路由表

FastEthernet0/1 的 IP 地址。路由器 Router1 发送给路由器 Router0 的路由消息如图 5.69 所示，路由器 Router0 根据该路由消息生成的路由表如图 5.70 所示（需要指出的是，路由器 Router1 发送路由项时，将距离增 1，路由器 Router0 接收路由项时，直接使用路由项中的距离，不再增 1，这一点与教材内容和 RIPv2 的 RFC 不符）。

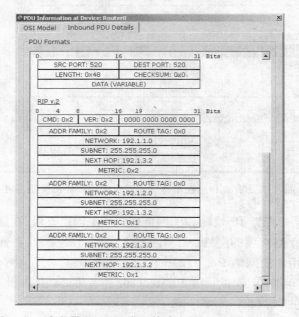

图 5.69 路由器 Router1 发送给路由器 Router0 的路由消息

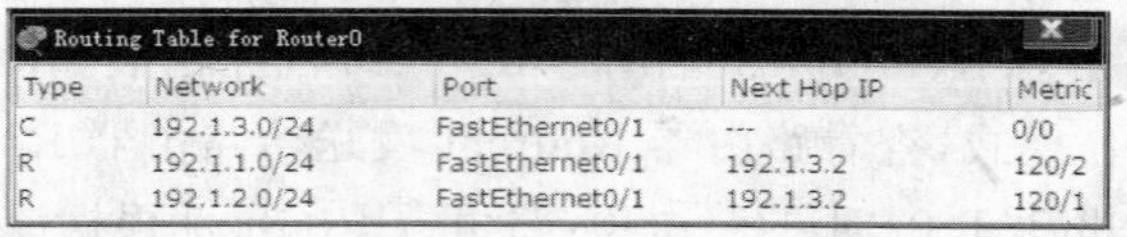

Routing Table for Router0

Type	Network	Port	Next Hop IP	Metric
C	192.1.3.0/24	FastEthernet0/1	---	0/0
R	192.1.1.0/24	FastEthernet0/1	192.1.3.2	120/2
R	192.1.2.0/24	FastEthernet0/1	192.1.3.2	120/1

图 5.70 路由器 Router0 根据路由消息重新生成的路由表

(6) 在路由器 Router0 的接口 FastEthernet0/1 中通过命令“no ip split-horizon”关闭水平分割功能，路由器 Router0 发送的路由消息中同样给出以 192.1.1.0/24 为目的网络的路由项，路由器 Router1 将根据路由项中的距离调整路由表中以 192.1.1.0/24 为目的网络的路由项的距离，路由器 Router0 发送给路由器 Router1 的路由消息如图 5.71 所示，路由器 Router1 根据该路由消息生成的路由表如图 5.72 所示。

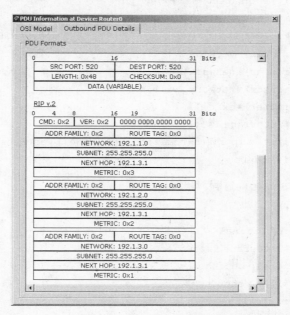

图 5.71　路由器 Router0 发送给路由器 Router1 的路由消息

Routing Table for Router1

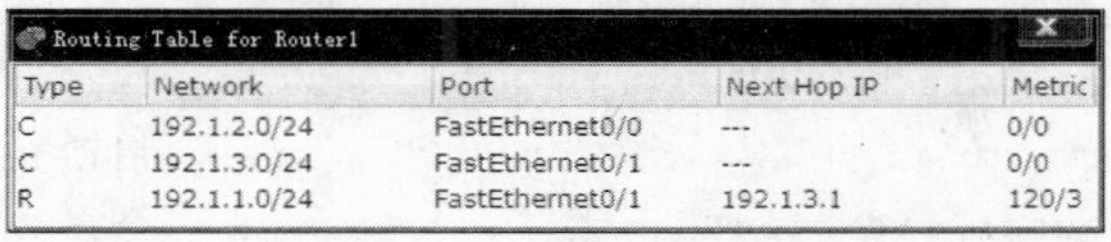

Type	Network	Port	Next Hop IP	Metric
C	192.1.2.0/24	FastEthernet0/0	---	0/0
C	192.1.3.0/24	FastEthernet0/1	---	0/0
R	192.1.1.0/24	FastEthernet0/1	192.1.3.1	120/3

图 5.72　路由器 Router1 根据路由消息重新生成的路由表

(7) 路由器 Router0 和 Router1 反复交换路由消息，最终使得两个路由器中以 192.1.1.0/24 为目的网络的路由项的距离变为 16，表示网络 192.1.1.0/24 不可达。

(8) 重新连接路由器 Router0 和交换机 Switch0。在生成路由表后，在路由器 Router1 的接口 FastEthernet0/1 中通过命令“ip split-horizon”启动水平分割功能。再次删除路由器 Router0 和交换机 Switch0 之间的直连双绞线，查看路由器 Router0 和 Router1 路由表。

4. 路由器命令行配置过程

(1) Router0 命令行配置过程。

```
Router>enable
Router#configure terminal
Router(config)#interface FastEthernet0/0
```

```
Router(config-if)#ip address 192.1.1.254 255.255.255.0
Router(config-if)#no shutdown
Router(config-if)#exit
Router(config)#interface FastEthernet0/1
Router(config-if)#ip address 192.1.3.1 255.255.255.0
Router(config-if)#no shutdown
Router(config-if)#exit
Router(config)#router rip                          ;启动 RIP 进程
Router(config-router)#version 2                    ;选择 RIPv2 版本
Router(config-router)#network 192.1.1.0
Router(config-router)#network 192.1.3.0
Router(config-router)#exit
Router(config)#interface FastEthernet0/1
Router(config-if)#no ip split-horizon        ;关闭接口 FastEthernet0/1 水平分割功能
Router(config-if)#exit
```

（2）Router1 命令行配置过程。

```
Router>enable
Router#configure terminal
Router(config)#interface FastEthernet0/0
Router(config-if)#ip address 192.1.2.254 255.255.255.0
Router(config-if)#no shutdown
Router(config-if)#exit
Router(config)#interface FastEthernet0/1
Router(config-if)#ip address 192.1.3.2 255.255.255.0
Router(config-if)#no shutdown
Router(config-if)#exit
Router(config)#router rip                          ;启动 RIP 进程
Router(config-router)#version 2                    ;选择 RIPv2 版本
Router(config-router)#network 192.1.2.0
Router(config-router)#network 192.1.3.0
Router(config-router)#exit
Router(config)#interface FastEthernet0/1
Router(config-if)#no ip split-horizon        ;关闭接口 FastEthernet0/1 水平分割功能
Router(config-if)#exit
```

5.3.11　广域网互连路由器实验

1. 实验内容
（1）验证广域网互连路由器过程。
（2）配置路由器广域网接口。
（3）验证路由器路由表建立过程。
（4）验证 IP 分组端到端传输过程。

2. 网络结构

网络结构如图 5.73 所示,由广域网 SDH 实现两个局域网之间互连。路由器 1 和 2 分别有一个以太网接口和广域网接口,用以太网接口连接局域网,用广域网接口连接 SDH。由于路由器广域网接口连接点对点信道,为了节省 IP 地址,对路由器广域网接口分配网络前缀位数为 30 的子网掩码,表明广域网只分配到两个有效 IP 地址。

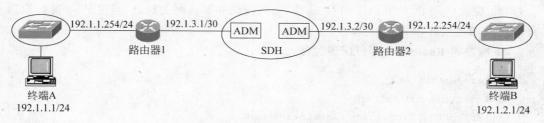

图 5.73　广域网互连路由器结构

3. 实验步骤

(1) 启动 Packet Tracer,在逻辑工作区根据图 5.73 中的网络结构放置和连接设备,逻辑工作区完成设备放置和连接后的界面如图 5.74 所示。路由器 Router0 和 Router1 需要安装带有串行口接口的模块,然后通过仿真点对点信道的串行口连接线互连路由器 Router0 和 Router1 的串行口接口。

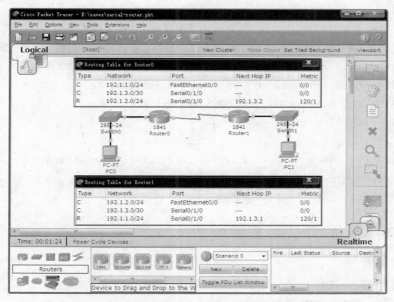

图 5.74　放置和连接设备后的逻辑工作区界面及路由表

(2) 分别在两个路由器上开启连接局域网的 FastEthernet0/0 接口,分配 IP 地址和子网掩码。开启连接点对点信道的串行口 Serial0/1/0,配置时钟速率,该时钟速率确定了串行口的传输速率,分配 IP 地址和子网掩码。还可以为串行口 Serial0/1/0 分配带宽和 MTU,分配的带宽与串行口的传输速率无关,只是一个在路由协议生成路由表时起作用的参数。带宽和 MTU 需要通过命令行接口进行配置。

（3）启动 RIP（或是配置静态路由项），路由器 Router0 输入网络地址 192.1.1.0 和 192.1.3.0,路由器 Router1 输入网络地址 192.1.2.0 和 192.1.3.0,由于 Cisco RIP 配置时只能按照分类编址方式输入网络地址,因此,192.1.3.1/30 只能以网络地址 192.1.3.0 输入。路由器 Router0 和 Router1 生成的路由表见图 5.74。

（4）配置终端 PC0 和 PC1 的 IP 地址、子网掩码和默认网关地址,通过 Ping 操作检测终端之间的连通性。

4. 路由器 Router0 命令行配置过程

```
Router> enable
Router# configure terminal
Router(config)# interface FastEthernet0/0
Router(config-if)# ip address 192.1.1.254 255.255.255.0;(Router1 改为 ip address
192.1.2.254 255.255.255.0)
Router(config-if)# no shutdown
Router(config-if)# exit
Router(config)# interface Serial0/1/0
Router(config-if)# clock rate 4000000
;以 kb/s 为单位配置时钟速率,该时钟速率对应的传输速率为 4×10⁶kb/s= 4×10⁹b/s
Router(config-if)# bandwidth 1000000
;以 kb/s 为单位配置带宽,该参数只在路由协议生成路由表时发挥作用
Router(config-if)# encapsulation ppp        ;将通过串行接口发送的分组格式定义为 PPP 帧
Router(config-if)# mtu 1500                  ;以字节为单位配置最大传输单元
Router(config-if)# ip address 192.1.3.1 255.255.255.252
;Router1 改为 ip address 192.1.3.2 255.255.255.252
Router(config-if)# exit
Router(config)# router rip
Router(config-router)# network 192.1.1.0;(Router1 改为 network 192.1.2.0)
Router(config-router)# network 192.1.3.0
Router(config-router)# exit
```

5.3.12 单区域 OSPF 配置实验

1. 实验内容

（1）验证 OSPF 工作机制。

（2）完成路由器 OSPF 配置。

（3）实现网络地址聚合。

2. 网络结构

网络结构如图 5.75 所示,路由器 R11、R12、R13、R14 和网络 192.1.1.0/24、192.1.2.0/24 构成一个 OSPF 区域,为了节省 IP 地址,可用 CIDR 地址块 192.1.3.0/27 涵盖所有分配给实现路由器互连的路由器接口的 IP 地址。路由器 R11 连接网络

192.1.1.0/24 的接口(接口 3)配置 IP 地址 192.1.1.254,路由器 R13 连接网络 192.1.2.0/24 的接口(接口 3)配置 IP 地址 192.1.2.254,因此,连接在网络 192.1.1.0/24 上的终端的默认网关地址为 192.1.1.254,连接在网络 192.1.2.0/24 上的终端的默认网关地址为 192.1.2.254。

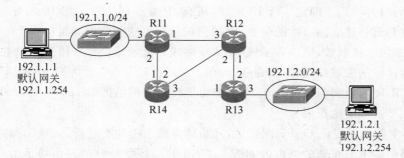

图 5.75　单区域网络结构

3. 实验步骤

(1) 启动 Packet Tracer,在逻辑工作区根据图 5.75 中的网络结构放置和连接设备,逻辑工作区完成设备放置和连接后的界面如图 5.76 所示。

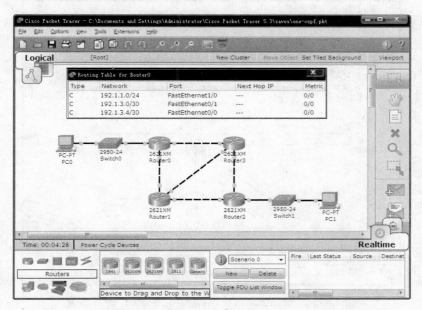

图 5.76　放置和连接设备后的逻辑工作区界面及 Router0 初始路由表

(2) 对照图 5.75 中为各个路由器接口配置的 IP 地址,为图 5.76 中每一个路由器接口配置 IP 地址和子网掩码,路由器 Router0 完成接口 IP 地址和子网掩码配置后的初始路由表如图 5.76 所示。

(3) 通过路由器命令行配置界面,完成每一个路由器的 OSPF 配置,OSPF 基本配置命令有"router ospf 进程标识符"和"network IP 地址子网掩码反码 area 区域标识符",命令"router ospf 进程标识符"用于启动 OSPF 进程,由于单个路由器中可以启动多个 OSPF 进程,用进程标识符标识同一路由器中的多个不同的 OSPF 进程,进程标识符 是 16 位二进制数。命令"network IP 地址 子网掩码反码 area 区域标识符"用于确定路 由器中参与通过 OSPF 建立路由项的接口,参数"IP 地址 子网掩码反码"的功能与"IP 地 址/子网掩码"相同,用于确定一组 IP 地址,所有 IP 地址属于这一组 IP 地址的路由器接 口参与通过 OSPF 建立路由项的过程,区域标识符给出这些路由器接口属的区域,区域 标识符是 32 位二进制数,可以表示成 IP 地址格式。区域标识符 0 用于标识主干区域,不 能作为其他区域的区域标识符,如命令"network 192.1.3.0 0.0.0.31 area 12"将接口 IP 地址属于 CIDR 地址块 192.1.3.0/27 的路由器接口分配给区域 12。0.0.0.31 是子网掩 码 255.255.255.224 的反码。

（4）各个路由器完成 OSPF 配置后,开始动态路由项建立过程,完成动态路由项建立 过程后的路由器 Router0 的路由表如图 5.77 所示。类型为 O 的路由项是由 OSPF 动态 建立的路由项,距离是 Router0 至目的网络传输路径经过的所有路由器输出接口的距离 之和,路由器输出接口距离等于 10^8/接口传输速率。快速以太网接口的距离 $=10^8/(100\times 10^6)=1$。事实上,10^8/接口输出链路传输速率 $=$ 接口的代价。

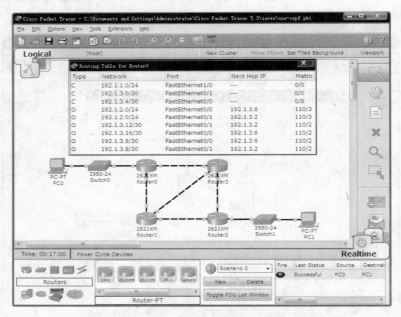

图 5.77　完成动态路由项建立过程后的 Router0 路由表

（5）对 PC0 和 PC1 配置 IP 地址、子网掩码和默认网关地址,用 Ping 操作验证网络的 连通性。

（6）进入模拟操作模式,查看路由器之间交换的 OSPF 报文,图 5.78 中的是路由器 Router3 发送给路由器 Router0 的 OSPF Hello 报文,其中 192.1.3.18 是路由器 Router3 所有接口中值最大的接口 IP 地址,这里被作为 Router3 的标识符。

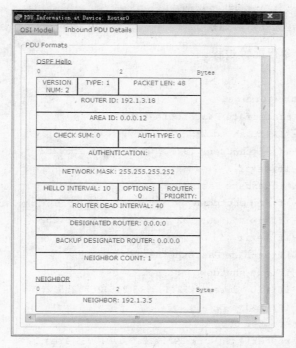

图 5.78　Router3 发送给 Router0 的 OSPF Hello 报文

4. 命令行配置过程

（1）Router0 命令行配置过程。

```
Router>enable
Router#configure terminal
Router(config)#interface FastEthernet1/0
Router(config-if)#no shutdown
Router(config-if)#ip address 192.1.1.254 255.255.255.0
Router(config-if)#exit
Router(config)#interface FastEthernet0/1
Router(config-if)#no shutdown
Router(config-if)#ip address 192.1.3.1 255.255.255.252
Router(config-if)#exit
Router(config)#interface FastEthernet0/0
Router(config-if)#no shutdown
Router(config-if)#ip address 192.1.3.5 255.255.255.252
Router(config-if)#exit
Router(config)#router ospf 10                      ;启动 OSPF 进程,进程标识符为 10
Router(config-router)#network 192.1.1.0 0.0.0.255 area 12
    ;将接口 IP 地址属于 CIDR 地址块 192.1.1.0/24 的路由器接口分配给区域 12。0.0.0.255
      是子网掩码 255.255.255.0 的反码
Router(config-router)#network 192.1.3.0 0.0.0.31 area 12
    ;将接口 IP 地址属于 CIDR 地址块 192.1.3.0/27 的路由器接口分配给区域 12。0.0.0.31
```

是子网掩码 255.255.255.224 的反码
```
Router(config-router)#exit
```

(2) Router1 命令行配置过程。

```
Router>enable
Router#configure terminal
Router(config)#interface FastEthernet0/0
Router(config-if)#no shutdown
Router(config-if)#ip address 192.1.3.2 255.255.255.252
Router(config-if)#exit
Router(config)#interface FastEthernet0/1
Router(config-if)#no shutdown
Router(config-if)#ip address 192.1.3.9 255.255.255.252
Router(config-if)#exit
Router(config)#interface FastEthernet1/0
Router(config-if)#no shutdown
Router(config-if)#ip address 192.1.3.13 255.255.255.252
Router(config-if)#exit
Router(config)#router ospf 11
Router(config-router)#network 192.1.3.0 0.0.0.31 area 12
Router(config-router)#exit
```

(3) Router2 命令行配置过程。

```
Router>enable
Router#configure terminal
Router(config)#interface FastEthernet1/0
Router(config-if)#no shutdown
Router(config-if)#ip address 192.1.2.254 255.255.255.0
Router(config-if)#exit
Router(config)#interface FastEthernet0/0
Router(config-if)#no shutdown
Router(config-if)#ip address 192.1.3.14 255.255.255.252
Router(config-if)#exit
Router(config)#interface FastEthernet0/1
Router(config-if)#no shutdown
Router(config-if)#ip address 192.1.3.17 255.255.255.252
Router(config-if)#exit
Router(config)#router ospf 12
Router(config-router)#network 192.1.2.0 0.0.0.255 area 12
Router(config-router)#network 192.1.3.0 0.0.0.31 area 12
Router(config-router)#exit
```

(4) Router3 命令行配置过程。

```
Router>enable
```

```
Router#configure terminal
Router(config)#interface FastEthernet0/0
Router(config-if)#ip address 192.1.3.6 255.255.255.252
Router(config-if)#exit
Router(config)#interface FastEthernet0/1
Router(config-if)#ip address 192.1.3.10 255.255.255.252
Router(config-if)#exit
Router(config)#interface FastEthernet1/0
Router(config-if)#no shutdown
Router(config-if)#ip address 192.1.3.18 255.255.255.252
Router(config-if)#exit
Router(config)#router ospf 13
Router(config-router)#network 192.1.3.0 0.0.0.31 area 12
Router(config-router)#exit
```

5.3.13　多区域 OSPF 配置实验

1. 实验内容

(1) 验证 OSPF 工作机制。

(2) 完成网络区域划分。

(3) 完成多区域路由器 OSPF 配置。

(4) 实现网络地址聚合。

2. 网络结构

网络结构如图 5.79 所示,路由器 R11、R12、R01 接口 3 和 2、R02 接口 1 和网络 192.1.1.0/24 构成一个 OSPF 区域(区域 1),路由器 R21、R22、R03 接口 3 和 2、网络 192.1.2.0/24 构成另一个 OSPF 区域(区域 2),R01 接口 1 和 4、R02 接口 2 和 3、R03 接口 1 和 4 构成 OSPF 主干区域(区域 0),R01、R02 和 R03 为区域边界路由器,用于实现本地区域和主干区域的互连,其中 R01、R02 用于实现区域 1 和主干区域的互连,R03 用于实现区域 2 和主干区域的互连。为了节省 IP 地址,区域 1 内,可用 CIDR 地址块 192.1.3.0/28 涵盖所有分配给实现区域 1 内路由器互连的路由器接口的 IP 地址。区域

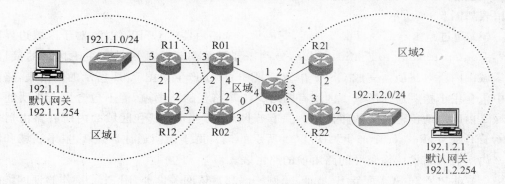

图 5.79　多区域网络结构

2 内,可用 CIDR 地址块 192.1.5.0/28 涵盖所有分配给实现区域 2 内路由器互连的路由器接口的 IP 地址。主干区域内,可用 CIDR 地址块 192.1.4.0/28 涵盖所有分配给实现主干区域内路由器互连的路由器接口的 IP 地址。路由器 R11 连接网络 192.1.1.0/24 的接口(接口 3)配置 IP 地址 192.1.1.254,路由器 R22 连接网络 192.1.2.0/24 的接口(接口 2)配置 IP 地址 192.1.2.254,因此,连接在网络 192.1.1.0/24 上的终端的默认网关地址为 192.1.1.254,连接在网络 192.1.2.0/24 上的终端的默认网关地址为 192.1.2.254。

3. 实验步骤

(1) 启动 Packet Tracer,在逻辑工作区根据图 5.79 中的网络结构放置和连接设备,逻辑工作区完成设备放置和连接后的界面如图 5.80 所示。

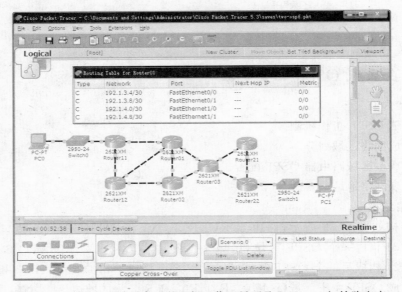

图 5.80　放置和连接设备后的逻辑工作区界面及 Router01 初始路由表

(2) 对照图 5.79 中为各个路由器接口配置的 IP 地址,为图 5.80 中每一个路由器接口配置 IP 地址和子网掩码,路由器 Router01 完成接口 IP 地址和子网掩码配置后的初始路由表如图 5.80 所示。

(3) 通过路由器命令行配置界面,完成每一个路由器的 OSPF 配置,对于区域边界路由器 Router01、Router02 和 Router03,分别需要配置属于本地区域和主干区域的接口。在区域 1 内所有路由器完成 OSPF 配置后,Router01 产生如图 5.81 所示的路由表,路由表中包含用于指明通往区域 1 内所有网络的传输路径的路由项,但不包含用于指明通往区域 2 内网络的传输路径的路由项。只有当区域 1、主干区域和区域 2 内所有路由器完成 OSPF 配置,Router01 产生如图 5.82 所示的包含用于指明通往区域 1、主干区域和区域 2 内所有网络的传输路径的路由项的路由表。

(4) 对 PC0 和 PC1 配置 IP 地址、子网掩码和默认网关地址,用 Ping 操作验证网络的连通性。

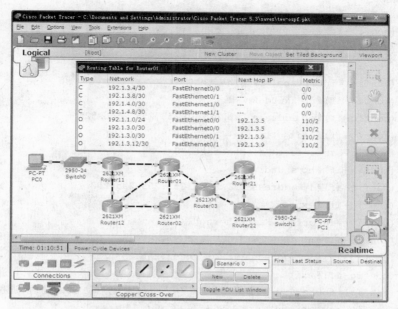

图 5.81　建立通往区域 1 内网络的路由项后的 Router01 路由表

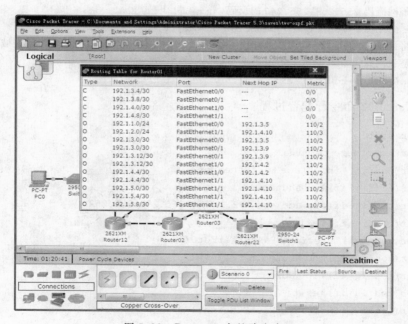

图 5.82　Router01 完整路由表

4. 命令行配置过程

（1）Router01 命令行配置过程。

```
Router>enable
Router#configure terminal
```

```
Router(config)#interface FastEthernet0/0
Router(config-if)#no shutdown
Router(config-if)#ip address 192.1.3.6 255.255.255.252
Router(config-if)#exit
Router(config)#interface FastEthernet0/1
Router(config-if)#no shutdown
Router(config-if)#ip address 192.1.3.10 255.255.255.252
Router(config-if)#exit
Router(config)#interface FastEthernet1/0
Router(config-if)#no shutdown
Router(config-if)#ip address 192.1.4.1 255.255.255.252
Router(config-if)#exit
Router(config)#interface FastEthernet1/1
Router(config-if)#no shutdown
Router(config-if)#ip address 192.1.4.9 255.255.255.252
Router(config-if)#exit
Router(config)#router ospf 13                     ;启动 OSPF 进程,进程标识符为 13
Router(config-router)#network 192.1.3.0 0.0.0.15 area 1
```
　;将接口 IP 地址属于 CIDR 地址块 192.1.3.0/28 的路由器接口分配给区域1。0.0.0.15 是
　子网掩码 255.255.255.240 的反码
```
Router(config-router)#network 192.1.4.0 0.0.0.15 area 0
```
　;将接口 IP 地址属于 CIDR 地址块 192.1.4.0/28 的路由器接口分配给主干区域。0.0.0.15
　是子网掩码 255.255.255.240 的反码
```
Router(config-router)#exit
```

（2）Router02 命令行配置过程。

```
Router>enable
Router#configure terminal
Router(config)#interface FastEthernet0/0
Router(config-if)#no shutdown
Router(config-if)#ip address 192.1.3.14 255.255.255.252
Router(config-if)#exit
Router(config)#interface FastEthernet0/1
Router(config-if)#no shutdown
Router(config-if)#ip address 192.1.4.2 255.255.255.252
Router(config-if)#exit
Router(config)#interface FastEthernet1/0
Router(config-if)#no shutdown
Router(config-if)#ip address 192.1.4.5 255.255.255.252
Router(config-if)#exit
Router(config)#router ospf 12
Router(config-router)#network 192.1.3.0 0.0.0.15 area 1
Router(config-router)#network 192.1.4.0 0.0.0.15 area 0
Router(config-router)#exit
```

（3）Router03 命令行配置过程。

```
Router>enable
Router#configure terminal
Router(config)#interface FastEthernet0/1
Router(config-if)#no shutdown
Router(config-if)#ip address 192.1.4.6 255.255.255.252
Router(config-if)#exit
Router(config)#interface FastEthernet0/0
Router(config-if)#no shutdown
Router(config-if)#ip address 192.1.4.10 255.255.255.252
Router(config-if)#exit
Router(config)#interface FastEthernet1/0
Router(config-if)#no shutdown
Router(config-if)#ip address 192.1.5.1 255.255.255.252
Router(config-if)#exit
Router(config)#interface FastEthernet1/1
Router(config-if)#no shutdown
Router(config-if)#ip address 192.1.5.5 255.255.255.252
Router(config-if)#exit
Router(config)#router ospf 10
Router(config-router)#network 192.1.4.0 0.0.0.15 area 0
Router(config-router)#network 192.1.5.0 0.0.0.15 area 2
Router(config-router)#exit
```

区域 1 和区域 2 内路由器的命令行配置过程与 5.3.12 节单区域 OSPF 配置过程中的路由器命令行配置过程相似，这里不再列出。

5.3.14　BGP 配置实验

1．实验内容
（1）验证分层路由机制。
（2）验证 BGP 工作原理。
（3）网络自治系统划分。
（4）完成 BGP 配置。
（5）验证自治系统之间的连通性。

2．网络结构
网络结构如图 5.83 所示，由三个自治系统组成，自治系统号分别为 100、200 和 300。R14 和 R13 是 AS100 的 BGP 发言人，R22 和 R23 是 AS200 的 BGP 发言人，R31 和 R34 是 AS300 的 BGP 发言人，它们同时都是自治系统边界路由器。R14 和 R22、R13 和 R31、R34 和 R23 构成外部邻居关系。每一个自治系统内部通过 OSPF 建立用于指明通往同一自治系统内网络的传输路径的动态路由项。为了节省 IP 地址，同一自治系统内路由器接口的 IP 地址属于 CIDR 地址块 X/28，其中 AS100 中路由器接口的 IP 地址属于

192.1.4.0/28，AS200 中路由器接口的 IP 地址属于 192.1.5.0/28，AS300 中路由器接口的 IP 地址属于 192.1.5.0/28。

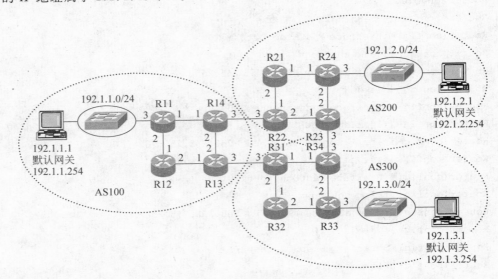

图 5.83　多自治系统网络结构

3. 实验步骤

（1）启动 Packet Tracer，在逻辑工作区根据图 5.83 中的网络结构放置和连接设备，逻辑工作区完成设备放置和连接后的界面如图 5.84 所示。

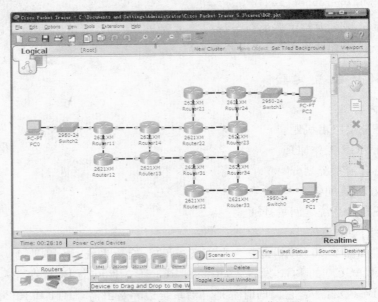

图 5.84　放置和连接设备后的逻辑工作区界面

（2）完成每一个自治系统内部路由器接口的 IP 地址和子网掩码配置，其中 AS100 中路由器接口的 IP 地址属于 192.1.4.0/28，AS200 中路由器接口的 IP 地址属于

192.1.5.0/28,AS300 中路由器接口的 IP 地址属于 192.1.5.0/28。互连 Router14 和 Router22 的接口的 IP 地址和子网掩码为 192.1.7.0/30,互连 Router13 和 Router31 的接口的 IP 地址和子网掩码为 192.1.8.0/30,互连 Router34 和 Router23 的接口的 IP 地址和子网掩码为 192.1.9.0/30。

（3）完成每一个自治系统内部路由器的 OSPF 配置,每一个路由器生成用于指明通往同一自治系统内网络的传输路径的动态路由项。图 5.85 所示为路由器 Router14 包含 OSPF 生成的动态路由项的路由表。图 5.86 所示为路由器 Router11 包含 OSPF 生成的动态路由项的路由表。

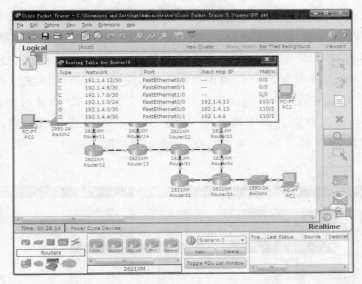

图 5.85　建立通往 AS100 内部网络路由项后的 Router14 路由表

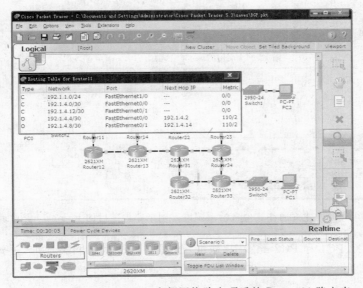

图 5.86　建立通往 AS100 内部网络路由项后的 Router11 路由表

（4）用命令"router bgp 自治系统号"启动 BGP 进程,自治系统号是 16 位二进制数。用命令"neighbor IP 地址 remote-as 自治系统号"定义 BGP 邻居,每一个 BGP 发言人需要和属于同一自治系统的其他 BGP 发言人,属于其他自治系统的 BGP 发言人交换 BGP 报文,命令"neighbor IP 地址 remote-as 自治系统号"指定与该 BGP 发言人交换 BGP 报文的另一个 BGP 发言人的 IP 地址和所在自治系统的自治系统号。Packet Tracer 只允许 BGP 发言人定义属于其他自治系统的邻居。在 OSPF 进程配置过程中输入命令"redistribute bgp 自治系统号"将由该 OSPF 进程生成的动态路由项添加到发送给相邻 BGP 发言人的 BGP 报文中,自治系统边界路由器 Router14 获得邻居所在自治系统的内部路由项后,生成如图 5.87 所示的路由表,其中类型为 B 的是通过与邻居交换 BGP 报文获得的邻居所在自治系统的内部路由项。同样,在 BGP 进程配置过程中输入命令"redistribute ospf 进程标识符"将由自治系统号指定的 BGP 进程获得的用于指明通往其他自治系统中网络的传输路径的路由项加入到由进程标识符指定的 OSPF 进程发送的路由消息中,Packet Tracer 只允许目的网络地址为无分类 IP 地址的路由项加入到自治系统内部路由协议交换的路有消息中,因此,Router11 最终生成的路由表中只包含用于指明通往其他自治系统的网络 192.1.2.0/24 和 192.1.3.0/24 的路由项,如图 5.88 所示。

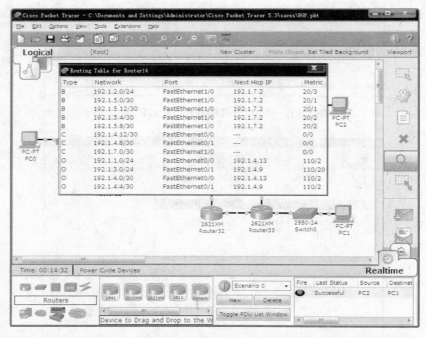

图 5.87   建立通往其他自治系统内部网络路由项后的 Router14 路由表

（5）为 PC0、PC1 和 PC2 配置 IP 地址、子网掩码和默认网关地址,通过 Ping 操作验证网络的连通性。

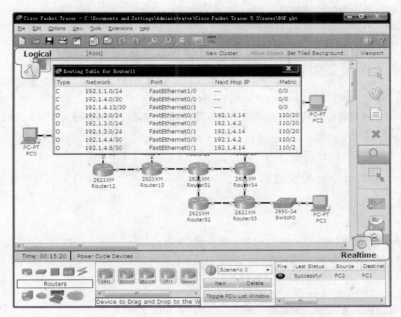

图 5.88　Router11 完整路由表

4. 命令行配置过程

(1) Router14 命令行配置过程。

```
Router>enable
Router#configure terminal
Router(config)#interface FastEthernet0/0
Router(config-if)#no shutdown
Router(config-if)#ip address 192.1.4.14 255.255.255.252
Router(config-if)#exit
Router(config)#interface FastEthernet0/1
Router(config-if)#no shutdown
Router(config-if)#ip address 192.1.4.10 255.255.255.252
Router(config-if)#exit
Router(config)#interface FastEthernet1/0
Router(config-if)#no shutdown
Router(config-if)#ip address 192.1.7.1 255.255.255.252
Router(config-if)#exit
Router(config)#router ospf 12                    ;启动进程标识符为 12 的 OSPF 进程
Router(config-router)#redistribute bgp 100
```
　　;将 OSPF 进程生成的动态路由项加入到自治系统号为 100 的 BGP 进程生成的路由表中,作为
　　该 BGP 进程向其邻居公告的所在自治系统的内部路由项的一部分
```
Router(config-router)#network 192.1.4.0 0.0.0.15 area 1
```
　　;将接口 IP 地址属于 CIDR 地址块 192.1.4.0/28 的路由器接口分配给区域 1。0.0.0.15 是
　　子网掩码 255.255.255.240 的反码。由于自治系统之间是相互独立的,因此,不同自治系

统可以采用相同的区域号

```
Router(config-router)#exit
Router(config)#router bgp 100          ;启动自治系统号为 100 的 BGP 进程
Router(config-router)#neighbor 192.1.7.2 remote-as 200
                              ;定义位于自治系统 200,IP 地址为 192.1.7.2 的邻居
Router(config-router)#redistribute ospf 12
     ;将 BGP 进程获得的其他自治系统的内部路由项添加到进程标识符为 12 的 OSPF 进程发送的
     路由消息中
Router(config-router)#exit
```

（2）Router22 命令行配置过程。

```
Router>enable
Router#configure terminal
Router(config)#interface FastEthernet0/0
Router(config-if)#no shutdown
Router(config-if)#ip address 192.1.7.2 255.255.255.252
Router(config-if)#exit
Router(config)#interface FastEthernet0/1
Router(config-if)#no shutdown
Router(config-if)#ip address 192.1.5.1 255.255.255.252
Router(config-if)#exit
Router(config)#interface FastEthernet1/0
Router(config-if)#no shutdown
Router(config-if)#ip address 192.1.5.13 255.255.255.252
Router(config-if)#exit
Router(config)#router ospf 12
Router(config-router)#redistribute bgp 200
Router(config-router)#network 192.1.5.0 0.0.0.15 area 1
Router(config-router)#exit
Router(config)#router bgp 200
Router(config-router)#neighbor 192.1.7.1 remote-as 100
Router(config-router)#redistribute ospf 12
Router(config-router)#exit
```

其他自治系统边界路由器的命令行配置过程与此相似,自治系统内部路由器的命令行配置过程与 5.3.12 节单区域 OSPF 配置过程相似,这里不再赘述。

5.3.15 动态 NAT 配置实验

1. 实验内容

（1）内部网络设计和私有地址规划。

（2）验证动态 NAT 工作机制。

（3）完成路由器动态 NAT 配置。

（4）验证私有地址与全球地址之间的转换过程。

2. 网络结构

网络结构如图 5.89 所示,内部网络分配私有地址块 192.168.1.0/24,路由器 R2 只能路由以全球 IP 地址为源和目的 IP 地址的 IP 分组,因此,需要为内部网络分配全球 IP 地址块 193.1.1.16/28,路由器 R2 中必须建立用于指明通往目的网络 193.1.1.16/28 的传输路径的路由项。当内部网络中的终端访问外部网络中的终端或服务器时,需由路由器 R1 完成私有地址与全球 IP 地址之间的转换,并建立地址转换表。

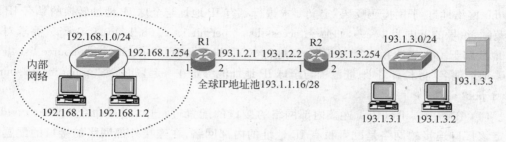

图 5.89 实现动态 NAT 的网络结构

3. 实验步骤

(1) 启动 Packet Tracer,在逻辑工作区根据图 5.89 中的网络结构放置和连接设备,逻辑工作区完成设备放置和连接后的界面如图 5.90 所示。

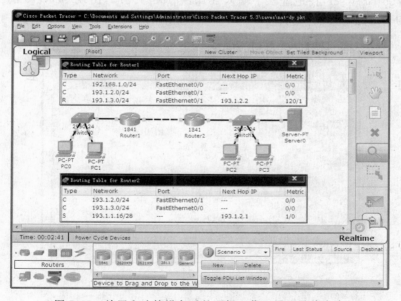

图 5.90 放置和连接设备后的逻辑工作区界面及路由表

(2) 对照图 5.89,完成图 5.90 中路由器 Router1 和 Router2 各个接口的 IP 地址和子网掩码配置,启动 RIP 进程,生成 Router1 和 Router2 包含动态路由项的路由表,同时,在路由器 Router2 中配置用于指明通往网络 193.1.1.16/28 的传输路径的静态路由项,Router1 和 Router2 的路由表如图 5.90 所示,需要指出的是 Router2 的路由表中并没有包含用于指明通往网络 192.168.1.0/24 的传输路径的路由项,内部网络对于其他网络中的终端是不可见的。

(3) 在路由器 Router1 中完成网络地址转换(Network Address Translation,NAT)配置,通过命令"ip nat pool 地址池名 起始 IP 地址 结束 IP 地址 netmask 子网掩码"定义全球 IP 地址池,如命令"ip nat pool a1 193.1.1.17 193.1.1.30 netmask 255.255.255.240"定义名为 a1、包含全球 IP 地址 193.1.1.17～193.1.1.30 的全球 IP 地址池。命令"access-list 编号 permit 网络地址 子网掩码反码"定义要求进行私有 IP 地址与全球 IP 地址转换的私有 IP 地址范围,编号的范围为 1～99,如命令"access-list 1 permit 192.168.1.0 0.0.0.255"要求对源 IP 地址属于 192.168.1.0/24 的 IP 分组进行 NAT 操作。命令"ip nat inside source list 编号 pool 地址池名"将私有 IP 地址范围与全球 IP 地址池绑定在一起,如命令"ip nat inside source list 1 pool a1"。

(4) 在路由器 Router1 连接内部网络的接口的配置过程中,通过命令"ip nat inside"确定该接口连接的网络是配置私有 IP 地址的内部网络,在连接外部网络的接口的配置过程中,通过命令"ip nat outside"确定该接口连接的网络是使用全球 IP 地址的外部网络。

(5) 为内部网络中的 PC0 和 PC1 配置 IP 地址和子网掩码 192.168.1.1/24 和 192.168.1.2/24,同时配置默认网关地址 192.168.1.254,为外部网络中的服务器 Server0 配置 IP 地址、子网掩码和默认网关地址 193.1.3.3/24 和 193.1.3.254。启动 PC0 和 PC1 的实用程序 Web Browser,在地址栏中输入 http://193.1.3.3,出现 Server0 的 Web 主页,如图 5.91 所示的 PC0 实用程序 Web Browser 显示的 Server0 的 Web 主页。

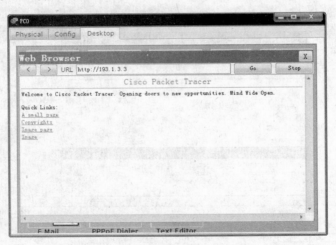

图 5.91　PC0 访问到的 Server0 Web 页面

(6) 进入模拟操作模式,拦截 PC0 发送给 Server0 的 HTTP 报文,PC0 至 Router1 段的 IP 分组封装格式如图 5.92 所示,源 IP 地址是 PC0 的私有地址 192.168.1.1。Router1 至 Router2 段的 IP 分组封装格式如图 5.93 所示,源 IP 地址是全球 IP 地址池中的其中一个 IP 地址 193.1.1.17,由 Router1 完成私有 IP 地址至全球 IP 地址之间的转换。

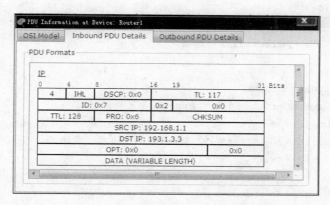

图 5.92　PC0 至 Router1 IP 分组格式

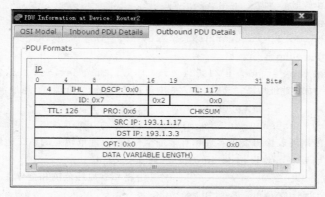

图 5.93　Router1 至 Router2 IP 分组格式

（7）如图 5.94 所示 Router1 的 NAT 表显示：私有地址 192.168.1.1 和全球 IP 地址 193.1.1.17 之间的绑定关系与 PC0 访问 Server0 时建立的 TCP 连接关联在一起,在该 TCP 连接存在期间,离开内部网络的 IP 分组一律将源 IP 地址 192.168.1.1 转换成 193.1.1.17, 进入内部网络的 IP 分组,一律将目的 IP 地址 193.1.1.17 转换成 192.168.1.1。

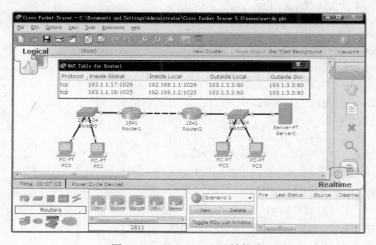

图 5.94　Router1 地址转换表

4. 命令行配置过程

（1）Router1 命令行配置过程。

```
Router>enable
Router#configure terminal
Router(config)#interface FastEthernet0/0
Router(config-if)#no shutdown
Router(config-if)#ip address 192.168.1.254 255.255.255.0
Router(config-if)#exit
Router(config)#interface FastEthernet0/1
Router(config-if)#no shutdown
Router(config-if)#ip address 193.1.2.1 255.255.255.0
Router(config-if)#exit
Router(config)#router rip
Router(config-router)#network 193.1.2.0
Router(config-router)#exit
Router(config)#ip nat pool a1 193.1.1.17 193.1.1.30 netmask 255.255.255.240
```
　　;建立包含 CIDR 地址块 193.1.1.16/28 中可用 IP 地址的全球 IP 地址池,a1 是该地址池的
　　名字
```
Router(config)#access-list 1 permit 192.168.1.0 0.0.0.255
```
;通过标准访问控制列表给出要求实现私有地址至全球 IP 地址转换的私有地址范围
```
Router(config)#ip nat inside source list 1 pool a1
```
　　　　　　　　　　　　　　　　　　　;将私有地址范围和全球 IP 地址池绑定在一起
```
Router(config)#interface FastEthernet0/0
Router(config-if)#ip nat inside          ;确定该接口连接配置私有地址的内部网络
Router(config-if)#exit
Router(config)#interface FastEthernet0/1
Router(config-if)#ip nat outside         ;确定该接口连接配置全球 IP 地址的外部网络
Router(config-if)#exit
```

（2）Router2 命令行配置过程。

```
Router>enable
Router#configure terminal
Router(config)#interface FastEthernet0/1
Router(config-if)#no shutdown
Router(config-if)#ip address 193.1.2.2 255.255.255.0
Router(config-if)#exit
Router(config)#interface FastEthernet0/0
Router(config-if)#no shutdown
Router(config-if)#ip address 193.1.3.254 255.255.255.0
Router(config-if)#exit
Router(config)#router rip
Router(config-router)#network 193.1.2.0
Router(config-router)#network 193.1.3.0
```

```
Router(config-router)#exit
Router(config)#ip route 193.1.1.16 255.255.255.240 193.1.2.1
```

5.3.16　静态 NAT 配置实验

1. 实验内容

（1）内部网络设计和私有地址规划。

（2）验证动态 NAT 工作机制。

（3）验证静态 NAT 工作机制。

（4）完成路由器动态 NAT 配置。

（5）完成路由器静态 NAT 配置。

（6）验证私有地址与全球地址之间的转换过程。

2. 网络结构

网络结构如图 5.95 所示，两个内部网络通过公共网络互连，由于这两个内部网络相互独立，可以分配相同的私有地址块 192.168.1.0/24，但在建立私有地址与全球 IP 地址之间绑定关系之前，其他网络中的终端无法用某个终端的私有地址访问该终端。因此，必须由内部网络中分配私有地址的终端发起访问公共网络中分配全球 IP 地址的终端的过程，如果需要实现内部网络 1 中配置私有 IP 地址 192.168.1.1 的终端访问内部网络 2 中配置私有 IP 地址 192.168.1.1 的服务器，需要在路由器 R2 建立私有 IP 地址 192.168.1.1 和全球 IP 地址 193.1.3.1 之间的静态绑定关系。路由器 R1 中必须建立用于指明通往目的网络 193.1.3.0/28 的传输路径的路由项。路由器 R2 中必须建立用于指明通往目的网络 193.1.1.16/28 的传输路径的路由项。当内部网络 1 中的终端发起访问内部网络 2 中服务器时，需由路由器 R1 完成私有地址与全球 IP 地址之间的转换，并建立地址转换表。由路由器 R2 根据静态绑定关系完成全球 IP 地址与私有地址之间的转换。

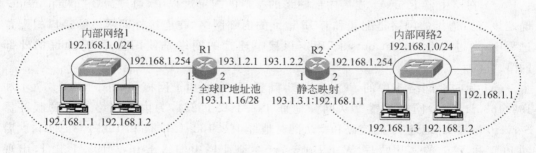

图 5.95　实现静态 NAT 的网络结构

3. 实验步骤

（1）启动 Packet Tracer，在逻辑工作区根据图 5.95 中的网络结构放置和连接设备，逻辑工作区完成设备放置和连接后的界面如图 5.96 所示。

（2）对照图 5.95 完成图 5.96 中路由器 Router1 和 Router2 各个接口的 IP 地址和子网掩码配置，在路由器 Router2 中配置用于指明通往网络 193.1.1.16/28 的传输路径的静态路由项，在路由器 Router1 中配置用于指明通往网络 193.1.3.0/28 的传输路径的静

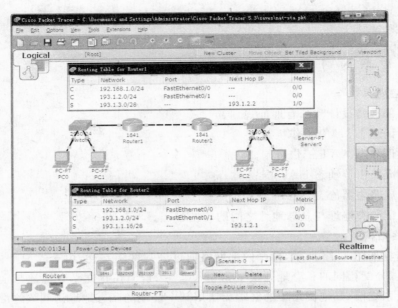

图 5.96　放置和连接设备后的逻辑工作区界面及路由表

态路由项。Router1 和 Router2 的路由表见图 5.96。

（3）路由器 Router1 中有关 NAT 的配置过程与 5.3.15 节动态 NAT 配置实验相同。路由器 Router2 需要通过命令"ip nat inside source static 私有 IP 地址 全球 IP 地址"建立私有 IP 地址与全球 IP 地址之间的静态绑定关系，如用命令"ip nat inside source static 192.168.1.1 193.1.3.1"建立私有 IP 地址 192.168.1.1 与全球 IP 地址 193.1.3.1 之间的静态绑定关系。

（4）在路由器 Router2 连接内部网络的接口的配置过程中，通过命令"ip nat inside"确定该接口连接的网络是配置私有 IP 地址的内部网络，在连接外部网络的接口的配置过程中，通过命令"ip nat outside"确定该接口连接的网络是使用全球 IP 地址的外部网络。

（5）为内部网络 1 中的 PC0 和 PC1 配置 IP 地址和子网掩码 192.168.1.1/24 和 192.168.1.2/24，同时配置默认网关地址 192.168.1.254，为内部网络 2 中的服务器 Server0 配置 IP 地址、子网掩码和默认网关地址 192.168.1.1/24 和 192.168.1.254。启动 PC0 和 PC1 的实用程序 Web Browser，在地址栏中输入 http://193.1.3.1，出现 Server0 的 Web 主页。

（6）进入模拟操作模式，拦截 PC0 发送给 Server0 的 HTTP 报文，PC0 至 Router1 段的 IP 分组封装格式如图 5.97 所示，源 IP 地址是 PC0 的私有地址 192.168.1.1，目的 IP 地址是全球 IP 地址 193.1.3.1。Router1 至 Router2 段的 IP 分组封装格式如图 5.98 所示，源 IP 地址是全球 IP 地址池中的其中一个 IP 地址 193.1.1.17，目的 IP 地址是全球 IP 地址 193.1.3.1。Router2 至 Server0 段的 IP 分组封装格式如图 5.99 所示，源 IP 地址是全球 IP 地址 193.1.1.17，目的 IP 地址是 Server0 的私有 IP 地址 192.168.1.1。

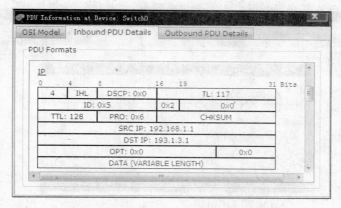

图 5.97　PC0 至 Router1 IP 分组格式

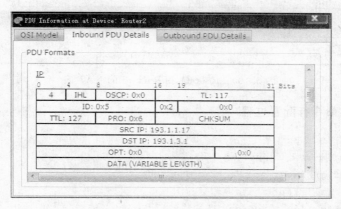

图 5.98　Router1 和 Router2 IP 分组格式

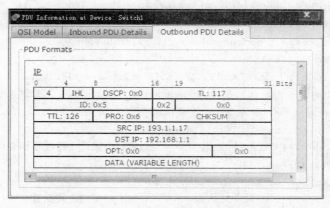

图 5.99　Router2 至 Server0 IP 分组格式

（7）Router1 和 Router2 的 NAT 表如图 5.100 所示，可以看出 Router1 已经建立私有地址 192.168.1.1 和全球 IP 地址 193.1.1.17 之间的绑定关系。Router2 已经根据私有 IP 地址 192.168.1.1 与全球 IP 地址 193.1.3.1 之间的静态绑定关系建立 NAT。

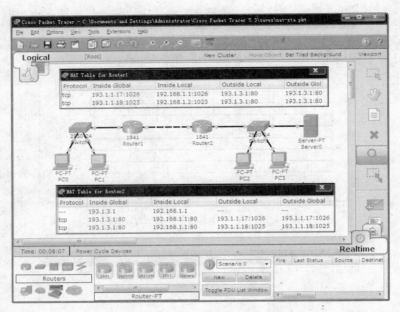

图 5.100　Router1 和 Router2 的 NAT 表

4. Router2 命令行配置过程

```
Router>enable
Router#configure terminal
Router(config)#interface FastEthernet0/0
Router(config-if)#no shutdown
Router(config-if)#ip address 192.168.1.254 255.255.255.0
Router(config-if)#exit
Router(config)#interface FastEthernet0/1
Router(config-if)#no shutdown
Router(config-if)#ip address 193.1.2.2 255.255.255.0
Router(config-if)#exit
Router(config)#ip route 193.1.1.16 255.255.255.240 193.1.2.1
Router(config)#ip nat inside source static 192.168.1.1 193.1.3.1
            ;建立私有 IP 地址 192.168.1.1 与全球 IP 地址 193.1.3.1 之间的静态绑定关系
Router(config)#interface FastEthernet0/0
Router(config-if)#ip nat inside            ;确定该接口连接配置私有地址的内部网络
Router(config-if)#exit
Router(config)#interface FastEthernet0/1
Router(config-if)#ip nat outside           ;确定该接口连接配置全球 IP 地址的外部网络
Router(config-if)#exit
```

　　Router1 的命令行配置过程除了需要增加配置静态路由项命令"ip route 193.1.3.0 255.255.255.240 193.1.2.2"外,与 5.3.15 节动态 NAT 配置过程相同。

第 6 章 IPv6

6.1 知识要点

6.1.1 IPv6 地址表示方式

1. 基本表示方式

基本表示方式是将 128b IPv6 地址以 16 位为单位分段,每一段用 4 位十六进制数表示,各段用冒号分隔,下面是几个用基本表示方式表示的 IPv6 地址。

> 2001:0000:0000:0410:0000:0000:0001:45FF
>
> 0000:0000:0000:0000:0001:0765:0000:7627

2. 压缩表示方式

基本表示方式中可能出现很多 0,甚至可能整段都是 0,为了简化地址表示,可以将不必要的 0 去掉。不必要的 0 是指去掉后,不会错误理解段中 16 位二进制数的那些 0。如 0410 可以压缩成 410,但不能压缩成 41 或 041。上述用基本表示方式表示的 IPv6 地址可以压缩成如下表示方式。

> 2001:0:0:410:0:0:1:45FF
>
> 0:0:0:0:1:765:0:7627

用压缩表示方式表示的 IPv6 地址仍然可能出现相邻若干段都是 0 的情况,为了进一步缩短地址表示方式,可用一对冒号::表示连续的一串 0,当然,一个 IPv6 地址只能出现一个::,这种用::表示连续的一串 0 的压缩表示方式就是 0 压缩表示方式,上述地址用 0 压缩表示方式表示如下。

> 2001::410:0:0:1:45FF
>
> ::1:765:0:7627

2001:0:0:410:0:0:1:45FF 也可表示成 2001:0:0:410::1:45FF,但不能表示成 2001::410::1:45FF,因为后一种表示无法确定每一个::表示几个相邻的 0。表 6.1 给出几组 IPv6 地址的基本表示方式和 0 压缩表示方式。

表 6.1　几组 IPv6 地址的基本表示方式和 0 压缩表示方式

基本表示方式	0 压缩表示方式
0000:0000:0000:0000:FE80:0000:0000:0000	::FE80:0:0:0
0000:0001:1000:0000:0000:0000:0000:0000	0:1:1000::
0100:0000:0001:1000:0000:0000:0001:1000	100:0:1:1000::1:1000

6.1.2　IPv6 地址类型及生成过程

1. 根据 MAC 地址生成链路本地地址

链路本地地址的高 64 位固定为 FE80:0000:0000:0000,低 64 位为接口标识符,接口标识符通过 MAC 地址导出。48 位 MAC 地址由 24 位的公司标识符和 24 位的扩展标识符组成,公司标识符由 IEEE 负责分配。公司标识符最高字节的第 1 位是 G/L(全局地址/本地地址)位,一般情况下,MAC 地址都是全局地址,G/L 位为 0。MAC 地址导出接口标识符的过程如图 6.1 所示,首先将 MAC 地址的 G/L 位置 1,然后在公司标识符和扩展标识符之间插入十六进制值为 FFFE 的 16 位二进制数。

假定 MAC 地址是 0002.17A9.811E,分为高 24 位 0002.17 和低 24 位 A9.811E,最高 8 位为 00000000,将 G/L 位置 1 后,最高 8 位变为 00000010,高 24 位变为 0202.17,在高 24 位和低 24 位中间插入 FFFE,构成 64 位接口标识符 0202.17FF.FEA9.811E,根据接口标识符生成的链路本地地址为 FE80:0000:0000:0000:0202:17FF:FEA9:811E,其 0 压缩表示方式为 FE80::202:17FF:FEA9:811E。

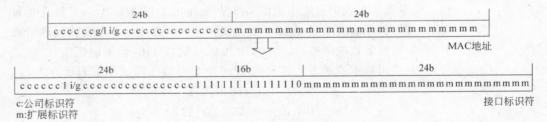

图 6.1　根据 MAC 地址求出接口标识符过程

2. 根据网络前缀和 MAC 地址生成全球 IPv6 地址

终端如果选择自动配置方式,自动根据为连接终端所连接的网络的路由器接口配置的 64 位网络前缀和根据 MAC 地址导出的 64 位接口标识符生成全球 IPv6 地址,假定为路由器接口配置的全球 IPv6 地址为 2001::1/64,其 64 位前缀为 2001:0000:0000:0000,如果终端的 MAC 地址为 0002.17A9.811E,导出的接口标识符为 0202.17FF.FEA9.811E,最终生成的全球 IPv6 地址为 2001:0000:0000:0000:0202:17FF:FEA9:811E,其 0 压缩表示方式为 2001::202:17FF:FEA9:811E。

3. 根据 IPv6 组播地址生成 MAC 组地址

IPv6 分组经过以太网传输时,需要根据下一跳的链路本地地址或全球 IPv6 地址解析出下一跳的 MAC 地址,如果 IPv6 分组的目的地址是表示链路本地范围内所有路由器或所有结点的组播地址时,直接将该组播地址转换成 MAC 组地址,转换过程如下,MAC 组地址的高 16 位固定为 3333,低 32 位是 IPv6 组播地址的低 32 位,如果组播地址为 FF02::1,则对应的 MAC 组地址为 3333.0000.0001。

6.1.3　IPv6 网络工作过程

1. 终端网络信息配置过程

终端自动生成链路本地地址,同一网络内的两个终端可以通过链路本地地址实现 IPv6 分组的传输。如果需要实现两个连接在不同网络上的终端之间通信,终端需要配置全球 IPv6 地址和默认网关地址。这些网络配置信息可以手工配置,可以通过 DHCP 服务器和 DHCP 自动配置,也可以通过 IPv6 特有的邻站发现协议自动配置。如果选择通过 IPv6 特有的邻站发现协议实现自动配置,默认网关地址是路由器与终端连接在同一个网络的接口的链路本地地址,全球 IPv6 地址的高 64 位是为路由器与终端连接在同一个网络的接口配置的 64 位网络前缀,低 64 位是根据终端 MAC 地址导出的 64 位接口标识符。

2. 路由器接口配置过程

路由器接口自动生成链路本地地址,需要手工配置全球 IPv6 地址和网络前缀,路由器接口配置的网络前缀确定了该接口所连接的网络的网络前缀,所有连接在该网络上的终端所配置的全球 IPv6 地址的网络前缀必须与此相同。

3. 路由器建立路由表过程

一旦完成路由器接口的全球 IPv6 地址和网络前缀配置,路由表自动生成目的网络为路由器接口直接连接的网络的路由项。路由器需要通过手工配置静态路由项或由路由协议生成动态路由项的方式生成目的网络不是该路由器的接口直接连接的网络的路由项。IPv6 采用的内部网关协议有 RIP、OSPF 等,采用的外部网关协议有 BGP。如果实现路由器接口互连的网络没有连接终端,这些路由器接口不需要配置全球 IPv6 地址,自动生成的链路本地地址可以实现路由消息相邻路由器之间的传输,也可用链路本地地址作为下一跳的 IPv6 地址。

4. IPv6 over 以太网过程

IPv6 分组经过以太网的传输过程与 IPv4 分组经过以太网的传输过程基本相同。

(1) 邻站发现协议解析出下一跳的 MAC 地址。

(2) IPv6 分组作为 MAC 帧净荷。

(3) 封装 IPv6 分组的 MAC 帧经过以太网实现连接在以太网上的两个端点之间传输。

5. IPv4 网络工作过程与 IPv6 网络工作过程的区别

1) 终端配置过程

IPv6 网络中的终端一是可以通过自动生成的链路本地地址实现连接在同一网络的终端之间通信;二是可以通过 IPv6 特有的邻站发现协议实现网络信息的自动配置。这种自动配置方式不需要配置 DHCP 服务器,也不需要终端配置人员了解任何有关所连接的网络的信息,真正做到终端的即插即用。

2) 路由器接口配置过程

如果路由器接口连接的网络连接终端,需要为该路由器接口配置全球 IPv6 地址和网络前缀,该网络前缀也是路由器接口所连接的网络的网络前缀。如果仅仅为了相邻路由器之间交换路由消息和作为路由项中的下一跳 IPv6 地址,接口自动生成的链路本地地址就能实现这些功能,无须为接口配置全球 IPv6 地址。只有当接口配置全球 IPv6 地址和网络前缀,路由器中才会生成以该网络前缀为目的网络、类型为直接连接的路由项。

3) 邻站发现协议

邻站发现协议是 IPv6 的一个特色,通过邻站发现协议可以实现终端自动获取全球 IPv6 地址和默认网关地址,也可以实现下一跳结点的链路层地址解析。由于邻站发现协议是基于 IPv6 的协议,协议报文封装成 IPv6 分组进行传输,因此,可以通过 IPv6 分组的鉴别和封装安全净荷扩展首部实现源终端鉴别,提高了邻站发现协议的安全性。

6.1.4　NAT-PT 实现 IPv6 网络与 IPv4 网络互连机制

如图 6.2 所示的网络结构允许 IPv6 网络中的终端发起访问 IPv4 网络中的终端的访问过程。实现这一功能的关键设备是路由器 R2,它一方面连接 IPv6 网络;另一方面连接 IPv4 网络,具有将通过连接 IPv6 网络的接口接收到的 IPv6 分组转换成 IPv4 分组。或反之,将通过连接 IPv4 网络的接口接收到的 IPv4 分组转换成 IPv6 分组的功能。下面以终端 A 访问终端 C 的过程为例,讨论 NAT-PT 实现 IPv6 网络中的终端与 IPv4 网络中的终端相互通信的机制。

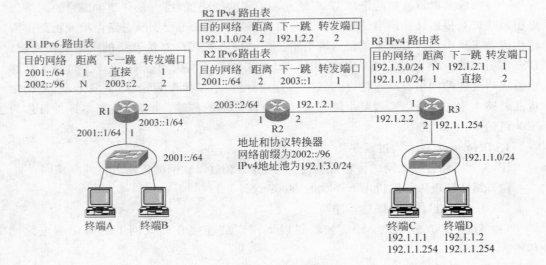

图 6.2　网络结构

1. 源和目的 IPv6 地址

假定终端 A 的 MAC 地址是 0040.0B39.B8DE,为路由器 R1 连接终端 A 连接的以太网的接口(接口 1)配置的全球 IPv6 地址和网络前缀是 2001::1/64,终端 A 自动生成的链路本地地址为 FE80::240:BFF:FE39:B8DE,自动配置方式下获得的全球 IPv6 地址为 2001::240:BFF:FE39:B8DE,其中 2001::/64 是路由器 R1 接口 1 配置的网络前缀。终端 A 向 IPv4 网络中终端 C 发送 IPv6 分组时,源 IPv6 地址为终端 A 的全球 IPv6 地址 2001::240:BFF:FE39:B8DE,目的 IPv6 地址需要给出终端 C 的 IPv4 地址,为此,需要在 IPv6 网络中定义 96 位的网络前缀,图 6.2 中的 2002::/96,目的 IPv6 地址由 96 位网络前缀和 32 位目的终端的 IPv4 地址组成,如终端 C 的 IPv4 地址对应的 IPv6 地址 2002::192.1.1.1。

2. 路由 IPv6 分组到地址和协议转换器

IPv6 网络中不允许存在网络前缀与 2002::/96 相同的 IPv6 网络,所有目的 IPv6 地址的 96 位前缀等于 2002::/96 的 IPv6 分组必须被 IPv6 网络中的路由器路由到地址和协议转换器(路由器 R2),因此,图 6.2 中的路由器 R1 路由表中必须包含目的网络为 2002::/96,下一跳是路由器 R2 的路由项。

3. NAT-PT 完成 IPv6 分组至 IPv4 分组的转换

地址和协议转换器从连接 IPv6 网络的接口接收到的 IPv6 分组后,必须将其转换成目的 IPv4 地址为 192.1.1.1 的 IPv4 分组。由于 IPv6 分组的目的 IPv6 地址是 2002::192.1.1.1,该 IPv6 地址的低 32 位就是目的终端的 IPv4 地址。为了生成源 IPv6 地址对应的 IPv4 地址,需要在地址和协议转换器中定义一个 IPv4 地址池,图 6.2 中的 192.1.3.0/24,地址和协议转换器在 IPv4 地址池中选择一个没有分配的 IPv4 地址,如 192.1.3.1,作为源 IPv6 地址对应的 IPv4 地址,并建立源 IPv6 地址与该 IPv4 地址之间的映射,如 2001::240:BFF:FE39:B8DE←→192.1.3.1。IPV6 分组被转换成源 IPv4 地址为 192.1.3.1,目的 IPv4 地址为 192.1.1.1 的 IPv4 分组,该 IPv4 分组被 IPv4-网络路由到终端 C。

4. 源和目的 IPv4 地址

终端 C 向终端 A 发送的 IPv4 分组的源 IPv4 地址为 192.1.1.1,目的 IPv4 地址为 192.1.3.1。

5. 路由 IPv4 分组到地址和协议转换器

IPv4 网络中不允许存在网络地址为 192.1.3.0/24 的 IPv4 网络,且 IPv4 网络中的路由器必须将目的网络是 192.1.3.0/24 的 IPv4 分组路由到地址和协议转换器(路由器 R2),因此,路由器 R3 路由表中必须包含目的网络是 192.1.3.0/24,下一跳是路由器 R2 的路由项。

6. NAT-PT 完成 IPv4 分组至 IPv6 分组的转换

地址和协议转换器从连接 IPv4 网络的接口接收到 IPv4 分组后,在地址转换表中检索目的 IPv4 地址对应的地址映射项,找到对应的映射项 2001::240:BFF:FE39:B8DE←→192.1.3.1 后,将 2001::240:BFF:FE39:B8DE 作为目的 IPv4 地址 192.1.3.1 对应的目的 IPv6 地址,在源 IPv4 地址前加上 96 位前缀 2002::/96,构成源 IPv4 地址对应的源 IPv6 地址 2002::192.1.1.1。将 IPv4 分组转换成以 2002::192.1.1.1 为源 IPv6 地址,以 2001::240:BFF:FE39:B8DE 为目的 IPv6 地址的 IPv6 分组,并由 IPv6 网络将其路由到终端 A。值得指出的是,实现 IPv4 终端至 IPv6 终端通信的前提是已经建立某个 IPv4

地址与 IPv6 网络中某个终端的 IPv6 地址之间的映射,但只有通过 IPv6 网络中的终端至 IPv4 网络中的终端的通信过程才能建立某个 IPv4 地址与该 IPv6 网络中的终端的 IPv6 地址之间的映射,因此,NAT-PT 只能实现 IPv6 网络中的终端发起访问 IPv4 网络中的终端的访问过程。

6.2 例 题 解 析

6.2.1 自测题

1. 选择题

(1) 下述_____项不是 IPv6 代替 IPv4 的原因。

    A. 扩展地址字段长度   B. 简化 IP 分组转发操作

    C. 实现逐跳转发   D. 方便增加可选项

(2) IPv6 地址字段长度为_____。

    A. 32 位   B. 48 位   C. 64 位   D. 128 位

(3) 使能 IPv6 的路由器接口至少拥有_____。

    A. 全球 IPv4 地址   B. 全球 IPv6 地址

    C. 链路本地地址   D. 组播地址

(4) 封装 RIP 消息的 IPv6 分组以发送接口的_____作为源 IPv6 地址。

    A. 全球 IPv4 地址   B. 全球 IPv6 地址

    C. 链路本地地址   D. 组播地址

(5) 封装 RIP 消息的 IPv6 分组以_____作为目的 IPv6 地址。

    A. 全球 IPv4 地址   B. 全球 IPv6 地址

    C. 链路本地地址   D. 组播地址

(6) IPv6 通过_____实现下一跳链路层地址解析。

    A. ARP   B. RARP   C. 邻站发现协议   D. 手工配置

(7) 关于双协议栈,下述_____项是错误的。

    A. 路由器同时启动 IPv4 和 IPv6 进程

    B. 路由器接口同时配置 IPv4 和 IPv6 地址

    C. 同一路由器接口同时连接 IPv4 和 IPv6 网络

    D. 实现 IPv4 终端和 IPv6 终端之间通信

(8) IPv4 网络和 IPv6 网络通过路由协议建立路由表的过程_____。

    A. 完全相同   B. 完全不同

    C. 基本相同   D. 不同的内部网关和外部网关协议

(9) 实现 NAT-PT 的前提是_____。

    A. 建立 IPv4 网络终端 IPv4 地址至 IPv6 地址的映射

    B. 建立 IPv6 网络终端 IPv6 地址至 IPv4 地址的映射

    C. A 和 B

D. IPv6 网络终端分配 IPv4 地址，IPv4 网络终端分配 IPv6 地址

(10) 2001:0000:0000:0000:1000:0000:0000:0000 的 0 压缩表示方式是_____。

　　A. 2001::1000:0:0:0　　　　　　　B. 2001::1000::

　　C. 2001::1000:00000:0000:0000　　D. 2001:0000:0000:0000:1000::

(11) IPv6 地址 FE::45:0:A2 的::之间被压缩的二进制数 0 的位数是_____。

　　A. 16　　　　　　B. 32　　　　　　C. 64　　　　　　D. 96

(12) 下列 IPv6 地址表示中，错误的是_____。

　　A. ::601:BC:0:5D7　　　　　　　　B. 21DA:0:0:0:0:2A:F:FE08:3

　　C. 21BC::0:0:1　　　　　　　　　　D. FE60::2A90:FE:0:4CA2:9C5A

(13) 下列对 IPv6 地址 FE60:0:0:50D:BC:0:0:3F7 的 0 压缩表示中错误的是_____。

　　A. FE60::50D:BC:0:0:3F7　　　　　B. FE60:0:0:50D:BC::3F7

　　C. FE60::050D:BC:0:0:03F7　　　　D. FE60::50D:BC::3F7

(14) 下列对 IPv6 地址 FE60:0:0:50D:BC:0:0:3F7 的 0 压缩表示中错误的是_____。

　　A. FE60::50D:BC:0:0:3F7　　　　　B. FE60:0:0:50D:BC::3F7

　　C. FE6::50D:BC:0:0:3F7　　　　　　D. FE60:0:0:050D:BC::03F7

2. 填空题

(1) IPv6 地址可以分为三大类，分别是_____、_____和_____。

(2) 链路本地地址由前缀和_____组成，前缀固定为_____。

(3) 终端获取网络配置信息的方式有_____、_____和_____，其中_____是 IPv6 特有的，需要通过_____实现。

(4) 常见的 IPv6 内部网关协议有_____和_____，外部网关协议有_____，因此，IPv6 生成路由表的过程与 IPv4 基本相同。

(5) 实现 IPv6 终端与 IPv4 终端通信的机制有_____和_____。其中_____是比较常用的机制。

(6) IPv6 一般由_____完成分片操作，分片的依据是_____，它通过_____获得。

(7) IPv4 分组端到端传输过程中，每一跳路由器需要修改 IPv4 首部中的_____和_____字段值，IPv6 分组端到端传输过程中，每一跳路由器_____修改首部中的任何字段。

(8) 如果终端的 MAC 地址是 0001.9660.C501，路由器连接终端所连接的以太网的接口的 MAC 地址是 000A.41A1.5501，为该接口配置的全球 IPv6 地址为 2001:1962:330:1107::1/64，终端的链路本地地址为_____，自动配置方式获得的全球 IPv6 地址为_____，默认网关地址为_____。

3. 名词解释

_____全球 IPv6 地址　　　　　　_____网络前缀

_____链路　　　　　　　　　　　_____链路本地地址

_____ NAT-PT   _____ SSIT

_____ 任播地址   _____ DAD

_____ 邻站发现协议   _____ 双协议栈

(a) 实现连接在同一网络的两个结点之间通信的传输网络。

(b) 只能用于实现连接在同一网络的两个结点之间通信的接口 IPv6 地址。

(c) IPv6 网络中用于唯一标识接口,且可以被 IPv6 网络中的路由器用于选择到达该 IPv6 地址标识的目的终端的传输路径的 IPv6 地址。

(d) 用于表示一组若干高位值相同的 IPv6 地址。

(e) 一种某个结点用于获取与其连接在同一个网络上的另一个接口的链路本地地址、MAC 地址和全球 IPv6 地址前缀的协议。

(f) 同时支持 IPv4 和 IPv6,同时转发 IPv4 和 IPv6 分组的一种机制。

(g) 一种通过地址和协议转换实现 IPv6 网络终端发起访问 IPv4 网络终端的访问过程的机制,这种机制下,IPv6 地址与 IPv4 地址之间实现动态映射。

(h) 一种通过 IPv6 地址与 IPv4 地址之间静态映射实现 IPv6 网络终端与 IPv4 网络终端通信的机制。

(i) 单播地址格式,但用于标识一组接口,以该种地址为目的地址的 IPv6 分组只传输给目的地址标识的一组接口中的其中一个接口。

(j) 一种邻站发现协议具有的某个结点用于检测其他接口是否分配与其相同的 IPv6 地址的功能。

4. 判断题

(1) 端到端传输的 IPv6 分组可以用链路本地地址作为源和目的 IPv6 地址。

(2) IPv4 网络终端也可以采用 IPv6 网络终端的自动配置方式。

(3) 路由器用于实现不同网络之间互连,因而能实现 IPv4 和 IPv6 网络互连。

(4) 按区域整块分配可聚合全球单播地址。

(5) IPv6 RIP 和 OSPF 建立动态路由项过程与 IPv4 RIP 和 OSPF 建立动态路由项过程基本相同。

(6) IPv6 over 以太网中解析下一跳 MAC 地址的技术与 IPv4 over 以太网相同。

(7) NAT-PT 用于实现 IPv6 终端发起访问 IPv4 终端的访问过程。

(8) IPv6 网络终端能够采用自动配置方式的原因是 IPv6 地址的冗余性。

(9) 路由器支持双协议栈允许 IPv4 网络和 IPv6 网络共存一段时间。

(10) IPv4 网络已经地址耗尽,无法支撑下去。

6.2.2 自测题答案

1. 选择题答案

(1) C,该项是 IPv4 网络和 IPv6 网络都采用的转发 IP 分组的方式。

(2) D,IPv6 地址长度为 128 位。

(3) C,链路本地地址由使能 IPv6 的路由器接口自动生成,路由器接口的全球 IPv4 和 IPv6 地址需要手工配置。

（4）C,RIP 消息只在相邻路由器之间传输,可以用链路本地地址作为源 IPv6 地址,因此,RIP 建立的路由项中的下一跳地址也是路由器接口的链路本地地址。

（5）D,RIP 消息以用于标识链路本地范围内所有启动 RIP 进程的路由器的组播地址 FF02::9 作为目的 IPv6 地址。

（6）C,IPv6 通过邻站发现协议解析下一跳的链路层地址。

（7）D,双协议栈只是同时支持 IPv4 网络和 IPv6 网络工作,但无法实现 IPv6 网络终端与 IPv4 网络终端之间的通信,实现 IPv6 网络终端与 IPv4 网络终端之间的通信需要 SSIT 或 NAT-PT 机制。

（8）C,两种网络建立动态路由项所使用的路由协议和路由协议的工作过程都基本相同。

（9）C,实现 IPv6 网络终端与 IPv4 网络终端之间的通信前提是实现 IPv6 分组与 IPv4 分组的相互转换,实现 IPv6 分组与 IPv4 分组相互转换的前提是实现 IPv6 地址与 IPv4 地址之间的映射。

（10）A,不是因为 C 和 D 有错,而是因为 A 是规范的 0 压缩表示方式。

（11）C,IPv6 地址为 128 位,FE::45:0:A2 中给出了 64 位,意味着::代表着 64 位连续的二进制数 0。

（12）B,IPv6 地址分为 8 段,每段 16 位,21DA:0:0:0:0:2A:F:FE08:3 中包含了 9 段。

（13）D,::在 IPv6 地址 0 压缩表示中只能出现一次。

（14）C,FE60 的最后一个 0 不能被压缩。

2. 填空题答案

（1）单播地址,任播地址,组播地址。

（2）接口标识符,FE80:0:0:0。

（3）手工配置,DHCP,自动配置,自动配置,邻站发现协议。

（4）RIP,OSPF,BGP。

（5）SSIT,NAT-PT,NAT-PT。

（6）源终端,路径 MTU,路径 MTU 发现协议。

（7）TTL,检验和,不需要。

（8）FE80::201:96FF:FE60:C501,2001:1962:330:1107:201:96FF:FE60:C501,FE80::20A.41FF:FEA1.5501。

3. 名词解释答案

__c__	全球 IPv6 地址	__d__	网络前缀
__a__	链路	__b__	链路本地地址
__g__	NAT-PT	__h__	SSIT
__i__	任播地址	__j__	DAD
__e__	邻站发现协议	__f__	双协议栈

4. 判断题答案

（1）错，链路本地地址只能用于连接在同一网络的两个结点之间通信。

（2）错，实现自动配置方式的前提是地址空间足够大，可以为任何网络规模配置 64 位网络前缀（网络允许有 2^{64} 个不同的 IPv6 地址），而 IPv4 网络必须根据实际网络规模选择网络前缀位数。

（3）错，路由器实现不同网络互连的基础是 IP，从网络分层原理出发，实现 IPv4 网络和 IPv6 网络互连的基础是一种独立于 IPv4 和 IPv6，屏蔽 IPv4 和 IPv6 差异的更高层互连协议。

（4）对，IPv6 采用无分类编址方式，因此，相同区域尽量分配有着相同网络前缀的可聚合全球单播地址，以此减少路由项。

（5）对，它们的工作过程基本相同。

（6）错，IPv4 采用 ARP，而 IPv6 采用邻站发现协议。

（7）对，NAT-PT 实现单向访问过程，即由 IPv6 终端发起访问 IPv4 终端的访问过程。

（8）对，实现自动配置方式的前提是地址空间足够大，可以为任何网络规模配置 64 位网络前缀（网络允许有 2^{64} 个不同的 IPv6 地址）。

（9）对，双协议栈同时支持 IPv4 网络和 IPv6 网络工作。

（10）错，无分类编址和 NAT 技术极大地缓解了 IPv4 地址短缺问题，这也是 IPv6 到目前为止还没有得到广泛应用的原因。

6.2.3　简答题解析

（1）简述 IPv6 使用链路本地地址和自动配置方式的前提

【答】　IPv6 使用链路本地地址和自动配置方式的前提是地址的冗余性，网络前缀固定为 FE80::/64 的地址块包含 2^{64} 个不同的 IPv6 地址，这样一组地址空间用于产生链路本地地址。同样，一旦采用自动配置方式，无论网络规模如何，需要为网络分配包含 2^{64} 个不同的 IPv6 地址的 IPv6 地址块，这将造成 IPv6 地址的极大浪费，没有足够大的 IPv6 地址空间做依靠，是不会采取这样的地址分配方式的。

（2）简述 NAT-PT 实现机制

【答】

① 由 IPv6 网络终端发起访问 IPv4 网络终端的访问过程。

② IPv6 网络终端以 96 位网络前缀＋32 位目的终端的 IPv4 地址的格式给出目的 IPv6 地址。

③ IPv6 网络必须将目的 IPv6 地址和指定 96 位网络前缀匹配的 IPv6 分组路由到互连 IPv6 网络和 IPv4 网络的地址和协议转换器。

④ 地址和协议转换器必须实现源 IPv6 地址与 IPv4 地址的动态映射。

⑤ IPv4 网络终端以已经建立与源 IPv6 地址动态映射的 IPv4 地址作为发送给 IPv6 网络中终端的 IPv4 分组的目的 IPv4 地址。

⑥ IPv4 网络必须将以这种 IPv4 地址为目的地址的 IPv4 分组路由到互连 IPv6 网络与 IPv4 网络的地址和协议转换器。

（3）简述 IPv6 路由协议建立的动态路由项需要给出输出接口的原因

【答】　IPv4 网络中下一跳 IPv4 地址和当前跳连接互连当前跳和下一跳的网络的接口的 IPv4 地址有着相同的网络前缀，因此，根据下一跳 IPv4 地址和为当前跳接口配置的 IPv4 地址和网络前缀可以确定当前跳连接下一跳的接口，但 IPv6 网络路由协议生成的动态路由项以链路本地地址作为下一跳 IPv6 地址，链路本地地址本身没有网络地址信息，因此，必须在建立动态路由项的过程中将接收路由消息的接口和该路由消息的源 IPv6 地址（链路本地地址）绑定在一起。

6.2.4　综合题解析

（1）网络结构如图 6.3 所示，链路上标出的数字是链路 MTU，根据图 6.3 中的各段链路的链路 MTU，给出终端 A 向终端 B 发送净荷长度为 1440B 的 IPv6 分组的分片过程。

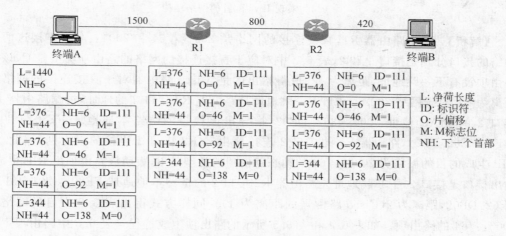

图 6.3　网络结构和 IPv6 分组分片过程

【解析】　IPv6 分组的分片过程如图 6.3 所示。源终端首先通过路径 MTU 发现协议获取源终端至目的终端传输路径所经过的链路的最小 MTU（路径 MTU）。然后，对净荷进行分片，通常情况下，除最后一个数据片，其他数据片长度的分配原则是：须是 8 的倍数，且加上 IPv6 首部和分片扩展首部后尽量接近路径 MTU。假定路径 $MTU=M$，净荷长度 $=L$，将净荷分成 N 个数据片，则 $L+N\times48\leqslant M\times N$。48B 包括 40B IPv6 首部和 8B 分片扩展首部。在本例中，$M=420B$，$L=1440B$，根据 $1440+N\times48\leqslant420\times N$，得出 $N\geqslant1440/(420-48)=3.87$，$N$ 取满足上述等式的最小整数 4。前 3 个数据片长度应该是满足小于等于（420-48）且是 8 的倍数的最大值，这里是 368B，加上 8B 的分片扩展首部后，得出净荷长度 $=376B$，最后 1 个数据片的长度是 $1440-3\times368=336B$，得出净荷长度 $=344B$。4 个数据片的片偏移分别是 0、368/8=46、736/8=92、1104/8=138。

（2）网络结构如图 6.4 所示，包括各个路由器接口的 IPv6 地址与网络前缀如图 6.4 所示，接口 MAC 地址如表 6.1 所示，假定路由器所有接口启动 RIP 功能，给出所有路由器的路由表内容。

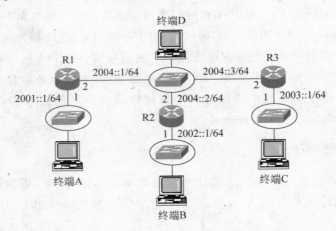

图 6.4　实现 IPv6 配置的网络结构

【解析】　对于路由器 R1，直接连接的网络是 2001::/64 和 2004::/64，连接这两个网络的接口分别是接口 1 和 2，表 6.2 中对应于直接连接的网络的路由项类型是 C，该类路由项没有下一跳地址，距离为 1。值得指出的是，Cisco 路由器对于直接连接的网络的距离为 0。对于网络 2002::/64，下一跳地址是路由器 R2 接口 2 的地址，根据路由器 R2 接口 2 的 MAC 地址 0001.4362.DB02，推导出该接口的链路本地地址 FE80::201.43FF:FE62.DB02，路由器 R1 的接口 2 连接路由器 R2 接口 2 连接的以太网，因此，由 RIP 生成的目的网络为 2002::/64 的动态路由项的类型是 R，表明该路由项由 RIP 生成，输出接口是接口 2，下一跳地址是路由器 R2 接口 2 的链路本地地址 FE80::201.43FF:FE62.DB02，距离为 2（Cisco 路由器的距离为 1）。同样方式得出表 6.2 中目的网络为 2003::/64 的路由项。如表 6.4 和表 6.5 所示的路由项生成过程与表 6.3 中路由项生成过程相同。

表 6.2　路由器接口 MAC 地址

路由器	接口	MAC 地址
R1	1	00E0.F773.9A01
	2	00E0.F773.9A02
R2	1	0001.4362.DB01
	2	0001.4362.DB02
R3	1	0050.0FAA.B801
	2	0050.0FAA.B802

表 6.3　路由器 R1 路由表

类型	目的网络	输出接口	下 一 跳	距离
C	2001::/64	1	直接	1
C	2004::/64	2	直接	1
R	2002::/64	2	FE80::201:43FF:FE62.DB02	2
R	2003::/64	2	FE80::250:FFF:FEAA.B802	2

表 6.4　路由器 R2 路由表

类型	目的网络	输出接口	下 一 跳	距离
C	2002::/64	1	直接	1
C	2004::/64	2	直接	1
R	2001::/64	2	FE80::2E0:F7FF:FE73.9A02	2
R	2003::/64	2	FE80::250:FFF:FEAA.B802	2

表 6.5　路由器 R3 路由表

类型	目的网络	输出接口	下 一 跳	距离
C	2003::/64	1	直接	1
C	2004::/64	2	直接	1
R	2001::/64	2	FE80::2E0:F7FF:FE73.9A02	2
R	2002::/64	2	FE80::201:43FF:FE62.DB02	2

（3）双协议栈应用如图 6.5 所示，给出路由器 R1、R2 的 IPv4 和 IPv6 路由表。

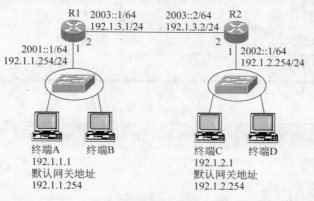

图 6.5　双协议栈网络结构

【解析】 在图 6.5 中,每一个路由器接口配置全球 IPv6 和 IPv4 地址,表明每一个接口同时连接 IPv6 网络和 IPv4 网络。对于路由器 R1 的 IPv4 进程,接口 1 和接口 2 直接连接 IPv4 网络 192.1.1.0/24 和 192.1.3.0/24,通往目的网络 192.1.2.0/24 的下一跳是路由器 R2 接口 2。因此生成表 6.6 所示的路由器 R1 IPv4 路由表。类型 S 表明是手工配置的静态路由项,静态路由项之所以没有给出输出接口是因为根据下一跳地址 192.1.3.2 和接口 2 直接连接的网络 192.1.3.0/24,可以推导出输出接口是接口 2。同样方式可以推出如表 6.7 所示的路由器 R1 IPv6 路由表。路由器 R2 的 IPv4 和 IPv6 路由表如表 6.8 和表 6.9 所示,推导过程与路由器 R1 的 IPv4 和 IPv6 路由表的推导过程相同。

表 6.6　路由器 R1 IPv4 路由表

类型	目的网络	输出接口	下一跳	距离
C	192.1.1.0/24	1	直接	1
C	192.1.3.0/24	2	直接	1
S	192.1.2.0/24		192.1.3.2	2

表 6.7　路由器 R1 IPv6 路由表

类型	目的网络	输出接口	下一跳	距离
C	2001::/64	1	直接	1
C	2003::/64	2	直接	1
S	2002::/64		2003::2	2

表 6.8　路由器 R2 IPv4 路由表

类型	目的网络	输出接口	下一跳	距离
C	192.1.2.0/24	1	直接	1
C	192.1.3.0/24	2	直接	1
S	192.1.1.0/24		192.1.3.1	2

表 6.9　路由器 R1 IPv6 路由表

类型	目的网络	输出接口	下一跳	距离
C	2002::/64	1	直接	1
C	2003::/64	2	直接	1
S	2001::/64		2003::1	2

6.3 实　　验

6.3.1　基本配置实验

1. 实验内容

（1）完成路由器接口 IPv6 配置。

（2）验证链路本地地址生成过程。

（3）验证邻站发现协议工作过程。

（4）验证 IPv6 网络连通性。

2. 网络结构

网络结构如图 6.6 所示，路由器两个接口分别连接两个以太网，使能 IPv6 后，两个路
由器接口自动生成链路本地地址。需要手工分别为两个
路由器接口配置全球 IPv6 地址和前缀。终端自动生成
链路本地地址，通过邻站发现协议获取路由器对应接口
的 IPv6 地址前缀和默认网关地址，并以此生成全球
IPv6 地址，在此基础上实现两个终端之间的通信过程。

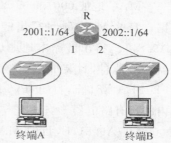

3. 实验步骤

（1）启动 Packet Tracer，在逻辑工作区根据图 6.6
中的网络结构放置和连接设备，逻辑工作区完成设备放
置和连接后的界面如图 6.7 所示。

图 6.6　简单互连网络结构

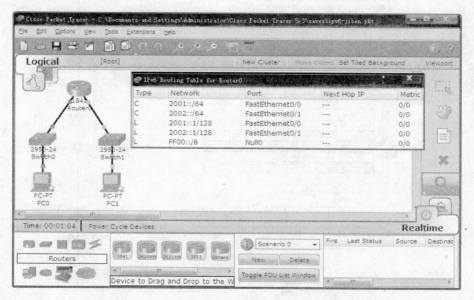

图 6.7　放置和连接设备后的逻辑工作区界面及路由表

　　（2）为路由器接口配置 IPv6 地址和前缀，为接口 FastEthernet0/0 配置 IPv6 地址和前缀 2001::1/64，其中 2001::1 是接口 IPv6 地址，64 是前缀长度。为接口 FastEthernet0/1 配置 IPv6 地址和前缀 2002::1/64。需要在接口配置模式下用命令"ipv6 address IPv6 地址/前缀长度"配置接口的 IPv6 地址和前缀，如命令"ipv6 address 2001::1/64"。配置 IPv6 地址和前缀后，需要用命令"ipv6 enable"使能接口的 IPv6 功能。

　　（3）在全局配置模式下，用命令"ipv6 unicast-routing"开启路由器转发单播 IPv6 分组的功能。

　　（4）进入模拟操作模式，通过选择终端的自动配置模式启动邻站发现协议。对于终端 PC0 获取路由器 IPv6 地址前缀和默认网关地址过程，首先由终端 PC0 向路由器发送路由器请求消息，消息格式和封装过程如图 6.8 所示。然后由路由器向终端 PC0 发送路由器通告消息，消息格式和封装过程如图 6.9 所示，消息中给出路由器接口的链路层地址——MAC 地址 0001.9660.C501，IPv6 地址前缀 2001:: 等，前缀长度固定为 64。终端根据自身的 MAC 地址得出链路本地地址，如图 6.10 所示，PC0 的 MAC 地址为 0002. 17A9.811E，得出链路本地地址为 FE80::202:17FF:FEA9:811E。终端 PC0 发送的路由器请求消息，封装成 IPv6 分组时，源 IPv6 地址是 PC0 的链路本地地址 FE80::202: 17FF:FEA9:811E，目的 IPv6 地址是组播地址 FF02::2，表示接收端是 PC0 所连接的网络内的所有路由器。当该 IPv6 分组封装成 MAC 帧时，源 MAC 地址为 PC0 的 MAC 地址 0002.17A9.811E，目的 MAC 地址是组地址 3333.0000.0002，该组地址由组播地址 FF02::2 转变而成。

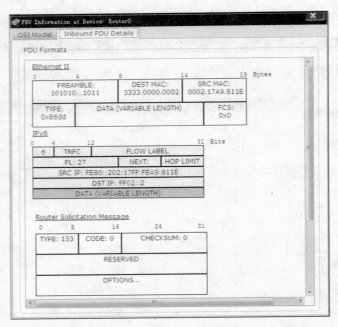

图 6.8　PC0 发送的路由器请求消息及封装过程

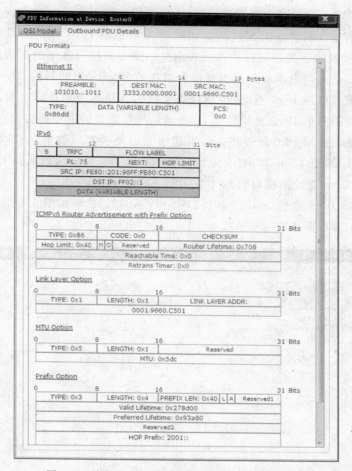

图 6.9 路由器发送的路由器通告消息及封装过程

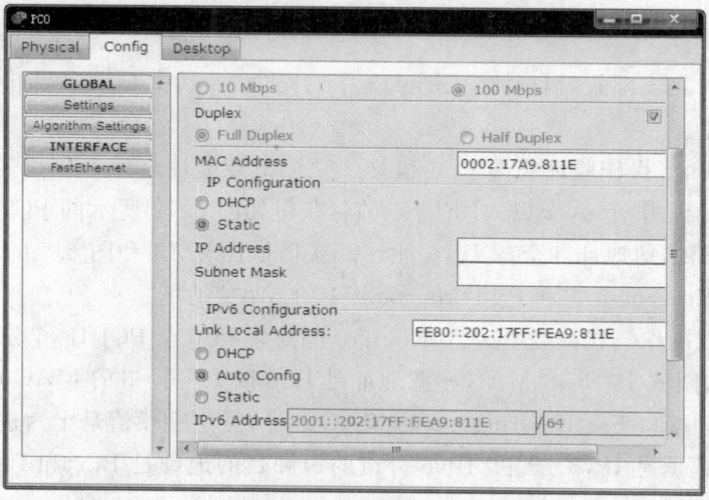

图 6.10 PC0 自动配置方式下获取的配置信息

　　(5) 路由器定时发送路由器通告消息,一旦接收到路由器请求消息,作为响应立即发送路由器通告消息。封装定时发送的路由器通告消息的 IPv6 分组的目的 IPv6 地址是FF02::1,表明接收端是发送该路由器通告消息的路由器接口连接的网络内的所有结点。封装作为路由器请求消息响应的路由器通告消息的 IPv6 分组的目的 IPv6 地址可以是对应路由器请求消息的源 IPv6 地址(终端自动生成的链路本地地址),也可以是 FF02::1。封装路由器通告消息的 IPv6 分组的源 IPv6 地址是发送该路由器通告消息的路由器接口的链路本地地址。终端 PC0 通过路由器发送给它的路由器通告消息获取路由器接口的MAC 地址 0001.9660.C501 和 IPv6 地址前缀 2001::/64 及作为封装路由器通告消息的IPv6 分组的源 IPv6 地址的接口链路本地地址 FE80::201:96FF:FE60:C501,得出如图6.10 所示的全球 IPv6 地址 2001::202:17FF:FEA9:811E 和如图 6.11 所示的默认网关地址 FE80::201:96FF:FE60:C501。

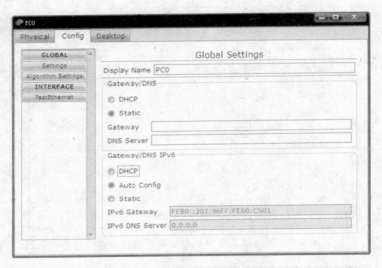

图 6.11　PC0 自动配置方式下获取的默认网关地址

　　(6) 路由器完成配置后自动生成图 6.7 中的路由表,其中 C 表示直接连接的网络,L表示接口地址。

　　(7) 通过 Ping 操作验证终端 PC0 和 PC1 之间的连通性。

　　(8) 为了验证 IPv6 over 以太网工作机制,获得如图 6.12 所示的 PC1 以太网接口的MAC 地址、链路本地地址和全球 IPv6 地址。获得如图 6.13 和图 6.14 所示的 Router0物理接口 FastEthernet0/0 和 FastEthernet0/1 的 MAC 地址。

　　(9) 在模拟操作模式截获 PC0 至 Router0 的封装 PC0 至 PC1 IPv6 分组的 MAC 帧,MAC 帧格式如图 6.15 所示,MAC 帧源地址是 PC0 以太网接口的 MAC 地址,目的地址是 Router0 物理接口 FastEthernet0/0 的 MAC 地址,类型字段值是十六进制值 86DD,表明数据字段中数据是 IPv6 分组。IPv6 分组的源和目的地址是 PC0 和 PC1 的全球 IPv6地址。

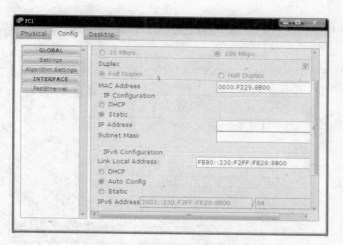

图 6.12　PC1 IPv6 配置信息

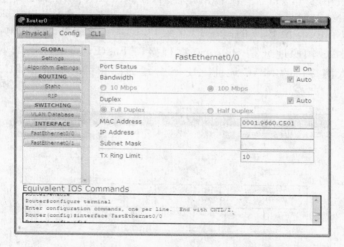

图 6.13　Router0 物理接口 FastEthernet0/0 的 MAC 地址

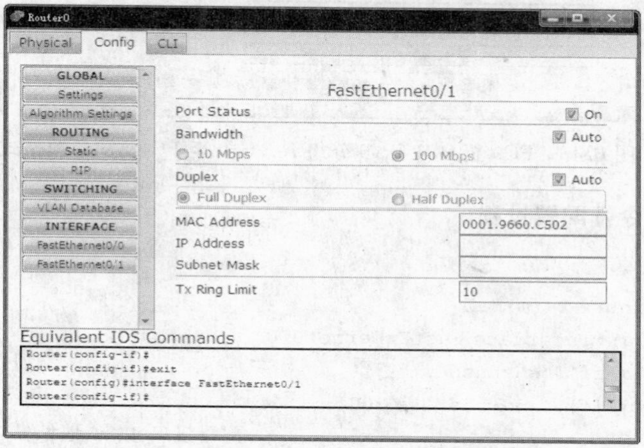

图 6.14　Router0 物理接口 FastEthernet0/1 的 MAC 地址

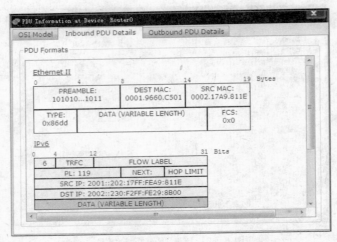

图 6.15 PC0 至 PC1 IPv6 分组 PC0 至 Router0 MAC 帧格式

(10) 截获 Router0 至 PC1 的封装 PC0 至 PC1 IPv6 分组的 MAC 帧，MAC 帧格式如图 6.16 所示，MAC 帧源地址是 Router0 物理接口 FastEthernet0/1 的 MAC 地址，目的地址是 PC1 以太网接口的 MAC 地址。IPv6 分组的源和目的地址是 PC0 和 PC1 的全球 IPv6 地址。

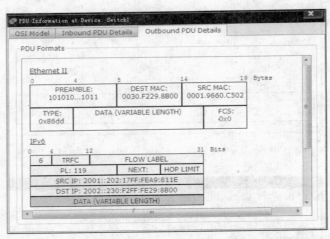

图 6.16 PC0 至 PC1 IPv6 分组 Router0 至 PC1 MAC 帧格式

4. 路由器命令行配置过程

```
Router>enable
Router#configure terminal
Router(config)#interface FastEthernet0/0
Router(config-if)#no shutdown
Router(config-if)#ipv6 address 2001::1/64
                                      ;配置接口 IPv6 地址 2001::1 和前缀长度 64
Router(config-if)#ipv6 enable         ;使能接口的 IPv6 功能
```

```
Router(config-if)#exit
Router(config)#interface FastEthernet0/1
Router(config-if)#no shutdown
Router(config-if)#ipv6 address 2002::1/64
                                        ;配置接口 IPv6 地址 2002::1 和前缀长度 64
Router(config-if)#ipv6 enable           ;使能接口的 IPv6 功能
Router(config-if)#exit
Router(config)#ipv6 unicast-routing     ;使能路由器转发单播 IPv6 分组的功能
```

6.3.2　静态路由项配置实验

1. 实验内容

(1) 完成路由器接口 IPv6 地址配置。

(2) 验证终端自动获取配置信息过程。

(3) 完成静态路由项配置。

(4) 验证 IPv6 网络连通性。

2. 网络结构

网络结构如图 6.17 所示,网络 2001::和网络 2002::分别连接在两个不同的路由器上,因此,每一个路由器必须通过路由协议生成或静态配置给出用于指明通往连接在另一个路由器上的网络的传输路径的路由项,这个实验采用静态配置路由项的方式。

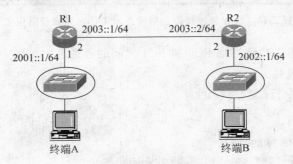

图 6.17　双路由器网络结构

3. 实验步骤

(1) 启动 Packet Tracer,在逻辑工作区根据图 6.17 中的网络结构放置和连接设备,逻辑工作区完成设备放置和连接后的界面如图 6.18 所示。

(2) 按照图 6.17 中的配置信息完成各个路由器接口的 IPv6 地址和前缀的配置。

(3) 路由器在全局配置模式下用命令"ipv6 route 目的网络前缀 下一跳 IPv6 地址"配置用于指明通往目的网络的传输路径的静态路由项,如路由器 Router1 用命令"ipv6 route 2002::/64 2003::2"配置用于指明通往目的网络 2001::/64 的传输路径的静态路由项。

(4) 完成静态路由项配置后的路由器 Router1 和 Router2 的路由表如图 6.18 所示,类型 S 表示静态路由项。

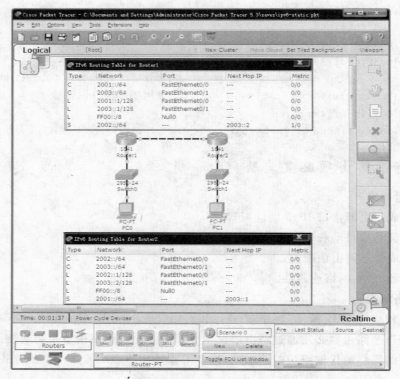

图 6.18　放置和连接设备后的逻辑工作区界面及路由表

（5）通过 Ping 操作验证终端 PC0 和 PC1 之间的连通性。

4. 命令行配置过程

（1）Router1 命令行配置过程。

```
Router>enable
Router#configure terminal
Router(config)#interface FastEthernet0/0
Router(config-if)#no shutdown
Router(config-if)#ipv6 address 2001::1/64
Router(config-if)#ipv6 enable
Router(config-if)#exit
Router(config)#interface FastEthernet0/1
Router(config-if)#no shutdown
Router(config-if)#ipv6 address 2003::1/64
Router(config-if)#ipv6 enable
Router(config-if)#exit
Router(config)#ipv6 unicast-routing
Router(config)#ipv6 route 2002::/64 2003::2
    ;配置用于指明通往目的网络 2002::/64 的传输路径的静态路由项,2003::2 是下一跳的
     IPv6 地址
```

（2）Router2 命令行配置过程。

```
Router>enable
Router#configure terminal
Router(config)#interface FastEthernet0/0
Router(config-if)#no shutdown
Router(config-if)#ipv6 address 2002::1/64
Router(config-if)#ipv6 enable
Router(config-if)#exit
Router(config)#interface FastEthernet0/1
Router(config-if)#no shutdown
Router(config-if)#ipv6 address 2003::2/64
Router(config-if)#ipv6 enable
Router(config-if)#exit
Router(config)#ipv6 unicast-routing
Router(config)#ipv6 route 2001::/64 2003::1
     ;配置用于指明通往目的网络 2001::/64 的传输路径的静态路由项,2003::1 是下一跳的
     IPv6 地址
```

6.3.3　RIP 配置实验

1. 实验内容
（1）完成路由器接口 IPv6 地址配置。
（2）验证终端自动获取配置信息过程。
（3）完成路由器 RIP 配置。
（4）验证 RIP 建立动态路由项过程。
（5）验证 IPv6 网络连通性。

2. 网络结构
网络结构如图 6.19 所示,路由器 R1、R2 和 R3 分别连接网络 2001::/64、2002::/64

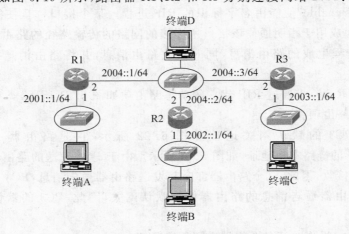

图 6.19　实现 RIP 配置的网络结构

和 2003::/64,用网络 2004::/64 互连三个路由器,每一个路由器通过 RIP 建立用于指明通往其他两个连接在其他路由器上的网络的传输路径的路由项。

3. 实验步骤

(1) 启动 Packet Tracer,在逻辑工作区根据图 6.19 中的网络结构放置和连接设备,逻辑工作区完成设备放置和连接后的界面如图 6.20 所示。

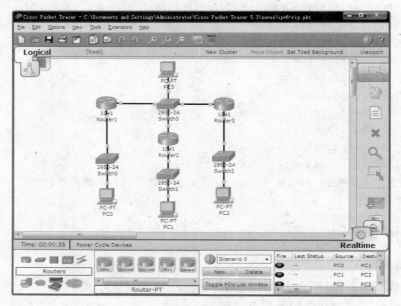

图 6.20　放置和连接设备后的逻辑工作区界面

(2) 按照图 6.19 中的配置信息完成各个路由器接口的 IPv6 地址和前缀的配置。

(3) 路由器在全局配置模式通过命令"ipv6 router rip 名字"开始由名字标识的 RIP 进程的配置过程,如配置距离值等,如果没有配置 RIP 进程的相关参数,参数采用默认值。如果要求某个接口参与 RIP 建立动态路由项过程,在该接口的接口配置模式下用命令"ipv6 rip 名字 enable"使能由名字标识的 RIP 进程。某个接口一旦使能某个 RIP 进程,RIP 将动态生成用于指明通往该接口所连接的网络的传输路径的路由项。该接口将发送由该 RIP 进程生成的路由消息,同时接收路由消息,并将路由消息提交给该 RIP 进程。

(4) 路由器 Router1 通过 RIP 建立的动态路由项如图 6.21 所示,类型 R 表示是由 RIP 建立的动态路由项。

(5) 终端 PC3 的默认网关地址如图 6.22 所示,它是路由器 Router2 接口 FastEthernet0/1 的链路本地地址,如图 6.23 所示。由于 PC3 发送的路由器请求消息能够被三个路由器接收,因此,三个路由器都向其发送路由器通告消息,PC3 一般将发送第一个接收到的路由器通告消息的路由器作为默认网关,因此,PC3 的默认网关不是固定的。

(6) 通过 Ping 操作验证各个终端之间的连通性。

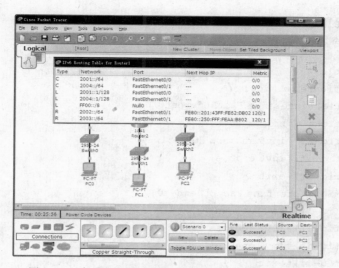

图 6.21　完成 RIP 配置后的路由器 Router1 的路由表

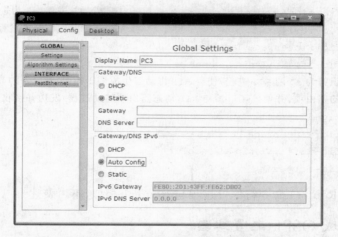

图 6.22　PC3 自动配置方式下获得的默认网关地址

图 6.23　路由器 Router2 接口 FastEthernet0/1 的 MAC 地址

4. 命令行配置过程

Router1 命令行配置过程。

```
Router>enable
Router#configure terminal
Router(config)#interface FastEthernet0/0
Router(config-if)#no shutdown
Router(config-if)#ipv6 address 2001::1/64
Router(config-if)#ipv6 enable
Router(config-if)#exit
Router(config)#interface FastEthernet0/1
Router(config-if)#no shutdown
Router(config-if)#ipv6 address 2004::1/64
Router(config-if)#ipv6 enable
Router(config-if)#exit
Router(config)#ipv6 unicast-routing
Router(config)#ipv6 router rip a1              ;配置 RIP 进程,a1 为进程标识符
Router(config-rtr)#exit                        ;退出 RIP 进程配置过程,参数采取默认值
Router(config)#interface FastEthernet0/0
Router(config-if)#ipv6 rip a1 enable
        ;使能标识符为 a1 的 RIP 进程,使得 RIP 将动态生成用于指明通往该接口所连接的网络的传
        输路径的路由项,并使该接口参与 RIP 动态路由项建立过程(发送并接收 RIP 消息)
Router(config-if)#exit
Router(config)#interface FastEthernet0/1
Router(config-if)#ipv6 rip a1 enable
Router(config-if)#exit
```

Router2 和 Router3 命令行配置过程与 Router1 相似,不再赘述。

6.3.4 单区域 OSPF 配置实验

1. 实验内容

(1) 完成路由器接口 IPv6 地址配置。

(2) 验证终端自动获取配置信息过程。

(3) 完成路由器 OSPF 配置。

(4) 验证 OSPF 建立动态路由项过程。

(5) 验证 IPv6 网络连通性。

2. 网络结构

网络结构如图 6.24 所示,4 个路由器构成一个区域 area 1,路由器 R11 和路由器 R13 连接 IPv6 网络 2001::/64 和 2002::/64 的接口需要配置全球 IPv6 地址 2001::1/64 和 2002::1/64,路由器其他接口只要使能 IPv6 功能,自动生成链路本地地址。可以用路由器接口链路本地地址实现相邻路由器之间 OSPF 报文传输和解析下一跳链路层地址的功能。

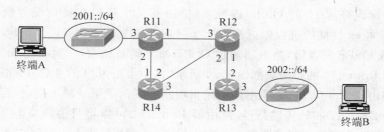

图 6.24　单区域网络结构

3. 实验步骤

(1) 启动 Packet Tracer,在逻辑工作区根据图 6.24 中的网络结构放置和连接设备,逻辑工作区完成设备放置和连接后的界面如图 6.25 所示。

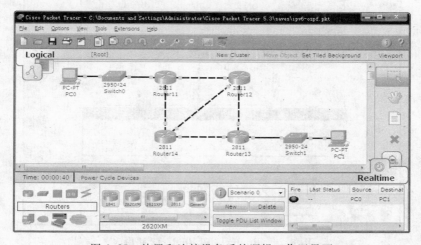

图 6.25　放置和连接设备后的逻辑工作区界面

(2) 路由器全局配置模式下,通过命令"ipv6 unicast-routing"开启单播 IPv6 分组的路由功能,通过命令"ipv6 router ospf 进程标识符"开始由进程标识符标识的 OSPF 进程的配置过程,进程标识符是一个 16 位二进制数,用于标识某个 OSPF 进程。OSPF 进程的配置过程中至少需要配置路由器标识符,不同路由器需要配置不同的路由器标识符,如路由器 Router11 用命令"router-id 192.1.11.1"将路由器标识符设置为 192.1.11.1,路由器 Router12 用命令"router-id 192.1.12.1"将路由器标识符设置为 192.1.12.1。Packet Tracer 只能用 IPv4 地址作为路由器标识符。

(3) 每一个路由器接口在接口配置模式下需要通过命令"ipv6 enable"使能接口的 IPv6 功能。通过命令"ipv6 ospf 进程标识符 area 区域标识符"在该接口使能由标识符标识的 OSPF 进程,某个接口一旦使能 OSPF 进程,OSPF 进程将动态生成用于指明通往该接口所连接的网络的传输路径的路由项,该接口将发送由该 OSPF 进程生成的路由消息,同时接收路由消息,并将路由消息提交给该 OSPF 进程。进程标识符必须与路由器全局配置模式下启动 OSPF 进程时配置的进程标识符相同,属于同一区域的路由器接口必须配置相同的区域标识符。如路由器 Router11 全局配置模式下用命令"ipv6 router ospf

11"启动进程标识符为 11 的 OSPF 进程,该路由器某个接口在接口配置模式下用命令"ipv6 ospf 11 area 1"使能进程标识符为 11 的 OSPF 进程。

(4) 完成 OSPF 配置后,路由器通过 OSPF 建立动态路由项,对于图 6.24 中的网络结构,路由器 Router11 的路由表如图 6.26 所示,其中类型为 O 的是 OSPF 建立的动态路由项,对于路由器 Router11,两项不同的路由项指明了两条下一跳不同,但距离相同的通往 IPv6 网络 2002::/64 的传输路径,路由器 Router11 可以将目的网络为 2002::/64 的 IPv6 分组均衡地分配到这两条路径上。路由器 Router12 的路由表见图 6.26。

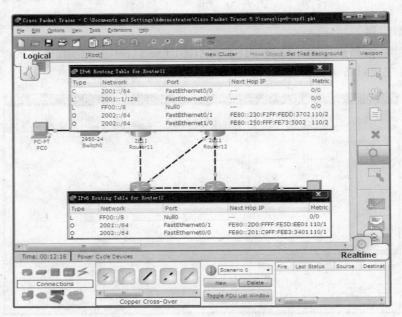

图 6.26　Router11 和 Router12 路由表

(5) 通过 Ping 操作验证 PC0 和 PC1 之间的连通性。

4. 命令行配置过程

(1) Router11 命令行配置过程。

```
Router>enable
Router#configure terminal
Router(config)#ipv6 unicast-routing
Router(config)#ipv6 router ospf 11
                    ;开始进程标识符为 11 的 OSPF 进程配置过程,进程标识符只有本地意义
Router(config-rtr)#router-id 192.1.11.1                    ;路由器标识符为 192.1.11.1
Router(config-rtr)#exit                    ;退出 OSPF 进程配置过程
Router(config)#interface FastEthernet0/0
Router(config-if)#no shutdown
Router(config-if)#ipv6 address 2001::1/64
Router(config-if)#ipv6 enable
Router(config-if)#ipv6 ospf 11 area 1
                    ;使能进程标识符为 11 的 OSPF 进程,接口属于区域 1
```

```
Router(config-if)#exit
Router(config)#interface FastEthernet0/1
Router(config-if)#no shutdown
Router(config-if)#ipv6 enable
Router(config-if)#ipv6 ospf 11 area 1
Router(config-if)#exit
Router(config)#interface FastEthernet1/0
Router(config-if)#no shutdown
Router(config-if)#ipv6 enable
Router(config-if)#ipv6 ospf 11 area 1
Router(config-if)#exit
```

（2）Router12 命令行配置过程。

```
Router>enable
Router#configure terminal
Router(config)#ipv6 unicast-routing
Router(config)#pv6 router ospf 12          ;开始进程标识符为 12 的 OSPF 进程配置过程
Router(config-rtr)#router-id 192.1.12.1
                        ;路由器标识符为 192.1.12.1,不同路由器的路由器标识符必须不同
Router(config-rtr)#exit
Router(config)#interface FastEthernet0/0
Router(config-if)#no shutdown
Router(config-if)#ipv6 enable
Router(config-if)#ipv6 ospf 12 area 1
      ;使能进程标识符为 12 的 OSPF 进程,接口属于区域 1,属于同一区域的路由器接口必须配置
        相同的区域标识符
Router(config-if)#exit
Router(config)#interface FastEthernet0/1
Router(config-if)#no shutdown
Router(config-if)#ipv6 enable
Router(config-if)#ipv6 ospf 12 area 1
Router(config-if)#exit
Router(config)#interface FastEthernet1/0
Router(config-if)#no shutdown
Router(config-if)#ipv6 enable
Router(config-if)#ipv6 ospf 12 area 1
Router(config-if)#exit
```

Router13 和 Router14 命令行配置过程与此相似,不再赘述。

6.3.5　单臂路由器实验

1. 实验内容

（1）验证路由器逻辑接口划分过程。

（2）完成路由器逻辑接口的 IPv6 地址和前缀配置。

（3）完成交换机 VLAN 配置过程。

（4）验证路由器逻辑接口与 VLAN 之间的绑定。

（5）验证属于不同 VLAN 的终端之间的连通性。

2. 网络结构

网络结构如图 6.27 所示，在交换机中创建两个 VLAN：VLAN 2 和 VLAN 3，终端A 和 B 连接属于 VLAN 2 的端口，终端 C 和 D 连接属于 VLAN 3 的端口，交换机连接路由器的端口为标记端口，且被 VLAN 2 和 VLAN 3 共享，路由器物理接口 1 被划分为两个逻辑接口，分别绑定 VLAN 2和 VLAN 3。

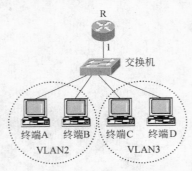

图 6.27　单臂路由器互连网络结构

3. 实验步骤

（1）启动 Packet Tracer，在逻辑工作区根据图 6.27 中的网络结构放置和连接设备，逻辑工作区完成设备放置和连接后的界面如图 6.28 所示。交换机端口 FastEthernet0/1～FastEthernet0/4 分别连接终端 PC0～PC3，交换机端口 FastEthernet0/5 连接路由器接口 FastEthernet0/0。

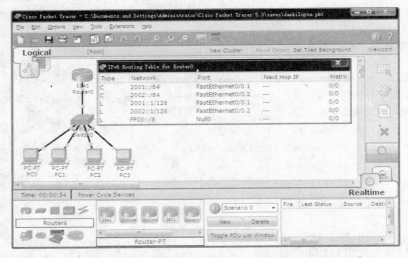

图 6.28　放置和连接设备后的逻辑工作区界面及路由表

（2）在交换机中创建编号为 2、3，名为 VLAN 2、VLAN 3 的两个 VLAN，端口FastEthernet0/1 和 FastEthernet0/2 作为非标记端口（Access 端口）分配给 VLAN 2，端口 FastEthernet0/3 和 FastEthernet0/4 作为非标记端口（Access 端口）分配给 VLAN 3，端口 FastEthernet0/5 作为标记端口（Trunk 端口）被 VLAN 2 和 VLAN 3 共享。

（3）路由器物理接口 FastEthernet0/0 被划分为两个逻辑接口：FastEthernet0/0.1和 FastEthernet0/0.2，两个逻辑接口分别绑定编号为 2、3 的 VLAN，同时为这两个逻辑接口分配 IPv6 地址和前缀，当然，两个逻辑接口必须分配不同的前缀。使能两个逻辑接口的 IPv6 功能，同时开启路由器转发单播 IPv6 分组的功能。路由器完成逻辑接口配置后生成的路由表见图 6.28。

（4）终端通过自动配置过程获取配置信息，PC0 通过自动配置过程获取的配置信息如图 6.29 所示，网络前缀是为和编号为 2 的 VLAN 绑定的逻辑接口分配的网络前缀，PC2 通过自动配置过程获取的配置信息如图 6.30 所示，网络前缀是为和编号为 3 的 VLAN 绑定的逻辑接口分配的网络前缀。

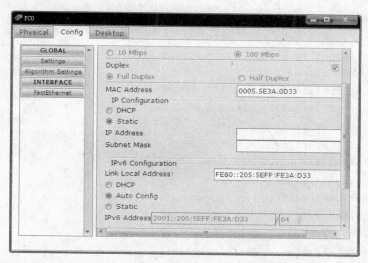

图 6.29　PC0 自动配置方式下获得的配置信息

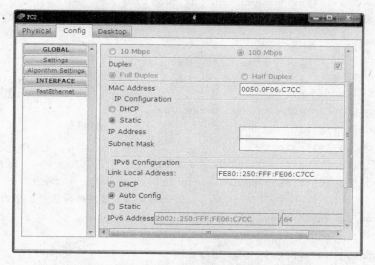

图 6.30　PC2 自动配置方式下获得的配置信息

（5）通过 Ping 操作验证属于不同 VLAN 的终端之间的连通性。

4. 命令行配置过程

（1）交换机命令行配置过程。

```
Switch> enable
```

```
Switch#configure terminal
Switch(config)#vlan 2
Switch(config-vlan)#name vlan2
Switch(config-vlan)#exit
Switch(config)#vlan 3
Switch(config-vlan)#name vlan3
Switch(config-vlan)#exit
Switch(config)#interface FastEthernet0/1
Switch(config-if)#switchport access vlan 2
Switch(config-if)#exit
Switch(config)#interface FastEthernet0/2
Switch(config-if)#switchport access vlan 2
Switch(config-if)#exit
Switch(config)#interface FastEthernet0/3
Switch(config-if)#switchport access vlan 3
Switch(config-if)#exit
Switch(config)#interface FastEthernet0/4
Switch(config-if)#switchport access vlan 3
Switch(config-if)#exit
Switch(config)#interface FastEthernet0/5
Switch(config-if)#switchport mode trunk
Switch(config-if)#switchport trunk allowed vlan 2,3
Switch(config-if)#exit
```

（2）路由器命令行配置过程。

```
Router> enable
Router#configure terminal
Router(config)#interface FastEthernet0/0
Router(config-if)#no shutdown
Router(config-if)#exit
Router(config)#interface FastEthernet0/0.1
Router(config-subif)#encapsulation dot1q 2
                                    ;将逻辑子接口和编号为 2 的 VLAN 绑定在一起
Router(config-subif)#ipv6 address 2001::1/64
Router(config-subif)#ipv6 enable
Router(config-subif)#exit
Router(config)#interface FastEthernet0/0.2
Router(config-subif)#encapsulation dot1q 3
                                    ;将逻辑子接口和编号为 3 的 VLAN 绑定在一起
Router(config-subif)#ipv6 address 2002::1/64
Router(config-subif)#ipv6 enable
Router(config-subif)#exit
Router(config)#ipv6 unicast-routing
```

6.3.6　双协议栈实验

1. 实验内容

（1）完成路由器接口 IPv4 地址、子网掩码与 IPv6 地址和前缀的配置。

（2）完成路由器 IPv4 静态路由项和 IPv6 静态路由项的配置。

（3）验证 IPv4 网络和 IPv6 网络共存于一个物理网络的工作机制。

（4）分别验证 IPv4 网络和 IPv6 网络终端之间的连通性。

2. 网络结构

网络结构如图 6.31 所示,路由器每一个接口同时配置 IPv4 地址和子网掩码与 IPv6 地址和网络前缀,以此表示路由器接口同时连接 IPv4 网络和 IPv6 网络,终端 A 和终端 C 分别连接在两个不同的 IPv4 网络上,终端 B 和终端 D 分别连接在两个不同的 IPv6 网络上。对于双协议栈工作机制,IPv4 网络和 IPv6 网络是相互独立的网络,属于 IPv4 网络的终端和属于 IPv6 网络的终端之间不能通信。

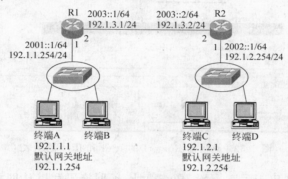

图 6.31　双协议栈网络结构

3. 实验步骤

（1）启动 Packet Tracer,在逻辑工作区根据图 6.31 中的网络结构放置和连接设备,逻辑工作区完成设备放置和连接后的界面如图 6.32 所示。

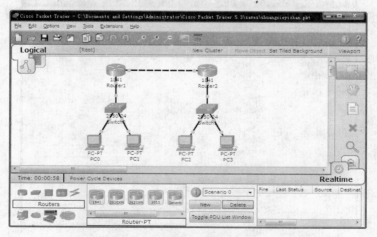

图 6.32　放置和连接设备后的逻辑工作区界面

（2）根据图 6.31 中的配置信息完成路由器各个接口的 IPv4 地址和子网掩码与 IPv6 地址和前缀的配置。

（3）路由器 Router1 分别配置用于指明通往 IPv4 网络 192.1.2.0/24 和 IPv6 网络 2002::/64 的传输路径的静态路由项，完成静态路由项配置后的路由器 Router1 的 IPv4 路由表和 IPv6 路由表如图 6.33 所示。同样，路由器 Router2 分别配置用于指明通往 IPv4 网络 192.1.1.0/24 和 IPv6 网络 2001::/64 的传输路径的静态路由项。

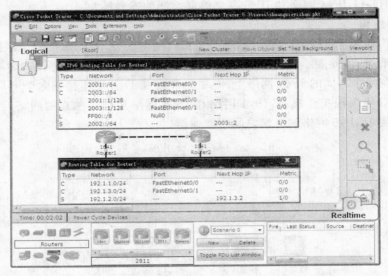

图 6.33　路由器 Router1 的 IPv4 和 IPv6 路由表

（4）终端 PC0 和 PC1 手工配置 IPv4 地址、子网掩码和默认网关地址，PC0 配置的 IPv4 地址和子网掩码如图 6.34 所示，默认网关地址如图 6.35 所示。终端 PC1 和 PC3 通过自动配置方式获得全球 IPv6 地址和默认网关地址，PC1 链路本地地址和全球 IPv6 地址如图 6.36 所示，默认网关地址如图 6.37 所示。

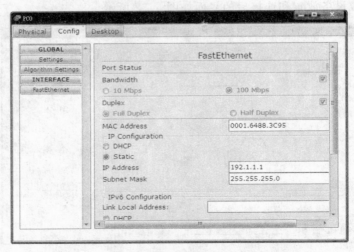

图 6.34　PC0 手工配置的 IPv4 地址和子网掩码

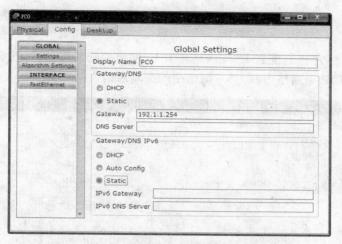

图 6.35 PC0 手工配置的默认网关地址

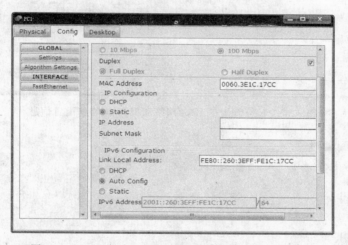

图 6.36 PC1 自动配置方式下获得的 IPv6 地址和前缀

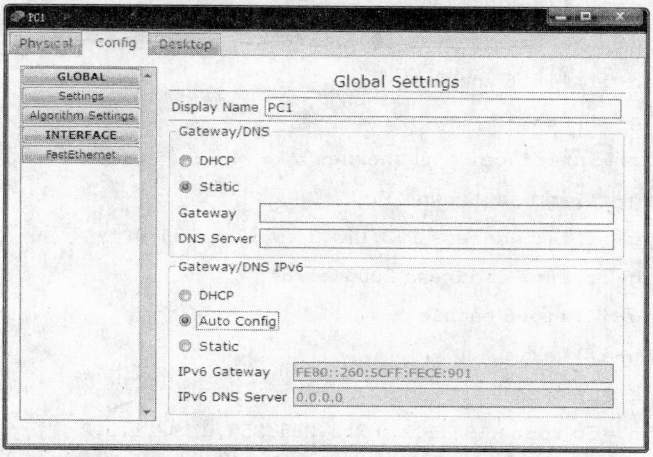

图 6.37 PC1 自动配置方式下获得的默认网关地址

（5）通过 Ping 操作验证 IPv4 网络内终端之间连通性，IPv6 网络内终端之间连通性。

（6）可以同时为 PC0 配置 IPv4 网络和 IPv6 网络的配置信息，如图 6.38 所示，这样，PC0 可以同时与 IPv4 网络中和 IPv6 网络中的终端通信。

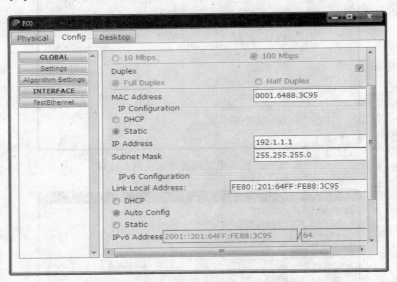

图 6.38　PC0 配置的 IPv4 网络和 IPv6 网络的配置信息

4. 命令行配置过程

（1）路由器 Router1 命令行配置过程。

```
Router>enable
Router#configure terminal
Router(config)#interface FastEthernet0/0
Router(config-if)#no shutdown
Router(config-if)#ip address 192.1.1.254 255.255.255.0
Router(config-if)#ipv6 address 2001::1/64
Router(config-if)#ipv6 enable
Router(config-if)#exit
Router(config)#interface FastEthernet0/1
Router(config-if)#no shutdown
Router(config-if)#ip address 192.1.3.1 255.255.255.0
Router(config-if)#ipv6 address 2003::1/64
Router(config-if)#ipv6 enable
Router(config-if)#exit
Router(config)#ipv6 unicast-routing
Router(config)#ip route 192.1.2.0 255.255.255.0 192.1.3.2
Router(config)#ipv6 route 2002::/64 2003::2
```

（2）路由器 Router2 命令行配置过程。

```
Router>enable
Router#configure terminal
Router(config)#interface FastEthernet0/0
Router(config-if)#no shutdown
Router(config-if)#ip address 192.1.2.254 255.255.255.0
Router(config-if)#ipv6 address 2002::1/64
Router(config-if)#ipv6 enable
Router(config-if)#exit
Router(config)#interface FastEthernet0/1
Router(config-if)#no shutdown
Router(config-if)#ip address 192.1.3.2 255.255.255.0
Router(config-if)#ipv6 address 2003::2/64
Router(config-if)#ipv6 enable
Router(config-if)#exit
Router(config)#ipv6 unicast-routing
Router(config)#ip route 192.1.1.0 255.255.255.0 192.1.3.1
Router(config)#ipv6 route 2001::/64 2003::1
```

6.3.7　IPv6 网络与 IPv4 网络简单互连实验

1. 实验内容
（1）完成路由器接口 IPv4 地址和子网掩码与 IPv6 地址和前缀的配置。
（2）完成路由器 NAT-PT 配置。
（3）验证 IPv4 网络和 IPv6 网络之间的连通性。
（4）验证 IPv4 分组和 IPv6 分组之间的转换过程。

2. 网络结构
网络结构如图 6.39 所示,路由器一个接口连接 IPv4 网络,另一个接口连接 IPv6 网络,通过完成路由器的 NAT-PT 配置,实现 IPv4 网络中的终端与 IPv6 网络中的终端之间的通信。在图 6.39 中允许 IPv6 网络中的终端发起访问 IPv4 网络中终端的访问过程,当路由器接收到 IPv6 网络中的终端发送的 IPv6 分组,需要完成 IPv6 分组至 IPv4 分组的转换,完成 IPv6 分组至 IPv4 分组转换的关键是获取该 IPv6 分组源和目的 IPv6 地址对应的 IPv4 地址,根据路由器中定义的源 IPv4 地址池完成 IPv6 分组源 IPv6 地址至 IPv4 地址的转换,根据 IPv6 分组的目的 IPv6 地址求出对应的 IPv4 地址,

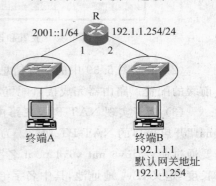

图 6.39　简单互连网络结构

其原理是如果某个 IPv6 分组的目的终端是属于 IPv4 网络的终端,其目的 IPv6 地址格式为 96 位前缀＋32 位目的终端的 IPv4 地址,可以在路由器中定义 96 位前缀,一旦某个

IPv6 分组的目的 IPv6 地址的 96 位前缀和路由器定义的 96 位前缀相同,用该目的 IPv6 地址的低 32 位作为对应的 IPv4 地址。这里为转换源 IPv6 地址定义的源 IPv4 地址池为 192.1.2.1～192.1.2.100 ,IPv4 网络对应的 96 位 IPv6 地址前缀为 2002∷/96。IPv6 网络发送给 IPv4 网络的 IPv6 分组,其目的 IPv6 地址需是 96 位前缀 2002∷+32 位 IPv4 地址,将该 IPv6 分组转换成 IPv4 分组时,源 IPv4 地址是 192.1.2.1～192.1.2.100 中没有分配的其中一个 IPv4 地址,并建立 IPv6 分组源 IPv6 地址与该 IPv4 地址之间的映射关系,目的 IPv4 地址是目的 IPv6 地址的低 32 位。IPv4 网络发送给 IPv6 网络的 IPv4 分组,源 IPv4 地址是终端的 IPv4 地址,目的 IPv4 地址是从 192.1.2.1～192.1.2.100 中分配的、并建立与 IPv6 地址之间映射关系的 IPv4 地址,当路由器接收到该 IPv4 分组,将其转换成 IPv6 分组,源 IPv6 地址为 96 位前缀 2002∷+32 位源 IPv4 地址,目的 IPv6 地址为与该目的 IPv4 地址绑定的 IPv6 地址。

3. 实验步骤

(1) 启动 Packet Tracer,在逻辑工作区根据图 6.39 中的网络结构放置和连接设备,逻辑工作区完成设备放置和连接后的界面如图 6.40 所示。

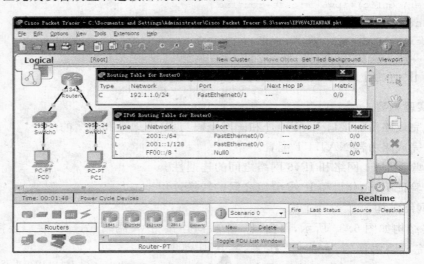

图 6.40 放置和连接设备后的逻辑工作区界面及路由表

(2) 根据图 6.39 中的配置信息完成路由器接口 IPv4 地址和子网掩码、IPv6 地址和前缀的配置。路由器完成接口配置后的 IPv4 网络和 IPv6 网络路由表见图 6.40。

(3) 为了实现 NAT-PT,在路由器连接 IPv6 网络和 IPv4 网络的接口用命令"ipv6 nat"开启接口的 NAT-PT 功能。为了实现 IPv6 分组源 IPv6 地址至 IPv4 地址的转换,需要通过命令"ipv6 nat v6v4 pool 名字 起始 IPv4 地址 结束 IPv4 地址 prefix-length 前缀长度"定义 IPv4 地址池,其中名字给出该 IPv4 地址池的名字,起始 IPv4 地址和结束 IPv4 地址给出 IPv4 地址范围,前缀长度给出 IPv4 地址的前缀位数。如命令"ipv6 nat v6v4 pool a1 192.1.2.1 192.1.2.100 prefix-length 24"确定 IPv4 地址池名字为 a1,IPv4 地址范围是 192.1.2.1～192.1.2.100,IPv4 地址的前缀程度为 24 位。命令"ipv6 nat prefix

IPv6 前缀/96"给出 IPv6 分组目的 IPv6 地址的 96 位前缀,只有目的 IPv6 地址的 96 位前缀与该命令定义的 96 位前缀相同的 IPv6 分组才有可能进行 NAT-PT 操作。命令"ipv6 access-list 名字"用于定义访问控制列表,只有符合访问控制列表中 permit 规则,且目的 IPv6 地址的 96 位前缀与路由器定义的 96 位前缀相同的 IPv6 分组才能进行 NAT-PT 操作,如果访问控制列表中添加了"permit ipv6 2001::/64 any"过滤规则,并用命令"ipv6 nat prefix 2002::/96"定义了目的 IPv6 地址前缀,则当且仅当源 IPv6 地址 64 位前缀为 2001::/64,目的 IPv6 地址的 96 位前缀为 2002::/96 的 IPv6 分组才能进行 NAT-PT 操作。命令"ipv6 nat v6v4 source list 访问控制列表名 pool IPv4 地址池名"将需要进行 NAT-PT 操作的 IPv6 分组和用于源 IPv6 地址转换的 IPv4 地址池绑定在一起。

(4) 在接口配置模式下,路由器连接 IPv6 网络的接口用命令"ipv6 nat prefix IPv6 前缀/96 v4-mapped 访问控制列表名"定义了需要进行 NAT-PT 操作的 IPv6 分组实现目的 IPv6 地址转换的方式:用目的 IPv6 地址的低 32 位作为转换后的 IPv4 地址,这就要求 IPv6 网络中的终端发送给 IPv4 网络中的终端的 IPv6 分组的目的 IPv6 地址的格式必须是 96 位前缀+32 位 IPv4 地址,如 2002::192.1.1.1。

(5) 为连接在 IPv4 网络中的终端 PC1 手工配置 IPv4 地址、子网掩码 192.1.1.1/24 和默认网关地址 192.1.1.254,连接在 IPv6 网络中的终端 PC0 通过自动配置方式获得全球 IPv6 地址和默认网关地址。

(6) 在 PC0 通过创建复杂 PDU 命令生成一个源 IPv6 地址为 PC0 全球 IPv6 地址,目的 IPv6 地址为 2002::192.1.1.1 的 IPv6 分组,PC0 全球 IPv6 地址如图 6.41 所示,PC1 IPv4 地址如图 6.42 所示,IPv6 分组格式如图 6.43 所示。

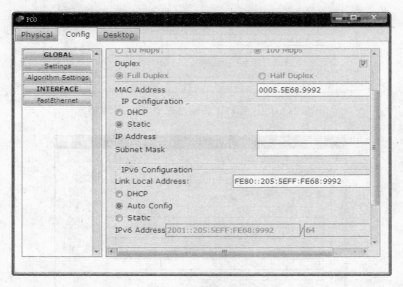

图 6.41　PC0 IPv6 配置信息

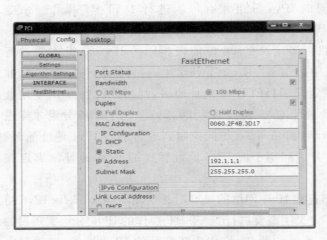

图 6.42 PC1 IPv4 配置信息

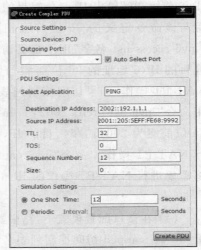

图 6.43 PC0 上创建的 IPv6 分组

（7）在 PC0 至 PC1 传输过程中，PC0 至 Router0 传输 IPv6 分组，IPv6 分组格式如图 6.44 所示。Router0 至 PC1 传输 IPv4 分组，IPv4 分组格式如图 6.45 所示，源 IPv4 地址是地址池中选择的 IPv4 地址 192.1.2.1，路由器将该 IPv4 地址与 PC0 的全球 IPv6 地址绑定在一起，目的 IPv4 地址是 2002::192.1.1.1 的低 32 位。

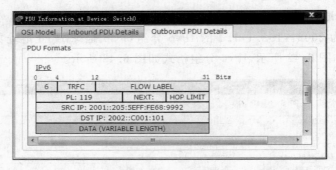

图 6.44 PC0 至 PC1 传输过程中 IPv6 分组格式

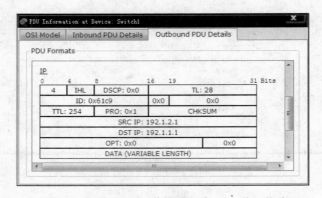

图 6.45 PC0 至 PC1 传输过程中 IPv4 分组格式

(8) 在 PC1 至 PC0 传输过程中,PC1 至 Router0 传输 IPv4 分组,IPv4 分组格式如图 6.46 所示,源 IPv4 地址是终端 PC1 的 IPv4 地址 192.1.1.1,目的 IPv4 地址是 192.1.2.1。Router0 至 PC0传输 IPv6 分组,IPv6 分组格式如图 6.47 所示,目的 IPv6 地址是与 192.1.2.1 绑定在一起的 PC0 的全球 IPv6 地址,源 IPv6 地址是 2002::192.1.1.1。

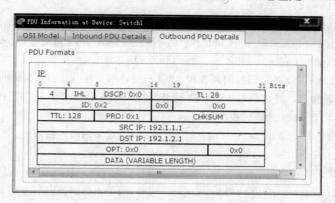

图 6.46 PC1 至 PC0 传输过程中 IPv4 分组格式

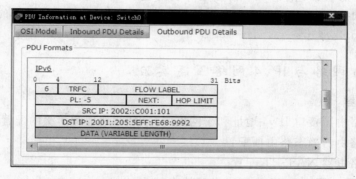

图 6.47 PC1 至 PC0 传输过程中 IPv6 分组格式

4. 路由器命令行配置过程

```
Router>enable
Router#configure terminal
Router(config)#interface FastEthernet0/0
Router(config-if)#no shutdown
Router(config-if)#ipv6 address 2001::1/64
Router(config-if)#ipv6 enable
Router(config-if)#ipv6 nat                              ;接口启动 NAT-PT 功能
Router(config-if)#ipv6 nat prefix 2002::/96 v4-mapped a2
    ;将符合 NAT-PT 转换条件的 IPv6 分组(目的 IPv6 地址 96 位前缀为 2002::/96,且满足名
     为 a2 的访问控制列表中 permit 规则的 IPv6 分组)的目的 IPv6 地址的低 32 为作为转换
     后的 IPv4 地址
Router(config-if)#exit
```

```
Router(config)#interface FastEthernet0/1
Router(config-if)#no shutdown
Router(config-if)#ip address 192.1.1.254 255.255.255.0
Router(config-if)#ipv6 nat                    ;接口启动 NAT-PT 功能
Router(config-if)#exit
Router(config)#ipv6 nat v6v4 pool a1 192.1.2.1 192.1.2.100 prefix-length 24
        ;定义用于实现源 IPv6 地址至 IPv4 地址转换的 IPv4 地址池,a1 是该 IPv4 地址池名
Router(config)#ipv6 nat v6v4 source list a2 pool a1
    ;将鉴别 IPv6 分组的访问控制列表和 IPv4 地址池绑定在一起,a2 是访问控制列表名,a1 是
    IPv4 地址池名。需要进行 NAT-PT 操作的 IPv6 分组用名为 a1 的 IPv4 地址池实现源
    IPv6 地址至 IPv4 地址转换
Router(config)#ipv6 access-list a2            ;定义访问控制列表,a2 是访问控制列表名
Router(config-ipv6-acl)#permit ipv6 2001::/64 any
    ;规则允许正常转发源 IPv6 地址 64 位前缀为 2001::/64,目的 IPv6 地址任意的 IPv6 分组
Router(config-ipv6-acl)#exit                  ;退出访问控制列表定义过程
Router(config)#ipv6 nat prefix 2002::/96
    ;定义目的 IPv6 地址的 96 位前缀,目的 IPv6 地址 96 位前缀为 2002::/96,且满足名为 a2
    的访问控制列表中 permit 规则的 IPv6 分组才是需要进行 NAT-PT 操作的 IPv6 分组
Router(config)#ipv6 unicast-routing
```

6.3.8 IPv6 网络与 IPv4 网络互连实验

1. 实验内容

(1) 完成路由器接口 IPv4 地址和子网掩码与 IPv6 地址和前缀的配置。

(2) 完成路由器静态路由项配置。

(3) 完成路由器 NAT-PT 配置。

(4) 验证 IPv4 网络和 IPv6 网络之间的连通性。

(5) 验证 IPv4 分组和 IPv6 分组之间的转换过程。

2. 网络结构

网络结构如图 6.48 所示,路由器 R2 接口 1 连接 IPv6 网络,接口 2 连接 IPv4 网络,该网络结构只允许 IPv6 网络内的终端发起访问 IPv4 网络内的终端的访问过程,当 IPv6 网络内的终端向 IPv4 网络内的终端发送 IPv6 分组时,源 IPv6 地址是 IPv6 网络内终端的全球 IPv6 地址,目的 IPv6 地址是 96 位前缀 2002::+ IPv4 网络内终端的 IPv4 地址,路由器 R2 将该 IPv6 分组转换成 IPv4 分组时,在路由器 R2 配置的 IPv4 地址池中选择一个没有分配的 IPv4 地址作为源 IPv4 地址,并建立该 IPv4 地址和源 IPv6 地址之间的映射。用目的 IPv6 地址的低 32 位作为目的 IPv4 地址。当 IPv4 网络内的终端向 IPv6 网络内的终端发送 IPv4 分组时,源 IPv4 地址是 IPv4 网络内终端的 IPv4 地址,目的 IPv4 地址是已经与 IPv6 网络内终端的全球 IPV6 地址建立映射的 IPv4 地址池中的 IPv4 地址。因此,IPv4 网络中各个路由器必须将以 IPv4 地址池中 IPv4 地址为目的 IPv4 地址的 IPv4 分组传输给路由器 R2,同样,IPv6 网络中各个路由器必须将以

2002::/96 为 96 位前缀的 IPv6 地址为目的 IPv6 地址的 IPv6 分组传输给路由器 R2。
因此，IPv6 网络和 IPv4 网络中的路由器除了用于指明通往内部网络的传输路径的路由
项外，还需有用于指明通往 IPv4 网络 192.1.3.0/24 和 IPv6 网络 2002::/96 的传输路
径的路由项。

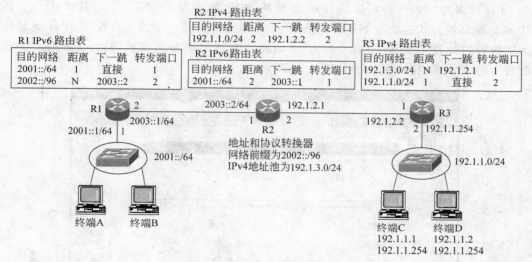

图 6.48 复杂互连网络结构

3. 实验步骤

（1）启动 Packet Tracer，在逻辑工作区根据图 6.48 中的网络结构放置和连接设备，
逻辑工作区完成设备放置和连接后的界面如图 6.49 所示。

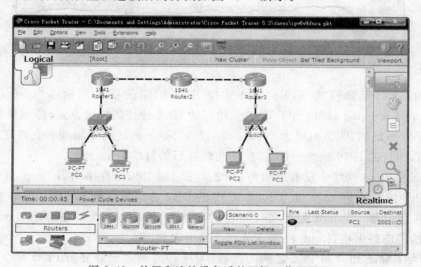

图 6.49 放置和连接设备后的逻辑工作区界面

（2）根据图 6.48 中的配置信息完成路由器各个接口 IPv4 地址和子网掩码，IPv6 地
址和前缀的配置。

(3) 路由器 Router2 通过命令"ipv6 nat prefix 2002::/96"、"ipv6 nat v6v4 pool a1 192.1.3.1 192.1.3.100 prefix-length 24"、"ipv6 nat v6v4 source list a2 pool a1"和用命令"ipv6 access-list a2"定义的访问控制列表及访问控制列表定义过程中输入的规则"permit ipv6 2001::/64 any"确定了需要进行 NAT-PT 操作的 IPv6 分组是源 IPv6 地址的 64 位前缀为 2001::/64,目的 IPv6 地址的 96 位前缀为 2002::/96 的 IPv6 分组。源 IPv6 地址转换方式是动态 NAT,即从 IPv4 地址池中选择一个没有分配的 IPv4 地址作为转换后的源 IPv4 地址,并建立源 IPv6 地址和该 IPv4 地址之间的映射。Router2 完成配置后的 IPv4 和 IPv6 路由表如图 6.50 所示。

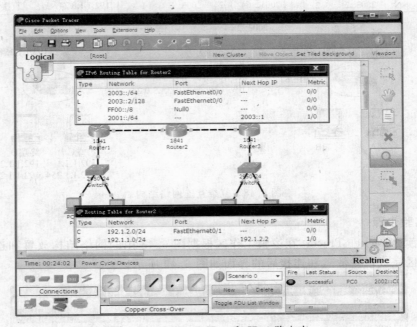

图 6.50　Router2 IPv4 和 IPv6 路由表

(4) 在接口配置模式下,Router2 连接 IPv6 网络的接口用命令"ipv6 nat prefix 2002::/96 v4-mapped a2"给出了 IPv6 分组目的 IPv6 地址的转换方式,即如果 IPv6 分组的目的 IPv6 地址的 96 位前缀为 2002::/96,且名为 a2 的访问控制列表允许正常转发该 IPv6 分组,用目的 IPv6 地址的低 32 位作为转换后的目的 IPv4 地址。

(5) 虽然 IPv6 网络中没有前缀为 2002::/96 的网络,需在路由器 Router1 配置实现将目的 IPv6 地址的 96 位前缀为 2002::/96 的 IPv6 分组传输给 Router2 的静态路由项。同样,需在路由器 Router3 配置实现将目的网络为 192.1.3.0/24 的 IPv4 分组传输给 Router2 的静态路由项,Router1 和 Router3 路由表如图 6.51 所示。

(6) 为了验证 PC0 与 PC2 之间的连通性,在 PC0 通过创建复杂 PDU 命令生成一个源 IPv6 地址为 PC0 的全球 IPv6 地址 2001::240:BFF:FE39:B8DE、目的 IPv6 地址为 2002::192.1.1.1 的 IPv6 分组,192.1.1.1 是 PC2 的 IPv4 地址。除了源 IPv6 地址,该 IPv6 分组的其他字段值与图 6.43 所示的 IPv6 分组相同。

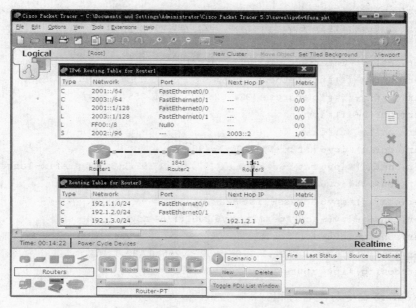

图 6.51　Router1 和 Router3 路由表

4. 命令行配置过程

（1）Router1 命令行配置过程。

```
Router>enable
Router#configure terminal
Router(config)#interface FastEthernet0/0
Router(config-if)#no shutdown
Router(config-if)#ipv6 address 2001::1/64
Router(config-if)#ipv6 enable
Router(config-if)#exit
Router(config)#interface FastEthernet0/1
Router(config-if)#no shutdown
Router(config-if)#ipv6 address 2003::1/64
Router(config-if)#ipv6 enable
Router(config-if)#exit
Router(config)#ipv6 unicast-routing
Router(config)#ipv6 route 2002::/96 2003::2
```

（2）Router2 命令行配置过程。

```
Router>enable
Router#configure terminal
Router(config)#interface FastEthernet0/0
Router(config-if)#no shutdown
Router(config-if)#ipv6 address 2003::2/64
Router(config-if)#ipv6 enable
```

```
Router(config-if)#ipv6 nat
Router(config-if)#ipv6 nat prefix 2002::/96 v4-mapped a2
Router(config-if)#exit
Router(config)#interface FastEthernet0/1
Router(config-if)#no shutdown
Router(config-if)#ip address 192.1.2.1 255.255.255.0
Router(config-if)#ipv6 nat
Router(config-if)#exit
Router(config)#ipv6 nat prefix 2002::/96
Router(config)#ipv6 nat v6v4 pool a1 192.1.3.1 192.1.3.100 prefix-length 24
Router(config)#ipv6 nat v6v4 source list a2 pool a1
Router(config)#ipv6 access-list a2
Router(config-ipv6-acl)#permit ipv6 2001::/64 any
Router(config-ipv6-acl)#exit
Router(config)#ip route 192.1.1.0 255.255.255.0 192.1.2.2
Router(config)#ipv6 route 2001::/64 2003::1
```

(3) Router3 命令行配置过程。

```
Router>enable
Router#configure terminal
Router(config)#interface FastEthernet0/0
Router(config-if)#no shutdown
Router(config-if)#ip address 192.1.1.254 255.255.255.0
Router(config-if)#exit
Router(config)#interface FastEthernet0/1
Router(config-if)#no shutdown
Router(config-if)#ip address 192.1.2.2 255.255.255.0
Router(config-if)#exit
Router(config)#ip route 192.1.3.0 255.255.255.0 192.1.2.1
```

第 **7** 章 PPP 和 Internet 接入

CHAPTER

7.1 知识要点

7.1.1 电路交换本质

1. 为什么需要交换

一个终端往往不仅不需要同时和多个终端通信,而且与单个终端的通信也是断断续续的,这样,固定建立某个终端和多个终端之间的连接对通信性能的改善非常有限,但需要增加大量物理链路。交换的本质是按需建立点对点连接,这种方式非常适用于点对点且终端之间不需要长时间持续通信的应用环境。

2. 交换机的功能

这里的交换机指的是实现电路交换功能的交换机,不是以太网中实现 MAC 帧存储转发功能的分组交换机,它的功能是实现无阻塞连接,无阻塞连接指的是能够保证任何没有和其他端口建立连接的输入端口和输出端口之间能够建立连接,且这种保证与交换机已经建立的连接无关。

如图 7.1(a)所示的交换机框图,简单且能实现无阻塞连接的交换机结构是如图 7.1(b)所示的交叉矩阵,每一个输入端口对应一条列线,每一个输出端口对应一条行线,只要某条行线和某条列线交叉处的电磁开关闭合,建立该条列线对应的输入端口与该条行线对应的输出端口之间的连接。只要某条行线和某条列线交叉处的电磁开关断开,释放该条列线对应的输入端口与该条行线对应的输出端口之间的连接。

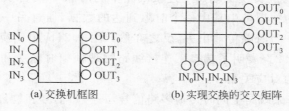

(a) 交换机框图　　　　　(b) 实现交换的交叉矩阵

图 7.1　交换机的交换功能

7.1.2 复用和交换相结合——时隙交换

1. 复用分类

复用可以分为频分复用、时分复用、波分复用和码分复用。

频分复用是一种将一条线路的带宽分割为多个频段,每段频段可以传输一路信号,多路信号通过各自对应的频段同时通过线路传输的技术。

时分复用是一种将线路以时间 T 为周期进行划分,再将每一个周期划分为多个时间片,这些时间片称为时隙,每一个时间片刚好用于传输一路信号时间周期 T 内需要传输的数据,多路信号时间周期 T 内需要传输的数据通过线路时间周期 T 中各自对应的时间片完成传输的技术。

波分复用是一种将多个不同波长的光线同时通过光纤传输的技术。

码分复用是一种将每一位二进制数用 m 位码片表示,不同发送端选择不同二进制编码的码片表示一位二进制数,通过为不同发送端精心选择表示一位二进制数的码片,多个发送端可以同时发送用码片序列构成的二进制位流,且使得接收端能够分离出不同发送端发送的码片序列的技术。

2. 物理帧和时隙

物理帧的帧长为时间周期 T,物理帧由时隙组成,时间周期 T 为 $125\mu s$,它实际上是 PCM 编码过程中采样时钟频率的倒数,时隙为线路传输以 $64kb/s$ 传输速率在 $125\mu s$ 时间周期内到达的数据所需要的时间,这个时间完全取决于线路传输速率,如果线路传输速率为 $64kb/s$,则时隙就是 $125\mu s$,如果线路传输速率为 $128b/s$,则时隙 $=125\mu s/2$,如果线路传输速率 $=n\times64kb/s$,则时隙 $=125\mu s/n$。线路时间周期 T 内的时隙数确定了线路时间周期 T 内允许同时传输的传输速率为 $64kb/s$ 的数字信号的数目。为了在接收端正确分离出各路信号,信号和物理帧中时隙之间的对应关系是固定的,这种通过将每一路信号和物理帧中某个时隙绑定,多路信号通过各自绑定的时隙在时间周期内同时完成传输的技术称为同步传输技术。

3. 时隙交换

图 7.2(a)是交换机通过在端口之间直接建立连接建立四对话机之间点对点连接的过程,图 7.2(b)是通过复用和时隙交换技术建立四对话机之间点对点连接的过程,复用/分离器连接交换机线路的传输速率是话机连接复用/分离器线路传输速率的四倍。因此,复用/分离器连接交换机线路的物理帧由四个时隙组成,每一个话机对应一个时隙,如话机 T1 对应交换机端口 1 连接线路中的时隙 1,时隙交换就是将经过某个端口连接的线路上的物理帧中其中一个时隙到达的数据,通过另一个端口连接的线路上的物理帧中其中一个时隙传输出去,反之亦然。图 7.2(b)中交换机设置的时隙交换表中交换项<1.1:3.2>表明了端口 1 连接线路物理帧中时隙 1 和端口 3 连接线路物理帧中时隙 2 之间的对应关系。

复用导致一条线路上同时传输多路信号,每一路信号和物理帧中的某个时隙存在固定的对应关系,交换机完成交换过程不再是简单地在对应输入端口和输出端口之间建立连接,而是需要完成两个端口连接的线路上物理帧中时隙之间的交换。

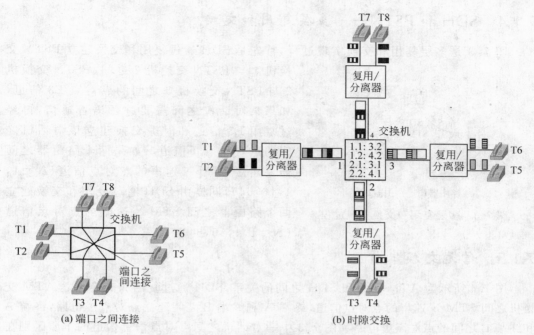

图 7.2　交换机时隙交换原理

7.1.3　SDH 的作用

1. 数字传输系统存在的问题

数字传输系统存在以下问题。

1) 存在多种速率标准

目前存在两大速率标准，一是我国和欧洲采用的 E 系列标准；二是北美和日本采用的 T 系列标准，这两大标准并不兼容，因此，很难建立两个位于不同系统的终端之间的点对点连接。

2) 分插、交换时隙困难

复用需要将低次群信号插入到高次群信号，分离需要从高次群信号中取出低次群信号，交换需要从一个高次群信号中分离出低次群信号，然后，插入到另一个高次群信号中去，无论是 E 系列，或是 T 系列标准，都需要逐次分插，即如果需要从 E5 信号中分离出 E1 信号，首先需要从 E5 信号中分离出包含该 E1 信号的 E4 信号，再从 E4 信号中分离出包含该 E1 信号的 E3 信号，最后从 E2 信号中分离出该 E1 信号，这就使得分插和交换过程变得十分复杂和困难。

2. SDH 解决方法

SDH 解决数字传输系统存在问题的方法：一是 SDH 是一个由光纤、复用/分离器和交叉连接交换设备组成的电路交换网络；二是 SDH 可以在任何两个终端之间建立 E 系列、T 系列、STM-N 速率标准的点对点信道；三是直接以 E 系列、T 系列、STM-N 速率标准信号进行分插和交换操作。

7.1.4　SDH 和 PSTN——多层复用和交换

图 7.3 是多层复用和交换实现过程,首先是 SDH 通过复用和交换建立 PSTN 交

图 7.3　多层复用和交换实现过程

换机 1 与 PSTN 交换机 2 之间、PSTN 交换机 2 与 PSTN 交换机 3 之间的点对点 E3 信道,如果某对话机之间需要进行语音通信,再经过复用 E3 信道和时隙交换建立该对话机之间的点对点语音信道。如果两个路由器之间需要建立 STM-N 速率的点对点信道($N=1$,$4,16,64$),同样由 SDH 通过复用和交换建立两个路由器之间 STM-N 速率的点对点信道($N=1,4,16,64$)。

7.1.5　信元交换本质

图 7.4 所示为 ATM 网络和 SDH 之间的关系,SDH 通过复用和交换建立 ATM 交换机之间 STM-N 速率的点对点信道,终端 A 和终端 B 之间建立点对点虚电路,终端 A 和终端 B 之间的点对点虚电路和图 7.3 中一对话机之间点对点语音信道的本质区别在于语音信道是通过复用 E3 信道和 PSTN 交换机时隙交换建立的点对点物理信道,在语音信道存在期间,该对话机独占语音信道带宽,就像两个 ATM 交换机独占它们之间的 STM-N 速率的点对点信道带宽一样。而建立终端 A 和终端 B 之间点对点虚电路只是确定终端 A 与终端 B 之间的传输路径,在 ATM 交换机中建立对应的转发项。信元本身是分组,是长度固定为 53B 的分组,ATM 交换机是虚电路分组交换机。建立语音信道后,该语音信道在 E3 链路的物理帧中保留固定位置的时隙,中间 PSTN 交换机和接收端通过时隙与语音信道之间的绑定关系分离出属于不同语音信道的数据,但每一条虚电路并没有在 STM-N 帧中保留固定位置的空间,属于不同虚电路的信元随机占用 STM-N 帧空

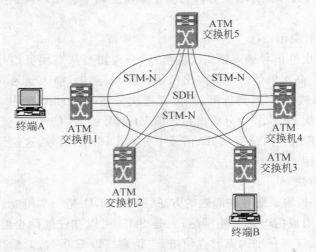

图 7.4　ATM 网络和 SDH

间,因此,无法通过信元在 STM-N 帧中的位置确定信元所属的虚电路,每一个信元必须携带虚电路标识符。

为每一条语音信道在物理帧中保留固定位置的时隙,通过语音信道和时隙位置之间的绑定分离出属于各条语音信道数据的传输方式称为同步传输方式,属于不同虚电路的信元随机占用 STM-N 帧空间,由于不存在虚电路与 STM-N 帧固定位置空间之间的绑定关系,必须通过信元携带的虚电路标识符确定信元所属虚电路的传输方式称为异步传输方式。

7.1.6 接入 Internet 过程

用户接口 Internet 的过程如图 7.5 所示,用户使用的终端(称为用户终端)通过接入网络连接接入控制设备,由接入控制设备完成用户终端与接入控制设备之间的传输通路和 Internet 的连接。接入控制设备实现用户终端与接入控制设备之间的传输通路和 Internet 的连接的前提是确定用户为授权用户。通过为用户终端分配一个全球 IP 地址,并在路由表中动态建立用于绑定分配给用户终端的全球 IP 地址和用户终端与接入控制设备之间传输通路的路由项完成用户终端与接入控制设备之间的传输通路和 Internet 的连接的过程,因而实现 IP 分组接入网络与 Internet 之间的转发。可以得出,用户接入 Internet 过程分为建立用户终端与接入控制设备之间的传输通路,接入控制设备完成对用户的身份鉴别,接入控制设备为用户终端动态分配全球 IP 地址,接入控制设备在路由表中动态建立用于绑定分配给用户终端的全球 IP 地址和用户终端与接入控制设备之间传输通路的路由项。

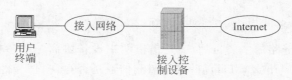

图 7.5 用户接入 Internet 方式

1. 建立数据传输通路

建立数据传输通路是建立能够传输链路层帧的数据链路,不同类型的接入网络,建立数据链路的过程不同,如果 PSTN 作为接入网络,则建立数据链路的过程就是建立用户终端与接入控制设备之间的点对点语音信道,并通过点对点协议(Point-to-Point Protocol,PPP)的链路控制协议(Link Control Protocol,LCP)建立传输 PPP 帧的 PPP 链路。如果是以太网,只要确定了两端的 MAC 地址,就可建立用于传输 MAC 帧的交换路径,但由于目前采用 PPPoE 作为宽带接入控制协议,因此,需要通过 PPPoE 建立类似用户终端与接入控制设备之间点对点语音信道的 PPP 会话,然后用 PPP 的 LCP 建立 PPP 链路。

2. 鉴别用户身份

通过鉴别协议实现对用户身份的鉴别,但鉴别协议实现用户身份鉴别过程中需要交换的协议数据单元必须封装成数据链路对应的帧格式才能相互传输,因此,鉴别协议的协议数据单元只有作为 PPP 帧的净荷,才能在用户终端与接入控制设备之间相互传输。接入控制设备用于实现鉴别用户身份的鉴别协议主要有密码鉴别协议(Password Authentication Protocol)和挑战握手鉴别协议(Challenge Handshake Authentication Protocol,CHAP)。

3. 动态分配 IP 地址

动态分配 IP 地址过程通过 IP 控制协议(IP Control Protocol,IPCP)实现,同样,IPCP 协议数据单元只有作为 PPP 帧的净荷,才能在用户终端与接入控制设备之间相互传输。

4. 建立动态路由项

接入控制设备为了实现 IP 分组接入网络和 Internet 之间转发,必须建立用于绑定分配给用户终端的全球 IP 地址和用户终端与接入控制设备之间传输通路的路由项,传输通路可以是基于 PSTN 点对点语音信道的 PPP 链路,也可以是基于 PPP 会话的 PPP 链路。

7.1.7 点对点协议

PPP 顾名思义是基于点对点物理链路的链路层协议,它本来是针对拨号接入技术开发的接入控制协议,由两部分功能组成:一是基本链路层协议具有的功能,如定义 PPP 帧格式、检错、帧定界等;二是接入控制功能,如监测物理链路是否建立和经过信道传播的信号的质量是否符合数据传输要求,鉴别用户身份,动态分配 IP 地址。其实这些功能由三个独立的协议完成,它们分别是 LCP、PAP 或 CHAP 和 IPCP。在实现接入控制功能时,PPP 帧只是实现这三个协议对应的协议数据单元在用户终端和接入控制设备之间传输的载体。

1. 建立 PPP 链路

LCP 建立 PPP 链路的主要目的,一是信道两端设备协商一些参数,如最大传送单元(Maximum Transfer Unit,MTU)值;二是监测信道是否存在,信号经过信道传播后的质量;三是确定信道两端设备实现用户身份鉴别时使用的鉴别协议;四是确定信道两端设备用于实现 IP 地址动态分配的协议。

2. 鉴别用户身份

鉴别用户身份过程就是判断用户是否拥有唯一标识其身份的用户标识信息,常见的用户标识信息是用户名和密码。鉴别协议需要保证用户标识信息的传输安全,PAP 这种用明文方式传输用户名和密码的鉴别协议一般不会用于需要保密用户标识信息的鉴别过程。鉴别过程中需要交换的协议数据单元必须封装成 PPP 帧后,才能经过 PPP 链路传输,PPP 之所以称为接入控制协议,就是因为它除了是基于点对点信道的链路层协议外,还是鉴别协议和 IP 控制协议的承载协议。

3. 动态分配 IP 地址

接入控制设备需要配置一个 IP 地址池,在建立用户终端与接入控制设备之间的数据传输通路,并由接入控制设备完成对用户的身份鉴别过程后,由用户终端通过 IPCP 向接入控制设备发出分配 IP 地址的请求,接入控制设备在 IP 地址池中选择一个未被分配的 IP 地址,并通过 IPCP 将该 IP 地址发送给用户终端,用户终端获取 IP 地址后,才完成接

入过程。接入控制设备在为用户终端分配 IP 地址后,需要在路由表中建立用于绑定该
IP 地址与用户终端和接入控制设备之间数据传输通路的路由项,这样,接入控制设备才
能真正实现 IP 分组接入网络与 Internet 之间的转发。

4. PPPoE 的功能

PPP 作为承载协议,在建立用户终端与接入控制设备之间的 PPP 链路后,通过在用
户终端和接入控制设备之间交换封装成 PPP 帧的鉴别协议对应的协议数据单元和 IPCP
对应的协议数据单元完成对用户身份鉴别和用户终端 IP 地址分配过程,这是 PPP 成为
Internet 接入控制协议的原因,由于 PPP 是基于点对点信道的链路层协议,因此,PPP 只
能成为以点对点信道连接用户终端和接入控制设备的接入网络的接入控制协议。当以太
网成为接入网络时,由于用户终端与接入控制设备之间的传输通路是交换路径,因此,并
不能用 PPP 作为接入控制协议。PPPoE 的功能一是通过发现过程确定用户终端和接入
控制设备的 MAC 地址,并用 PPP 会话标识符和两端 MAC 地址一起唯一标识某个 PPP
会话,二是实现用户终端与接入控制设备之间的交换路径传输 PPP 帧的功能。

7.1.8　单个终端接入与局域网接入

1. 两者的本质区别

单个用户终端接入 Internet 的方式如图 7.5 所示,接入控制设备通过 PPP 完成对用
户终端的接入控制过程。局域网接入 Internet 的方式如图 7.6 所示,这里的边缘路由器
具有双重身份,对内部局域网,它是边缘路由器,具有将局域网接入 Internet 的功能。对
于 Internet,它是用户终端,由接入控制设备通过 PPP 完成对它的接入控制过程。由于接
入控制设备只对边缘路由器分配单个 IP 地址。因此,所有局域网中终端发送的 IP 分组,
经过边缘路由器转发后,必须以接入控制设备分配给该边缘路由器的 IP 地址为源 IP 地
址。同样,Internet 中终端发送给局域网中终端的 IP 分组也都以接入控制设备分配给该
边缘路由器的 IP 地址为目的 IP 地址。内部局域网对于 Internet 中的终端是透明的,
Internet 中的终端只能和等同于单个用户终端的边缘路由器进行通信。边缘路由器需要
承担内部局域网和 Internet 之间的中继功能。

图 7.6　局域网接入 Internet 方式

2. 边缘路由器的双重功能

边缘路由器对于 Internet 等同于一个用户终端,因此,边缘路由器只能通过默认网关
地址给出通往 Internet 传输路径上的第一跳路由器地址,即接入控制设备连接接入网络
的接口的 IP 地址,如果边缘路由器通过点对点信道连接接入控制设备,或者虽然通过以
太网互连边缘路由器和接入控制设备,但接入控制设备通过 PPPoE 实现对边缘路由器的

接入控制,边缘路由器无须下一跳 IP 地址就能实现边缘路由器至接入控制设备的 IP 分组传输过程,实际接入控制过程中常用默认网关地址等于用户终端或边缘路由器 IP 地址来表示这一种情况。

边缘路由器对于内部局域网是一个边缘路由器,连接内部局域网接口配置的 IP 地址和子网掩码确定了内部局域网的网络地址。同时,边缘路由器连接内部局域网接口配置的 IP 地址也是连接在内部局域网上终端的默认网关地址。当然,内部局域网的网络地址属于本地 IP 地址,不能直接用于和 Internet 中终端通信。

实际的边缘路由器常常是一个集成了交换机和边缘路由器的设备。因此,存在若干个用于连接终端的以太网端口,但这些端口是交换机端口,边缘路由器需要一个用于连接接入网络的接口,通常称为 Internet 接口。需要一个连接交换机的接口,通常称为局域网接口,在一个集成了交换机和边缘路由器的设备中,没有实际物理端口对应局域网接口。Internet 接口可以通过多种方式获取全球 IP 地址,局域网接口及内部局域网网络地址通过配置得到。

3. NAT 和单向会话

内部局域网终端发送的 IP 分组经过边缘路由器转发后,其源 IP 地址必须转换成边缘路由器 Internet 接口的 IP 地址。同样,Internet 中的终端发送给内部局域网中终端的 IP 分组一律以边缘路由器 Internet 接口的 IP 地址为目的 IP 地址。边缘路由器必须在发送给 Internet 中的终端的 IP 分组中嵌入局域网唯一的标识信息,并将该标识信息与局域网内终端的 IP 地址绑定在一起。同时,必须保证 Internet 中的终端返回给该局域网内终端的 IP 分组包含该标识信息,使得边缘路由器通过该标识信息确定局域网中真正的接收终端。对于 UDP 和 TCP 报文,可以由边缘路由器分配一个局域网内唯一的源端口号,并用该源端口号替换 UDP 或 TCP 报文中的源端口号(称为原来源端口号),并将边缘路由器分配的源端口号和该 UDP 或 TCP 报文的原来源端口号和发送终端的本地 IP 地址绑定在一起。当 Internet 中的终端向内部局域网中终端发送响应报文时,边缘路由器分配的源端口号变为目的端口号,边缘路由器可以通过响应报文的目的端口号找到该响应报文的原来目的端口号和接收终端的本地 IP 地址。对于 ICMP ECHO 请求报文,边缘路由器可以分配一个局域网内唯一的标识符,用该标识符替代 ICMP ECHO 请求报文中的标识符(称为原来标识符),并将边缘路由器分配的标识符与原来标识符和发送终端的本地 IP 地址绑定在一起。当 Internet 中的终端向局域网内终端发送 ICMP ECHO 响应报文时,ICMP ECHO 响应报文中的标识符就是边缘路由器分配的标识符,边缘路由器可以通过 ICMP ECHO 响应报文中的标识符找到原来标识符和接收终端的本地 IP 地址。

在建立内部局域网某个终端的本地 IP 地址与嵌入在 IP 分组中的标识信息之间的绑定之前,Internet 发送给边缘路由器的 IP 分组无法映射到某个内部局域网中终端。因此,无法传输给特定的内部局域网中的终端。必须由内部局域网中终端发起某个会话,该会话可以是某个 TCP 连接,相同发送、接收进程间的 UDP 报文发送接收过程,一次 ICMP ECHO 请求和响应过程。

7.2　例题解析

7.2.1　自测题

1. 选择题

(1) 下面_____事情与接入控制设备无关。

　　A. 建立用户终端与接入控制设备之间数据传输通路

　　B. 完成对接入用户的身份鉴别

　　C. 为用户终端分配 IP 地址

　　D. 由 ATM 网络实现两个物理上分割的以太网的中继功能

(2) PSTN 建立的语音信道属于_____。

　　A. 点对点信道　　　　B. 广播信道　　　　C. 分组交换路径　　　　D. 虚电路

(3) PPP 用标志字段加转义符和替换字节实现帧定界的前提是_____。

　　A. 物理层实现字节同步　　　　　　　　B. 物理层实现比特流透明传输

　　C. 物理层传播模拟信号　　　　　　　　D. 物理层传播数字信号

(4) 下面_____项与 PPP 作为接入控制协议无关。

　　A. 建立 PPP 链路时协商鉴别协议和网络控制协议

　　B. PPP 帧作为鉴别协议对应的协议数据单元的载体

　　C. PPP 帧作为 IP 控制协议对应的协议数据单元的载体

　　D. 实现 PPP 帧检错

(5) 对于 PPP,下面_____描述是错误的。

　　A. 基于点对点信道的链路层协议

　　B. PSTN 作为接入网络时的接入控制协议

　　C. 通过 PPP over X 技术实现 PPP 帧经过多种类型的分组交换路径的传输过程

　　D. 通用的链路层协议

(6) 下述_____项不是 PPPoE 的功能。

　　A. 确定接入控制设备连接以太网端口的 MAC 地址

　　B. 分配 PPP 会话标识符

　　C. 将 PPP 帧封装成能够经过以太网实现用户终端和接入控制设备之间传输的
　　　　MAC 帧

　　D. 完成对用户终端的接入控制功能

(7) 造成拨号接入和 ADSL 接入速率差距的主要原因是_____。

　　A. ADSL 采用的调制解调技术优于拨号接入

　　B. ADSL 路由器用以太网端口连接用户终端

　　C. 拨号接入通过 Modem 连接用户线,ADSL 通过 ADSL 路由器连接用户线

　　D. 拨号接入下用户终端至接入控制设备之间是语音信道,ADSL 接入下用户终
　　　　端与 DSLAM 之间是用户线

(8) 限制拨号接入下用户线带宽的主要因素是_____。

    A. 用户线质量   B. 用户线长度

    C. Modem 采用的调制解调技术   D. PCM 编码时的采样频率

(9) 限制 ADSL 接入下用户线带宽的主要因素是_____。

    A. 用户线质量   B. 用户线长度

    C. ADSL 路由器采用的调制解调技术   D. A 和 B

(10) 以太网接入采用 PPPoE 的主要原因是_____。

    A. 接入控制设备需要通过 PPP 实现对用户终端的接入控制

    B. 无法通过以太网建立用户终端与接入控制设备之间的数据传输通路

    C. 以太网是短距离传输网络

    D. 以太网是分组交换网络

(11) 用户终端通过以太网接入 Internet 不需要桥设备的原因是_____。

    A. 通过以太网建立用户终端与接入控制设备之间的交换路径

    B. 用户终端通过 PPPoE 建立与接入控制设备之间的 PPP 会话

    C. 接入控制设备需要通过 PPP 实现对用户终端的接入控制

    D. 以太网是分组交换网络

(12) 用户终端通过 ADSL 接入 Internet 需要桥设备的原因是_____。

    A. 通过用户线连接两个物理上分割的以太网

    B. 用户终端通过 PPPoE 建立与接入控制设备之间的 PPP 会话

    C. 接入控制设备需要通过 PPP 实现对用户终端的接入控制

    D. 以太网是分组交换网络

(13) 用户终端通过拨号接入方式接入 Internet 需要 Modem 的原因是_____。

    A. 用户线只能传输模拟信号

    B. 通过呼叫连接建立过程建立用户终端与接入控制设备之间的点对点信道

    C. 接入控制设备需要通过 PPP 实现对用户终端的接入控制

    D. A 和 B

(14) 下述_____项和 VPN 接入无关。

    A. 远程终端分配内部网络本地 IP 地址

    B. 连接 Internet 的远程终端访问内部网络中的资源

    C. 建立远程终端与内部网络连接 Internet 的路由器之间的第 2 层隧道

    D. 远程终端拨号接入方式接入 Internet

(15) 下述_____项和以太网接入无关。

    A. 用以太网连接用户终端和接入控制设备

    B. 用 PPPoE 实现 PPP 帧经过以太网在用户终端与接入控制设备之间传输

    C. 接入控制设备用 PPP 完成对用户终端的接入控制

    D. 用户终端与接入控制设备之间的交换路径由全双工点对点信道和交换机组成

(16) 图 7.7 所示是 NAT 的一个示例,根据其中的信息,标号为①的箭头线所对应的方格内容应是_____。

  A. S＝192.168.1.1:3105   B. S＝59.67.148.3:5234

   D＝202.113.64.2:8080   D＝202.113.64.2:8080

  C. S＝192.168.1.1:3105   D. S＝59.67.148.3:5234

   D＝59.67.148.3:5234   D＝192.168.1.1:3105

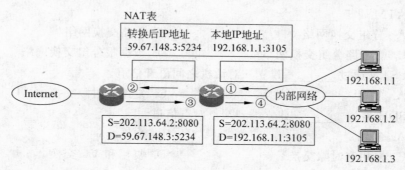

图 7.7　NAT 示例 1

(17) 图 7.8 所示是 NAT 的一个示例,根据其中的信息,标号为④的箭头线所对应的方格内容应是_____。

  A. S＝135.2.1.1:80   B. S＝135.2.1.1:80

   D＝202.0.1.1:5001   D＝192.168.1.1:3342

  C. S＝135.2.1.1:5001   D. S＝192.168.1.1:3342

   D＝135.2.1.1:80   D＝135.2.1.1:80

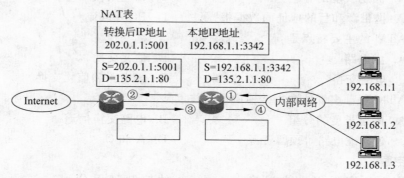

图 7.8　NAT 示例 2

(18) ADSL 上行速率在_____。

  A. 64kb/s～640kb/s   B. 640kb/s～7Mb/s

  C. 7Mb/s～10Mb/s   D. 10Mb/s～20Mb/s

(19) 某家庭需要通过无线局域网将分布在不同房间的三台计算机接入 Internet,并且 ISP 只给其分配一个 IP 地址,这种情况下,应该选用的设备是_____。

  A. AP   B. 无线路由器   C. 无线网桥   D. 交换机

(20) PSTN 属于_____。

    A. 分组交换网络　　　　　　　　　　B. 电路交换网络

    C. 虚电路分组交换网络　　　　　　　D. 数据报分组交换网络

(21) SDH 属于_____。

    A. 分组交换网络　　　　　　　　　　B. 电路交换网络

    C. 虚电路分组交换网络　　　　　　　D. 数据报分组交换网络

(22) ATM 属于_____。

    A. 分组交换网络　　　　　　　　　　B. 电路交换网络

    C. 虚电路分组交换网络　　　　　　　D. 数据报分组交换网络

(23) PSTN 通过_____建立一对话机之间语音信道。

    A. 复用　　　　B. 交换　　　　C. 复用和时隙交换　　　D. 时分复用

(24) SDH 通过_____建立端到端点对点信道。

    A. 复用　　　　　　　　　　　　　　B. 交换

    C. 复用和时隙交换　　　　　　　　　D. 复用和 VC 交换

(25) 语音信道是_____。

    A. 永久信道　　　　　　　　　　　　B. 人工配置信道

    C. 由信令协议动态建立的信道　　　　D. 固定点对点线缆

(26) SDH 点对点信道是_____。

    A. 永久信道　　　　　　　　　　　　B. 人工配置信道

    C. 由信令协议动态建立的信道　　　　D. 固定点对点线缆

(27) 信元是_____。

    A. 固定长度的分组　　　　　　　　　B. 物理层帧结构

    C. 携带源和目的地址的数据报　　　　D. PCM 码流

(28) ATM 的主要特点是_____。

    A. 虚电路　　　　　　　　　　　　　B. 信元交换

    C. 电路交换　　　　　　　　　　　　D. 虚电路和信元交换

(29) ATM 保证多媒体数据传输质量的技术是_____。

    A. 固定长度的分组　　　　　　　　　B. 电路交换信道

    C. 建立虚电路时预留资源　　　　　　D. A 和 C

2. 填空题

(1) 用 PPP 实现用户终端接入 Internet 的控制过程分为_____、_____和_____。

(2) 以太网接入的基本原理是_____、_____和_____。

(3) ADSL 路由器和 DSLAM 是互连_____和_____的网桥设备,它们的存在对用户终端和接入控制设备是_____。

(4) 将局域网接入 Internet 需要_____,对于局域网它是_____,对于接入控制设备它等同于_____。

(5) 拨号接入方式下,用户终端与接入控制设备之间是_____,本地交换机 PCM

过程中采用的_____采样频率将用户线带宽限制在_____。

(6) ADSL 接入方式下,直接通过用户线连接用户终端和 DSLAM,用户线带宽取决于_____和_____。

(7) 远程终端 VPN 接入内部网络过程中,首先将远程终端_____,同时获取_____,然后需要建立与内部网络连接 Internet 的路由器之间的_____,再由内部网络连接 Internet 的路由器完成对远程终端的_____和_____,内部网络连接 Internet 的路由器通过_____完成这些接入控制过程。

(8) 接入控制设备除了是一个互连_____和_____的路由器,它还需具有对用户终端的_____。

(9) 以太网接入采用 PPPoE 是因为_____。ADSL 接入方式下,接入网络由三部分组成,它们分别是_____、_____和_____,ADSL 路由器和 DSLAM 之间的用户线对用户终端和接入控制设备是_____,因此,ADSL 接入同样采用 PPPoE。

(10) ADSL 路由器作为网桥设备时,接入控制设备对它是_____,作为路由器设备时,接入控制设备将它作为_____,如果 ADSL 路由器仍然采用 PPPoE 完成接入过程,它连接用户线的端口需要分配_____,因为 PPPoE 用 PPP 会话两端的_____和_____标识用于传输 PPP 帧的 PPP 会话。

(11) 按需建立点对点信道的技术称为_____技术,它避免了终端之间的_____。采用这种技术的前提是终端之间通信基本上是_____和_____。

(12) PSTN 语音信道是动态建立的,动态建立语音信道的关键是_____和_____。

(13) SDH 点对点信道是_____,采用这种方式的原因是_____。PSTN 中作为 SDH 点对点信道两端设备的是_____。

(14) 目前电路交换网络的技术基础是_____和_____。_____是 PSTN 中的基本信号单位,因此,PSTN 交换机需要实现_____。_____是 SDH 中的基本信号单位,因此,SDH 交叉连接设备需要实现_____。

(15) SDH 中 VC 支持的信号类型包括 E 系列的_____、_____和_____,T 系列的_____和_____,这表示 SDH 可以建立用于实现_____和_____ PSTN 交换机之间互连的_____。

(16) ATM 称为宽带综合业务数字网的原因是虚电路提供的服务质量,保证服务质量的技术因素是_____和_____。

(17) 数据传输质量的主要指标有_____、_____和_____,ATM 固定 53B 长度的信元可以改善这些质量指标。

(18) ATM 是_____,能够提供电路交换网络所能提供的_____和_____,其中_____是重要原因,它有效减少了转发时延,而转发时延是引发_____和_____的主要原因。

3. 名词解释

_____拨号接入   _____ADSL 接入

_____接入网络   _____接入控制过程

_____ VPN　　　　　　　　_____ VPN 接入

_____ 以太网接入　　　　　　_____ PPP

_____ ADSL 路由器　　　　　_____ 接入控制设备

_____ PPPoE　　　　　　　 _____ Modem

_____ 信元　　　　　　　　_____ E1 帧结构

_____ SDH 帧结构　　　　　 _____ PSTN 交换机

_____ 交叉连接设备　　　　 _____ ATM 交换机

_____ 交换　　　　　　　　_____ 复用

_____ 电路交换网络　　　　 _____ 虚电路分组交换网络

_____ 同步传输　　　　　　_____ 异步传输

（a）用于实现用户终端与接入控制设备之间数据传输的网络。

（b）用户终端接入 Internet 时，需要完成的建立用户终端与接入控制设备之间数据传输通路，对接入用户身份进行鉴别，为用户终端分配 IP 地址等控制过程。

（c）这样一种用户终端接入 Internet 的方式，接入网络是 PSTN，通过呼叫连接建立过程建立用户终端与接入控制设备之间的点对点信道，接入控制设备通过 PPP 完成对用户终端的接入控制。

（d）这样一种用户终端接入 Internet 的方式，接入网络由三部分组成，它们分别是互连用户终端和 ADSL 路由器的以太网、互连 ADSL 路由器和 DSLAM 的用户线与互连 DSLAM 和接入控制设备的以太网，用户终端与接入控制设备之间通过 PPPoE 建立的 PPP 会话实现 PPP 帧传输，接入控制设备通过 PPP 完成对用户终端的接入控制。

（e）这样一种用户终端接入 Internet 的方式，接入网络是以太网，用户终端与接入控制设备之间通过 PPPoE 建立的 PPP 会话实现 PPP 帧传输，接入控制设备通过 PPP 完成对用户终端的接入控制。

（f）一种既是基于点对点信道的链路层协议，又具有实现对用户终端接入控制的功能的协议。

（g）一种用于确定用户终端和接入控制设备以太网端口的 MAC 地址，实现 PPP 帧经过以太网在用户终端和接入控制设备之间传输的协议。

（h）一种用于将用户终端通过串行口输出的数字信号转换成适合用户线传输的模拟信号，或者反之，将用户线传输的模拟信号转换成适合串行口输入的数字信号的物理层设备。

（i）一种既可作为互连以太网和基于用户线的 ATM PVC 的桥设备，又可作为将局域网接入 Internet 的路由器，同时能够实现将数字信号调制成模拟信号，或者反之，将模拟信号解调为数字信号的设备。

（j）一种既是实现接入网络和 Internet 互连的路由器，又具有对用户终端实施接入控制功能的设备。

（k）一种包含公共分组交换网络，但又具有专用网络特性的网络结构。

（l）一种使得连接在公共分组交换网络上的终端能够像分配本地 IP 地址的内部网络终端一样访问内部网络资源的技术。

（m）根据需要动态建立两段链路之间的连接。

（n）多路信号同时经过同一条线路进行传输。

（o）从一条线路上物理帧中某个时隙读取数据，插入另一条线路上物理帧中某个时隙的过程。

（p）从一条线路上 STM-N 帧中某个 VC 对应的空间读取数据，插入另一条线路上 STM-N 帧中某个 VC 对应的空间的过程。

（q）适合虚电路传输，固定 53B 长度的分组。

（r）以 $125\mu s$ 为时间周期，允许 32 路 64kb/s 速率信号时间周期内通过 2.048Mb/s 速率线路的时隙组织结构。

（s）$125\mu s$ 为时间周期，允许任何 VC 信号直接分插的 STM-N 帧结构。

（t）通过时隙交换实现两段传输语音信号的链路动态连接的电路交换设备。

（u）通过 VC 交换实现两段传输 VC 信号的链路动态连接的电路交换设备。

（v）以分组交换方式实现固定 53B 长度分组转发操作的分组交换设备。

（w）为每一条点对点信道在物理帧中保留位置固定的空间，通过点对点信道和空间位置之间的绑定关系分离出属于各条点对点信道数据的传输方式。

（x）属于不同虚电路的信元随机占用 STM-N 帧空间，由于不存在虚电路与 STM-N 帧固定位置空间之间的绑定关系，必须通过信元携带的虚电路标识符确定信元所属虚电路的传输方式。

（y）能够根据需要在网络任何两个终端之间动态建立两端设备独占带宽的点对点信道的网络。

（z）能够根据需要在网络任何两个终端之间动态建立虚电路，并经过虚电路以分组交换方式实现分组端到端传输的网络。

4. 判断题

（1）将局域网接入 Internet 时，ADSL 路由器作为普通路由器通过路由协议建立到达 Internet 中其他网络的路由项。

（2）无论何种接入方式，用户终端都需要通过桥设备连接接入网络。

（3）无论何种接入方式，局域网都需要通过路由器连接接入网络。

（4）ADSL 常见下行传输速率是 2Mb/s，这是用户线带宽所限制的。

（5）以太网接入必须使用 PPPoE 协议。

（6）拨号接入方式下，用户终端必须通过 Modem 连接用户线。

（7）ADSL 接入方式下，用户终端必须通过 ADSL 路由器连接用户线。

（8）VPN 接入与终端接入 Internet 的方式无关。

（9）PPP 是唯一实现用户终端接入控制功能的协议。

（10）接入控制设备比普通路由器复杂。

（11）时隙或 VC 交换是复用和交换技术联合使用的结果。

（12）时隙交换是指从一条线路上物理帧中某个时隙读取数据，插入另一条线路上物理帧中某个时隙的过程。

（13）语音信道是固定传输速率的点对点信道。

（14）SDH 是电路交换网络。

（15）SDH 提供互连 E 系列和 T 系列 PSTN 交换机的点对点信道。

（16）语音信道由信令协议和 PSTN 交换机配置的路由表动态建立。

（17）通常通过手工配置建立 SDH 点对点信道。

（18）E3 链路之间直接进行时隙交换。

（19）STM-N 链路之间直接进行 VC 交换。

（20）固定 53B 长度信元对实现虚电路服务质量有较大帮助。

（21）固定 53B 长度信元对传输高层协议数据单元没有影响。

（22）永久 SDH 点对点信道就是点对点线缆。

（23）如果没有复用，交换就是两个端口所连线路之间的动态连接。

（24）点对点虚电路等同于点对点信道。

（25）信元交换等同于 VC 交换。

（26）ATM 交换机和 PSTN 交换机相似，只是交换单位不同。

（27）SDH 用于提供 E 系列、T 系列标准速率和 STM-N（$N=1,4,16,64$）速率的点对点信道。

7.2.2　自测题答案

1. 选择题答案

（1）D，接入控制设备作为路由器将接入网络作为以太网，作为接入控制设备完成 A、B 和 C 的功能。

（2）A，语音信道是全双工点对点信道。

（3）A，对字节流才能通过这种方式实现帧定界，对比特流必须采用零比特填充方法。

（4）D，D 的功能是 PPP 作为普通链路层协议具有的功能，不属于接入控制功能。

（5）D，PPP 既是基于点对点信道的链路层协议，同时又是接入控制协议，但不是通用链路层协议，实际上不存在通用的链路层协议。

（6）D，PPPoE 的功能主要用于实现 PPP 帧经过以太网在用户终端和接入控制设备之间传输，接入控制功能由 PPP 实现。

（7）D，拨号接入方式下，用户终端与接入控制设备之间的信道是语音信道，包含 PSTN 交换机之间的物理链路，因此，用户线的带宽受本地 PSTN 交换机 PCM 时采用的 8kHz 采样频率的影响，限制为 4kHz。

（8）D，本地 PSTN 交换机 PCM 时采用的 8kHz 采样频率将用户线带宽限制为 4kHz。

（9）D，用户线带宽在不考虑外来因素的前提下，取决于用户线质量和用户线长度。

（10）A，因为采用 PPP，所以要解决 PPP 帧经过以太网在用户终端和接入控制设备之间传输的问题。

（11）A，用户终端和接入控制设备之间直接通过以太网实现 MAC 帧传输。

（12）A，ADSL 路由器和 DSLAM 是互连以太网和基于用户线的 ATM PVC 的桥设备,ADSL 接入网络是由基于用户线的 ATM PVC 连接的两个物理上分割的以太网组成的。

(13) D,一是需要 Modem 通过呼叫连接建立过程建立用户终端与接入控制设备之间的语音信道,二是需要 Modem 实现用户终端串行口输出的数字信号与用户线传输的模拟信号之间的相互转换。

(14) D,远程终端实现 VPN 接入的前提是连接在 Internet 上,但与接入 Internet 的方式无关。

(15) D,以太网作为接入网络时,基本功能是实现用户终端与接入控制设备之间的 MAC 帧传输,但没有要求用户终端与接入控制设备之间的交换路径必须由全双工点对点信道和交换机组成。

(16) A,根据图 7.7 中标号为③和④箭头线所对应的方格内容可以确定该次会话的发起端为 192.168.1.1:3105,响应端为 202.113.64.2:8080,因此,标号为①的箭头线所对应的方格内容应该是源 IP 地址和源端口号为 192.168.1.1:3105,目的 IP 地址和目的端口号为 202.113.64.2:8080。

(17) B,根据图 7.8 中标号为①箭头线所对应的方格内容可以确定该次会话的发起端为 192.168.1.1:3342,响应端为 135.2.1.1:80,因此,标号为④的箭头线所对应的方格内容应该是源 IP 地址和源端口号为 135.2.1.1:80,目的 IP 地址和目的端口号为 192.168.1.1:3342。

(18) A,ADSL 的传输速率是不对称的,下行传输速率远大于上行传输速率,在目前下行传输速率普遍为 1~8Mb/s 的情况下,上行传输速率为 64~640kb/s 是合理的。

(19) B,无线路由器是一种既能无线连接内部局域网中移动终端,又能实现将内部局域网接入 Internet 的边缘路由器。

(20) B,电路交换网络的特点是两端设备独占建立的点对点信道的带宽,主叫和被叫话机独占通过呼叫连接建立过程建立的语音信道。

(21) B,同样,两端设备独占 SDH 提供的点对点信道。

(22) C,ATM 网络首先需要建立两端之间的虚电路,然后,通过虚电路传输信元,信元是固定长度的分组,ATM 交换机以分组交换方式转发信元。

(23) C,电路交换网络的本质是交换机通过交换动态建立点对点信道,目前,复用和交换成为电路交换网络的主要特性,由于 PSTN 的基本复用单位是时隙,因此,交换在时隙间进行。

(24) D,VC 是 SDH 的基本复用单位,因此,交换在 VC 间进行。

(25) C,语音信道通过呼叫连接建立过程动态建立,呼叫连接建立过程中传输的是信令。

(26) B,SDH 一般通过人工配置转接表建立点对点信道,主要因为 SDH 点对点信道两端设备是相对固定的,不像主叫和被叫话机那样随时改变。

(27) A,信元是长度固定为 53B 的分组,由于经过虚电路传输信元,信元只需携带虚电路标识符。

(28) D,ATM 网络是虚电路分组交换网络,分组是固定长度的信元。

（29）D,虚电路建立过程中可以为虚电路预留带宽,固定 53B 长度信元可以有效控制转发时延。

2. 填空题答案

（1）建立 PPP 链路,完成接入用户身份鉴别,分配 IP 地址。

（2）以太网实现用户终端与接入控制设备之间的 MAC 帧传输,PPPoE 实现 PPP 帧封装成 MAC 帧后在用户终端与接入控制设备之间传输,PPP 实现对用户终端的接入控制。

（3）以太网,基于用户线的 ATM PVC,透明的。

（4）路由器,边缘路由器,用户终端。

（5）语音信道,8kHz,4kHz。

（6）用户线质量,用户线长度。

（7）接入 Internet,全球 IP 地址,第 2 层隧道,用户身份鉴别,本地 IP 地址分配,PPP。

（8）接入网络,Internet,接入控制功能。

（9）需要实现 PPP 帧经过以太网在用户终端和接入控制设备之间传输,互连用户终端和 ADSL 路由器的以太网,互连 ADSL 路由器和 DSLAM 的基于用户线的 ATM PVC,互连 DSLAM 和接入控制设备的以太网,透明的。

（10）透明的,用户终端,MAC 地址,MAC 地址,PPP 会话标识符。

（11）电路交换,两两互连,点对点,断断续续。

（12）信令协议,PSTN 交换机配置的路由表。

（13）人工配置,SDH 点对点信道两端设备是相对固定的,PSTN 交换机。

（14）复用,交换,时隙,时隙交换,VC,VC 交换。

（15）E1,E3,E4,T1,T2,T3,E 系列,T 系列,点对点信道。

（16）为虚电路预留的带宽,固定长度信元。

（17）可靠性,低时延,低时延抖动。

（18）虚电路分组交换网络,低时延,低时延抖动,固定 53B 长度的信元,大时延,大时延抖动。

3. 名词解释答案

c	拨号接入	d	ADSL 接入
a	接入网络	b	接入控制过程
k	VPN	l	VPN 接入
e	以太网接入	f	PPP
i	ADSL 路由器	j	接入控制设备
g	PPPoE	h	Modem
q	信元	r	E1 帧结构
s	SDH 帧结构	t	PSTN 交换机
u	交叉连接设备	v	ATM 交换机
m	交换	n	复用

　　__y__　电路交换网络　　　　　__z__　虚电路分组交换网络
　　__w__　同步传输　　　　　　__x__　异步传输
　　__o__　时隙交换　　　　　　__p__　VC 交换

4. 判断题答案

（1）错，将局域网接入 Internet 时，ADSL 路由器对于接入控制设备等同于一个用户终端。

（2）错，接入网络不是单一传输网络时需要桥设备。

（3）对，对于局域网内终端，该路由器就是通往 Internet 传输路径上的第一跳结点。

（4）错，是接入控制设备限制了用户终端接入 Internet 的速率。

（5）错，接入控制设备用 PPP 实现对用户终端的接入控制时，才需要 PPPoE，接入控制设备可以采用其他接入控制协议实现对用户终端的接入控制。

（6）对，一是由 Modem 通过呼叫连接建立过程建立与接入控制设备之间的语音信道，二是由 Modem 实现数字信号与模拟信号的相互转换。

（7）对，需要 ADSL 路由器作为桥设备实现以太网与基于用户线的 ATM PVC 的互连。

（8）对，VPN 接入要求远程终端接入 Internet，但与远程终端接入 Internet 的方式无关。

（9）错，目前存在多种接入控制协议，PPP 是使用较多的接入控制协议。

（10）对，接入控制设备除了普通路由器的功能外，还需具有接入控制功能。

（11）对，复用使得交换在时隙或 VC 这样的复用单位之间进行。

（12）对，交换本身是动态连接，和复用结合后，就是两条不同链路上复用单位之间的转发。

（13）对，语音信道是 64kb/s 的点对点信道。

（14）对，SDH 用于为两端设备建立独占带宽的点对点信道，这恰恰是电路交换网络的特点。

（15）对，SDH 的复用单位是 VC，它基本涵盖了 E 系列和 T 系列标准速率。

（16）对，呼叫连接建立过程通过信令消息和 PSTN 交换机配置的路由表建立语音信道。

（17）对，因为 SDH 点对点信道两端设备是相对固定的，一般通过人工配置转接表建立点对点信道。

（18）错，E3 信号由 4 个 E2 信号复用而成，E2 信号又由 4 个 E1 信号复用而成，E1 信号由 32 个时隙组成，因此，首先需要分离出 E1 信号，然后，再进行时隙交换，无法直接从 E3 信号中分插时隙。

（19）对，SDH 的特点是可以直接在 STM-N 信号中分插 VC 信号。

（20）对，固定 53B 长度信元可以有效降低转发时延。

（21）错，信元净荷的长度为 48B，单个 IP 分组必须分割成多片长度小于 48B 的数据片后才能封装成信元，这种分割操作会大大增加路由器的转发处理负担。

（22）错，永久 SDH 点对点信道也是通过复用和交换建立的，比直接的点对点线缆有更高的利用率和方便性。

（23）对，如果没有复用，点对点信道独占经过的线路。

（24）错，点对点虚电路只是确立了虚电路两端设备之间的传输路径，并不能独占虚电路经过的物理链路的带宽。

（25）错，信元交换是分组交换，VC 交换是电路交换，SDH 点对点信道经过的线路的STM-N 信号中已经为该 VC 信号保留了空间，但建立虚电路时并没有为该虚电路保留固定的带宽，信元以分组交换方式从输出端口输出。

（26）错，PSTN 交换机实现电路交换，ATM 交换机实现信元交换，是分组交换设备。

（27）对，SDH 可以建立 VC 支持的标准速率的点对点信道和 STM-N（N＝1，4，16，64）速率的点对点信道。

7.2.3　计算题解析

（1）假定图 7.8 中的结点为电路交换设备，已经为终端 A 和终端 B 建立传输速率为1Gb/s 的点对点信道，每一段链路的长度为 1000m，信号传播速率为（2/3）c，求出完成终端 A 传输 1000B 数据至终端 B 所需的时间。

【解析】　一是电路交换信道不需要封装数据，因此，实际传输的字节数就是数据字节数，二是电路交换设备采取直接转发方式，即一边从输入端口接收数据，一边从输出端口发送数据，几乎不存在转发时延，因此，终端 A 传输 1000B 数据至终端 B 所需的时间＝终端 A 发送 1000B 数据所需时间＋最后一位数据从终端 A 传播到终端 B 所需的时间＝$(1000 \times 8)/10^9 + (4 \times 1000)/(2 \times 10^8) = 8 \times 10^{-6} + 2 \times 10^{-5} = 2.8 \times 10^{-5}$s。

（2）同样假定每一段链路的传输速率为 1Gb/s，长度为 1000m，信号传播速率为（2/3）c，若如图 7.9 所示的结点为分组交换设备，分别根据 1000B 数据封装为净荷长度为1500B，首部长度为 20B 的链路层帧和 ATM 信元，求出完成数据终端 A 至终端 B 传输总的传输时延和总的数据利用率（数据利用率是传输的总的字节数和数据字节数之间的比例），结点交换时延和排队等待时延忽略不计，也不考虑建立虚电路所需时间。

图 7.9　网络结构

【解析】　一是分组交换网络需要将数据封装成分组格式（链路层帧），封装成分组时需要在数据的基础上加上分组首部。二是分组交换设备采取存储转发方式，必须完整接收整个分组后，再予以转发，因此，从分组交换设备输入端口接收分组的第一位二进制数到从输出端口输出分组的第一位二进制数存在转发时延，在分组交换设备忽略交换和排队等待时延的情况下，转发时延为完整接收整个分组所需的时间。

① 将 1000B 数据封装为净荷长度为 1500B，首部长度为 20B 的链路层帧的情况。

由于链路层帧的净荷长度为 1500B，大于数据长度，因此，可以用一个分组封装全部数据，封装数据后的分组长度为 1000B＋20B＝1020B。

从终端 A 发送分组的第一位二进制数到结点 1 完整接收整个分组所需的时间＝终端 A 发送 1020B 分组所需时间＋最后一位二进制数从终端 A 传播到结点 1 所需的时间＝$(1020 \times 8)/10^9 + 1000/(2 \times 10^8) = 8.16 \times 10^{-6} + 5 \times 10^{-6} = 1.316 \times 10^{-5}$ s。总的时延＝$4 \times 1.316 \times 10^{-5} = 5.264 \times 10^{-5}$ s。数据利用率＝$1000/1020 = 0.98$。

② 将 1000B 数据封装成 53B 信元的情况。

由于每一个信元的净荷为 48B，封装数据需要的信元数＝$1000/48 = 20.8$，取整后为 21。由于多个结点可以并行转发信元，即可以在结点 3 转发第一个信元的同时，结点 2 转发第二个信元，结点 1 转发第三个信元。因此，总的时延＝终端 A 发送 21 个信元所需时间＋第一段链路传播时间＋最后一个信元以分组交换方式完成最后 3 段链路传输所需时间＝$(21 \times 53 \times 8)/10^9 + 1000/(2 \times 10^8) + 3 \times ((53 \times 8)/10^9 + 1000/(2 \times 10^8)) = 8.904 \times 10^{-6} + 5 \times 10^{-6} + 3 \times (4.24 \times 10^{-7} + 5 \times 10^{-6}) = 3.0176 \times 10^{-5}$ s。数据利用率＝$1000/(21 \times 53) = 0.898$。

7.2.4　简答题解析

(1) 接入控制设备的作用是什么？

【答】 接入控制设备的作用，一是作为普通路由器实现接入网络与 Internet 的互连；二是实现对用户终端的接入控制，主要功能包括对接入用户的身份鉴别、动态分配 IP 地址、建立用于指明通往用户终端的传输路径的路由项。

(2) PPPoE 的基本功能是什么？

【答】 PPPoE 的基本功能是实现 PPP 帧经过以太网在用户终端与接入控制设备之间传输，主要功能包括通过发现过程确定用户终端和接入控制设备的 MAC 地址，创建 PPP 会话并分配 PPP 会话标识符，将 PPP 帧封装成 MAC 帧。

(3) 简述鉴别协议实现用户身份鉴别的原理。

【答】 用户首先到 ISP 注册，同时约定用于标识用户身份的标识信息，接入控制设备通过配置获得，或可以访问到用户标识信息，用户通过鉴别协议向接入控制设备提供标识信息，如果用户提供的标识信息与接入控制设备中和某个注册用户绑定的标识信息相同，用户被确定为授权用户。

(4) 简述将以太网构成的局域网通过以太网接入 Internet 时需要路由器的理由。

【答】 对局域网而言必须有一个实现局域网与接入网互连的设备，这个设备就是边缘路由器，虽然局域网和接入网都是以太网，但它们是两个完全不同的网络，有着独立的 IP 地址空间，局域网分配本地 IP 地址，接入网分配全球 IP 地址。对于接入控制设备，边缘路由器等同于用户终端，只能为它分配单个 IP 地址，因此，边缘路由器除了实现 IP 分组在局域网和接入网之间转发，还需具有网络地址转换功能。

(5) 简述 ATM 和 SDH 的区别与关系。

【答】 SDH 是电路交换网络，用于提供点对点信道，ATM 是虚电路分组交换网络，以分组交换方式实现信元端到端传输过程，一般情况下，用 SDH 建立的点对点信道互连间隔较远的 ATM 交换机。

（6）简述 SDH 与 PSTN 的关系。

【答】　SDH 和 PSTN 都是电路交换网络。PSTN 通过呼叫连接建立过程建立点对点语音信道，SDH 一般通过人工配置建立 E 系列、T 系列标准速率，STM-N（$N=1,4,16,64$）速率的点对点信道。构建 PSTN 时，用 SDH 提供的 E 系列、T 系列标准速率点对点信道互连 PSTN 交换机。

（7）简述 SDH 点对点信道与点对点线缆的区别。

【答】　SDH 点对点信道一是通过复用技术和其他信道共享一条线缆，二是通过交换技术可以将一条线缆中的信道和另一条线缆中的信道连接在一起，意味着 SDH 点对点信道可以由多段复用在不同线缆中的信道通过交换技术交接而成。

（8）简述语音信道与 SDH 点对点信道的主要差别。

【答】　一是语音信道两端设备（主叫和被叫话机）是不断变化的，因此，需要通过呼叫连接建立过程动态建立语音信道，而 SDH 点对点信道两端设备相对比较固定，通常通过人工配置方法建立 SDH 点对点信道。二是语音信道速率是固定的，为 64kb/s。而 SDH 点对点信道可以是 E 系列、T 系列标准速率，STM-N（$N=1,4,16,64$）速率。

（9）简述复用和交换结合引发的问题。

【答】　一旦采用复用技术，信道不再独占线路带宽，信道占用的带宽通过线路物理帧中某个时隙，或是某个 VC 对应的空间体现，这种情况下，交换不是简单地将两段线路动态连接在一起，而是需要实现两段线路物理帧中时隙之间，或是 VC 对应的空间之间的交换。

（10）简述以太网交换机之间直接用光纤互连，而间隔较远的两个路由器之间用 SDH 互连的原因。

【答】　SDH 通过复用和交换建立点对点信道，复用可以使得多个信道共享单条光纤的带宽，交换允许按需建立两端设备之间的点对点信道，但因此需要增加分插复用器和交叉连接交换设备。由于以太网交换机之间都是近距离连接，因此，直接采用光纤互连可以省略构建 SDH 需要的分插复用器和交叉连接交换设备，但如果实现远距离互连，两两之间直接铺设光缆的成本很高，需要使用 SDH 建立的点对点信道。

7.2.5　设计题解析

（1）给出用户终端通过以太网接入 Internet 的网络结构、设备配置及用户终端访问 Internet 的过程。

【解析】　用户终端通过以太网接入 Internet 的网络结构如图 7.10（a）所示，其中的路由器 R 是用户终端的接入控制设备，一方面作为普通路由器实现接入网络和 Internet 的互连；另一方面实现对用户终端的接入控制。一旦用户终端通过 PPPoE 接入 Internet，图 7.10（a）对应的逻辑结构如图 7.10（b）所示，每一个用户终端相当于通过虚拟点对点线路与路由器 R 直接相连，路由器 R 相当于存在两个分别连接虚拟点对点线路的虚拟接口（用 V1.1 和 V1.2 表示）。

为了实现对用户终端的接入控制，路由器 R 需要配置如下信息，一是标识授权用户的用户标识信息，这里是用户名和密码；二是用于鉴别用户身份的鉴别协议；三是用于对

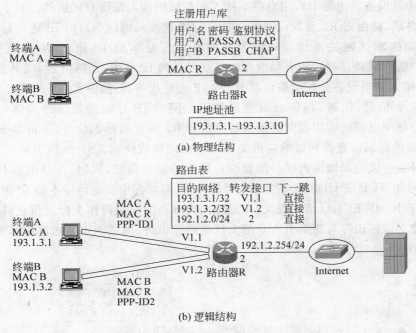

图 7.10　用户终端 PPPoE 接入过程

用户终端分配 IP 地址的 IP 地址池。对应图 7.10(a)所示的注册用户库和 IP 地址池,当用户 A 启动 PPPoE 连接程序,并输入"用户 A 和 PASSA"后,由 PPPoE 连接程序和路由器 R 完成下列操作:

① 通过 PPPoE 发现过程确定用户终端和路由器 R 连接以太网端口的 MAC 地址,建立 PPP 会话,分配 PPP 会话标识符:PPP-ID1。创建虚拟接口 V1.1,将虚拟接口 V1.1 和标识该 PPP 会话的标识信息:MAC A＋MAC R＋PPP-ID1 绑定在一起,该 PPP 会话等同于虚拟点对点线路,用于实现 PPP 帧用户终端与路由器 R 之间传输。

② 路由器 R 通过 PPP 和 CHAP 完成接入用户的身份鉴别。

③ 路由器 R 为终端 A 分配 IP 地址 193.1.3.1,并在路由表中将该 IP 地址和虚拟接口 V1.1 绑定在一起。

完成上述操作后,路由器 R 和用户终端获得图 7.10(b)所示的网络信息,路由器 R 通过虚拟接口连接的虚拟点对点线路直接连接用户终端。

(2) 给出局域网通过以太网接入 Internet 的网络结构、设备配置及局域网内终端访问 Internet 过程。

【解析】　局域网 PPPoE 接入 Internet 的网络结构如图 7.11(a)所示,和用户终端 PPPoE 接入 Internet 不同的是增加了路由器 R2,对于接入控制设备路由器 R1,路由器 R2 等同于一个用户终端,需要路由器 R2 启动 PPPoE 连接程序,并输入用户标识信息,如"用户 A 和 PASSA",由接入控制设备路由器 R1 完成对路由器 R2 的身份鉴别,IP 地址分配,同时在路由表中增加一项将与连接路由器 R2 的虚拟点对点线路绑定的虚拟接口 V1.1 和分配该路由器 R2 的 IP 地址关联在一起的路由项,如图 7.11(b)所示。因此,对于接入控制设备路由器 R1,用户终端接入和局域网接入是没有区别的。对于连接在局域网中的终端,路由器 R2 是默认网关,路由器 R2 连接局域网端口的 IP 地址是连接在局域网中终端的默认网关地址。局域网的网络地址是本地 IP 地址,不能直接用于在 Internet 中选择路径,因此,所有局域网内终端发送的 IP 分组,经路由器 R2 转发后,其源 IP 地址由接入控制设备分配给路由器 R2 的 IP 地址代替,但路由器 R2 必须在 IP 分组中嵌入唯一标识信息,同时,将该标识信息和局域网内 IP 分组的发送终端绑定在一起。Internet 中终端返回的响应报文必须携带路由器 R2 嵌入的标识信息,路由器 R2 根据响应报文携带的标识信息找到该响应报文局域网内的接收终端。对于 TCP 或 UDP 报文,用路由器 R2 生成的局域网内唯一的源端口号作为标识信息,同时,在路由器 R2 中建立该源端口号与 TCP 或 UDP 报文中原来源端口号、局域网中发送终端本地 IP 地址之间的关联。对于 ICMP ECHO 请求报文,用局域网内唯一的标识符作为标识信息,同时,在路由器 R2 建立该标识符与原来 ICMP 报文携带的标识符、局域网中发送终端本地 IP 地址之间的关联。

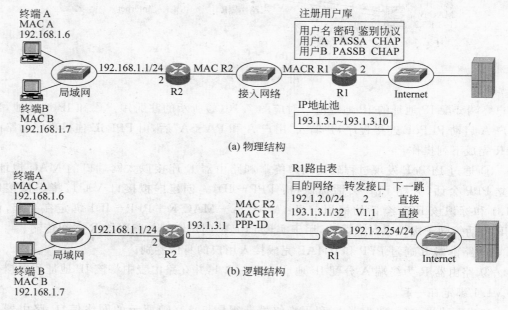

图 7.11 局域网 PPPoE 接入过程

7.3 实　　验

7.3.1 用户终端以太网接入 Internet 实验

1. 实验内容

（1）验证接入控制过程。

（2）配置接入控制设备。

（3）验证用户终端访问 Internet 过程。

2. 网络结构

网络结构采用图 7.10(a)所示物理结构,在接入控制设备路由器 R 中创建两个注册用户<aaa1,bbb1>和<aaa2,bbb2>,其中 aaa1 和 aaa2 是用户名,bbb1 和 bbb2 是密码。定义 IP 地址池 193.1.3.1~193.1.3.10。用户终端通过启动 PPPoE 连接程序接入 Internet。

3. 实验步骤

(1) 启动 Packet Tracer,在逻辑工作区根据图 7.10(a)所示网络结构放置和连接设备,逻辑工作区完成设备放置和连接后的界面如图 7.12 所示。路由器 Router0 FastEthernet0/1 接口作为连接 Internet 接口,FastEthernet0/0 接口作为连接接入网络接口。

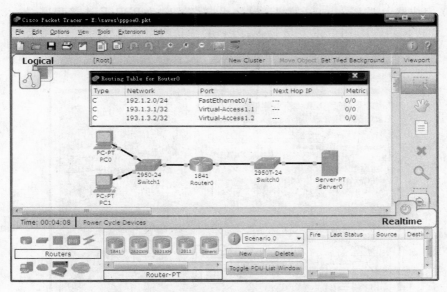

图 7.12　放置和连接设备后的逻辑工作区界面及路由表

(2) 对路由器 Router0 FastEthernet0/1 接口配置 IP 地址和子网掩码,为作为连接在 Internet 上的服务器 Server0 分配 IP 地址、子网掩码和默认网关地址。

(3) 在全局配置模式命令提示符下输入命令"username 用户名 password 密码"创建两个注册用户。用命令"aaa new-model"启动身份鉴别机制,用命令"aaa authentication ppp default local"确定 PPP 鉴别用户身份时使用本地的注册用户库。

(4) 将以 PSTN 为接入网络的接入 Internet 方式称为拨号接入方式,以太网、ADSL 和 VPN 接入过程其实都仿真拨号接入过程,因此,Cisco 将通过用 PPP 会话或第 2 层隧道仿真 PSTN 点对点信道,以此为基础用 PPP 实现接入控制的接入方式统称为虚拟拨号接入方式,作为接入网络的以太网、ADSL 和 IP 网络称为虚拟专用拨号网络(Virtual Private Dialup Networks,VPDN)。只要是采用虚拟拨号接入方式,需要用命令 vpdn enable 启动虚拟专用拨号网络功能,并定义与这次使用的虚拟拨号接入方式相对应的虚拟专用拨号网络的相关属性。

（5）用命令"ip local pool a1pool 193.1.3.1 193.1.3.10"定义 IP 地址池 193.1.3.1～193.1.3.10，其中 a1pool 为该 IP 地址池的名字，以后可以通过名字 a1pool 引用该 IP 地址池。

（6）用户终端一旦完成接入过程，接入控制设备路由器 Router0 与用户终端之间相当于建立了虚拟点对点线路，路由器 Router0 等同于创建了用于连接虚拟点对点线路的虚拟接口，因此，通过定义虚拟接口模板的方式定义完成虚拟点对点线路建立所需要的相关参数。

（7）在路由器连接作为接入网络的以太网的接口 FastEthernet0/0 通过命令 PPPoE enable 启动基于 PPP 会话用 PPP 实现接入控制的虚拟拨号接入方式。

（8）完成路由器 Router0 有关配置后，用户终端启动 PPPoE 连接程序，输入用户名和密码，完成用户终端 PPPoE 接入过程，PPPoE 连接程序界面如图 7.13 所示。

图 7.13　用户终端启动 PPPoE 连接程序界面

（9）查看路由器 Router0 路由表，路由器 Router0 直接通过虚拟接口连接了用户终端，并将连接用户终端的虚拟接口和分配给用户终端的 IP 地址绑定在一起，分配给用户终端的 IP 地址从 IP 地址池中选择。路由器 Router0 路由表见图 7.12。

（10）通过 Ping 操作实现 IP 分组用户终端与 Internet 中服务器之间的传输，查看IP 分组用户终端至路由器 Router0 这一段的封装格式，PPPoE 封装格式如图 7.14所示。

4. 路由器 Router0 命令行配置过程

```
Router>enable
Router#configure terminal
Router(config)#interface FastEthernet0/0
```

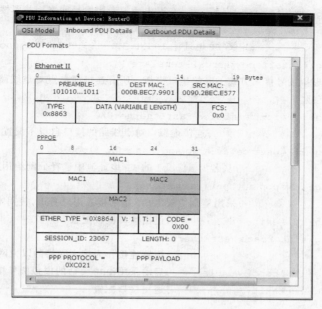

图 7.14　PPPoE 封装格式

;如果接口 interface FastEthernet0/0 连接的以太网只是作为用户终端的接入网络,无须配置 IP 地址和子网掩码

Router(config-if)#no shutdown

Router(config-if)#exit

Router(config)#interface FastEthernet0/1

Router(config-if)#ip address 192.1.2.254 255.255.255.0

　　　　　　　　　　　　　　;为接口 FastEthernet0/1 配置 IP 地址和子网掩码

Router(config-if)#no shutdown

Router(config-if)#exit

Router(config)#username aaa1 password bbb1

　　　　　　　　　　　　;在本地注册用户库创建一个用户<aaa1,bbb1>

Router(config)#username aaa2 password bbb2

　　　　　　　　　　　　;在本地注册用户库创建另一个用户<aaa2,bbb1>

Router(config)#aaa new-model　　　;启动鉴别机制

Router(config)#aaa authentication ppp default local

　　　　　　　　　;PPP 用指定鉴别协议鉴别用户身份时使用本地注册用户库信息

Router(config)#vpdn enable　　　;启动虚拟专用拨号网络功能

Router(config)#vpdn-group a1

　　　　　　　　;定义采用 PPP 会话实现接入的虚拟专用拨号网络的相关属性

Router(config-vpdn)#accept-dialin　;定义允许接入的虚拟拨号接入方式

Router(config-vpdn-acc-in)#protocol pppoe

　　　　　　　　;允许采用 PPP 会话的虚拟拨号接入方式

Router(config-vpdn-acc-in)#virtual-template 1

　　　　　　　　;定义与该虚拟拨号接入方式关联的接口模板

Router(config-vpdn-acc-in)#exit　　;退出虚拟拨号接入方式相关属性的配置过程

```
Router(config-vpdn)#exit          ;退出虚拟专用拨号网络相关属性的配置过程
Router(config)#ip local pool a1pool 193.1.3.1 193.1.3.10
                   ;定义 IP 地址池 193.1.3.1~193.1.3.10,a1pool 是该 IP 地址池名
Router(config)#interface virtual-template 1
      ;配置与该虚拟拨号接入方式关联的接口模板。所有连接虚拟点对点线路的虚拟接口通过下
       述配置项创建
Router(config-if)#ip unnumbered FastEthernet0/0
                        ;连接虚拟点对点线路的接口自身不配置 IP 地址和子网掩码
Router(config-if)#peer default ip address pool a1pool
                   ;从名为 a1pool 的 IP 地址池中选择分配给用户终端的 IP 地址
Router(config-if)#ppp authentication chap
                   ;采用鉴别协议 CHAP 鉴别接入用户身份,使用本地注册用户库信息
Router(config-if)#exit            ;退出接口模板配置
Router(config)#interface FastEthernet0/0
                   ;配置连接作为接入网络的以太网的接口
Router(config-if)#pppoe enable    ;启动采用 PPP 会话的虚拟拨号接入方式
Router(config-if)#exit            ;退出接口配置
Router(config)#
```

7.3.2 用户终端 ADSL 接入 Internet 实验

1. 实验内容

(1) 验证 ADSL 接入网络的设备配置。

(2) 验证 ADSL 路由器和 DSLAM 对于用户终端与接入控制设备是透明的。

(3) 验证用户终端通过 PPPoE 接入 Internet 过程。

2. 网络结构

用户终端 ADSL 接入 Internet 的网络结构如图 7.15 所示,用户终端通过双绞线连接 ADSL 路由器,ADSL 路由器通过用户线连接 DSLAM,DSLAM 通过以太网连接接入控制设备路由器 R。这里,用户终端与 ADSL 路由器通过以太网互连,DSLAM 与接入控制设备通过以太网互连,这两个物理上分割的以太网由作为桥设备的 ADSL 路由器和 DSLAM 及互连 ADSL 路由器与 DSLAM 的基于用户线的 ATM PVC 连接在一起。但这两个桥设备及互连这两个桥设备的基于用户线的 ATM PVC,对于用户终端和接入控制设备是透明的。

图 7.15 实现 ADSL 接入的网络结构

3. 实验步骤

（1）启动 Packet Tracer，在逻辑工作区根据图 7.15 中网络结构放置和连接设备，逻辑工作区完成设备放置和连接后的界面如图 7.16 所示。ADSL 路由器的 FastEthernet 接口连接用户终端的 FastEthernet 接口，用户线接口通过电话线连接 DSLAM，这里用 WAN 仿真设备仿真 DSLAM，因此，通过如图 7.17 所示的配置界面将用户线接口与 FastEthernet 接口绑定在一起。

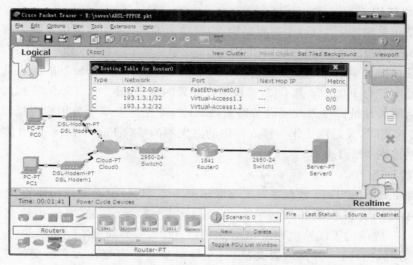

图 7.16　放置和连接设备后的逻辑工作区界面及路由表

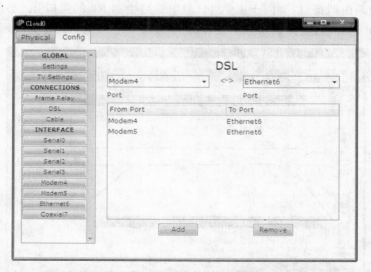

图 7.17　通过绑定用户线端口和以太网端口仿真 DSLAM 的 WAN 仿真设备配置界面

（2）路由器 Router0 的配置与 7.3.1 节用户终端以太网接入 Internet 实验完全相同，用户终端启动 PPPoE 连接程序接入 Internet。

（3）通过 Ping 操作验证用户终端访问 Internet 服务器过程。

7.3.3 局域网 PPPoE 接入 Internet 实验

1. 实验内容

(1) 验证边缘路由器的双重身份。

(2) 验证边缘路由器的 NAT 功能。

(3) 验证单向会话。

2. 网络结构

网络结构采用图 7.11(a)中物理结构,边缘路由器 R2 一端作为用户终端通过 PPPoE 接入 Internet,由接入控制设备路由器 R1 为其分配全球 IP 地址。另一端连接局域网,连接局域网端口配置本地 IP 地址 192.168.0.1 和子网掩码 255.255.255.0,以此将局域网的网络地址配置为 192.168.0.0/24。该端口配置的 IP 地址 192.168.0.1 成为局域网内终端的默认网关地址。接入控制设备路由器 R1 的配置与 7.3.1 节用户终端以太网接入 Internet 实验相同,只是连接作为接入网络的以太网的接口 FastEthernet0/0 需要配置 IP 地址和子网掩码 193.1.3.254/24。

3. 实验步骤

(1) 启动 Packet Tracer,在逻辑工作区根据图 7.11(a)中物理结构放置和连接设备,逻辑工作区完成设备放置和连接后的界面如图 7.18 所示。这里的边缘路由器采用 Packet Tracer 提供的无线路由器 Linksys-WRT300N,一方面具有 AP 功能,允许移动终端无线接入局域网;另一方面内置交换机,允许少量终端直接接入它的交换机端口。因此,它的 Internet 接口是连接作为接入网络的以太网的接口,它的局域网接口是内部连接内置交换机的路由器接口,等同于图 7.11(a)中的路由器 R2 的接口 2。必须为局域网接口配置本地 IP 地址,通过配置局域网接口的 IP 地址和子网掩码确定局域网的网络地址。

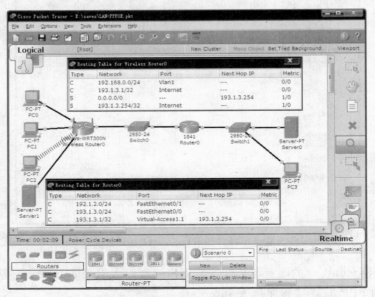

图 7.18 放置和连接设备后的逻辑工作区界面及路由表

同时,局域网内终端须以局域网接口的 IP 地址为默认网关地址。为了验证单向会话,在局域网内设置了服务器 Server1,在 Internet 上设置了终端 PC3。

(2) 边缘路由器作为用户终端通过启动 PPPoE 连接程序接入 Internet,由作为接入控制设备的路由器 Router0 为其分配全球 IP 地址。边缘路由器 PPPoE 连接程序界面如图 7.19 所示,边缘路由器一旦选定 Internet 接入类型为 PPPoE,定时启动 PPPoE 连接程序。为了在边缘路由器生成默认路由项,需要为接入控制设备连接作为接入网络的以太网的接口分配 IP 地址 193.1.3.254,它和 IP 地址池中的 IP 地址属于同一个网络地址 193.1.3.0/24。接入路由器路由表如图 7.17 所示。边缘路由器接入 Internet 后,生成图 7.18 中的路由表,其中<0.0.0.0/0,—,193.1.3.254>是默认路由项。如果目的网络没有和路由器直接连接,路由项中不给出输出接口。

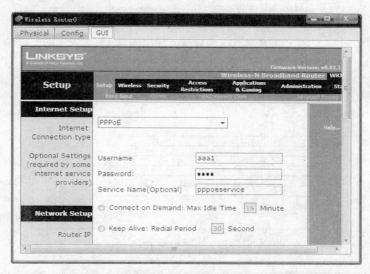

图 7.19　边缘路由器 PPPoE 接入类型配置界面

(3) 进入模拟操作模式,查看 ICMP 报文 PC0 至 PC3 的传输过程。ICMP 报文 PC0 至边缘路由器传输过程中封装 ICMP 报文的 IP 分组如图 7.20 所示,其中源 IP 地址是 PC0 的本地 IP 地址 192.168.0.101。ICMP 报文边缘路由器至路由器 Router0 传输过程中封装 ICMP 报文的 IP 分组如图 7.21 所示,其中源 IP 地址是边缘路由器的全球 IP 地址 193.1.3.1。边缘路由器通过 ICMP ECHO 请求报文中的标识符字段值来绑定 ICMP 报文发送终端的本地 IP 地址,如果两个局域网中终端发送的 ICMP ECHO 请求报文中的标识符字段值相同,由边缘路由器为其中一个终端发送的 ICMP ECHO 请求报文分配一个局域网内唯一的标识符字段值,用该标识符字段值取代原来的标识符字段值,并将该标识符字段值和原来标识符字段值、ICMP 报文发送终端的本地 IP 地址绑定在一起。如图 7.22 所示的边缘路由器的 NAT 表表明,本地 IP 地址为 192.168.0.100、192.168.0.102 的终端发送的 ICMP ECHO 请求报文中的标识符字段值相同,均为 2,边缘路由器为本地 IP 地址为 192.168.0.100 的终端发送的 ICMP ECHO 请求报文分配一个局域网内唯一的标识符 1024,并将该标识符字段值与发送终端的本地 IP 地址、原来标识符字段值绑定在一起。当边缘路由器接收到 Internet 中发送的 ICMP ECHO 响应报文,通过 ICMP ECHO 响应报文中的标识符字段值确定对应 ICMP ECHO 请求报文的发送终端本地 IP 地址与原来标识符字段值。

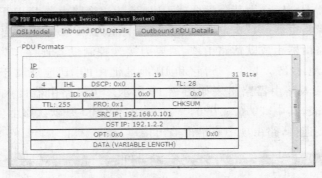

图 7.20 局域网内 IP 分组格式

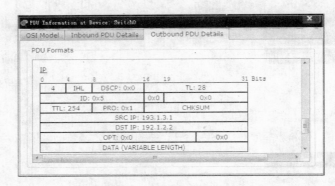

图 7.21 接入网络中的 IP 分组格式

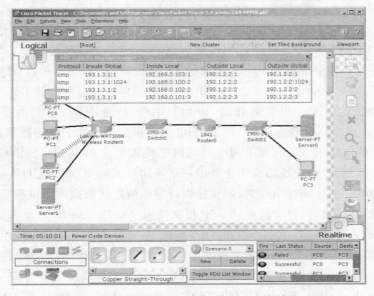

图 7.22 和 ICMP ECHO 请求、响应过程有关的 NAT

（4）如果局域网内多个终端发起访问 Internet 中的服务器，边缘路由器的 NAT 表如图 7.23 所示，用局域网内唯一的源端口号绑定发起终端的本地 IP 地址和原来源端口号。

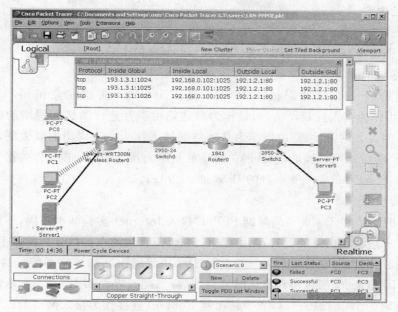

图 7.23　和 TCP 连接有关的 NAT

（5）只允许局域网内终端发起某个会话，该会话可以是某个 TCP 连接、一次 ICMP ECHO 请求和响应过程，也可以是相同两个进程之间的 UDP 报文传输过程。但不允许 Internet 中的终端发起和局域网内某个终端之间的会话。图 7.24 所示是局域网内终端 PC0 成功访问 Internet 中服务器 Server0 后显示的结果，但如果 Internet 中的终端 PC3 发起访问局域网中的服务器 Server1 的访问过程，其结果是失败。

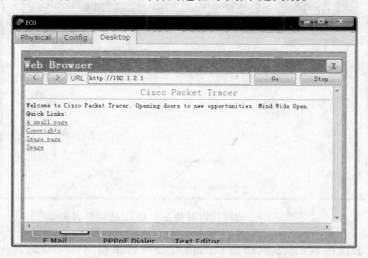

图 7.24　PC0 访问 Internet 中服务器界面

7.3.4　局域网静态配置接入 Internet 实验

1. 实验内容

（1）更进一步验证边缘路由器的双重身份。

（2）验证边缘路由器作为用户终端接入 Internet 的本质。

2. 网络结构

网络结构与 7.3.3 节局域网 PPPoE 接入 Internet 实验完全相同，只是路由器 Router0 不再作为接入控制设备，而是作为普通路由器互连作为接入网络的以太网和作为 Internet 的以太网，边缘路由器作为普通终端接入作为接入网络的以太网，配置 IP 地址、子网掩码和默认网关地址，默认网关地址就是路由器 Router0 连接作为接入网络的以太网的接口 FastEthernet0/0 配置的 IP 地址 192.1.1.254。

3. 实验步骤

（1）实验步骤和 7.3.3 节局域网 PPPoE 接入 Internet 实验基本相同，不同的是路由器 Router0 和边缘路由器的配置，路由器 Router0 只需为两个接口分别配置 IP 地址和子网掩码：192.1.1.254/24 和 192.1.2.254/24。边缘路由器选择静态配置接入 Internet 类型，配置 IP 地址、子网掩码和默认网关地址，静态配置界面如图 7.25 所示，其中 IP 地址和子网掩码为 192.1.1.1/24，和为路由器 Router0 连接作为接入网络的以太网的接口配置的 IP 地址有着相同的网络地址，默认网关地址为 192.1.1.254，是为路由器 Router0 连接作为接入网络的以太网的接口配置的 IP 地址。

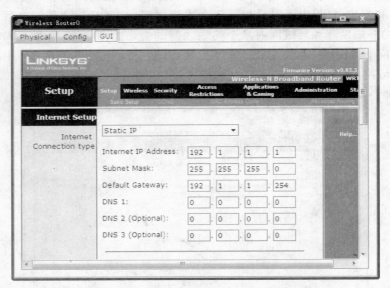

图 7.25　边缘路由器静态配置 IP 地址界面

（2）完成上述配置后，边缘路由器的路由表和路由器 Router0 的路由表如图 7.26 所示。

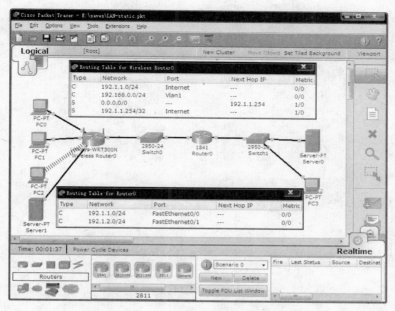

图 7.26　边缘路由器路由表

（3）可以进行和 7.3.3 节局域网 PPPoE 接入 Internet 实验相同的操作过程。

第 8 章   传 输 层

CHAPTER

8.1   知识要点

8.1.1   TCP/IP 体系结构中传输层的作用

    传输层的作用如图 8.1 所示,在数据报 IP 分组交换网络提供的 IP 分组端到端传输服务的基础上,实现应用进程之间可靠、按序的字节流传输功能。数据报 IP 分组交换网络提供的 IP 分组端到端传输服务是终端间尽力而为服务,一是除了用首部检验和检测首部传输过程中发生的错误外,没有其他差错控制功能,因此,不能保证可靠传输;二是由于每一个 IP 分组独立选择端到端传输路径,不能保证 IP 分组的接收顺序和发送顺序相同;三是每一个 IP 分组都是独立传输单元,不同 IP 分组的净荷之间没有相关性。为了实现应用进程之间可靠、按序的字节流传输功能,传输层必须增加进程标识功能、字节流分段和拼接功能、差错控制功能和流量与拥塞控制功能。

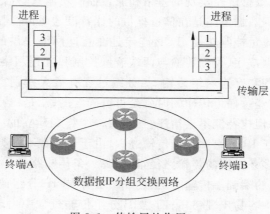

图 8.1   传输层的作用

8.1.2 传输层协议特性

1. 端到端特性

传输层称为端到端(End to End)协议的原因有二,一是传输层实现进程之间通信,而进程是数据真正的源和宿;二是传输层协议只与发送端和接收端有关,与发送端与接收端之间传输路径所经过的网络及网络互连设备无关,这种特性称为端到端特性,具有这种特性的协议称为端到端协议。讨论互连网络时,常将 IP 分组源终端至目的终端传输过程称为端到端传输,这时的端到端传输是指连接在不同类型传输网络上的两个终端之间的IP 分组传输过程,与传输层端到端特性有区别。

2. TCP 连接与虚电路的区别

TCP 是面向连接的传输层协议,传输数据前,先要建立连接,数据传输完成后,需要释放连接,有时容易混淆,以为建立连接过程与建立虚电路过程相似,就是建立两个进程间实现数据传输的通道。其实,TCP 作为传输层协议具有端到端特性,与真正实现数据传输的传输网络和互连传输网络的路由器无关,建立 TCP 连接其实就是两个进程之间数据传输前进行的协商过程,一是用于确定双方是否就绪;二是约定一些影响数据传输过程的参数;三是分配完成数据传输所需要的一些本地资源,如缓冲器等。因此,建立和释放 TCP 连接只与实现通信的两个进程有关,传输网络和互连传输网络的路由器中不会有任何与该 TCP 连接有关的信息。TCP 连接对应的功能完全由该 TCP 连接两端的TCP 实体基于网际层提供的服务实现,传输网络和互连传输网络的路由器只实现网际层的功能。

3. TCP 连接与数据链路的区别

建立数据链路,也容易混淆为重新建立两端之间的数据传输通路,其实不然,建立数据链路实际上就是信道两端实现链路层协议的实体为了在信道提供的比特流透明传输的基础上实现差错和流量控制功能在数据传输前进行的协商过程,这点与建立 TCP 连接是相似的。因此,数据链路实现的差错和流量控制功能只与信道两端链路层协议实体有关,与信道无关。但数据链路是在信道提供的比特流透明传输服务的基础上实现数据传输过程中的差错和流量控制功能,TCP 连接是在互连网络提供的 IP 分组端到端传输服务的基础上实现数据按序、可靠传输与两端流量控制和互连网络的拥塞控制功能。信道透明传输比特流过程和互连网络传输 IP 分组过程有很大差别,对于信道透明传输比特流过程,一是比特流经过信道传输的时延是可以确定的;二是比特流经过信道传输过程中有些比特可能出错,但比特流不会错序;三是每一个终端建立的、与其他终端之间的数据链路是有限的。对于 IP 分组端到端传输过程,由于连接在不同类型的传输网络上的两个终端之间可能存在多条不同的传输路径,而且每一条传输路径可能包含多个分组交换设备,导致一是 IP 分组的端到端传输时延很大;二是不同 IP 分组的传输时延相差很大;三是 IP分组传输过程中容易出现错序;四是 IP 分组传输过程中出现差错的状况更多;五是单个终端可能与多个不同终端建立大量的 TCP 连接。由于存在这些差别,数据链路和 TCP连接的实现机制有很大不同。

8.1.3 TCP 差错控制机制

1. 差错的定义

对于端到端协议,出现下述情况之一,定义为差错。

(1) IP 分组经过某个传输网络传输给下一跳时,封装成该传输网络对应的帧,如果下一跳根据帧中的检错码检测出帧传输过程中发生了错误,将丢弃该帧。

(2) 端到端传输路径经过的某个分组交换机因为输出端口的输出队列溢出丢弃 IP 分组。

(3) 接收端根据 TCP 报文的检验和检测出 TCP 报文传输过程中发生了错误。

(4) TCP 报文中数据的序号范围超出接收端接收窗口定义的序号范围。

2. 差错控制机制

差错控制机制是确认应答和重传。接收端接收到正确的 TCP 报文,向发送端发送确认应答,确认应答中的确认序号是接收端正确接收的数据中最后一个字节的序号加 1,也是接收端期待接收的数据的起始序号,因此作为接收端的接收序号。正确接收的 TCP 报文是指没有差错,且包含的数据是按序到达的数据的 TCP 报文。发送端每发送一个 TCP 报文,启动重传定时器,如果在重传定时器溢出前接收到表明该 TCP 报文中数据被接收端正确接收的确认应答,关闭重传定时器。如果直到重传定时器溢出都没有接收到表明该 TCP 报文中数据被接收端正确接收的确认应答,重传该 TCP 报文。

接收端如果接收到没有差错,但包含的数据的序号范围表明是接收端重复接收的数据,接收端丢弃该 TCP 报文;如果接收到没有差错,但包含的数据虽然不是重复接收的数据,但不是按序到达的数据的 TCP 报文,在缓冲器中存储该 TCP 报文。对于这两种情况,接收端都发送确认应答,但发送的确认应答中的确认序号是根据最近一次接收到的、正确的 TCP 报文得出的确认序号。

接收端接收到出现差错的 TCP 报文,丢弃该 TCP 报文,不发确认应答。

3. 发送端确定某个 TCP 报文出现差错的依据

发送端确定某个 TCP 报文出现差错的依据一是直到该 TCP 报文对应的重传定时器溢出都没有接收到表明该 TCP 报文中数据被接收端正确接收的确认应答;二是连续接收到四个有着相同确认序号的确认应答(也被称作连续接收到三个重复的确认应答,因为后面三个确认应答是重复第一个确认应答),且确认序号等于该 TCP 报文中数据的起始序号。

4. 重传方式

如果发送端因为重传定时器溢出确定某个 TCP 报文出现差错,重传该 TCP 报文及发送窗口中后于该 TCP 报文发送的其他 TCP 报文,这种重传方式称为 Go-Back-N。如果发送端因为连续接收到三个重复的确认应答确定某个 TCP 报文出现差错,只重传该 TCP 报文,这种重传方式称为选择重传。

8.1.4 TCP 流量控制和拥塞控制机制

1. 通知窗口、接收窗口和发送窗口、拥塞窗口

接收端允许接收的未按序到达的字节数称为接收窗口,接收端通过 TCP 首部中窗口字段给出接收窗口,由于窗口是接收端用于向发送端通知自己的接收窗口,因此被发送端称为通知窗口。接收端根据接收窗口和接收序号确定接收端允许接收的数据的序号范围,假定接收序号为 X,接收窗口为 RW,则接收端允许接收的数据的序号范围为 $X \sim X + RW - 1$。接收序号是接收端期待接收的数据的起始序号。发送端发送窗口给出发送端允许发送的未被接收端确认的字节数,它需要小于等于接收端的通知窗口,假定发送端来自接收端的最大确认序号为 Y,发送窗口为 SW,则发送完序号范围为 $Y \sim Y + SW - 1$ 的数据后,必须等待接收端的确认应答。如果假定发送端已经接收到的来自接收端的确认应答中的最大确认序号为 Y,当发送端新接收到来自接收端的确认序号为 Z、通知窗口为 TW 的确认应答,且 $Z \geqslant Y$,则发送端在接收到来自接收端的下一个确认应答前,最多允许发送序号范围为 $Z \sim Z + TW - 1$ 的数据,发送端和接收端通过这样的过程调节发送端的发送流量。拥塞窗口是指发送端考虑到网络承载能力后确定的发送窗口,必须小于等于通知窗口。

2. 确定网络发生拥塞的依据

一旦 TCP 报文发送端至接收端传输过程中发生了差错,接收端或没有接收到该 TCP 报文,或者丢弃有错的 TCP 报文,对于出现差错的 TCP 报文,接收端不发送确认应答。任何出现差错的 TCP 报文都是发送端需要重传的 TCP 报文,但对差错的定义中只有(2)和(4)的情况是与网络拥塞有关,某个端口的输出队列溢出,意味着该端口连接的链路过载。TCP 报文中数据的序号范围超出接收端允许接收的序号范围的原因往往是该 TCP 报文端到端传输过程中滞留在某个分组交换设备中,而导致某个 TCP 报文滞留在某个分组交换设备中的原因往往是网络发生拥塞。TCP 拥塞控制机制将出现差错的主要原因归于网络拥塞,因此,只要确定某个 TCP 报文因为出现差错需要重传,就确定网络发生拥塞,发送端确定网络发生拥塞的依据就是发送端确定 TCP 报文出现差错的依据,这也表示 TCP 拥塞控制机制适用于端到端传输可靠性很高的互连网络环境,TCP 报文主要因为发生差错定义中的情况(2)和(4)而被确定出现差错。

3. 拥塞控制机制

(1) 刚建立 TCP 连接时采用慢启动机制,通过呈指数增大发送窗口测试网络的承载能力。

(2) 如果因为直到某个 TCP 报文对应的重传定时器溢出都没有接收到表明该 TCP 报文中数据被接收端正确接收的确认应答而发现该 TCP 报文出现差错,表明网络拥塞严重,将此时的发送窗口减半作为慢启动阈值,然后回到慢启动过程。

(3) 如果因为连续接收到三个重复的确认应答确定某个 TCP 报文出现差错,表明网络发生拥塞,但不是十分严重,将此时的发送窗口减半后作为新的发送窗口,并通过线性增大发送窗口测试网络的承载能力。

8.2 例题解析

8.2.1 自测题

1. 选择题

(1) 传输层协议称为端到端协议的原因是_____。

    A. 传输层协议实现过程与传输网络与互连传输网络的路由器无关

    B. 传输层协议创建端到端传输通路

    C. TCP 连接建立过程就是确定端到端传输路径的过程

    D. TCP 连接被映射到端到端的虚电路

(2) 传输层协议实施差错控制机制的主要原因是_____。

    A. 传输网络和网际层没有差错控制机制

    B. 传输网络和网际层实施的差错控制机制不能保证端到端按序、可靠传输

    C. 网际层只对 IP 分组首部进行检错

    D. 端到端传输路径经过的分组交换设备不对数据进行检错

(3) 下述_____项不是 TCP 具有的功能。

    A. 增加标识主机中进程的标识信息

    B. 保证端到端按序、可靠传输

    C. 绕开存在过载链路的传输路径

    D. 根据网络拥塞状态调整发送窗口

(4) TCP 拥塞控制机制中发送端确定网络发生拥塞的依据是_____。

    A. 网络中存在拥塞现象的设备向发送端发送显式通知

    B. 接收端向发送端发送窗口字段值等于 0 的确认应答

    C. 发送端监测到某个 TCP 报文因为出现差错需要重传

    D. 发送端需要减少发送窗口

(5) UDP 和 IP 不同处是_____。

    A. UDP 保证按序、可靠传输，IP 不是

    B. UDP 需要建立连接，IP 不需要

    C. UDP 根据网络拥塞状况动态调整发送窗口，IP 不是

    D. UDP 设置标识主机进程的端口字段、并对 UDP 报文中的数据进行检错，IP 没有

(6) 下述_____项是描述 TCP 差错控制机制的关键词。

    A. 检错码、序号、确认应答和重传   B. 端口、序号和窗口

    C. 流量控制、拥塞控制和拥塞窗口   D. 慢启动、拥塞避免和慢启动阈值

(7) 下述_____项是描述 TCP 拥塞控制机制的关键词。

    A. 检错码、确认应答和重传

    B. 端口、序号和窗口

    C. TCP 报文重传、重传原因判别和拥塞窗口调整

  D. 慢启动、拥塞避免和慢启动阈值

(8) TCP 拥塞控制机制实施前提是_____。

  A. TCP 报文发生差错的主要原因是网络发生拥塞

  B. TCP 报文无法可靠传输

  C. 传输网络常因为传输过程出错丢弃对应的链路层帧

  D. 不对 IP 分组中的数据进行检错

(9) TCP 连接刚建立时采取慢启动发送机制的原因是_____。

  A. 既可探测网络承载能力，又可使发送窗口快速达到通知窗口

  B. 发送端维持较低的发送流量，避免网络发生拥塞

  C. 发送端维持较高的发送流量，以实现高速传输

  D. 接收端对发送端的要求

(10) 重传定时器溢出时如此设置慢启动阈值的原因是_____。

  A. 既可探测网络承载能力，又可使发送窗口快速达到通知窗口

  B. 发送端维持较低的发送流量，避免网络发生拥塞

  C. 发送端维持较高的发送流量，以实现高速传输

  D. 在接近导致网络发生拥塞的流量时必须缓慢增加流量，以免网络立即再次
发生拥塞

(11) 应用层进程之间通过 UDP 实现相互通信，则需要_____协议完成差错控制
功能。

  A. 传输网络   B. 网际层   C. 传输层   D. 应用层

(12) 可靠传输中的可靠指的是_____。

  A. 使用面向连接的协议

  B. 进程间通信

  C. 使用发送窗口、接收窗口及对应的缓冲器

  D. 确认应答和重传确保数据的正确传输

(13) 下面_____项包含在 TCP 首部，但不包含在 UDP 首部中。

  A. 源端口号   B. 目的端口号   C. 检验和   D. 序号

(14) TCP 采用_____来区分不同的应用进程。

  A. 端口号   B. IP 地址   C. 协议类型   D. MAC 地址

(15) TCP 采用的流量控制机制是_____。

  A. 停止等待协议

  B. Go-Back-N 和连续 ARQ

  C. 大小固定的发送窗口

  D. 发送端根据接收端通知窗口调整发送窗口

2. 填空题

(1) 设置传输层的主要目的是为应用层提供_____和_____的端到端传输
服务。

(2) TCP 的主要功能是_____、_____和_____。

（3）TCP 根据_____和_____确定某个 TCP 报文需要重传，TCP 将发生这两种情况的原因归于_____，并因此_____。

（4）TCP 连接刚建立时实施_____发送机制，将_____作为慢启动阈值，这样既可_____，又可_____。

（5）发生重定定时器溢出时，发送端将_____作为慢启动阈值，当发送窗口达到慢启动阈值时，发送端_____发送窗口，以免_____。

（6）差错控制机制是保证 TCP 报文端到端_____和_____传输，用检错码发现_____TCP 报文，用序号发现_____和_____TCP 报文，用确认序号表明接收端_____。

（7）实施差错控制机制的关键是_____和_____，如果某个 TCP 报文规定时间内没有被接收端通过确认应答中的确认序号表明被接收端正确接收，发生_____，发送端重传该 TCP 报文，这种重传称为_____。如果发送端连续接收到三个重复的确认应答，重传数据起始序号等于_____的 TCP 报文。

（8）发送端根据_____确定网络发生拥塞，因此，发送端_____的同时，调整发送窗口，如果重传定时器溢出，则发送端采用_____发送机制调整发送窗口，并将当时发送窗口的一半作为_____，如果连续接收到三个重复的确认应答，将当时发送窗口的一半作为_____，并线性增加发送窗口。

（9）TCP 连接建立过程经过 3 次握手，三个握手报文中置 1 的控制位分别有_____、_____和_____。

3. 名词解释

_____TCP 连接   _____重传定时器

_____慢启动   _____慢启动阈值

_____TCP   _____发送窗口

_____传输层协议   _____UDP

_____差错控制机制   _____拥塞控制机制

_____接收窗口   _____通知窗口

（a）一种 TCP/IP 体系结构定义的、面向连接的、提供进程间按序、可靠传输服务的传输层协议。

（b）一种 TCP/IP 体系结构定义的、无连接的、仅提供进程间传输服务的传输层协议。

（c）允许发送端发送的、未被接收端确认的字节数。

（d）接收端允许接收的、未按序到达的字节数。

（e）接收端为实现流量控制，用于对发送端的发送窗口实施控制的一个参数。

（f）为了在网际层提供的端到端 IP 分组传输服务的基础上，给应用进程之间提供按序、可靠传输服务而制定的规则。

（g）为了既能探测网络承载能力，又能快速提高发送窗口，发送端采用的从最大报文段长度开始，呈指数增加发送窗口的一种发送机制。

（h）发送窗口从呈指数增加转换为线性增加的拐点值。

(i) 在网际层提供的尽力而为服务的基础上，实现进程间按序、可靠传输服务的机制。

(j) 一种使发送端能够感知网络拥塞，并调整发送窗口，以此缓解、直至消除网络拥塞的机制。

(k) 一种为提供进程间按序、可靠传输服务需要经历的参数协商、资源分配、数据传输、出错数据处理、网络拥塞监控等步骤的一次完整数据传输过程。

(l) 一个用于确定 TCP 报文已经丢失的定时器。

4. 判断题

(1) TCP/IP 体系结构中只有传输层有差错控制机制。

(2) 增加传输层的唯一原因是需要对端到端传输过程实施差错控制。

(3) 重传 TCP 报文的唯一原因是，当 TCP 报文从拥塞端口输出时，因为输出队列溢出而被丢弃。

(4) TCP 网络拥塞控制机制的实现前提是极大多数传输过程中丢失的 TCP 报文是从拥塞端口输出时，因为输出队列溢出而被丢弃。

(5) 建立 TCP 连接就是建立两个终端之间保证按序、可靠传输的传输路径。

(6) TCP 刚建立时，慢启动阈值是接收端的通知窗口。

(7) 如果发送端长时间有着稳定的输出流量，意味着接收端的通知窗口长时间不变，且发送端发送窗口等于通知窗口。

(8) 将重传定时器溢出后的慢启动阈值设置为当时发送窗口的一半是为了使发送窗口缓慢靠近引发网络拥塞的发送窗口值，以免立即再次引发网络拥塞。

(9) 两种引发发送端重传 TCP 报文的事件对应两种不同的发送窗口调整机制是因为这两种事件反映出的网络拥塞程度不同。

(10) 从层次结构分析，传输层是最应该提供差错控制和网络拥塞控制功能的功能层。

8.2.2 自测题答案

1. 选择题答案

(1) A，端到端特性是指只与通信两端有关，与传输路径经过的传输网络和互连传输网络的路由器无关。

(2) B，传输网络和网际层提供的传输服务与传输层为应用层提供的传输服务之间存在差距。

(3) C，选择传输路径是网际层的功能。

(4) C，TCP 将丢失 TCP 报文的原因归于网络拥塞。

(5) D，UDP 不同于 IP 的方面，一是实现进程间通信；二是对数据进行检错。

(6) A，检错码检测传输过程中发生的错误，序号防止重复接收，确认应答通知发送端哪些 TCP 报文被接收端正确接收，重传是对确定因为出现差错而未被接收端接收的 TCP 报文的处理方式。

(7) C，TCP 将丢失 TCP 报文的原因归于网络拥塞，因此，监测到引发重传 TCP 报文的事件意味着网络发生拥塞,两种引发重传 TCP 报文的事件对应着不同的网络拥塞程度,因而导致发送端采取不同的发送窗口调整机制。

(8) A,这是 TCP 拥塞控制机制的前提。

(9) A,发送窗口的变化规律是从最大报文段长度开始,呈指数增加发送窗口,直到或者监测到网络拥塞,或者发送窗口到达接收端的通知窗口。

(10) D,只有缓慢靠近引发网络拥塞的发送窗口值,才能避免立即再次引发网络拥塞。

(11) D,由于传输层没有提供差错控制功能,只能由应用层自己完成差错控制功能。

(12) D,可靠就是保证发送端将 TCP 报文传输给接收端,确认应答和重传是保证 TCP 报文从发送端传输到接收端的机制。

(13) D,4 项中只有序号字段包含在 TCP 首部,但不包含在 UDP 首部中。

(14) A,TCP/IP 体系结构中,传输层协议用端口号标识应用进程。

(15) D,发送端需要根据接收端的通知窗口动态调整发送窗口。

2. 填空题答案

(1) 按序,可靠

(2) 端口,差错控制,流量和拥塞控制

(3) 重传定时器溢出,连续接收到三个重复确认应答,网络发生拥塞,调整发送窗口

(4) 慢启动,通知窗口,探测网络的承载能力,使发送窗口快速达到通知窗口

(5) 当时发送窗口的一半,线性增加,立即再次发生网络拥塞

(6) 按序,可靠,传输出错的,未按序到达的,重复的,已经正确接收的字节流

(7) 确认应答,重传,重传定时器溢出,超时重传,重复确认应答中的确认序号

(8) TCP 报文丢失,重传 TCP 报文,慢启动,慢启动阈值,新的发送窗口

(9) SYN,SYN 和 ACK,ACK

3. 名词解释答案

__k__ TCP 连接	__l__ 重传定时器
__g__ 慢启动	__h__ 慢启动阈值
__a__ TCP	__c__ 发送窗口
__f__ 传输层协议	__b__ UDP
__i__ 差错控制机制	__j__ 拥塞控制机制
__d__ 接收窗口	__e__ 通知窗口

4. 判断题答案

(1) 错,大量传输网络具有差错控制机制,网际层也提供首部检错功能。

(2) 错,增加传输层的原因是网络层提供的服务无法满足实现应用进程之间通信的要求。

(3) 错,所有传输过程中出现差错的 TCP 报文都需要重传,因为输出队列溢出而被丢弃只是其中一种出现差错的情况。

(4) 对,这是实施 TCP 拥塞控制机制的前提。

(5) 错,建立 TCP 连接过程只是两端 TCP 进程完成参数协商和资源分配的过程。

（6）对，发送端发送窗口的上限是接收端通知窗口。

（7）对，否则发送端吞吐率会变化。

（8）对，只有缓慢靠近引发网络拥塞的发送窗口值，才能避免立即再次引发网络拥塞。

（9）对，重传定时器溢出表示网络拥塞程度严重。

（10）对，网络的本质是实现应用进程之间的可靠通信，传输层是为应用进程提供传输服务的功能层，需要保证提供的传输服务按序和可靠。

8.2.3 计算题解析

（1）假定发送端已经发送了序号 1～3000 的数据，目前接收到确认序号为 2001，窗口字段值为 3000 的确认应答，在接收下一个确认应答前，求发送端能够发送的字节数。

【解析】 接收到确认应答后，发送端允许发送的序号范围是 2001～5000。由于已经发送了序号 1～3000 的数据，发送端在接收到新的确认应答前允许发送序号为 3001～5000 的数据，即 2000B 的数据。

（2）在网络没有拥塞的情况下，如果最大报文段（Maximun Segment Size，MSS）=2kB，接收端通知窗口=24kB，往返时延=10ms，求出发送端在采用慢启动发送机制下，使发送窗口达到通知窗口所需要的时间。

【解析】 由于 MSS=2kB，换算成 TCP 报文数后的通知窗口=24/2=12 个 TCP 报文，当 $i=4$ 时，$2^i \geqslant 12$，因此，需要经过 4 轮传输后，发送窗口才能达到 12 个 TCP 报文，求出所需要的时间为 $4 \times 10 = 40$ms。

（3）某个应用程序通过 TCP 连接发送长度为 LB 的数据，假定 TCP 首部长度为 20B，IP 首部长度为 20B，IP 分组封装成 MAC 帧，MAC 帧首部长度为 18B，不考虑其他开销，分别根据 L=10 和 1000，求出物理层的传输效率。

【解析】 物理层传输效率=传输的数据字节数/实际传输的字节数=$L/(L+20+20+18)=L/(L+58)$，当 $L=10$ 时，求出传输效率=14.7%，当 $L=100$ 时，求出传输效率=94.5%。

（4）假定发送端和接收端连接的物理链路的传输速率为 1Gb/s，发送窗口为 65535B，往返时延为 20ms，求出发送端的最大吞吐率及物理链路传输效率。

【解析】 发送端最大吞吐率=往返时延内传输的二进制位数/往返时延=$65535 \times 8/(20 \times 10^{-3})=26.214$Mb/s，物理链路效率=最大吞吐率/物理链路传输速率=$26.214/10^3=2.62\%$。

（5）发送端通过 TCP 连接向接收端发送数据，往返时延为 20ms，MSS=1kB，如果在发送窗口为 64kB 时发生超时重传，并假定后续 TCP 报文都能成功传输，求出发送端发送窗口重新回到 64kB 所需要的时间。

【解析】 慢启动阈值=64kB/2=32kB，换算成 TCP 报文数=32 个 TCP 报文。由于 $2^5=32$，因此，经过 5 轮 TCP 报文传输后达到慢启动阈值，随后，每一个往返时延，发送窗口增加一个 TCP 报文，因此，需要经过 5+32=37 轮 TCP 报文传输才能使发送窗口重新回到 64kB，需要时间=$37 \times 20 = 740$ms。

(6) 假定 MSS=1kB,通过 TCP 连接传输数据的发送端在发送窗口为 18kB 时发生超时重传,后续 4 轮 TCP 报文都成功传输,求出完成 4 轮 TCP 报文传输后的发送窗口。

【解析】　求出慢启动阈值=18/2=9 个 TCP 报文,由于 $2^4 \geqslant 9$,在完成 4 轮 TCP 报文传输后,发送窗口刚好到达慢启动阈值,等于 9kB。

(7) 假定发送端与接收端都连接在 100Mb/s 的物理链路上,端到端往返时延为 20ms,TCP 报文最大生存时间为 60s,求出物理链路传输效率为 100% 时的窗口字段和序号字段位数。

【解析】　如果传输效率=100%,则发送窗口=$100 \times 10^6 \times 20 \times 10^{-3}/8 = 250$kB,窗口字段必须能够表示 25×10^4,求出窗口字段位数=$16(25 \times 10^4)$=18。最大生存时间内可能发送的字节数=$100 \times 10^6 \times 60/8 = 75 \times 10^7$B,由于最大生存时间内发送的字节序号不能重复,因此,求出序号位数=$\mathrm{lb}(75 \times 10^7)$。

(8) 主机甲与主机乙间已建立一个 TCP 连接,主机甲向主机乙发送了两个连续的 TCP 段,分别包含 300 字节和 500 字节的有效载荷,第一个段的序号为 200,求出主机乙正确接收到两个段后,发送给主机甲的确认序号。

【解析】　确认序号是主机乙期待接收的字节的序号,它等于正确接收到的最后 1 个字节的序号加 1,显然,第一个 TCP 段包含序号范围 200~200+300-1 字节,第二个 TCP 段包含序号范围 500~500+500-1 字节,确认序号应该等于 1000。

(9) 主机甲和主机乙之间已成功建立 TCP 连接,TCP 最大段长为 1000B,主机甲当前的发送窗口为 4000B,在主机甲连续向主机乙发送两个最大段后,接收到主机乙对第一段的确认应答,确认应答中通告的窗口值为 2000B,求出此时主机甲可以向主机乙发送的最大字节数。

【解析】　确认应答中的窗口值以确认序号为基准,给出了主机甲允许发送的序号范围,假定主机甲发送的两个最大段的序号分别是 S 和 S+1000,则确认应答中的确认序号为 S+1000,如果窗口值为 2000B,主机甲允许发送的序号范围为 S+1000~S+3000-1,由于主机甲已经发送了序号为 S+1000~S+2000-1 的字节(第二段),允许继续发送的是序号范围为 S+2000~S+3000-1 的 1000 个字节。

(10) 终端 A 向终端 B 连续发送两个序号分别为 70 和 100 的 TCP 报文。请给出:

① 第一个 TCP 报文的数据字段长度。

② 终端 B 对应第一个 TCP 报文的确认序号。

③ 如果终端 B 对应第二个 TCP 报文的确认序号为 180,第二个 TCP 报文的数据字段长度。

④ 如果第一个 TCP 报文丢失,第二个 TCP 报文到达终端 B,终端 B 对应第二个 TCP 报文的确认序号。

【解析】　① 第一个 TCP 报文的数据字段长度=100-70=30。

② 第一个 TCP 报文的确认序号等于第二个 TCP 报文的序号=100。

③ 对应第二个 TCP 报文的确认序号就是第二个 TCP 报文中数据段的最后一个字节序号加 1,因此,第二个 TCP 报文的数据字段长度=180-100=80。

④ 仍然是第一个 TCP 报文的序号 70。

(11) 假定 TCP 在开始建立连接时,发送方设定超时重传时间 RTO=6s。

① 当发送方接收到对方的连接响应报文时,测量出 RTT 样本值为 1.5s,试计算出当前的 RTO 值。

② 当发送方发送数据报文,并根据接收到的确认应答测量出 RTT 样本值为 2.5s,试计算出当前的 RTO 值。

【解析】 (1) 初始 $RTT=1.5$,初始 $RTT_D=RTT/2=1.5/2=0.75$,求出 $RTO=RTT+4\times RTT_D=1.5+4\times 0.75=4.5s$。

(2) 初始平均往返时延 $=RTT=1.5s$,$RTT_i=2.5s$,求出新的平均往返时延 $=(1-\alpha)\times$ 原平均往返时延 $+\alpha\times RTT_i(\alpha=1/8)=0.875\times 1.5+0.125\times 2.5=1.625s$,新的 $RTT_D=(1-\beta)\times$ 原 $RTT_D+\beta\times|$新平均往返时延$-RTT_i|(\beta=1/4)=0.75\times 0.75+0.25\times(2.5-1.625)=0.78125$,$RTO=RTT+4\times RTT_D=1.625+4\times 0.78125=4.75s$。

8.2.4 简答题解析

(1) 简述传输层的作用。

【答】 在 OSI 体系结构中传输层的作用主要是屏蔽网络的差异,为应用层提供统一的传输服务,且使得这种传输服务与网络无关。在 TCP/IP 体系结构中,传输层的作用是在网际层提供的终端之间 IP 分组尽力而为传输服务的基础上,为应用层提供按序、可靠的数据传输服务。具体的作用有三,一是在网际层提供的终端之间 IP 分组传输服务的基础上实现应用进程之间的通信;二是实现差错控制功能,实现应用进程间的按序、可靠传输;三是实现流量和网络拥塞控制,维持应用进程间的正常通信。但不同的传输层协议为应用进程间提供的传输服务有很大差别。

(2) 简述 TCP 实现的功能。

【答】 TCP 作为 TCP/IP 体系结构中的传输层协议,主要功能有三,一是通过端口实现应用进程间通信;二是通过差错控制机制实现应用进程间按序、可靠的数据传输;三是通过流量和网络拥塞控制机制维持应用进程间的正常通信。

(3) 简述 TCP 连接刚建立时采取慢启动发送机制的原因。

【答】 TCP 连接刚建立时,两端应用进程对网络状况一无所知。因此,需要探测网络对新建立的 TCP 连接的承载能力,同时基于传输效率和吞吐率的考虑,又希望能够快速达到接收端通知窗口规定的流量,所以采用慢启动这种既能够通过从 MSS 开始增加发送窗口的办法完成对网络承载能力的探测,又能通过呈指数增加发送窗口使发送窗口能够快速达到接收端通知窗口的发送机制。

(4) 简述重传定时器溢出时设置慢启动阈值并采取慢启动发送机制的原因。

【答】 重传定时器溢出表明终端间传输路径经过拥塞结点,且该拥塞结点的拥塞程度比较严重,因此,需要以比较激烈的方式调整发送窗口,慢启动可以使发送窗口骤降到 MSS。但慢启动呈指数增加发送窗口的方式或使发送窗口快速达到发生拥塞时的发送窗口值,或是再次发生拥塞,为了尽可能避免再次发生拥塞,但又尽量维持正常的流量,通过将发送拥塞时的发送窗口的一半作为慢启动阈值,使得发送窗口快速达到慢启动阈值后,变为线性增加方式,以此实现既逐渐增加发送窗口,以维持正常流量,又避免立即再次发生拥塞。

8.2.5　综合题解析

(1) 假定发送端的初始序号为100,初始发送窗口为400字节,每一个TCP报文中包含100字节数据。

① 在发送完发送窗口允许的字节后,发送端接收到接收端发送的确认序号为300,通知窗口为300字节的确认应答,求发送端允许继续发送的字节序号范围。

② 在发送端发送完序号为500的TCP报文后,接收到确认序号为400,通知窗口为500字节的确认应答,求发送端允许继续发送的字节序号范围。

③ 在发送端发送完序号为800的TCP报文后,接收到确认序号为700,通知窗口为200字节的确认应答,求发送端允许继续发送的字节序号范围。

【解析】　① 当发送完发送窗口允许的字节后,发送端已经发送的最大序号＝100(初始序号)＋400(发送窗口)−1＝499。当接收到确认序号为300,通知窗口值为300的确认应答时,发送端允许发送的序号范围为300(确认序号)～300(确认序号)＋300(通知窗口)−1。允许发送端继续发送的序号范围是发送端允许发送但没有发送的序号范围为500～599,如图8.2(a)所示。

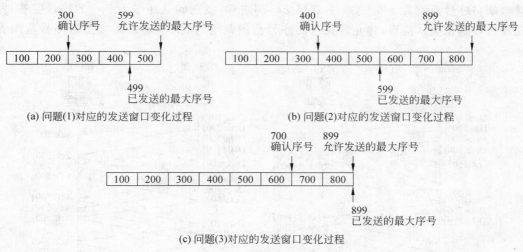

(a) 问题(1)对应的发送窗口变化过程　　　(b) 问题(2)对应的发送窗口变化过程

(c) 问题(3)对应的发送窗口变化过程

图 8.2　发送窗口变化过程

② 当发送端发送完序号为500的TCP报文后,已经发送的最大序号＝599,接收到确认序号为400,通知窗口为500字节的确认应答后,求出发送端允许发送的序号范围为400(确认序号)～400(确认序号)＋500(通知窗口)−1,求出允许继续发送的序号范围为600～899,如图8.2(b)所示。

③ 当发送端发送完序号为800的TCP报文后,已经发送的最大序号＝899,接收到确认序号为700,通知窗口为200字节的确认应答后,求出发送端允许发送的序号范围为700(确认序号)～700(确认序号)＋200(通知窗口)−1,由于允许发送的最大序号等于已

经发送的最大序号,发送端禁止继续发送字节,如图 8.2(c)所示。

(2)发送端的初始序号为 100,初始发送窗口和拥塞窗口为 400,每一个 TCP 报文中包含 100 字节数据,假定序号为 200 的 TCP 报文后于序号为 400 的 TCP 报文到达接收端,序号为 500 的 TCP 报文丢失,其他 TCP 报文正常到达接收端。

① 数据传输过程中接收端通知窗口维持 400 不变,画出发送端传输 1000 字节数据给接收端的传输过程。

② 如果初始时,发送端发送窗口受拥塞窗口限制为 400,数据传输过程中接收端通知窗口维持 800 不变,画出发送端传输 1000 字节数据给接收端的传输过程。

【解析】 ① 数据传输过程如图 8.3(a)所示,由于发送窗口＝Min[通知窗口,拥塞窗口],对于通知窗口为 400,拥塞窗口不减少的情况,发送端发送窗口维持 400 不变,初始时,发送端发送完序号为 100～499 的字节后,等待接收端发送确认应答,接收端接收到序号为 100 的 TCP 报文后,发送确认序号为 200 的确认应答,发送端接收到该确认应答后,将允许发送的序号范围调整为 200～599,继续发送序号范围为 500～599 的字节。当序号为 300、400 的 TCP 报文到达接收端时,由于接收端期待接收的序号为 200(即接收序号为 200),这些 TCP 报文被接收端作为未按序到达的 TCP 报文,存储在缓冲器中,接收端重复发送确认序号为 200 的确认应答。发送端接收到这些确认应答,不能改变允许发送的序号范围,发送端无法继续发送 TCP 报文。当序号为 200 的 TCP 报文到达接收端,接收端将序号范围为 200～499 字节提交应用进程,发送确认序号为 500 的确认应答,发送端接收到该确认应答,将允许发送的序号范围调整为 500～899,继续发送序号范围为

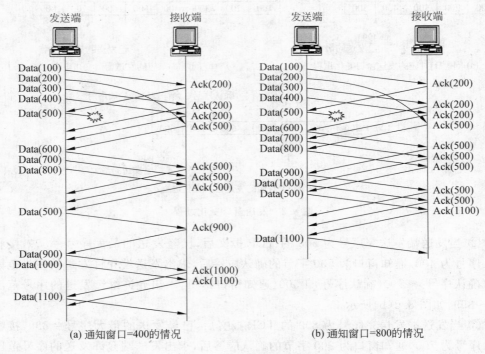

图 8.3 TCP 报文传输过程

600～899 的字节。由于序号为 500 的 TCP 报文丢失,接收端接收到未按序到达的序号为 600、700 和 800 的 TCP 报文时,重复发送确认序号为 500 的确认应答。发送端接收到这些确认序号为 500 的确认应答,无法调整允许发送的序号范围,发送端无法继续发送 TCP 报文。在连续接收到三个重复的确认序号为 500 的确认应答时,发送端重发序号为 500 的 TCP 报文。同时,将拥塞窗口由 400 变为 200,并因此将发送窗口由 400 变为 200。当序号为 500 的 TCP 报文到达接收端,接收端向应用进程提交序号范围为 500～899 的字节,向发送端发送确认序号为 900 的确认应答。发送端接收到确认序号为 900 的确认应答,将允许发送的序号范围调整为 900～1099。发送端继续发送序号范围为 900～1099 的字节。在接收到确认序号为 1000 的确认应答时,发送端允许发送的序号范围调整为 1000～1199,继续发送序号范围为 1100～1199 的字节。当发送端接收到确认序号为 1100 的确认应答,表明丢失序号为 500 的 TCP 报文后,已成功经过一个轮次,发送端将拥塞窗口调整为 300,并因此将发送窗口由 200 变为 300。

②　数据传输过程如图 8.3(b)所示,对于通知窗口大于拥塞窗口的情况,发送窗口由拥塞窗口确定。拥塞窗口用于表明允许处于传输过程中的字节数,因此,当发送端接收到重复的确认应答时,表明已经有 TCP 报文到达接收端,处于传输过程中的 TCP 报文已经减少一个,这种情况下,发送端应该继续发送 TCP 报文,但由于允许发送的序号范围没有调整,发送端无法继续发送 TCP 报文,为了解决这一问题,发送端每接收一个重复的确认应答,将拥塞窗口增加 100,这样使得发送端每接收一个重复确认应答,可以继续发送一个 TCP 报文,提高了发送端的吞吐率。当发送端连续接收到三个重复的确认序号为 500 的确认应答时,重发序号为 500 的 TCP 报文。同时,将拥塞窗口由 400 变为 200+300,200 是 400 减半后的值,300 是三个重复的确认应答增加的拥塞窗口值,发送端允许发送的序号范围调整为 500～999。此时,由于发送端已经发送的最大序号为 1099,发送端无法继续发送 TCP 报文,直到发送端再次接收到两个重复确认应答,将拥塞窗口增加到 200+300+200,发送端允许发送的序号范围调整为 500～1199,发送端发送序号为 1100 的 TCP 报文。当发送端接收到确认序号为 1100 的确认应答,将拥塞窗口重新复原为 200(发生 TCP 报文丢失时的拥塞窗口的一半),将允许发送的序号范围调整为 1100～1299,恢复正常数据传输过程。

第 **9** 章 应 用 层

9.1 知 识 要 点

9.1.1 应用层协议和传输层协议之间的关系

1. TCP 和 UDP 的不同要求

TCP 和 UDP 的要求不同,表现为:一是由于 TCP 是面向连接的协议,传输数据前存在连接建立过程,因此 TCP 只能用于传输数据前能够确定两端插口(IP 地址+端口号)的应用环境;二是 TCP 的连接建立和释放过程存在开销,因此一般用于需要一次传输较多数据的应用环境,不适合传输短消息;三是 TCP 的确认应答和重传可能导致更大的传输时延和时延抖动,不适合那些实时性比可靠性更重要的应用环境。那些传输数据前能够确定两端插口,对数据传输的可靠性有要求,对数据传输的实时性没有特别要求的应用环境通常都采用 TCP。

2. 分别采用 TCP 和 UDP 的应用层协议

分别采用 TCP 和 UDP 的应用层协议如表 9.1 所示。

表 9.1 分别采用 TCP 和 UDP 的应用层协议

应 用	应用层协议	传输层协议
域名解析	DNS	UDP
自动配置网络参数	DHCP	UDP
路由协议	RIP	UDP
网络管理	SNMP	UDP
电子邮件	SMTP,POP3	TCP
远程终端接入	Telnet	TCP
万维网	HTTP	TCP
文件传输	FTP	TCP

9.1.2　DNS

1. 资源记录类型

域名服务器中的每一项记录称为资源记录,主要由下述字段组成:

<名字,值,类别,类型>

名字是用于解析的域名,值是解析结果,类别给出定义类型的实体,目前只有一种类别:IN,表明是 Internet。类型给出解释名字和值之间关系的方法,DNS 服务器上一般有4 类记录类型:

- A:名字是域名,值是 IP 地址。域名或是标识某个主机的完全合格域名,或是标识某个域名服务器的完全合格域名,IP 地址是主机或域名服务器的 IP 地址。
- CNAME:名字是某个完全合格域名的别名,值是该完全合格域名。
- MX:名字是信箱地址中的域名,值是该邮件服务器的完全合格域名,如有多个邮件服务器,在值前面用数字来表示优先级。
- NS:名字是域名(通常不是完全合格域名),值是某个域名服务器的完全合格域名,表示可以用该域名服务器来解析属于名字指定域内的域名。该类型资源记录通常用来路由解析请求,以此构成解析某个完全合格域名的域名服务器链。一般情况下,该类型资源记录需要与一条名字是该域名服务器完全合格域名,值是该域名服务器 IP 地址的 A 类型资源记录共同使用。

2. 域名递归解析过程

图 9.1 所示为用递归方式实现终端 A 用终端 B 完全合格域名 WWW. 3COM. COM 解析出终端 B(IP 地址 192.1.5.1)所需要的域名服务器结构、域名服务器配置及递归解析过程。为终端 A 配置本地域名服务器 IP 地址 192.1.2.7,当终端 A 需要解析完全合格域名 WWW. 3COM. COM 时,将解析请求发送给本地域名服务器,本地域名服务器中由于不存在名字为 WWW. 3COM. COM、类型为 A 的资源记录,首先寻找名字为 3COM. COM、类型为 NS 的资源记录,这种资源记录用于给出负责 3COM. COM 域内域名解析的域名服务器,在不存在这样的资源记录的情况下,寻找名字为 COM、类型为 NS 的资源记录,确定负责 COM 域内域名解析的域名服务器的完全合格域名 DNS. ROOT 后,在本地域名服务器中寻找名字为 DNS. ROOT、类型为 A 的资源记录,得到完全合格域名为 DNS. ROOT 的根域名服务器的 IP 地址 192.1.3.7,向根域名服务器发送解析请求。同

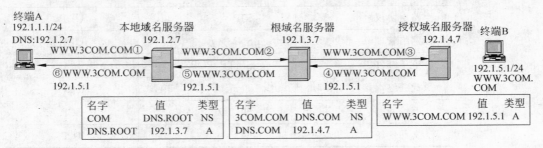

图 9.1　域名服务器结构和递归解析过程

样,根域名服务器根据名字为 3COM. COM、值为 DNS. COM、类型为 NS 的资源记录和
名字为 DNS. COM、值为 192.1.4.7、类型为 A 的资源记录,向授权域名服务器发送解析
请求,由于授权域名服务器中存在名字为 WWW. 3COM. COM、值为 192.1.5.1、类型为
A 的资源记录,授权域名服务器向根域名服务器发送解析结果,根域名服务器向本地域
名服务器发送解析结果,最后由本地域名服务器向终端 A 发送解析结果:完全合格域名
WWW. 3COM. COM 对应的 IP 地址是 192.1.5.1。

3. 域名系统性能优化

为了提供域名解析速度,终端中缓存域名与 IP 地址的绑定,本地域名服务器和根域
名服务器也缓存完成解析的域名与 IP 地址的绑定,图 9.1 中的终端 A 完成域名 WWW.
3COM. COM 的解析后,终端 A、本地域名服务器和根域名服务器都缓存域名 WWW.
3COM. COM 与 IP 地址 192.1.5.1 的绑定,一旦其他终端需要本地域名服务器解析域名
WWW. 3COM. COM,本地域名服务器可以立即返回解析结果,同样,如果其他域名服务
器需要根域名服务器解析域名 WWW. 3COM. COM,根域名服务器也可以立即返回解析
结果。

9.1.3　DHCP 中继功能

为了使多个 VLAN 能够共享 DHCP 服务器,采用 DHCP 中继功能。中继功能要求
路由器在每一个连接 VLAN 的接口配置中继地址,中继地址给出共享的 DHCP 服务器
的 IP 地址。如图 9.2 所示,由于需要共享 IP 地址为 192.1.3.7 和 192.1.4.7 的 DHCP
服务器,需要在路由器连接 VLAN 2 的接口配置中继地址 192.1.3.7 和 192.1.4.7。当
路由器接收到目的地址为广播地址的 DHCP 发现和请求报文,将其转换为源 IP 地址为
接收 DHCP 发现和请求报文的接口的 IP 地址,目的地址为某个中继地址的单播 IP 分
组,如果该接口配置了多个中继地址,则需要为每一个中继地址生成一个单播 IP 分组。
DHCP 服务器回送的 DHCP 提供和确认报文是目的地址为接收 DHCP 发现和请求报文
的接口的 IP 地址的单播 IP 分组,如果终端需要以广播方式回送 DHCP 提供和确认报
文,就在发送的 DHCP 发现和请求报文中置位广播位,DHCP 服务器发送的 DHCP 提供
和确认报文复制该广播位,当路由器接口接收到广播位置位的 DHCP 提供和确认报文,
在该接口连接的 VLAN 中以广播方式传输 DHCP 提供和确认报文;否则,以 DHCP 提供
和确认报文包含的终端的 MAC 地址为目的地址构建单播 MAC 帧,以单播方式传输

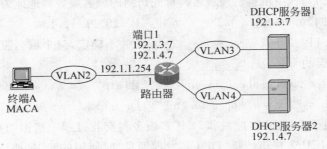

图 9.2　网络结构及 DHCP 中继过程

DHCP 提供和确认报文。

9.2 例题解析

9.2.1 自测题

1. 选择题

(1) 下面哪一组协议属于应用层协议？_____。
    A. IP、TCP 和 UDP
    B. ARP、IP 和 UDP
    C. FTP、SMTP 和 Telnet
    D. ICMP、RARP 和 ARP

(2) 下列哪一组应用层协议全部使用 TCP？_____。
    A. DNS、DHCP 和 FTP
    B. Telnet、SMTP 和 HTTP
    C. DHCP、SMTP 和 Telnet
    D. SMTP、FTP 和 DHCP

(3) DNS 的作用是_____。
    A. 域名至 IP 地址转换
    B. IP 地址至物理地址转换
    C. 物理地址至 IP 地址转换
    D. IP 地址至域名转换

(4) 使用匿名 FTP 服务时，用户登录时常常用_____作为用户名。
    A. anonymous
    B. 主机 IP 地址
    C. 用户的 E-MAIL 地址
    D. 匿名服务器的 IP 地址

(5) 访问网站时，浏览器和 WWW 服务器之间用于传输网页的协议是_____。
    A. SMTP
    B. HTTP
    C. FTP
    D. Telnet

(6) WWW 中的任何资源都有独立的标识符，这些标识符通称为_____。
    A. IP 地址
    B. 域名
    C. 统一资源定位器
    D. WWW 地址

(7) 下列哪一个域名的书写方式是正确的？_____。
    A. abc→com→cn
    B. abc. com. cn
    C. abc_com_cn
    D. abc-com-cn

(8) 一台主机希望解析域名 www. abc. com. cn，如果该主机配置的域名服务器地址为 202.120.66.88，根域名服务器地址为 10.11.12.13，www. abc. com. cn 的授权域名服务器地址为 202.113.33.77，该主机解析该域名时首先访问的域名服务器地址为_____。
    A. 202.120.66.88，
    B. 10.11.12.13
    C. 202.113.33.77
    D. 不确定，三个域名服务器任选一个

(9) 以下错误的 URL 是_____。
    A. http:// www. abc. com. cn
    B. ftp:// www. abc. com. cn
    C. gopher:// www. abc. com. cn
    D. unix:// www. abc. com. cn

(10) 下列关于 DHCP 客户机和 DHCP 服务器交互过程中错误的是_____。
    A. DHCP 客户机广播"DHCP 发现消息"时使用的源 IP 地址是 127.0.0.1
    B. DHCP 服务器收到"DHCP 发现消息"后，向网络广播"DHCP 提供消息"

  C. DHCP 客户机收到"DHCP 提供消息"后,向 DHCP 服务器发送"DHCP 请求消息"

  D. DHCP 服务器收到"DHCP 请求消息"后,向网络广播"DHCP 确认消息"

  (11) 一台主机用浏览器无法访问到域名为 www. pku. edu. cn 的 WWW 服务器,并且在这台主机上执行 ping 命令时有如下信息。

```
C:\>ping www.pku.edu.cn
ping www.pku.edu.cn[162.105.131.113] with 32 bytes of data:
Request timed out.
Request timed out.
Request timed out.
Request timed out.
Ping statistics for 162.105.131.113
Packets:Sent=4,Received=0,Lost=4(100%loss)
```

  分析以上信息,可以排除的故障原因是_____。

  A. 网络链路出现故障

  B. 主机浏览器工作不正常

  C. 服务器 www. pku. edu. cn 工作不正常

  D. 主机设置的 DNS 服务器工作不正常

  (12) 一台主机用浏览器无法访问到域名为 www. pku. edu. cn 的 WWW 服务器,并且在这台主机上执行 tracert 命令时有如下信息,可能的原因是_____。

```
Tracing route to www.pku.edu.cn[72.5.124.61]
Over maximum of 30 hops
1<1ms<1ms<1ms 202.113.64.129
2 202.113.64.129 reports:Destination net unreachable
trace complete
```

  A. 主机 IP 地址设置有误

  B. 相关路由器上设置了访问控制

  C. 服务器 www. pku. edu. cn 工作不正常

  D. 主机设置的 DNS 服务器工作不正常

2. 填空题

  (1) 用户提出服务请求,服务器执行用户请求,并将执行结果回送给用户的工作模式称为_____。

  (2) 邮件服务器之间传输邮件时使用的协议是_____,用户从邮件服务器接收邮件时使用的协议是_____,用户向邮件服务器发送邮件时使用的协议是_____。

  (3) DNS 解析域名的方式有_____和_____。

  (4) 用户从文件服务器下载文件时需要建立_____个 TCP 连接,它们分别称为_____和_____,建立 TCP 连接时服务器端使用的端口号分别是_____和_____。

（5）每一台主机可以有三个唯一的标识符，分别是＿＿＿＿＿、＿＿＿＿＿和＿＿＿＿＿。

3．名词解释

＿＿＿＿＿	SMTP	＿＿＿＿＿	POP3
＿＿＿＿＿	DHCP	＿＿＿＿＿	Telnet
＿＿＿＿＿	FTP	＿＿＿＿＿	HTTP
＿＿＿＿＿	迭代解析	＿＿＿＿＿	递归解析
＿＿＿＿＿	HTML	＿＿＿＿＿	DNS
＿＿＿＿＿	客户/服务器模式	＿＿＿＿＿	URL
＿＿＿＿＿	超文本	＿＿＿＿＿	超媒体

（a）文件传输协议，用于实现客户和文件服务器之间文件传输的一种协议。

（b）超文本传输协议，用于实现浏览器和 Web 服务器之间网页传输的一种协议。

（c）简单邮件传输协议，用于实现客户向邮件服务器发送邮件，或是邮件服务器之间传输邮件的一种协议。

（d）邮局协议，用于实现客户从邮件服务器接收邮件的一种协议。

（e）域名系统，用于实现将域名解析为 IP 地址功能的系统。

（f）动态主机配置协议，用于实现自动配置主机网络信息的一种协议。

（g）远程登录协议，用于实现客户远程登录主机的一种协议。

（h）一种将资源集中于服务器，客户为了获得资源，需要向服务器发送请求，由服务器根据请求，向客户提供资源的服务模式。

（i）统一资源定位器，用于唯一标识存储在 Web 服务器中的资源。

（j）一种域名解析方式，由本地域名服务器反复向其他域名服务器发送解析域名请求，直到某个域名服务器回送域名对应的 IP 地址。

（k）一种域名解析方式，由本地域名服务器向根域名服务器发送解析域名请求，每一个域名服务器向它的下一级域名服务器发送解析域名请求，直到某个域名服务器解析出域名对应的 IP 地址，然后在沿着解析域名请求相反的方向传送域名解析结果。

（l）超文本标记语言，用于统一设置 Web 页面格式。

（m）一种文本组织方式，多种文本信息源通过链接集成在一起，用户可以通过链接很方便地访问其他信息源。

（n）一种集成了多种媒体的信息组织方式，多种不同媒体的信息源通过链接集成在一起，用户可以通过链接很方便地访问其他信息源。

9.2.2 自测题答案

1．选择题答案

（1）C，FTP、SMTP 和 Telnet 都是应用层协议。

（2）B，Telnet、SMTP 和 HTTP 都使用 TCP。

（3）A，DNS 是一个实现将域名转换成对应的 IP 地址的系统。

（4）A，anonymous 是登录匿名服务器时的用户名。

（5）B，浏览器访问 WWW 服务器使用 HTTP。

（6）C，WWW 中用统一资源定位器标识资源。

（7）B，域名之间用点隔开。

（8）A，首先访问主机网络信息中配置的域名服务器（称为本地域名服务器）。

（9）D，URL 中的访问方式必须是浏览器支持的应用层协议。

（10）A，使用的源 IP 地址是 0.0.0.0。

（11）D，已经完成域名解析过程。

（12）B，IP 分组已经到达默认网关，但默认网关找不到通往目的终端的传输路径，问题出在默认网关上。

2. 填空题答案

（1）客户/服务器模式

（2）SMTP，POP3，SMTP

（3）迭代解析，递归解析

（4）2，控制连接，数据传输连接，21，20

（5）域名，IP 地址，物理地址

3. 名词解释答案

c	SMTP	d	POP3
f	DHCP	g	Telnet
a	FTP	b	HTTP
j	迭代解析	k	递归解析
l	HTML	e	DNS
h	客户/服务器模式	i	URL
m	超文本	n	超媒体

9.2.3 综合题解析

（1）下面列出两台主机之间传输邮件过程中的对话，请根据对话回答问题。

A：220 beta. gov simple mail transfer service ready

B：hello alpha. edu

A：250 beta. gov

B：MAIL FROM：<smith@ alpha. edu>

A：250 mail accepted

B：RCPT TO：<jones@ beta. gov>

A：250 recipient accepted

B：RCPT TO：<green@ beta. gov>

A：550 no such user here

B：RCPT TO：<brown@ beta. gov>

A：250 recipient accepted

B：DATA

A：354 start mail input；end with <CR><LF>. <CR><LF>

B：Date：thur 27 june 2003 13：26：31 BJ

B：From：＜smith@ alpha. edu＞

B：…

B：…

A：250 OK

B：QUIT

A：221 beta. gov service closing transmission channel

问题

① 两台主机的性质？

② 发送方主机的域名是什么？发送用户的用户名是什么？

③ 接收方主机的域名是什么？

④ 邮件发送给哪些用户？哪些用户能够接收邮件？

⑤ 主机之间采用的应用层协议是什么？传输层协议是什么？

【解析】　① 从 B 主机可以立即确定是否存在接收用户，可以确定 B 主机是接收邮件服务器，这是发送邮件服务器和接收邮件服务器之间的对话。

② 发送邮件服务器的域名是 alpha. edu，用户名是 smith，可以通过 FROM 字段值获得。

③ 接收邮件服务器的域名是 beta. gov，从成功建立 TCP 连接后 B 主机返回的就绪信息或是 A 主机给出的接收用户信箱地址可以得出。

④ 分别发送给用户名为 jones、green 和 brown 的三个用户，其中用户名为 jones 和 brown 的用户能够接收邮件。

⑤ 主机之间采用的应用层协议是 SMTP，传输层协议是 TCP。

（2）某个客户机捕获了如表 9.2 所示的 6 个报文，并对第 5 个报文进行了解析，请分析相关信息，并回答下列问题。

表 9.2　捕获的报文

编号	源 IP 地址	目的 IP 地址	报 文 摘 要
1	192. 168. 1. 1	192. 168. 1. 36	DHCP：Request，Type：DHCP release
2	0. 0. 0. 0	255. 255. 255. 255	DHCP：Request，Type：DHCP discover
3	192. 168. 1. 36	255. 255. 255. 255	DHCP：Request，Type：DHCP offer
4	0. 0. 0. 0	255. 255. 255. 255	DHCP：Request，Type：DHCP request
5	**192. 168. 1. 36**	**255. 255. 255. 255**	**DHCP：Request，Type：DHCP ack**
6	192. 168. 1. 1	192. 168. 1. 47	WINS：C ID＝33026 op＝register，name＝xp

DHCP：Boot record type	＝2[Reply]
DHCP：Client self-assigned address	＝[0. 0. 0. 0]
DHCP：Client address	＝[192. 168. 1. 1]
DHCP：Relay Agent	＝[0. 0. 0. 0]
DHCP：Client hardware address	＝000F1F52EFF6
DHCP：Message Type	＝5(DHCP Ack)
DHCP：Subnet mask	＝255. 255. 255. 0
DHCP：Gateway address	＝[192. 168. 1. 100]
DHCP：Domain Name Server address	＝[202. 106. 46. 151]

① 客户机获得的 IP 地址是什么？

② DHCP 服务器中设置的 DNS 服务器地址是什么？路由器地址是什么？

③ 若给客户机固定分配 IP 地址，则新建保留时输入的 MAC 地址是什么？

④ DHCP 服务器的 IP 地址是什么？

【解析】 表 9.2 中的第 5 个报文是 DHCP 服务器发送的确认报文，

① 可以根据 Client address＝[192.168.1.1]得知客户机获得的 IP 地址是 192.168.1.1。

② 可以根据 Domain Name Server address＝[202.106.46.151]得知 DNS 服务器地址是 202.106.46.151。Gateway address＝[192.168.1.100]得知路由器地址是 192.168.1.100。

③ 可以根据 Client hardware address＝000F1F52EFF6 得知客户机 MAC 地址是 000F1F52EFF6。

④ 可以根据第五个报文的源 IP 地址 192.168.1.36 得知 DHCP 服务器的 IP 地址是 192.168.1.36。

（3）网络结构和服务器配置如图 9.3 所示，给出终端 A 从加电到用域名 www.baidu.com 访问 Web 服务器所涉及的应用层协议及应用层协议所使用的传输层协议。

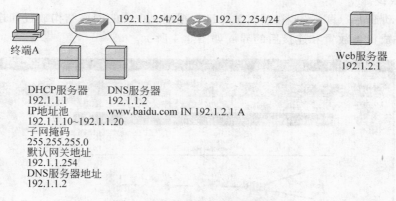

图 9.3　网络结构与服务器配置

【解析】 ① 终端 A 加电后，采用自动获得 IP 地址方式，通过应用层协议 DHCP 从 DHCP 服务器获得 IP 地址和子网掩码为 192.1.1.10/24，默认网关地址为 192.1.1.254，DNS 服务器地址：192.1.1.2。DHCP 用 UDP 作为传输层协议。

② 当用户在浏览器地址栏输入为 http://www.baidu.com，终端 A 向本地域名服务器发出域名解析请求，请求将域名 www.baidu.com 转换成对应的 IP 地址，由于本地域名服务器包含名字为 www.baidu.com、类型为 A 的资源记录，向终端 A 返回域名 www.baidu.com 对应的 IP 地址 192.1.2.1。终端 A 完成域名解析使用的应用层协议是 DNS，传输层协议是 UDP。

③ 终端 A 首先与 IP 地址为 192.1.2.1 的 Web 服务器建立 TCP 连接，然后通过应用层协议 HTTP 完成对 web 服务器的访问过程。

9.3 实 验

9.3.1 简单应用服务器配置实验

1. 实验内容

(1) 配置 DHCP 服务器。

(2) 配置 DNS 服务器。

(3) 验证用域名访问 Web 服务器过程。

2. 网络结构

网络结构见图 9.3,用路由器互连两个以太网,在一个以太网中设置终端、DHCP 服务器和 DNS 服务器,另一个以太网中设置 Web 服务器,在 DHCP 服务器中配置 IP 地址池 192.1.1.10～192.1.1.30,子网掩码 255.255.255.0,默认网关地址 192.1.1.254,该默认网关地址就是路由器连接该以太网接口的 IP 地址,DNS 服务器地址 192.1.1.2。在 DNS 服务器中配置名字为完全合格域名 www.baidu.com、类型为 A、值为 IP 地址 192.1.2.1 的资源记录。

3. 实验步骤

(1) 启动 Packet Tracer,在逻辑工作区根据图 9.3 中的网络结构放置和连接设备,逻辑工作区完成设备放置和连接后的界面如图 9.4 所示。

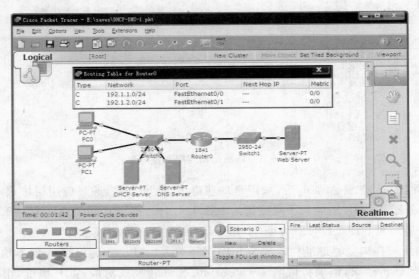

图 9.4 放置和连接设备后的逻辑工作区界面及路由表

(2) 对路由器 Router0 FastEthernet0/0 接口配置 IP 地址和子网掩码 192.1.1.254/24,FastEthernet0/1 接口配置 IP 地址和子网掩码 192.1.2.254/24。路由器完成接口配置后生成的路由表见图 9.4。对每一个服务器分别配置 IP 地址和子网掩码,其中 DHCP Server 的 IP 地址和子网掩码为 192.1.1.1/24,DNS Server 的 IP 地址和子网掩码为

192.1.1.2/24，Web Server 的 IP 地址和子网掩码为 192.1.2.1/24，同时配置对应的默认网关地址。

（3）配置 DHCP Server，地址池为 192.1.1.10～192.1.1.30，子网掩码为 255.255.255.0，默认网关地址为192.1.1.254，DNS 服务器地址为 192.1.1.2。配置界面如图 9.5 所示。

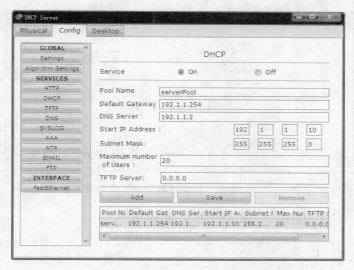

图 9.5 DHCP Server 配置界面

（4）配置 DNS Server，增加名字为 www.baidu.com、类型为 A、值为 Web Server 的 IP 地址 192.1.2.1 的资源记录。配置界面如图 9.6 所示。

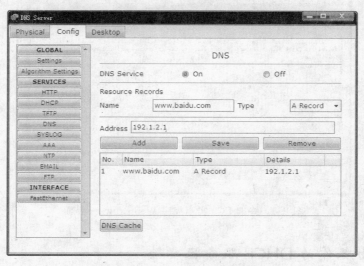

图 9.6 DNS Server 配置界面

（5）启动终端 PC0 的配置界面，在 IP Configuration 选项组中选择 DHCP 单选按钮，终端 PC0 自动获得网络配置信息，包括 IP 地址、子网掩码、默认网关地址和 DNS 服务器地址。终端配置界面如图 9.7 所示。

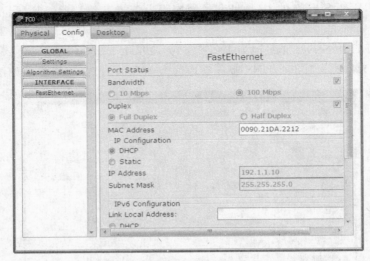

图 9.7 终端 PC0 自动获取网络配置信息界面

（6）启动终端 PC0 桌面菜单下的实用程序 Web browser，在地址栏中输入：http://www.baidu.com，显示 Web Server 的主页，表示用完全合格域名 www.baidu.com 访问到 IP 地址为 192.1.2.1 的 Web Server 的主页。实用程序 Web browser 界面如图 9.8 所示。

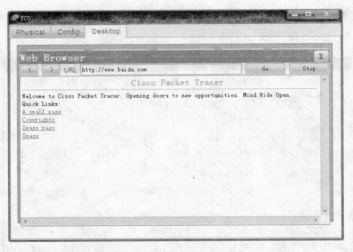

图 9.8 终端 PC0 实用程序 Web Browser 界面

9.3.2 路由器作为 DHCP 服务器实验

1. 实验内容

（1）路由器 DHCP 服务器配置过程。

（2）验证路由器匹配 DHCP 地址池原理。

（3）验证终端自动获取网络配置信息过程。

2. 网络结构

如图 9.9 所示,路由器物理接口 1 分成两个逻辑接口,分别连接 VLAN 2 和 VLAN 3,物理接口 2 连接一个以太网,每一接口(包括逻辑接口)分配 IP 地址和子网掩码,为接口分配的 IP 地址和子网掩码也确定了该接口连接的网络(或是 VLAN)的网络地址。路由器需要为每一个网络(包括 VLAN)配置 DHCP IP 地址池,当路由器接收到 DHCP 发现和请求报文,如果发送该 DHCP 发现和请求报文的终端位于路由器直接连接的网络中,DHCP 发现和请求报文中不包含默认网关地址,路由器根据接收 DHCP 发现和请求报文的接口的 IP 地址和子网掩码与配置 DHCP IP 地址池时为每一个 DHCP IP 地址池配置的网络地址确定用于为发送该 DHCP 发现和请求报文的终端分配 IP 地址的 DHCP IP 地址池。如果该 DHCP 发现和请求报文经过其他路由器中继,根据该 DHCP 发现和请求报文携带的默认网关地址和为每一个 DHCP IP 地址池配置的默认网关地址确定用于为发送该 DHCP 发现和请求报文的终端分配 IP 地址的 DHCP IP 地址池。

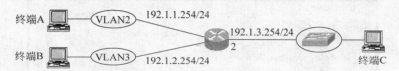

图 9.9　路由器作为 DHCP 服务器的网络结构

3. 实验步骤

(1) 启动 Packet Tracer,在逻辑工作区根据图 9.9 中的网络结构放置和连接设备,逻辑工作区完成设备放置和连接后的界面如图 9.10 所示。

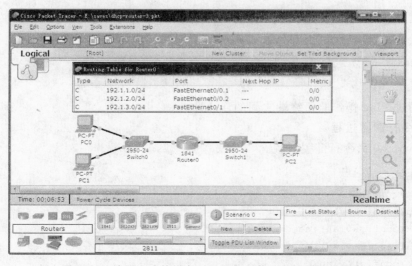

图 9.10　放置和连接设备后的逻辑工作区界面及路由表

(2) 在交换机 Switch0 中定义 VLAN 2 和 VLAN 3,将端口 FastEthernet0/1 作为非标记端口(Access 端口)分配给 VLAN 2,将端口 FastEthernet0/2 作为非标记端口(Access 端口)分配给 VLAN 3,将和路由器 Router0 连接的端口 FastEthernet0/3 作为

被 VLAN 2 和 VLAN 3 共享的标记端口(Trunk 端口)。

(3) 用命令行配置过程将路由器 Router0 的物理接口 FastEthernet0/0 定义为两个逻辑接口,分别和 VLAN 2 和 VLAN 3 绑定,同时分别为这两个逻辑接口分配 IP 地址和子网掩码 192.1.1.254/24 和 192.1.2.254/24。为路由器 Router0 的物理接口 FastEthernet0/1 分配 IP 地址和子网掩码 192.1.3.254/24。路由器完成接口配置后生成的路由表见图 9.10。

(4) 用命令行配置过程在路由器 Router0 配置三个 DHCP IP 地址池,分别对应 VLAN 2、VLAN 3 和物理接口 FastEthernet0/1 连接的以太网。

(5) 启动终端 PC0 的配置界面,在 IP Configuration 选项组中选择 DHCP 单选按钮,终端 PC0 自动获得网络配置信息,包括 IP 地址、子网掩码、默认网关地址和 DNS 服务器地址。终端配置界面如图 9.11 所示。

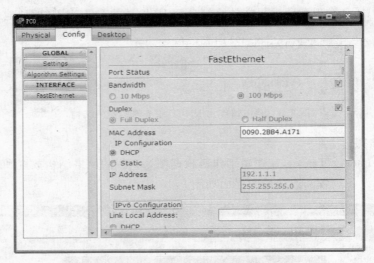

图 9.11 PC0 自动获取网络配置信息界面

(6) 通过 Ping 操作验证终端之间的连通性。

4. 命令行配置过程

(1) Switch0 命令行配置过程。

```
Switch>enable
Switch#configure terminal
Switch(config)#vlan 2
Switch(config-vlan)#name vlan2
Switch(config-vlan)#exit
Switch(config)#vlan 3
Switch(config-vlan)#name vlan3
Switch(config-vlan)#exit
Switch(config)#interface FastEthernet0/1
Switch(config-if)#switchport access vlan 2
Switch(config-if)#exit
```

```
Switch(config)#interface FastEthernet0/2
Switch(config-if)#switchport access vlan 3
Switch(config-if)#exit
Switch(config)#interface FastEthernet0/3
Switch(config-if)#switchport mode trunk
Switch(config-if)#switchport trunk allowed vlan 2,3
Switch(config-if)#exit
```

（2）Router0 命令行配置过程。

```
Router>enable
Router#configure terminal
Router(config)#interface FastEthernet0/0
Router(config-if)#no shutdown
Router(config-if)#exit
Router(config)#interface FastEthernet0/1
Router(config-if)#no shutdown
Router(config-if)#ip address 192.1.3.254 255.255.255.0
Router(config-if)#exit
Router(config)#interface FastEthernet0/0.1
```
;进入逻辑接口 FastEthernet0/0.1 配置模式,逻辑接口 FastEthernet0/0.1 是划分物理
接口 FastEthernet0/0 后产生的子接口。一个物理接口可以划分为多个逻辑接口,这些逻
辑接口有着相同的物理接口标识符,如 FastEthernet0/0
```
Router(config-subif)#encapsulation dot1q 2
```
;将该逻辑接口与编号为 2 的 VLAN 关联,其效果等同于用该逻辑接口连接编号为 2 的 VLAN
```
Router(config-subif)#ip address 192.1.1.254 255.255.255.0
```
;为该逻辑接口分配 IP 地址和子网掩码,以此确定该逻辑接口关联的 VLAN 的网络地址和连
接在该 VLAN 上的终端的默认网关地址
```
Router(config-subif)#exit
Router(config)#interface FastEthernet0/0.2
Router(config-subif)#encapsulation dot1q 3
Router(config-subif)#ip address 192.1.2.254 255.255.255.0
```
;为和 VLAN 3 关联的逻辑接口分配 IP 地址和子网掩码
```
Router(config-subif)#exit
Router(config)#ip dhcp pool vlan2
```
;定义 DHCP IP 地址池,取名为 vlan2。同时进入 DHCP IP 地址池配置过程
```
Router(dhcp-config)#network 192.1.1.0 255.255.255.0
```
;定义 DHCP IP 地址池的网络地址,它是 VLAN 2 对应的网络地址
```
Router(dhcp-config)#default-router 192.1.1.254
```
;定义默认网关地址,它是路由器连接 VLAN 2 的逻辑接口的 IP 地址
```
Router(dhcp-config)#dns-server 192.1.1.253
```
;定义 DNS 服务器地址,这里没有配置 DNS 服务器,该地址是假设的
```
Router(dhcp-config)#exit              ;退出 DHCP IP 地址池配置过程
Router(config)#ip dhcp pool vlan3     ;定义 DHCP IP 地址池,取名为 vlan3
Router(dhcp-config)#network 192.1.2.0 255.255.255.0
```

　　　　　　　　　　;定义 DHCP IP 地址池的网络地址,它是 VLAN 3 对应的网络地址
Router(dhcp-config)#default-router 192.1.2.254
　　　　　　　　　　;定义默认网关地址,它是路由器连接 VLAN 3 的逻辑接口的 IP 地址
Router(dhcp-config)#dns-server 192.1.1.253
　　　　　　　　　　;定义 DNS 服务器地址,这里没有配置 DNS 服务器,该地址是假设的
Router(dhcp-config)#exit
Router(config)#ip dhcp pool a1　　　　　　;定义 DHCP IP 地址池,取名为 a1
Router(dhcp-config)#network 192.1.3.0 255.255.255.0
　　;定义 DHCP IP 地址池的网络地址,它是物理接口 FastEthernet0/1 连接的以太网对应的网
　　络地址
Router(dhcp-config)#default-router 192.1.3.254
　　　　　　　　　　;定义默认网关地址,它是路由器物理接口 FastEthernet0/1 的 IP 地址
Router(dhcp-config)#dns-server 192.1.1.253
　　　　　　　　　　;定义 DNS 服务器地址,这里没有配置 DNS 服务器,该地址是假设的
Router(dhcp-config)#exit
Router(config)#ip dhcp excluded-address 192.1.1.200 192.1.1.254
　　;在可分配的 IP 地址池中剔除 192.1.1.200~192.1.1.254,因为这些地址可能固定分配给
　　路由器接口和一些应用服务器
Router(config)#ip dhcp excluded-address 192.1.2.200 192.1.2.254
　　　　　　　　　　;在可分配的 IP 地址池中剔除 192.1.2.200~192.1.2.254
Router(config)#ip dhcp excluded-address 192.1.3.200 192.1.3.254
　　　　　　　　　　;在可分配的 IP 地址池中剔除 192.1.3.200~192.1.3.254

9.3.3　DHCP 中继实验

1. 实验内容

(1) 配置路由器中继地址。

(2) 验证 DHCP 中继过程。

(3) 配置 DHCP 服务器。

(4) 验证终端自动获取网络配置信息过程。

2. 网络结构

　　网络结构如图 9.12 所示,将路由器物理接口 1 定义为三个逻辑接口,分别连接 VLAN 2、VLAN 3 和 VLAN 4,将路由器物理接口 2 定义为两个逻辑接口,分别对应

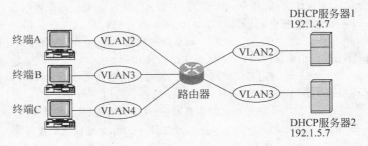

图 9.12　实现 DHCP 中继的网络结构

VLAN 2 和 VLAN 3,值得强调的是,路由器不同物理接口连接的 VLAN 是没有关联的,物理接口 1 连接的 VLAN 2 和物理接口 2 连接的 VLAN 2 是独立的,这两个 VLAN 必须分配不同的网络地址。这是路由器不同于三层交换机的地方,路由器不允许存在跨物理接口的 VLAN。

将两个不同的 DHCP 服务器分别接入物理接口 2 连接的 VLAN 2 和 VLAN 3,分别在这两个 DHCP 服务器上定义针对物理接口 1 连接的 VLAN 2、VLAN 3 和 VLAN 4 的 DHCP IP 地址池,不同 DHCP 服务器针对每一个 VLAN 定义的 IP 地址范围要求不同。必须在物理接口 1 定义的三个逻辑接口上配置 IP 地址和子网掩码,一方面确定了该逻辑接口连接的 VLAN 的网络地址;另一方面也确定了连接在该 VLAN 上终端的默认网关地址。除此之外,还需在物理接口 1 定义的三个逻辑接口上配置中继地址 192.1.4.7 和 192.1.5.7,分别是两个 DHCP 服务器的 IP 地址。当 DHCP 服务器接收到 DHCP 发现和请求报文时,根据 DHCP 发现和请求报文中携带的默认网关地址匹配对应的 DHCP IP 地址池。当 DHCP 服务器接收到 DHCP 请求报文时,根据请求报文携带的服务器标识符确定自己是否是终端请求服务的 DHCP 服务器;如果不是,且为该终端预分配了 IP 地址,并暂时冻结了该 IP 地址,取消该 IP 地址的冻结状态。

3. 实验步骤

(1) 启动 Packet Tracer,在逻辑工作区根据图 9.12 中的网络结构放置和连接设备,逻辑工作区完成设备放置和连接后的界面如图 9.13 所示。

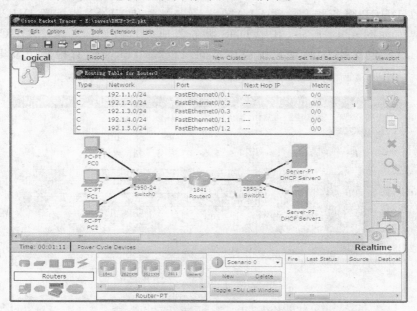

图 9.13 放置和连接设备后的逻辑工作区界面及路由表

(2) 在交换机 Switch0 上定义 VLAN 2、VLAN 3 和 VLAN 4,将交换机端口 FastEthernet0/1 作为非标记端口(Access 端口)分配给 VLAN 2,将交换机端口 FastEthernet0/2 作为非标记端口(Access 端口)分配给 VLAN 3,将交换机端口

FastEthernet0/3 作为非标记端口（access 端口）分配给 VLAN 4，将交换机端口 FastEthernet0/4 定义为被 VLAN 2、VLAN 3 和 VLAN 4 共享的标记端口（Trunk 端口）。

（3）在交换机 Switch1 上定义 VLAN 2 和 VLAN 3，将交换机端口 FastEthernet0/1 作为非标记端口（Access 端口）分配给 VLAN 2，将交换机端口 FastEthernet0/2 作为非标记端口（access 端口）分配给 VLAN 3，将交换机端口 FastEthernet0/3 定义为被 VLAN 2 和 VLAN 3 共享的标记端口（Trunk 端口）。

（4）通过命令行配置过程，将路由器 Router0 物理接口 FastEthernet0/0 定义为三个逻辑接口，分别连接 VLAN 2、VLAN 3 和 VLAN 4，同时分别在每一个逻辑接口上配置 IP 地址和子网掩码 192.1.1.254/24、192.1.2.254/24 和 192.1.3.254/24，配置中继地址 192.1.4.7 和 192.1.5.7。

（5）通过命令行配置过程，将路由器 Router0 物理接口 FastEthernet0/1 定义为两个逻辑接口，分别连接 VLAN 2 和 VLAN 3，同时分别在每一个逻辑接口上配置 IP 地址和子网掩码 192.1.4.254/24 和 192.1.5.254/24，路由器完成逻辑接口配置后生成的路由表见图 9.13。将连接在交换机端口 FastEthernet0/1 上的 DHCP 服务器的 IP 地址、子网掩码和默认网关地址设置为 192.1.4.7/24 和 192.1.4.254，将连接在交换机端口 FastEthernet0/2 上的 DHCP 服务器的 IP 地址、子网掩码和默认网关地址设置为 192.1.5.7/24 和 192.1.5.254。

（6）在 DHCP 服务器上针对 VLAN 2、VLAN 3 和 VLAN 4 配置 DHCP IP 地址池，配置界面如图 9.14 所示，其中 DNS 服务器地址是假设的。两个 DHCP 服务器为三个 VLAN 定义的 IP 地址范围应该不同（Packet Tracer 没有检测重复 IP 地址的功能）。

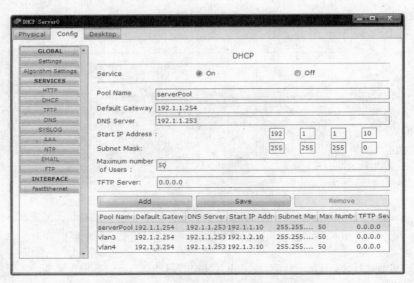

图 9.14 配置 DHCP 服务器界面

（7）启动终端 PC0 的配置界面，在 IP Configuration 选项组中选择 DHCP 单选按钮，终端 PC0 自动获得网络配置信息，包括 IP 地址、子网掩码、默认网关地址和 DNS 服务器地址。终端配置界面如图 9.15 所示。

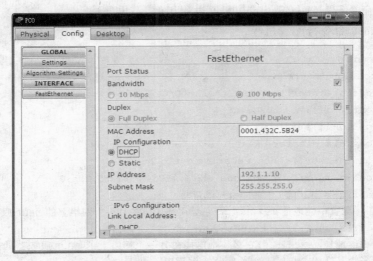

图 9.15　PC0 自动获取网络配置信息界面

4. 命令行配置过程

（1）Switch0 命令行配置过程。

```
Switch>enable
Switch#configure terminal
Switch(config)#vlan 2
Switch(config-vlan)#name vlan2
Switch(config-vlan)#exit
Switch(config)#vlan 3
Switch(config-vlan)#name vlan3
Switch(config-vlan)#exit
Switch(config)#vlan 4
Switch(config-vlan)#name vlan4
Switch(config-vlan)#exit
Switch(config)#interface FastEthernet0/1
Switch(config-if)#switchport access vlan 2
Switch(config-if)#exit
Switch(config)#interface FastEthernet0/2
Switch(config-if)#switchport access vlan 3
Switch(config-if)#exit
Switch(config)#interface FastEthernet0/3
Switch(config-if)#switchport access vlan 4
Switch(config-if)#exit
Switch(config)#interface FastEthernet0/4
```

```
Switch(config-if)#switchport mode trunk
Switch(config-if)#switchport trunk allowed vlan 2,3,4
Switch(config-if)#exit
```

Switch1 命令行配置与 Switch0 配置过程相似,不再赘述。

(2) Router0 命令行配置过程。

```
Router>enable
Router#configure terminal
Router(config)#interface FastEthernet0/0
Router(config-if)#no shutdown
Router(config-if)#exit
Router(config)#interface FastEthernet 0/0.1
Router(config-subif)#encapsulation dot1q 2
Router(config-subif)#ip address 192.1.1.254 255.255.255.0
Router(config-subif)#ip helper-address 192.1.4.7
            ;配置中继地址 192.1.4.7,它必须是连接在另一个网络上的 DHCP 服务器的 IP 地址
Router(config-subif)#ip helper-address 192.1.5.7
        ;配置中继地址 192.1.5.7,它必须是连接在另一个网络上的 DHCP 服务器的 IP 地址。如果
        存在多个这样的 DHCP 服务器,需逐个配置中继地址
Router(config-subif)#exit
Router(config)#interface FastEthernet0/0.2
Router(config-subif)#encapsulation dot1q 3
Router(config-subif)#ip address 192.1.2.254 255.255.255.0
Router(config-subif)#ip helper-address 192.1.4.7
            ;需要为每一个逻辑接口单独配置中继地址
Router(config-subif)#ip helper-address 192.1.5.7
Router(config-subif)#exit
Router(config)#interface FastEthernet0/0.3
Router(config-subif)#encapsulation dot1q 4
Router(config-subif)#ip address 192.1.3.254 255.255.255.0
Router(config-subif)#ip helper-address 192.1.4.7
            ;需要为每一个逻辑接口单独配置中继地址
Router(config-subif)#ip helper-address 192.1.5.7
Router(config-subif)#exit
Router(config)#interface FastEthernet0/1
Router(config-if)#no shutdown
Router(config-if)#exit
Router(config)#interface FastEthernet0/1.1
Router(config-subif)#encapsulation dot1q 2
Router(config-subif)#ip address 192.1.4.254 255.255.255.0
Router(config-subif)#exit
Router(config)#interface FastEthernet0/1.2
Router(config-subif)#encapsulation dot1q 3
Router(config-subif)#ip address 192.1.5.254 255.255.255.0
Router(config-subif)#exit
```

9.3.4 多层域名服务器实验

1. 实验内容

(1) 配置多层域名服务器。

(2) 验证多层 DNS 的域名解析过程。

(3) 验证递归解析过程。

2. 网络结构

网络结构和域名服务器配置如图 9.16 所示,根据其中域名服务器配置,允许终端 A 用完全合格域名 www.3com.com 访问 IP 地址为 192.1.4.1 的 Web 服务器。终端 A 配置的网络信息中给出本地域名服务器的 IP 地址 192.1.1.7,本地域名服务器中给出实现 com 域内域名至 IP 地址转换的域名服务器地址,它首先通过名字为 com、类型为 NS、值为完全合格域名 dns.root 的资源记录将完成 com 域内域名至 IP 地址转换的功能与完全合格域名为 dns.root 的域名服务器绑定在一起。然后通过名字为 dns.root、类型为 A、值为 IP 地址 192.1.2.7 的资源记录给出该域名服务器的 IP 地址,使得本地域名服务器可以把请求将顶级域名为 com 的完全合格域名转换成对应的 IP 地址的解析请求转发给该域名服务器。同样,在完全合格域名为 dns.root 的域名服务器中通过名字为 3com.com、类型为 NS、值为完全合格域名 dns.com 的资源记录将完成 3com.com 域内域名至 IP 地址转换的功能与完全合格域名为 dns.com 的域名服务器绑定在一起。然后,通过名字为 dns.com、类型为 A、值为 IP 地址 192.1.3.7 的资源记录给出该域名服务器的 IP 地址,使得完全合格域名为 dns.root 的域名服务器可以把请求将顶级域名和二级域名为 3com.com 的完全合格域名转换成对应的 IP 地址的解析请求转发给该域名服务器。完全合格域名为 dns.com 的域名服务器中配置名字为 www.3com.com、类型为 A、值为 Web 服务器 IP 地址 192.1.4.1 的资源记录,根据该资源记录实现将完全合格域名 www.3com.com 转换成 IP 地址 192.1.4.1 的功能。

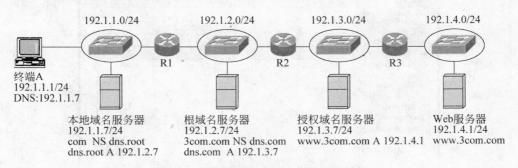

图 9.16 配置多层域名服务器的网络结构

3. 实验步骤

(1) 启动 Packet Tracer,在逻辑工作区根据图 9.16 中的网络结构放置和连接设备,逻辑工作区完成设备放置和连接后的界面如图 9.17 所示。DNS Server0 为本地域名服务器,DNS Server1 为根域名服务器,DNS Server2 为授权域名服务器。

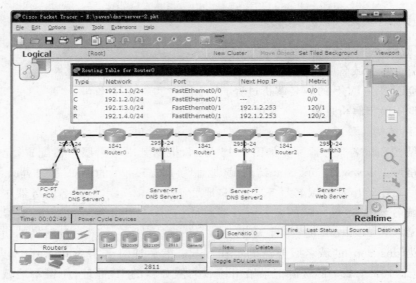

图 9.17　放置和连接设备后的逻辑工作区界面及 Router0 路由表

（2）为路由器接口配置 IP 地址和子网掩码，连接在同一个网络的路由器接口必须配置网络号相同、主机号不同的 IP 地址，如 Router0 FastEthernet0/1 接口配置 IP 地址和子网掩码 192.1.2.254/24，Router1 FastEthernet0/0 接口配置 IP 地址和子网掩码 192.1.2.253/24。

（3）进入各个路由器 RIP 配置界面，配置路由器直接相连的网络的网络地址，如路由器 Router0 直接相连的网络地址分别是 192.1.1.0 和 192.1.2.0，路由器 Router0 的 RIP 配置界面如图 9.18 所示。Router0 最终生成的路由表见图 9.17。

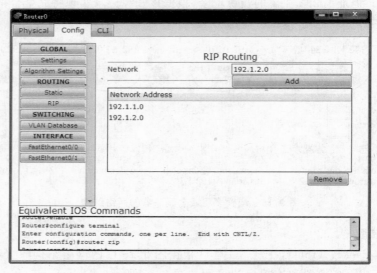

图 9.18　Router0 配置 RIP 界面

(4) 配置 PC0 的网络地址和子网掩码 192.1.1.1/24,默认网关地址 192.1.1.254,DNS 服务器地址 192.1.1.7。按照图 9.16 中的配置信息配置各个 DNS 服务器的 IP 地址和子网掩码,如果有两个路由器接口连接该 DNS 服务器连接的网络,可以任选其中一个接口的 IP 地址作为默认网关地址,如 DNS Server1 既可选 Router0 FastEthernet0/1 接口的 IP 地址 192.1.2.254,也可选 Router1 FastEthernet0/0 接口的 IP 地址 192.1.2.253 作为默认网关地址。

(5) 配置各个 DNS 服务器,如图 9.19～图 9.21 所示为 DNS Server0、DNS Server1 和 DNS Server2 资源记录配置界面。

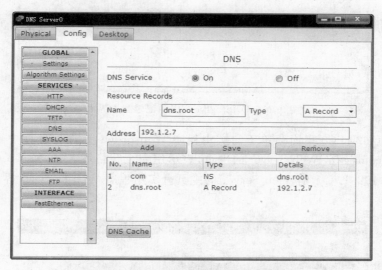

图 9.19 DNS Server0 资源记录配置界面

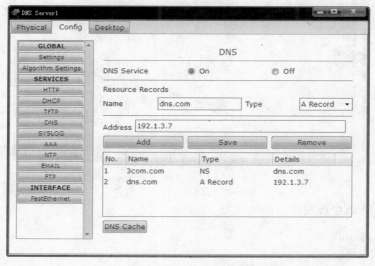

图 9.20 DNS Server1 资源记录配置界面

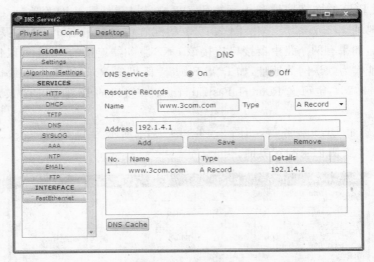

图 9.21 DNS Server2 资源记录配置界面

(6) 启动终端 PC0 桌面菜单下的实用程序 Web browser，在地址栏中输入 http://www.3com.com，显示 Web Server 的主页，表示用完全合格域名 www.3com.com 访问到 IP 地址为 192.1.4.1 的 Web Server 的主页。实用程序 Web browser 界面如图 9.22 所示。

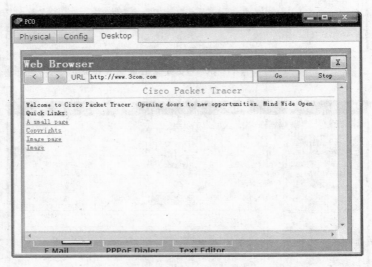

图 9.22 终端 PC0 实用程序 Web Browser 界面

4. Router0 命令行配置过程

```
Router>enable
Router#configure terminal
Router(config)#interface FastEthernet0/0
Router(config-if)#no shutdown
```

```
Router(config-if)#ip address 192.1.1.254 255.255.255.0
Router(config-if)#exit
Router(config)#interface FastEthernet0/1
Router(config-if)#no shutdown
Router(config-if)#ip address 192.1.2.254 255.255.255.0
Router(config-if)#exit
Router(config)#router rip
Router(config-router)#network 192.1.1.0
Router(config-router)#network 192.1.2.0
Router(config-router)#exit
```

其他路由器命令行配置过程与 Router0 相似,不再赘述。

9.3.5　综合应用服务器配置实验

1. 实验内容

(1) 配置 DHCP 服务器。

(2) 配置 DNS 服务器。

(3) 配置 FTP 服务器。

(4) 配置邮件服务器。

(5) 验证各种应用服务器之间的关联性。

(6) 验证各种网络应用过程。

2. 网络结构

图 9.23 所示为网络结构中配置了单个 DHCP 服务器,由该 DHCP 服务器完成所有终端的网络信息自动配置过程,配置了单个 DNS 服务器,由该 DNS 服务器提供域名至 IP 地址的转换功能,配置了 Web 服务器、FTP 服务器和两个不同域名的邮件服务器,允许终端用域名访问这些服务器。

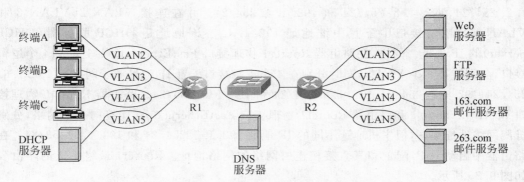

图 9.23　综合应用网络结构

3. 实验步骤

(1) 启动 Packet Tracer,在逻辑工作区根据图 9.23 中的网络结构放置和连接设备,逻辑工作区完成设备放置和连接后的界面如图 9.24 所示。

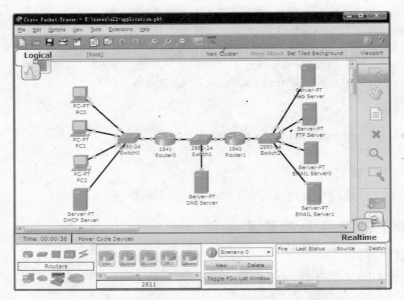

图 9.24 放置和连接设备后的逻辑工作区界面

(2) 在 Switch0 上配置 VLAN 2、VLAN 3、VLAN 4 和 VLAN 5，将端口 FastEthernet0/1～FastEthernet0/4 分别作为非标记端口（Access 端口）分配给 4 个 VLAN，将端口 FastEthernet0/5 定义为被四个 VLAN 共享的标记端口（Trunk 端口）。在 Switch2 上配置 VLAN 2、VLAN 3、VLAN 4 和 VLAN 5，将端口 FastEthernet0/1～FastEthernet0/4 分别作为非标记端口（Access 端口）分配给 4 个 VLAN，将端口 FastEthernet0/5 定义为被 4 个 VLAN 共享的标记端口（Trunk 端口）。

(3) 在路由器 Router0 物理接口 FastEthernet0/0 上定义 4 个逻辑接口，分别连接 4 个 VLAN，同时分别在 4 个逻辑接口配置 IP 地址和子网掩码 192.1.1.254/24、192.1.2.254/24、192.1.3.254/24 和 192.1.4.254/24。并在连接 VLAN 2、VLAN 3 和 VLAN 4 的逻辑接口中配置中继地址 192.1.4.7，该地址是 DHCP 服务器（DHCP Server）的 IP 地址。同样，在路由器 Router1 物理接口 FastEthernet0/1 上定义 4 个逻辑接口，分别连接 4 个 VLAN，同时分别在 4 个逻辑接口配置 IP 地址和子网掩码 192.1.6.254/24、192.1.7.254/24、192.1.8.254/24 和 192.1.9.254/24。路由器 Router0 物理接口 FastEthernet0/1 和路由器 Router1 物理接口 FastEthernet0/0 连接同一个网络，分别分配网络地址相同，但主机地址不同的 IP 地址 192.1.5.254/24 和 192.1.5.253/24。在路由器中启动 RIP，配置和其直接相连的网络的网络地址。Router1 最终生成的路由表如图 9.25 所示。

(4) DHCP 服务器的 IP 地址、子网掩码和默认网关地址分别配置为 192.1.4.7/24 和 192.1.4.254。为每一个 VLAN 定义 DHCP IP 地址池，DHCP IP 地址池配置界面如图 9.26 所示。DNS 服务器的 IP 地址、子网掩码和默认网关地址分别配置为 192.1.5.7/24 和 192.1.5.254，为每一个服务器域名定义名字为该服务器域名、值为该服务器 IP 地址、类型为 A 的资源记录，资源记录配置界面如图 9.27 所示。FTP 服务器的 IP 地址、子

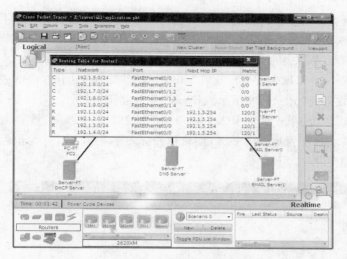

图 9.25　Router1 路由表

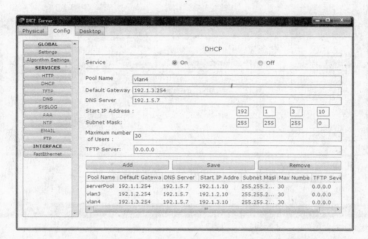

图 9.26　DHCP 服务器配置 DHCP IP 地址池界面

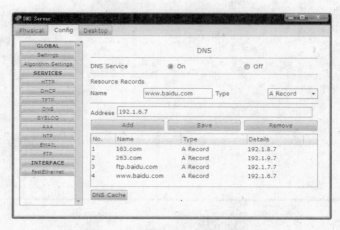

图 9.27　DNS 服务器配置资源记录界面

网掩码和默认网关地址分别配置为 192.1.7.7/24 和 192.1.7.254,创建用户名为 aaa,密码为 bbb 的用户,用户配置界面如图 9.28 所示。E-mail 服务器 E-mail Server0 的 IP 地址、子网掩码和默认网关地址分别配置为 192.1.8.7/24 和 192.1.8.254,设置域名服务器地址 192.1.5.7,将其域名配置成 163.com,创建信箱 aaa@163.com,并为信箱设置密码 bbb,信箱配置界面如图 9.29 所示。E-mail 服务器 E-mail Server1 的 IP 地址、子网掩码和默认网关地址分别配置为 192.1.9.7/24 和 192.1.9.254,设置域名服务器地址 192.1.5.7,将其域名配置成 263.com,创建信箱 ccc@263.com,并为信箱设置密码 ddd,信箱配置界面如图 9.30 所示。

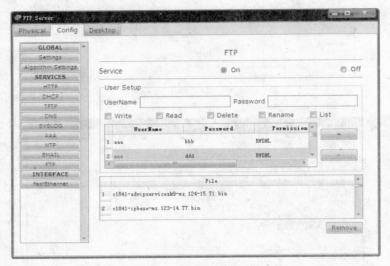

图 9.28　FTP 服务器配置用户界面

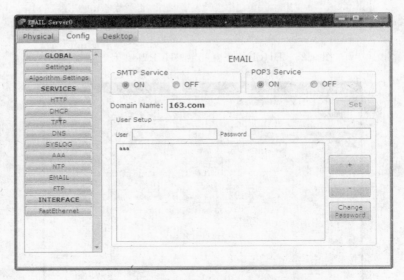

图 9.29　E-mail Server0 创建信箱界面

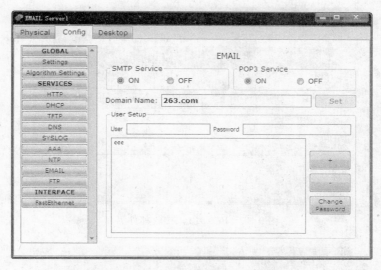

图 9.30　E-mail Server1 创建信箱界面

（5）PC0 自动获取网络配置信息,进入桌面菜单下的 E-mail 实用程序,配置信箱,配置界面如图 9.31 所示。完成信箱配置后,开始邮件发送、接收过程,向信箱 ccc@263.com 发送主题为 hello 的邮件,并接收一封来自信箱 ccc@263.com、主题为 how are you 的邮件,接收、发送邮件的界面如图 9.32 所示。同样,PC1 在自动获取网络配置信息后,完成如图 9.33 所示的信箱配置过程,通过如图 9.34 所示的邮件接收、发送界面完成向信箱 aaa@163.com 发送一封主题为 how are you 的邮件,接收一封来自信箱 aaa@163.com、主题为 hello 的邮件。

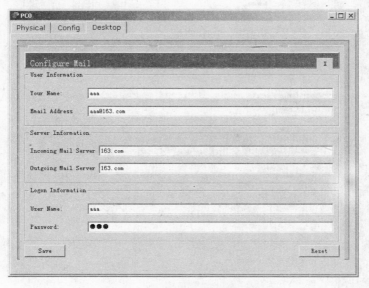

图 9.31　PC0 配置信箱界面

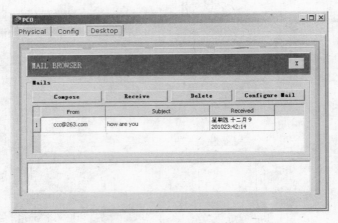

图 9.32 PC0 发送、接收邮件界面

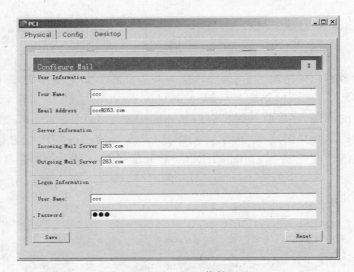

图 9.33 PC1 配置信箱界面

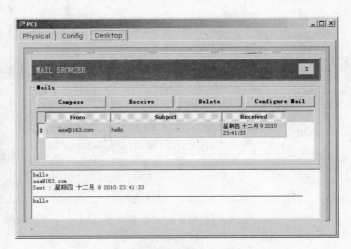

图 9.34 PC1 接收、发送邮件界面

　　（6）PC2 自动获取网络配置信息后，通过命令行完成对 FTP 服务器的资源访问过程，操作界面如图 9.35 所示。

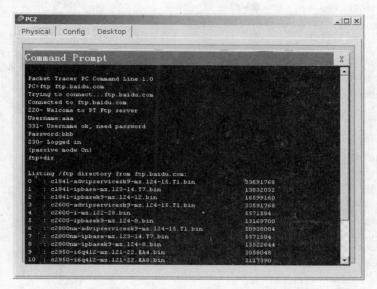

图 9.35　PC2 访问 FTP 服务器界面

4. 命令行配置过程

（1）Switch0 命令行配置过程。

```
Switch>enable
Switch#configure terminal
Switch(config)#vlan 2
Switch(config-vlan)#name vlan2
Switch(config-vlan)#exit
Switch(config)#vlan 3
Switch(config-vlan)#name vlan3
Switch(config-vlan)#exit
Switch(config)#vlan 4
Switch(config-vlan)#name vlan4
Switch(config-vlan)#exit
Switch(config)#vlan 5
Switch(config-vlan)#name vlan5
Switch(config-vlan)#exit
Switch(config)#interface FastEthernet0/1
Switch(config-if)#switchport access vlan 2
Switch(config-if)#exit
Switch(config)#interface FastEthernet0/2
Switch(config-if)#switchport access vlan 3
Switch(config-if)#exit
Switch(config)#interface FastEthernet0/3
```

```
Switch(config-if)#switchport access vlan 4
Switch(config-if)#exit
Switch(config)#interface FastEthernet0/4
Switch(config-if)#switchport access vlan 5
Switch(config-if)#exit
Switch(config)#interface FastEthernet0/5
Switch(config-if)#switchport mode trunk
Switch(config-if)#switchport trunk allowed vlan 2,3,4,5
Switch(config-if)#exit
```

Switch2 的命令行配置过程与此相似,不再赘述。

(2) Router0 命令行配置过程

```
Router>enable
Router#configure terminal
Router(config)#interface FastEthernet0/0
Router(config-if)#no shutdown
Router(config-if)#exit
Router(config)#interface FastEthernet0/1
Router(config-if)#no shutdown
Router(config-if)#ip address 192.1.5.254 255.255.255.0
Router(config-if)#exit
Router(config)#interface FastEthernet0/0.1
Router(config-subif)#encapsulation dot1q 2
Router(config-subif)#ip address 192.1.1.254 255.255.255.0
Router(config-subif)#ip helper-address 192.1.4.7
Router(config-subif)#exit
Router(config)#interface FastEthernet0/0.2
Router(config-subif)#encapsulation dot1q 3
Router(config-subif)#ip address 192.1.2.254 255.255.255.0
Router(config-subif)#ip helper-address 192.1.4.7
Router(config-subif)#exit
Router(config)#interface FastEthernet0/0.3
Router(config-subif)#encapsulation dot1q 4
Router(config-subif)#ip address 192.1.3.254 255.255.255.0
Router(config-subif)#ip helper-address 192.1.4.7
Router(config-subif)#exit
Router(config)#interface FastEthernet0/0.4
Router(config-subif)#encapsulation dot1q 5
Router(config-subif)#ip address 192.1.4.254 255.255.255.0
Router(config-subif)#exit
Router(config)#router rip
Router(config-router)#network 192.1.1.0
Router(config-router)#network 192.1.2.0
Router(config-router)#network 192.1.3.0
```

```
Router(config-router)#network 192.1.4.0
Router(config-router)#network 192.1.5.0
Router(config-router)#exit
```

Router1 命令行配置过程与此相似,不再赘述。

9.3.6 Telnet 实验

1. 实验内容

(1) 配置路由器登录信息。

(2) 配置三层交换机登录信息。

(3) 验证远程登录过程。

(4) 验证远程配置网络设备过程。

2. 网络结构

网络结构如图 9.36 所示,要求终端 A 可以通过命令"Telnet 192.1.1.254"和 "Telnet 192.1.2.253"完成对路由器和三层交换机的远程配置。为了实现远程配置,一是需要建立终端 A 到达路由器和三层交换机接口的传输路径,二是需要在路由器和三层交换机中配置登录信息。建立传输路径的过程实际上就是在路由器和三层交换机建立路由表的过程。配置登录信息,一是需要在本地注册用户库中添加用户名和密码,二是需要将本地注册用户库作为默认的用于鉴别远程登录用户的注册用户库,三是设置进入特权模式配置界面的密码。

图 9.36 远程登录网络结构

3. 实验步骤

(1) 启动 Packet Tracer,在逻辑工作区根据图 9.36 中的网络结构放置和连接设备,逻辑工作区完成设备放置和连接后的界面如图 9.37 所示。

(2) 路由器 Router0 接口配置 IP 地址和子网掩码,启动 RIP,配置和其直接相连的网络的网络地址 192.1.1.0 和 192.1.2.0。三层交换机 Multilayer Switch0 定义 VLAN 2,将端口 FastEthernet0/1 作为非标记端口分配给 VLAN 2,定义 VLAN 2 关联的 IP 接口,为该 IP 接口配置 IP 地址和子网掩码 192.1.2.253/24。启动 RIP,配置网络地址 192.1.2.0。路由器和三层交换机生成的路由表见图 9.37。

(3) 通过命令"username aaa password bbb"在 Router0 本地注册用户库中添加用户名和密码 aaa 和 bbb。通过命令"aaa new-model"开启鉴别功能,通过命令"aaa authentication login default local"将本地注册用户库作为默认的用于鉴别远程登录用户的注册用户库,通过命令"enable password aaa"设置进入特权模式配置界面密码 aaa。对三层交换机进行同样的配置过程,只是将本地注册用户名和密码改为 ccc 和 ddd,进入特

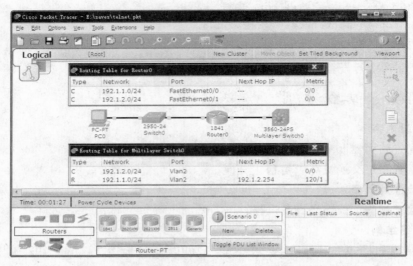

图 9.37 放置和连接设备后的逻辑工作区界面及路由表

权模式配置界面密码改为 ccc。

(4) 配置 PC0 的 IP 地址、子网掩码和默认网关地址,进入命令行实用程序,通过命令"Telnet 192.1.1.254"开始路由器 Router0 远程配置过程。路由器 Router0 远程配置界面如图 9.38 所示,该界面是 Router0 特权模式命令行配置界面。同样通过命令"Telnet 192.1.2.253"开始三层交换机 Multilayer Switch0 远程配置过程。三层交换机 Multilayer Switch0 远程配置界面如图 9.39 所示,该界面是 Multilayer Switch0 特权模式命令行配置界面。

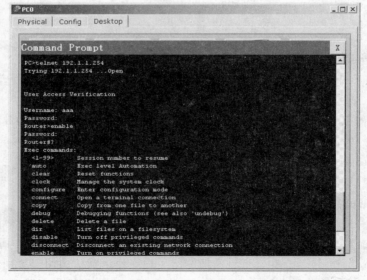

图 9.38 远程登录 Router0 特权配置模式界面

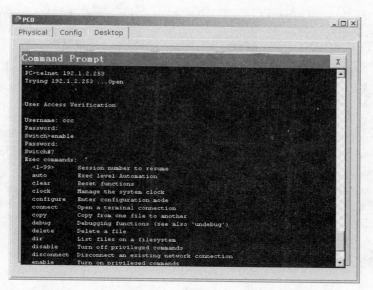

图 9.39 远程登录 Multilayer Switch0 特权配置模式界面

4. 命令行配置过程

（1）Router0 命令行配置过程。

```
Router>enable
Router#configure terminal
Router(config)#interface FastEthernet0/0
Router(config-if)#no shutdown
Router(config-if)#ip address 192.1.1.254 255.255.255.0
Router(config-if)#exit
Router(config)#interface FastEthernet0/1
Router(config-if)#no shutdown
Router(config-if)#ip address 192.1.2.254 255.255.255.0
Router(config-if)#exit
Router(config)#router rip
Router(config-router)#network 192.1.1.0
Router(config-router)#network 192.1.2.0
Router(config-router)#exit
Router(config)#aaa new-model                    ;开启鉴别功能
Router(config)#aaa authentication login default local
                ;将本地注册用户库作为默认的用于鉴别远程登录用户的注册用户库
Router(config)#username aaa password bbb
                ;在本地注册用户库中添加用户名为 aaa,密码为 bbb 的用户
Router(config)#enable password aaa              ;设置进入特权配置模式界面密码 aaa
```

（2）Multilayer Switch0 命令行配置过程。

```
Switch>enable
```

```
Switch#configure terminal
* Switch(config)#vlan 2
* Switch(config-vlan)#name vlan2
* Switch(config)#interface FastEthernet0/1
* Switch(config-if)#switchport access vlan 2
* Switch(config-if)#exit
* Switch(config)#interface vlan 2
* Switch(config-if)#ip address 192.1.2.253 255.255.255.0
* Switch(config-if)#exit
Switch(config)#router rip
Switch(config-router)#network 192.1.2.0
Switch(config-router)#exit
Switch(config)#aaa new-model
Switch(config)#aaa authentication login default local
Switch(config)#username ccc password ddd
```
      ;在本地注册用户库中添加用户名为 ccc,密码为 ddd 的用户

```
Switch(config)#enable password ccc
```
      ;设置进入特权配置模式界面密码 ccc

```
Switch(config)#exit
```

(3) Multilayer Switch0 三层接口配置过程。

```
Switch(config)#interface FastEthernet0/1      ;进入接口 FastEthernet0/1 配置过程
Switch(config-if)#no switchport
```
  ;将接口 FastEthernet0/1 配置为三层接口,三层交换机中的三层接口等同于路由器接口
```
Switch(config-if)#ip address 192.1.2.253 255.255.255.0
```
      ;对三层接口 FastEthernet0/1 直接配置 IP 地址和子网掩码
```
Switch(config-if)#exit           ;退出接口 FastEthernet0/1 配置过程
```

注意：可以用该段命令行取代(2)中带 * 号的命令行段,远程配置过程相同。

第**10**章 试卷和答案

10.1 试 卷 一

10.1.1 试卷

一、选择题(本大题共 20 小题,每小题 1 分,共 20 分)

1. 广播信道无法实现的是_____。

    A. 单工通信   B. 半双工通信

    C. 全双工通信   D. 广播通信

2. 下述层次中,_____是 OSI 参考模型中,自下而上,第一个提供端到端服务的层次。

    A. 数据链路层   B. 传输层   C. 会话层   D. 应用层

3. 分组转发和选路是_____的两个重要的功能。

    A. 网际层   B. 应用层   C. 传输层   D. 数据链路层

4. 以太网交换机是根据_____转发数据帧的。

    A. 目的 IP 地址   B. 目的端口号

    C. 目的 MAC 地址   D. 目的域名

5. 根据 CSMA/CD 工作原理,下述情况中需要提高最短帧长的是_____。

    A. 网络传输速率不变,冲突域最大距离变短

    B. 冲突域最大距离不变,网络传输速率变高

    C. 上层协议使用 TCP 概率增加

    D. 在冲突域最大距离不变的情况下,减少线路中的中继器数量

6. 在因特网中,将 IP 地址转换成物理地址的协议是_____。

    A. RARP   B. ARP   C. IP   D. DNS

7. 能同时实现属于同一 VLAN 的两个终端之间和属于不同 VLAN 的两个终端之间通信的设备是_____。

    A. 三层交换机   B. 路由器   C. 集线器   D. 网关

8. 使用集线器实现的 10Mb/s 以太网,若共有 N 个用户,则在两两无碰撞时每个用户占有的平均带宽是_____。

  A. 10Mb/s   B. 1Mb/s   C. 10/NMb/s   D. 10 * NMb/s

9. 下面_____项不是增加网桥间无中继距离的因素。

  A. 全双工通信   B. 光纤   C. 双绞线   D. 优质光源

10. 下述_____项不属于存储转发的操作。

  A. 建立物理连接   B. 检测分组传输错误

  C. 输出队列排队等待输出   D. 选择传输路径

11. 数字通信的优势在于_____。

  A. 物理链路带宽要求低   B. 无中继传输距离远

  C. 信号容易再生   D. 信号衰减小

12. 信号失真是指_____。

  A. 信号因衰减而幅度变小   B. 信号因衰减而幅度变大

  C. 无中继传输距离变小   D. 不同频率的信号衰减不同

13. 192.1.1.73/26 表示的 CIDR 地址块是_____。

  A. 192.1.1.0～192.1.1.3   B. 192.1.1.0～192.1.1.255

  C. 192.1.1.64～192.1.1.127   D. 192.1.1.0～192.1.1.63

14. 分类编址下,IP 地址 192.1.1.3 对应的指定网络内广播的广播地址(定向广播地址或直接广播地址)是_____。

  A. 192.1.1.0   B. 192.1.1.255

  C. 192.1.1.1   D. 192.1.1.3

15. 默认网关地址是_____。

  A. 通往其他网络传输路径上的第一跳路由器地址

  B. 实现终端之间通信的唯一中继设备地址

  C. 终端连接的网络中唯一的路由器接口地址

  D. 终端作为不知道目的终端 IP 地址的 IP 分组的目的 IP 地址

16. IP 分组分片的原因是_____。

  A. 互连当前跳和下一跳的传输网络的 MTU 小于 IP 分组长度

  B. 提高网络带宽的利用率

  C. 简化路由器转发操作

  D. 提高路由器缓冲器利用率

17. RIP 产生的端到端传输路径是_____。

  A. 传输时延最短的传输路径   B. 经过跳数最少的传输路径

  C. 最安全的传输路径   D. 最可靠的传输路径

18. 扩展服务集中分配系统互连的多个基本服务集可以不同的是_____。

  A. 服务集标识符   B. AP 使用的信道

  C. 用于鉴别终端身份的密钥   D. 加密数据的密钥

19. 端到端传输时延和下述_____项无关。

    A. 信道带宽   B. 端到端距离

    C. 分组大小   D. 信道类型(点对点或广播)

20. 路由器确切的定义是_____。

    A. 转发 IP 分组的分组交换机

    B. 互连点对点和广播信道的分组交换机

    C. 互连多条点对点信道的分组交换机

    D. 互连多条广播信道的分组交换机

二、填空题(本大题共 20 空,每空 1 分,共 20 分)

1. 以太网常用的传输媒体有_____和_____,如果两台相隔 2km 的交换机的 1Gb/s 以太网端口实现互连,需要使用的传输媒体是_____。

2. 无分类编址情况下,192.1.1.73/26 指定的 CIDR 地址块的 IP 地址数是_____,如果将该 CIDR 地址块平均分配给 4 个网络,每一个网络的有效主机地址数是_____,这 4 个网络的网络地址分别是_____、_____、_____和_____。

3. 将域名转变为 IP 地址的是_____,将 IP 地址转变成 MAC 地址的是_____。

4. 发送邮件采用_____,接收邮件采用_____,访问 WEB 主页采用_____,访问文件服务器采用_____。

5. TCP 在 IP 提供的端到端传输服务的基础上,增加了_____、_____和_____功能。

6. 目前最常见的以太网拓扑结构是_____和_____。

三、简答题(本大题共 5 小题,每题 4 分,共 20 分)

1. 简要给出集线器、交换机和路由器的区别。

2. 简述 IP 地址和 MAC 地址的关系和区别。

3. 假定单根总线的长度为 1km,传输速率为 1Gb/s,信号传播速度为 (2/3)(c 为光速),求最短帧长。

4. 求出 IP 地址 192.1.133.163/255.255.255.248 对应的网络地址和直接广播地址。

5. 简述三层交换机和路由器的异同。

四、判断题(本大题共 10 小题,每小题 1 分,共 10 分)

1. 物理链路的信号传播速率与物理链路的带宽成正比。

2. 高带宽物理链路的端到端时延一定很小。

3. 路由器是一种分组交换设备。

4. 交换式以太网中一定存在冲突域。

5. 交换式以太网中一定存在广播域。

6. 连接在同一传输网络上的两个端点之间通信需要经过路由器。

7. 任何 CIDR 地址块只能分配给单一网络。

8. RIP 只能建立两个终端之间单条传输路径。

9. 三层交换机完全等同于多个以太网端口的路由器。

10. 基本服务集是一个冲突域,扩展服务集用于扩大基本服务集通信范围,所以扩展服务集也是一个冲突域。

五、综合题(本大题共 3 小题,每小题 10 分,共 30 分)

1. 现有 5 个终端分别连接在三个局域网上,并且用两个网桥连接起来,如图 10.1 所示,每个网桥的两个端口号都标明在图上。开始时,两个网桥中的转发表都是空的,后来进行以下传输操作:H1→H5,H3→H2,H4→H3,H2→H1,试将每一次传输操作发生的有关事项填写在表 10.1 中。

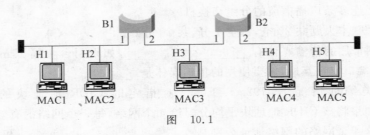

图 10.1

表 10.1

传输操作	网桥 1 转发表		网桥 2 转发表		网桥 1 的处理 (转发、丢弃、登记)	网桥 2 的处理 (转发、丢弃、登记)
	MAC 地址	转发端口	MAC 地址	转发端口		
H1→H5						
H3→H2						
H4→H3						
H2→H1						

2. 互连网络结构如图 10.2 所示。回答下列问题,并按要求给出配置信息。

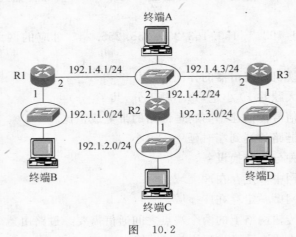

图 10.2

① 在不需要配置静态路由项的情况下,能否实现终端 A 和终端 C 之间的通信?

② 在不需要配置静态路由项的情况下,终端 A 能否用相同配置实现与终端 B、C 和

D 之间的通信。

③ 分别给出不需要配置静态路由项的情况下,终端 A 实现与终端 B、C 和 D 之间通信所需要的配置信息(IP 地址、子网掩码和默认网关地址)。

④ 给出终端 A 用 192.1.4.2 作为默认网关时,实现与终端 B、C 和 D 之间通信所需要的各个路由器的静态路由项。

3. 网络结构如图 10.3 所示,给出实现终端 A 用完全合格域名 WWW. BAIDU. COM 访问 Web 服务器所需要的 DHCP 和 DNS 服务器的配置信息。

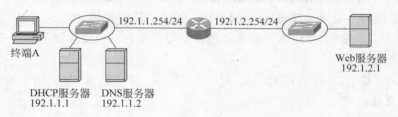

图　10.3

10.1.2　答案

一、选择题答案

1. C　　2. B　　3. A　　4. C　　5. B　　6. B　　7. A　　8. C　　9. C

10. A　11. C　12. D　13. C　14. B　15. A　16. A　17. B　18. B

19. D　20. A

二、填空题答案

1. 双绞线,光纤,单模光纤

2. 64,14,192.1.1.64,192.1.1.80,192.1.1.96,192.1.1.112

3. DNS,ARP

4. SMTP,POP3,HTTP,FTP

5. 端口,差错控制,流量和拥塞控制

6. 星形,树形

三、简答题答案

1.【答】　集线器是物理层设备,主要负责信号的再生,交换机是链路层设备,根据 MAC 帧的目的 MAC 地址和转发表内容转发 MAC 帧,路由器是网络层设备,根据 IP 分组的目的 IP 地址和路由表转发 IP 分组。

2.【答】　IP 地址是网络层地址,MAC 地址是以太网 MAC 层地址。IP 地址用于唯一标识互连网络中的终端,与连接终端的传输网络无关,MAC 地址用于唯一标识连接在以太网中的终端。当数据在属于同一以太网的两个终端之间传输时,须封装成 MAC 帧,且以两个终端的 MAC 地址为源和目的 MAC 地址,因此,在知道目的终端的 IP 地址时,需通过 ARP 解析出目的终端的 MAC 地址。

3.【答】　传播时延 $t=1/(200000)=5\times10^{-6}$ s,最短帧长 $M=2t\times$传输速率 $=2\times5\times10^{-6}\times10^{9}=10000$b。

4.【答】 根据子网掩码获悉 IP 地址的最低 3 位为主机号字段，163 的 8 位二进制表示是 10100011，主机号字段清零后的值为 10100**000**，十进制表示是 160，主机号字段全 1 的值为 10100**111**，十进制表示是 167。因此，网络地址是 192.1.133.160，直接广播地址是 192.1.133.167。

5.【答】 三层交换机和路由器都具有网际层功能，能够解决 VLAN 间数据传输、建立路由表、转发 IP 分组等。但三层交换机同时具有二层交换机功能，能够建立跨三层交换机的 VLAN，但通常不允许存在跨路由器的 VLAN。路由器可以连接不同类型的传输网络，三层交换机一般只实现 VLAN 间通信。对于三层交换机，属于同一 VLAN 的多个端口等同于同一个接口，路由器一般不会将多个端口作为一个接口使用。

四、判断题答案

1. 错　2. 错　3. 对　4. 错　5. 对　6. 错　7. 错　8. 对　9. 错　10. 错

五、综合题答案

1.【答】

表　10.2

传输操作	网桥 1 转发表		网桥 2 转发表		网桥 1 的处理 （转发、丢弃、登记）	网桥 2 的处理 （转发、丢弃、登记）
	MAC 地址	转发端口	MAC 地址	转发端口		
H1→H5	MAC 1	1	MAC 1	1	转发、登记	转发、登记
H3→H2	MAC 3	2	MAC 3	1	转发、登记	转发、登记
H4→H3	MAC 4	2	MAC 4	2	丢弃、登记	转发、登记
H2→H1	MAC 2	1			丢弃、登记	接收不到该帧

2.【答】 ① 能，前提是终端 A 的默认网关地址必须是路由器 R2 连接网络 192.1.4.0/24 的接口的 IP 地址 192.1.4.2。

② 不能，由于每一个路由器只直接连接三个网络 192.1.1.0/24、192.1.2.0/24 和 192.1.3.0/24 中的其中一个网络，因此，终端 A 默认网关地址指定的路由器必须配置用于指明到达没有和该路由器直接连接的其他两个网络的传输路径的静态路由项。

③ 与终端 B 通信时的配置，IP 地址和子网掩码为 192.1.4.10/24，默认网关地址为 192.1.4.1，IP 地址只需是网络 192.1.4.0/24 中未使用的 IP 地址，默认网关地址指定的路由器必须直接连接终端 B 所在的网络 192.1.1.0/24。

与终端 C 通信时的配置，IP 地址和子网掩码为 192.1.4.10/24，默认网关地址为 192.1.4.2，默认网关地址指定的路由器必须直接连接终端 C 所在的网络 192.1.2.0/24。

与终端 D 通信时的配置，IP 地址和子网掩码为 192.1.4.10/24，默认网关地址为 192.1.4.3，默认网关地址指定的路由器必须直接连接终端 D 所在的网络 192.1.3.0/24。

④ 当终端 A 配置的默认网关地址是 192.1.4.2 时，路由器 R2 必须给出用于指明通往网络 192.1.1.0/24 和 192.1.3.0/24 的传输路径的静态路由项，如表 10.3 所示。由于终端 A 连接的网络 192.1.4.0/24 直接和路由器 R1，R2 和 R3 相连，因此，终端 B，C 和 D

向终端 A 传输 IP 分组时无须使用静态路由项。

表　10.3

目的网络	下一跳	目的网络	下一跳
192.1.1.0/24	192.1.4.1	192.1.3.0/24	192.1.4.3

3. 【答】

(1) DHCP 服务器配置如下：

默认网关地址为 192.1.1.254

本地域名服务器地址为 192.1.1.2

子网掩码为 255.255.255.0

IP 地址范围为 192.1.1.6～192.1.1.112

(2) DNS 服务器配置如下：

WWW. BAIDU. COM 192.1.2.1

10.2　试　卷　二

10.2.1　试卷

一、选择题(本大题共 20 小题,每小题 1 分,共 20 分)

1. 确定是互连网络,而不是单一传输网络的确切依据是_____。

　A. 存在路由器这一互连设备

　B. 存在分组交换机这一互连设备

　C. 由分组交换机互连的多条点对点信道

　D. 由分组交换机互连的多条广播信道

2. 电路交换网络的主要功能是_____。

　A. 按需建立点对点信道　　　　　　　B. IP 分组的存储转发

　C. 实现信号传播　　　　　　　　　　D. 实现分组端到端传输

3. 同一时刻,分组交换网络两个终端之间传输路径经过的多段物理链路_____。

　A. 只允许传输这对终端发送的数据

　B. 只允许传输其他终端发送的数据

　C. 固定分配传输这对终端和其他终端发送的数据的时间

　D. 允许在不同物理链路段同时传输这对终端和其他终端发送的数据

4. 实现全双工通信,需要_____。

　A. 一对双绞线　　　　B. 两根光纤　　　　C. 一根同轴电缆　　　　D. 广播信道

5. 无噪声信道上传输单一频率正弦信号会引发_____。

　A. 信号衰减　　　　　B. 信号失真　　　　C. 信号过滤　　　　　　D. 信号屏蔽

6. 经调制器调制后的载波信号是_____。

　A. 单一频率正弦信号

    B. 宽带低通信号

    C. 以载波信号频率为中心频率的窄带带通信号

    D. 宽带高通信号

7. 如果数据传输速率为 4800b/s,采用 16 种不同相位的移相键控调制技术,则调制速率为_____。

    A. 4800baud   B. 3600baud   C. 2400baud   D. 1200baud

8. 总线形以太网发送时钟频率与接收时钟频率的关系是_____。

    A. 严格相同

    B. 相互没有制约

    C. 允许存在误差,但误差在可调节范围内

    D. 接收时钟频率是发送时钟的两倍

9. 中继器互连的两段线缆可以是_____。

    A. 不同传输速率的两段线缆   B. 不同传输媒体的两段线缆

    C. 采用不同链路层协议的两段线缆   D. 采用不同网络层协议的两段线缆

10. MAC 帧存在最短帧长的原因是_____。

    A. 提高数据传输效率

    B. 解决帧定界

    C. MAC 帧发送时间至少是信号冲突域两端之间传播时间的两倍

    D. 解决帧检错

11. 网桥互连的不同信道,错误的状况是_____。

    A. 不同信道有着不同的传输速率   B. 不同信道采用不同的链路层协议

    C. 不同信道是不同的传输媒体   D. 不同信道采用不同的网络层协议

12. 实现两个相距 2km 的 100Mb/s 交换机端口互连,需要采用_____。

    A. 多段由集线器互连的双绞线缆

    B. 多段由集线器互连的光缆

    C. 单段采用全双工通信方式的双绞线缆

    D. 单段采用全双工通信方式的光缆

13. 不是由于使用 ISM 频段带来的问题是_____。

    A. 信号能量受到限制   B. 干扰

    C. 信号传播范围受到限制   D. 多径效应

14. CSMA/CA 算法避免发生冲突的方法是_____。

    A. 为可能发生冲突的终端随机增加持续检测信道空闲的时间

    B. 边发送边检测冲突

    C. 降低信号能量

    D. 减小基本服务区

15. 路由器实现逐跳转发的依据是_____。

    A. 路由表   B. 目的终端 IP 地址

    C. 源终端 IP 地址   D. 路由表和目的终端 IP 地址

16. 无分类编址情况下,路由项中目的网络字段给出_____。
    A. 该路由器能够到达的某个网络的网络地址
    B. 该路由器能够到达且通往它们的传输路径有着相同下一跳的一组网络的网络地址的集合
    C. 该路由器能够到达的某个终端的 IP 地址
    D. 和该路由器直接相连的某个路由器接口的 IP 地址

17. 图 10.4 所示是 NAT 的一个示例,根据图 10.4 中的信息,标号为①的箭头线所对应的方格内容应是_____。
    A. S=192.168.1.1:3105　　　　　B. S=59.67.148.3:5234
    　　D=202.113.64.2:8080　　　　　　D=202.113.64.2:8080
    C. S=192.168.1.1:3105　　　　　D. S=59.67.148.3:5234
    　　D=59.67.148.3:5234　　　　　　D=192.168.1.1:3105

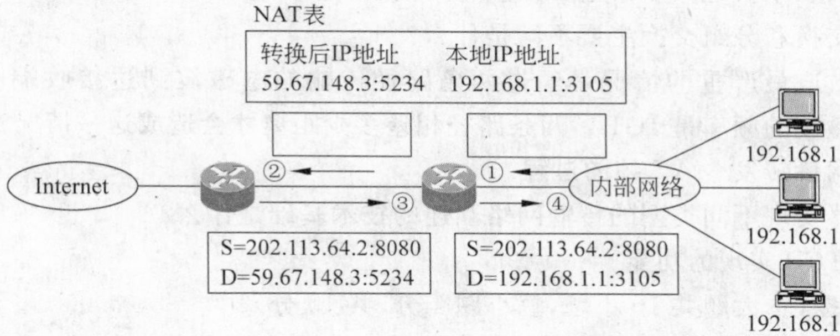

图　10.4

18. 下述_____项不是 TCP 具有的功能。
    A. 增加标识主机中进程的标识信息　　B. 保证端到端按序、可靠传输
    C. 绕开存在过载链路的传输路径　　　D. 根据网络拥塞状态调整发送窗口

19. IPv6 地址 FE::45:0:A2 的::之间被压缩的二进制数 0 的位数是_____。
    A. 16　　　　　　B. 32　　　　　　C. 64　　　　　　D. 96

20. 下列 IPv6 地址表示中,错误的是_____。
    A. ::601:BC:0:5D7　　　　　　　　B. 21DA:0:0:0:0:2A:F:FE08:3
    C. 21BC::0:0:1　　　　　　　　　D. FE60::2A90:FE:0:4CA2:9C5A

二、填空题(本大题共 20 空,每空 1 分,共 20 分)

1. 网络按照作用范围可以分为_____、_____和_____。

2. 信道可以分为_____和_____,它的作用是实现_____传播。

3. 对等层之间为实现通信制定的规则称为_____,它的三个基本要素是_____、_____和_____。

4. 一个 12 端口的集线器含有_____冲突域,_____广播域。

5. 中继器的功能是实现信号_____,属于_____层设备,它可以无限扩展_____距离。

6. 计算并填写表 10.4。

表 10.4

IP 地址	121.175.21.9
子网掩码	255.192.0.0
分类编址下的地址类别	——
网络地址	——
定向广播地址	——
主机号	——
CIDR 地址块中最后一个可用 IP 地址	——

三、简答题（本大题共 5 小题，每题 4 分，共 20 分）

1. 电路交换和分组交换主要不同是什么？

2. 多径效应最严重的情况是经过两条路径传输的电磁波到达接收端时相位相差 180°，如果电磁波的频率是 1GHz，两条路径相差多少距离才会造成这一情况？

3. 简述网桥转发 MAC 帧的过程。

4. 路由器实现不同类型的传输网络互连的技术基础是什么？

5. 简述 TCP 实现的功能。

四、判断题（本大题共 10 小题，每小题 1 分，共 10 分）

1. 电路交换网络允许两两终端同时通信。

2. OSI 低三层定义了传输网络的全部功能。

3. 相同信道下，数字通信的传输速率比模拟通信高。

4. 确定信道的带宽，就可确定信道容量。

5. 单段双绞线缆最大长度为 100m 是因为受冲突域直径的限制。

6. 集线器各个端口连接的传输媒体可以不同。

7. 同一 BSA 内的所有终端具有相同的数据传输速率。

8. 为了更好地聚合路由项，如果某个路由器通往一组网络的传输路径有着相同的下一跳路由器，分配给这一组网络的 IP 地址集合最好构成一个 CIDR 地址块。

9. TCP/IP 体系结构中只有传输层有差错控制机制。

10. 只要目的地址正确，分组不会错误地传输给其他终端。

五、综合题（本大题共 3 小题，每小题 10 分，共 30 分）

1. 假定图 10.5 中作为总线的电缆中间没有接任何中继设备，MAC 帧的最短帧长

图　10.5

为 512b,电信号在电缆中的传播速度为(2/3) c(c 为光速),分别计算出 10Mb/s、100Mb/s、1000Mb/s 以太网所允许的电缆两端最长距离。

2. 网络结构如图 10.6 所示,给出的 CIDR 地址块是 192.1.1.64/26,确定每一个子网的网络地址,将最大可用 IP 地址分配给路由器连接对应子网的端口,给出路由器 R1、R2 的路由表。

3. 互连网络结构如图 10.7 所示。

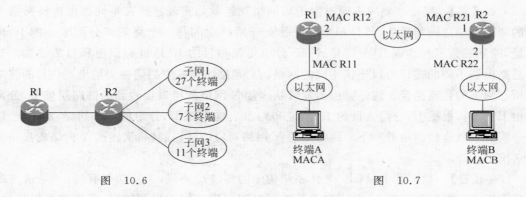

图　10.6　　　　　　　　　　　　图　10.7

① 补齐图中终端和路由器的配置信息,包括路由表。使其能够实现终端 A 和终端 B 之间的 IP 分组通信。

② 以①补齐的配置信息为基础,给出终端 A 至终端 B IP 分组传输过程中涉及的所有 MAC 帧,并给出这些 MAC 帧的源和目的 MAC 地址(假定终端和路由器的 ARP 缓冲器为空)。

10.2.2　答案

一、选择题答案

1. A　　2. A　　3. D　　4. B　　5. A　　6. C　　7. D　　8. C　　9. B

10. C　　11. D　　12. D　　13. D　　14. A　　15. D　　16. B　　17. A　　18. C

19. C　　20. B

二、填空题答案

1. 局域网,城域网,广域网

2. 点对点信道,广播信道,信号

3. 协议,语法,语义,同步

4. 1,1

5. 再生,物理,信号传播

6. A 类,121.128.0.0,121.191.255.255,0.47.21.9,121.191.255.254

三、简答题答案

1.【答】　电路交换独占端到端传输路径所经过的物理链路带宽,分组交换和其他终端共享端到端传输路径所经过的物理链路带宽。

2.【答】 两条路径相差 0.5 个波长，$\lambda = c/f = (3 \times 10^8)/10^9 = 0.3\mathrm{m}$，两条路径相差 0.15m。

3.【答】 网桥从一个端口完整接收 MAC 帧，对帧进行差错检验，如果帧出现错误，丢弃帧，否则，根据帧的目的 MAC 地址检索转发表，确定输出端口，将帧交换到输出端口，如果输出端口空闲，直接将帧从输出端口输出，如果输出端口忙，帧在输出队列排队等候。如果输出队列溢出，丢弃帧。

4.【答】 路由器实现不同类型传输网络互连就是实现连接在不同类型传输网络上的两个终端之间的通信，具体机制：一是互连网络中的每一个终端需分配唯一的 IP 地址，端到端数据封装成 IP 分组格式，IP 分组用源和目的 IP 地址标识源和目的终端。二是路由器不同的接口可以连接不同的网络。三是路由器建立的路由表给出通往目的终端所在网络的传输路径。四是路由器能够从连接 X 网络的接口接收到的链路层帧中，分离出 IP 分组，根据 IP 分组的目的 IP 地址和路由表确定该 IP 分组的下一跳结点，并把 IP 分组封装成连接路由器和下一跳结点的 Y 网络对应的链路层帧，从连接 Y 网络的接口发送出去。

5.【答】 TCP 作为 TCP/IP 体系结构中的传输层协议，主要功能有三，一是通过端口实现应用进程间通信；二是通过差错控制机制实现应用进程间按序、可靠的数据传输；三是通过流量和网络拥塞控制机制维持应用进程间的正常通信。

四、判断题答案

1. 错 2. 对 3. 错 4. 错 5. 错 6. 对 7. 错 8. 对 9. 错 10. 错

五、综合题答案

1.【答】 10Mb/s 时 MAC 帧的发送时间 $= 512/(10 \times 10^6) = 51.2\mu s$

100Mb/s 时 MAC 帧的发送时间 $= 512/(100 \times 10^6) = 5.12\mu s$

1000Mb/s 时 MAC 帧的发送时间 $= 512/(1000 \times 10^6) = 0.512\mu s$

端到端传播时间 = MAC 帧发送时间/2

电缆最长距离 = 端到端传播时间 $\times (2/3)c$

10Mb/s 电缆最长距离 $= (51.2/2) \times (2/3)c = 5120\mathrm{m}$

100Mb/s 电缆最长距离 $= (5.12/2) \times (2/3)c = 512\mathrm{m}$

1000Mb/s 电缆最长距离 $= (0.512/2) \times (2/3)c = 51.2\mathrm{m}$

2.【答】 由于网络地址中主机号全 1 和全 0 的 IP 地址不能分配给终端和路由器接口，因此，子网 1 需要的主机号位数为满足条件 $2^N \geq 27+3$ 的最小 N，得出 $N=5$，同样可以得出子网 2 和子网 3 的主机号位数为 4。CIDR 地址块 192.1.1.64/26 可以分成两个 CIDR 地址块 192.1.1.64/27 和 192.1.1.96/27，将 CIDR 地址块 192.1.1.64/27 分配给子网 1，其中最大可用 IP 地址为 192.1.1.94。CIDR 地址块 192.1.1.96/27 又可以分为 192.1.1.96/28 和 192.1.1.112/28，将 CIDR 地址块 192.1.1.96/28 分配给子网 2，其中最大可用 IP 地址为 192.1.1.110，将 CIDR 地址块 192.1.1.112/28 分配给子网 3，其中最大可用 IP 地址为 192.1.1.126。路由表如图 10.8 所示。

3.【答】 配置信息和 MAC 帧如图 10.9 所示。

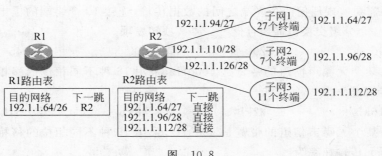

图　10.8

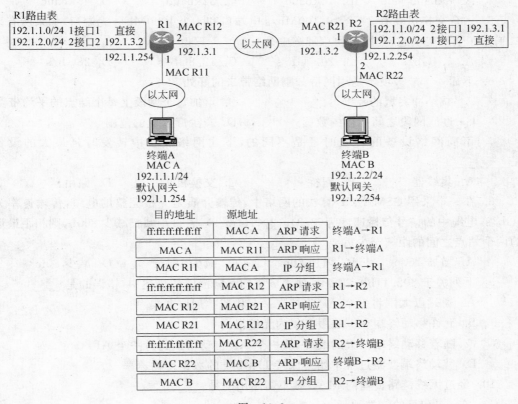

图　10.9

10.3　试　卷　三

10.3.1　试卷

一、选择题(本大题共 20 小题,每小题 1 分,共 20 分)

1. 如果需要实现任何两个终端之间的数据传输,连接 10 个终端的数据报分组交换网络中的每一个分组交换机需要存储_____项转发项(或路由项)。

　　A. 10　　　　　　　　B. 20　　　　　　　　C. 100　　　　　　　D. 45

2. 如果需要实现任何两个终端之间的数据传输,连接 10 个终端的虚电路分组交换网络中的每一个分组交换机需要存储_____项转发项。

    A. 10　　　　　　　B. 20　　　　　　　C. 100　　　　　　　D. 45

3. 如果某个无噪声信道的带宽是 4000Hz,采用 16 种不同相位的移相键控调制技术,则数据传输速率为_____。

    A. 16kb/s　　　　　B. 32kb/s　　　　　C. 48kb/s　　　　　D. 64kb/s

4. 如果某个无噪声信道的带宽是 4000Hz,采用 16 种不同相位的移相键控调制技术,则最大码元传输速率为_____。

    A. 8kbaud　　　　　B. 16kbaud　　　　　C. 32kbaud　　　　　D. 48kbaud

5. 一台交换机具有 24 个 10/100Mb/s 电端口和 4 个 1000Mb/s 光端口,如果所有端口工作在全双工状态,交换机的总带宽应是_____。

    A. 6.4Gb/s　　　　　B. 20.4Gb/s　　　　　C. 12.8Gb/s　　　　　D. 28Gb/s

6. 下面_____项不是用网桥分割网络带来的好处。

    A. 减小冲突域的范围　　　　　　　　B. 增加每个网段上每个结点的平均带宽

    C. 过滤网段之间传输的数据　　　　　D. 减少广播域的范围

7. 不同网络设备的转发时延是不同的,下述网络设备中转发时延最大的设备是_____。

    A. 集线器　　　　　B. 网桥　　　　　C. 交换机　　　　　D. 路由器

8. 在一个采用 CSMA/CD 算法的网络中,传输介质是一根完整的电缆,传输速率为 1Gb/s,电缆中的信号传播速度为 $(2/3)c(2 \times 10^8 \text{m/s})$,若最小帧长减少 800b,则相距最远的两个站点之间的距离至少需要_____。

    A. 增加 160m　　　B. 增加 80m　　　C. 减少 160m　　　D. 减少 80m

9. 下列关于 802.11b 标准下扩展服务集内无缝漫游的描述中,错误的是_____。

    A. 通过以太网将多个 AP 连接在一起构成扩展服务集

    B. 允许移动终端在扩展服务集内无缝漫游

    C. 随着移动终端位置的改变,从一个 AP 自动切换到另一个 AP

    D. 移动终端漫游过程中始终保持 11Mb/s 的数据传输速率

10. 经过无线链路传输的 MAC 帧不需给出的是_____。

    A. 源和目的终端地址

    B. 该段无线链路两端的地址

    C. 端到端传输路径上所有转发结点的地址

    D. 电磁信号接收端地址

11. 语音信道是_____。

    A. 永久信道　　　　　　　　　　　　B. 人工配置信道

    C. 由信令协议动态建立的信道　　　　D. 固定点对点线缆

12. CIDR 地址块 168.192.33.125/27 的子网掩码可以写为_____。

    A. 255.255.255.192　　　　　　　　B. 255.255.255.224

    C. 255.255.255.240　　　　　　　　D. 255.255.255.248

13. 某企业分配给人事部的 CIDR 地址块为 10.0.10.0/27,分配给企划部的 CIDR 地址块为 10.0.10.32/27,分配给市场部的 CIDR 地址块为 10.0.10.64/26,这三个 CIDR 地址块聚合后的 CIDR 地址块应是_____。

  A. 10.0.10.0/25   B. 10.0.10.0/26

  C. 10.0.10.64/25   D. 10.0.10.64/26

14. 下列设备中可以隔离 ARP 广播帧的设备是_____。

  A. 二层交换机   B. 路由器   C. 集线器   D. 网桥

15. 在一条点对点链路上,为了减少地址的浪费,使用的子网掩码应该是_____。

  A. 255.255.255.252   B. 255.255.255.240

  C. 255.255.255.230   D. 255.255.255.196

16. 应用层进程之间通过 UDP 实现相互通信,则需要_____协议完成差错控制功能。

  A. 传输网络   B. 网际层   C. 传输层   D. 应用层

17. 主机甲与主机乙间已建立一个 TCP 连接,主机甲向主机乙发送了两个连续的 TCP 段,分别包含 300 字节和 500 字节的有效载荷,第一个段的序号为 200,主机乙正确接收到两个段后,发送给主机甲的确认序号是_____。

  A. 500   B. 700   C. 800   D. 1000

18. 一台主机希望解析域名 www.abc.com.cn,如果该主机配置的域名服务器地址为 202.120.66.88,根域名服务器地址为 10.10.12.13,www.abc.com.cn 的授权域名服务器地址为 202.113.33.77,该主机解析该域名时首先访问的域名服务器的地址为_____。

  A. 202.120.66.88   B. 10.10.12.13

  C. 202.113.33.77   D. 不确定,三个域名服务器任选一个

19. 以下错误的 URL 是_____。

  A. http://www.abc.com.cn   B. ftp://www.abc.com.cn

  C. gopher://www.abc.com.cn   D. unix://www.abc.com.cn

20. 传输层协议称为端到端协议的原因是_____。

  A. 传输层协议实现过程与传输网络与互连传输网络的路由器无关

  B. 传输层协议创建端到端传输通路

  C. TCP 连接建立过程就是确定端到端传输路径的过程

  D. TCP 连接被映射到端到端的虚电路

二、填空题(本大题共 20 空,每空 1 分,共 20 分)

1. 常用的导向传输介质有_____、_____和_____,_____适合远距离和户外传输环境,其他两种传输介质中,_____的带宽比_____高,因此,_____更适合传输高速数字信号,但它的高成本和不便于布线的特点使得_____和_____成为目前局域网最常见的传输介质。

2. 一个 12 端口的交换机,如果所有端口属于同一个 VLAN,每一个端口用全双工点对点信道连接终端,则含有_____冲突域,_____广播域。

3. 由网桥互连而成的以太网构成单个_____,网桥地址学习和 MAC 帧转发方式要求网桥构成的以太网拓扑结构只能是_____和_____。

4. 无线局域网因为_____和_____原因无法检测出冲突,因此,采用_____机制解决冲突问题,这种机制的主要思想是随机延长持续检测到信道空闲的时间,这段随机延长的时间称为_____时间。

5. 无分类编址情况下,如果为一个需要 10 个有效 IP 地址的网络分配 CIDR 地址块,主机号字段的位数是_____,对应的子网掩码是_____。

三、简答题(本大题共 5 小题,每题 4 分,共 20 分)

1. 交换式以太网结构如图 10.10 所示,不同填充图案的端口属于不同的 VLAN,所有端口为非标记端口(Access 端口),给出所有连接在不同交换机上且能够实现通信的终端对,并简述原因。

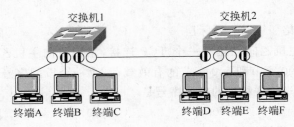

图　10.10

2. 计算并填写表 10.5。

表　10.5

IP 地址	126.150.28.57
子网掩码	255.240.0.0
网络地址	
直接广播地址	
主机号	
CIDR 地址块中第一个可用 IP 地址	
CIDR 地址块中最后一个可用 IP 地址	

3. 将 CIDR 地址块 202.113.10.128/25 分配给 4 个相同大小的子网,给出每一个子网的网络地址、子网掩码和可用的 IP 地址段。

4. 什么是网络拓扑结构?目前存在哪些网络拓扑结构?

5. 为什么需要无分类编址?它对路由项聚合和子网划分带来什么好处?

四、判断题(本大题共 10 小题,每小题 1 分,共 10 分)

1. 任何一层只处理该层协议数据单元的控制信息,不处理协议数据单元包含的上层数据。

2. 如果经过的物理链路相同,分组交换网络的端到端传输时延一定大于电路交换网络。

3．互连网络端到端最大传输时延可以确定。

4．双绞线缆取代同轴电缆的原因在于传输速率。

5．集线器各个端口连接的信道的传输速率可以不同。

6．交换机各个端口连接的信道的传输速率可以不同。

7．AP 用于互连以太网和无线局域网这两种不同类型的网络,是网络层设备。

8．语音信道是固定传输速率的点对点信道。

9．TCP 刚建立时,慢启动阈值是接收端的通知窗口。

10．TCP/IP 体系结构中只有传输层有差错控制机制。

五、综合题(本大题共 3 小题,每小题 10 分,共 30 分)

1．某校拟组建一个小型的校园网,具体要求如下:

- 终端用户包括 48 个普通用户;一个有 24 个多媒体用户的电子阅览室;一个有 48 个用户的多媒体教室(性能要求高于电子阅览室)。

- 服务器提供 Web、DNS、E-mail 服务。

- 各楼之间距离为 500m。

- 可选设备如表 10.6 所示。

表 **10.6**

设备名称	数量/台	配 置 说 明
交换机 Switch1	1	2 个 100Base-T 端口和 24 个 10Base-T 端口
交换机 Switch2	2	1 个 100Base-T 端口、1 个 100Base-FX 端口和 24 个 10Base-T 端口
交换机 Switch3	2	2 个 100Base-FX 端口和 24 个 100Base-T 端口
交换机 Switch4	1	4 个 100Base-FX 端口和 24 个 100Base-T 端口

- 传输媒介可选用 3 类、5 类双绞线和多模光纤。

- 设计方案和楼分布如图 10.11 所示。

给出①～④处设备名称和⑤～⑦处传输媒介名称。

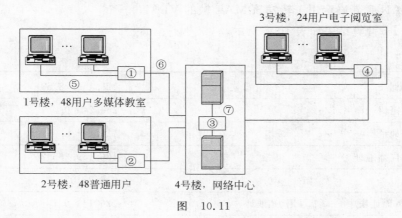

图 10.11

2．将 CIDR 地址块 59.67.148.64/26 分配给三个子网,其中第一个子网能容纳

13 台主机,第二个子网能容纳 12 台主机,第三个子网能容纳 30 台主机,分别写出每一个子网的网络地址、子网掩码及有效的 IP 地址范围。(按照子网序号顺序分配网络地址)。

3. 终端 A 向终端 B 连续发送两个序号分别为 70 和 100 的 TCP 报文。请给出:

① 第一个 TCP 报文的数据字段长度。

② 终端 B 对应第一个 TCP 报文的确认序号。

③ 如果终端 B 对应第二个 TCP 报文的确认序号为 180,第二个 TCP 报文的数据字段长度。

④ 如果第一个 TCP 报文丢失,第二个 TCP 报文到达终端 B,终端 B 对应第二个 TCP 报文的确认序号。

10.3.2 答案

一、选择题答案

1. A 2. D 3. B 4. A 5. C 6. D 7. D 8. D 9. D
10. C 11. C 12. B 13. A 14. B 15. A 16. D 17. D 18. A
19. D 20. A

二、填充题答案

1. 同轴电缆,光纤,双绞线,光纤,同轴电缆,双绞线,同轴电缆,光纤,双绞线

2. 0,1

3. 广播域,树形,星形

4. 存在隐蔽站,接收信号能量和发送信号能量差距太大,冲突避免,退避

5. 4,255.255.255.240

三、简答题答案

1.【答】 终端 A 和终端 F,对于交换机 1,只有终端 A 发送的 MAC 帧才能从连接交换机 2 的端口输出,对于交换机 2,从连接交换机 1 端口输入的 MAC 帧只能传输给终端 F,由于互连交换机的端口都是非标记端口,每一个交换机都是根据接收 MAC 帧的端口所属的 VLAN 重新确定用于转发该 MAC 帧的 VLAN。

2.【答】 计算结果如表 10.7 所示。

表 10.7

IP 地址	126.150.28.57
子网掩码	255.240.0.0
网络地址	126.144.0.0
直接广播地址	126.159.255.255
主机号	0.6.28.57
CIDR 地址块中第一个可用 IP 地址	126.144.0.1
CIDR 地址块中最后一个可用 IP 地址	126.159.255.254

根据子网掩码确定网络号位数为 12 位，主机号位数为 20 位，将 IP 地址 126.150.28.57 主机号字段清零后的结果就是该 IP 地址和子网掩码对应的网络地址。150 的 8 位二进制数表示是 10010110，其中高 4 位属于网络号字段，低 4 位属于主机号字段。求出网络地址是 126.144.0.0。

直接广播地址就是将 IP 地址 126.150.28.57 主机号字段全部置 1 后的结果，如果将 IP 地址第二个 8 位(二进制数是 10010110)中属于主机号字段的低 4 位置 1，则对应的二进制数为 10011111，求出对应的直接广播地址为 126.159.255.255。

主机号字段位数为 20 位，IP 地址第二个 8 位(二进制数是 10010110)中的低 4 位是主机号字段的最高 4 位，其值为 6，因此，主机号为 0.6.28.57。

CIDR 地址块中第一个可用 IP 地址是网络地址加 1，为 126.144.0.1，CIDR 地址块中最后一个可用 IP 地址是直接广播地址减 1，为 126.159.255.254。

3.【答】　CIDR 地址块 202.113.10.128/25 中主机号字段位数为 7 位，如果均匀分配给 4 个子网，则每一个子网的 CIDR 地址块的主机号字段位数变为 5 位，原来 7 位主机号字段中的高 2 位成为网络号字段，对应 4 个子网的值分别是 00、01、10 和 11。以此得出 4 个子网对应的 CIDR 地址块分别是 202.113.10.128/27、202.113.10.160/27、202.113.10.192/27 和 202.113.10.224/27。求出 4 个子网对应的网络地址、子网掩码和可用 IP 地址范围如下：

子网 1：202.113.10.128，255.255.255.224，202.113.10.129～202.113.10.158。
子网 2：202.113.10.160，255.255.255.224，202.113.10.161～202.113.10.190。
子网 3：202.113.10.192，255.255.255.224，202.113.10.193～202.113.10.222。
子网 4：202.113.10.224，255.255.255.224，202.113.10.225～202.113.10.254。

4.【答】　拓扑结构是一种用图学理论描述网络中转发结点、终端和信道之间关系的方法，目前存在的拓扑结构有总线状、星状、树状、环状和网状。

5.【答】　一是分类编址造成巨大的 IP 地址浪费。二是分类编址要求在路由表中为每一个网络设置路由项，导致路由项的数目越来越庞大。三是分类编址不容易进一步划分子网。由于无分类编址可以确定任何 2^N 个($N \geqslant 2$)IP 地址的 CIDR 地址块，且每一个 CIDR 地址块既可以单独分配给某个网络或子网，又可以是一组有着相同前缀的网络地址的集合，因此，可以为任何终端数的子网分配 2^N 个($N \geqslant 2$)IP 地址的 CIDR 地址块，只要满足 $2^N \geqslant$ 终端数+2，也可以用一个 CIDR 地址块表示一组网络地址有着相同前缀，且通往它们的传输路径有着相同下一跳的网络的集合，以此减少路由项。

四、判断题答案

1. 对　2. 对　3. 错　4. 错　5. 错　6. 对　7. 错　8. 对　9. 对　10. 错

五、综合题答案

1.【答】　① 处两台交换机 Switch3 级连，其中一台交换机的 100Base-FX 端口连接另一台交换机的 100Base-FX 端口，用余下的 100Base-FX 端口连接 ③ 处交换机的 100Base-FX 端口，每一个 100Base-T 端口连接一个用户终端。

② 处用一台交换机 Switch1 和一台交换机 Switch2 级连，用交换机 Switch1 的 100Base-T 端口连接交换机 Switch2 的 100Base-T 端口，用交换机 Switch2 的 100Base-

FX 端口连接③处交换机的 100Base-FX 端口,每一个 10Base-T 端口连接一个用户终端。

③ 处用一台交换机 Switch4,用 3 个 100Base-FX 端口连接分布在其他三幢楼中的交换机,用 100Base-T 端口连接服务器。

④ 处用一台交换机 Switch2,用 100Base-FX 端口连接③处交换机的 100Base-FX 端口,每一个 10Base-T 端口连接一个用户终端。

⑤ 处媒体是 5 类双绞线。

⑥ 处媒体是多模光纤。

⑦ 处媒体是 5 类双绞线。

2.【答】 每一个子网的主机号字段位数是满足不等式 $2^N \geqslant$ 主机数量 $+2$ 的最小 N,因此,求出子网 1 的主机号字段位数是 $4(2^4 \geqslant 13+2)$,子网 2 的主机号字段位数是 $4(2^4 \geqslant 12+2)$,子网 3 的主机号字段位数是 $5(2^5 \geqslant 30+2)$。CIDR 地址块 59.67.148.64/26 可以划分为两个主机号字段位数为 5 位的 CIDR 地址块 59.67.148.64/27 和 59.67.148.96/27,它们分别是根据 IP 地址最后 8 位的第五位分别为 0(01**0** 00000)和 1(01**1** 00000)计算所得。CIDR 地址块 59.67.148.96/27 分配给子网 3。

将 CIDR 地址块 59.67.148.64/27 划分为两个主机号字段位数为 4 位的 CIDR 地址块 59.67.148.64/28 和 59.67.148.80/28,它们分别是根据最后 8 位的第四位分别为 0(010**0** 0000)和 1(010**1** 0000)计算所得。CIDR 地址块 59.67.148.64/28 分配给子网 1,CIDR 地址块 59.67.148.80/28 分配给子网 2。

求出每一个子网的网络地址、子网掩码和可用 IP 地址范围如下:

子网 1:59.67.148.64/28,255.255.255.240,59.67.148.65~59.67.148.78。

子网 2:59.67.148.80/28,255.255.255.240,59.67.148.81~59.67.148.94。

子网 3:59.67.148.96/27,255.255.255.224,59.67.148.97~59.67.148.126。

3.【答】 ① 第一个 TCP 报文的数据字段长度 $=100-70=30$。

② 第一个 TCP 报文的确认序号等于第二个 TCP 报文的序号 $=100$。

③ 对应第二个 TCP 报文的确认序号就是第二个 TCP 报文中数据段的最后一个字节序号加 1,因此,第二个 TCP 报文的数据字段长度 $=180-100=80$。

④ 仍然是第一个 TCP 报文的序号 70。

参 考 文 献

1. 谢希仁. 计算机网络. 第 5 版. 北京：电子工业出版社,2009.
2. 陶智华. 计算机网络习题集与习题解析. 北京：清华大学出版社,2006.
3. 鲁士文. 计算机网络习题与解析. 第 2 版. 北京：清华大学出版社,2005.
4. 沈鑫剡. 计算机网络技术及应用. 第 2 版. 北京：清华大学出版社,2010.
5. 沈鑫剡. 计算机网络. 第 2 版. 北京：清华大学出版社,2010.
6. 沈鑫剡. 计算机网络技术及应用. 北京：清华大学出版社,2007.
7. 沈鑫剡. 计算机网络. 北京：清华大学出版社,2008.
8. 沈鑫剡. 计算机网络安全. 北京：清华大学出版社,2009.
9. 沈鑫剡. 多媒体传输网络与 VOIP 系统设计. 北京：人民邮电出版社,2005.